人工智能前沿技术丛书

知识图谱导论

Introduction to Knowledge Graph

陈华钧◎著

電子工業出版社
Publishing House of Electronics Industry
北京•BEIJING

内 容 简 介

知识图谱的发展历史源远流长，从经典人工智能的核心命题——知识工程，到互联网时代的语义 Web，再到当下很多领域构建的数千亿级别的现代知识图谱。知识图谱兼具人工智能、大数据和互联网的多重技术基因，是知识表示、表示学习、自然语言处理、图数据库和图计算等多个领域技术的综合集成。本书全面覆盖了知识图谱的表示、存储、获取、推理、融合、问答和分析等七大方面，一百多个基础知识点的内容，同时囊括多模态知识图谱、知识图谱与图神经网络的融合、本体表示学习、事理知识图谱，以及知识增强的语言预训练模型等新热点、新发展。作为一本导论性质的书，本书希望帮助初学者梳理知识图谱的基本知识点和关键技术要素，也希望帮助技术决策者建立知识图谱的整体视图和系统工程观，为前沿科研人员拓展创新视野和研究方向。

本书在技术广度和深度上兼具极强的参考性，适合高等院校的计算机专业师生阅读，也可供计算机相关行业的管理者和研发人员参考。

图书在版编目（CIP）数据

知识图谱导论 / 陈华钧著. —北京：电子工业出版社，2021.5
（人工智能前沿技术丛书）
ISBN 978-7-121-40699-7

Ⅰ. ①知… Ⅱ. ①陈… Ⅲ. ①人工智能②知识管理 Ⅳ. ①TP18②G302

中国版本图书馆 CIP 数据核字（2021）第 041190 号

责任编辑：宋亚东
印　　刷：中国电影出版社印刷厂
装　　订：中国电影出版社印刷厂
出版发行：电子工业出版社
　　　　　北京市海淀区万寿路 173 信箱　　邮编：100036
开　　本：720×1000　1/16　印张：20.5　字数：394 千字
版　　次：2021 年 5 月第 1 版
印　　次：2024 年 11 月第 10 次印刷
定　　价：108.00 元

凡所购买电子工业出版社图书有缺损问题，请向购买书店调换。若书店售缺，请与本社发行部联系，联系及邮购电话：（010）88254888，88258888。

质量投诉请发邮件至 zlts@phei.com.cn，盗版侵权举报请发邮件至 dbqq@phei.com.cn。

本书咨询联系方式：010-51260888-819，syd@phei.com.cn。

推荐序

FOREWORD

知识图谱向何处去？

陆汝钤

很高兴得知陈华钧教授要出知识图谱的新书了。与 2019 年出版的《知识图谱：方法、实践与应用》相比，本书在内容上有很多更新，尤其是第 8、第 9 两章中的新内容最为集中。这些内容反映了近年来知识图谱理论和技术的迅速进步，同时展现了作者团队的辛勤工作所取得的丰硕成果。我初步翻阅本书，就觉得很有收获。这里就其中的两个话题——知识图谱推理和知识图谱融合，谈一点个人想法。

知识图谱的推理是知识图谱服务功能中一个极其重要的问题。基于知识图谱的许多重要问题的解决都离不开推理。陈华钧教授曾经一语中的：知识获取的途径是“大样本靠机器学习，小样本靠知识推理”。这是知识图谱显身手的主战场。本书的“知识图谱推理”一章介绍了基于知识图谱的多种推理方式，包括基于规则的、基于本体的、基于图结构的、基于表示学习的、基于神经网络的，等等，这是非常有道理的。知识本身的多种多样，加上人的思维方式的多种多样，决定了推理方式的多种多样，也决定了推理逻辑的多种多样。本书已经介绍了足够多的知识推理机制，虽然受篇幅所限，难以穷尽开放语义下各种可能的知识图谱推理方式，但是最基本的“三大件”——规则推理、神经网络推理和图推理，都已经具备了。我有一个遐想：这“三大件”就像“海、陆、空”。图推理是“海”，亿万级“当量”的知识图谱是知识元素的“大海”。而一层又一层、高入云霄的深度神经网络可谓是“空”中楼阁。至于那强调一步一个脚印的规则推地把这些基本元素“合成”为最新颖、最有效的崭新推理机制。

本书有一章是献给“知识图谱融合”的。如果把某个领域的知识图谱比作该领域的人类专家，则完全可以想象：有许多复杂问题单靠一位专家是解决不了或解决不好的，而一个优秀的专家团队将会大大提升解决问题的能力。对于知识图谱也是如此。在我们看来，这不仅是大数据的融合，更应该是大知识的融合，在一定程度上体现了知识图谱学习人类专家的合作精神。但是我还想做一点补充，除了知识图谱融合，知识图谱配合（只差一个字）也是可以考虑的。就是反其道而行之，不是融合成一个巨型图谱，而是保持各自的独立性，建成一个团队，开展多图谱合作。它们各有所长，遇到任务可以分工负责，遇到跨领域问题或不同意见可以切磋讨论，甚至辩论，从而引进多维度的灵活性。实际上，作者在第 9 章引入了基于区块链和知识价值观的联邦知识图谱的概念，虽然已接近本书的最后，却非常重要。其中提到的“去中心化”的思想更是“知识图谱配合”的核心概念。联邦知识图谱可以广义化、一般化，如果再配上杨强教授倡导的联邦学习，那就是如虎添翼，知识图谱的威力更大大提高了。它们不仅利用各自的知识以合作解决问题，而且保护了各自的知识产权，成为一种知识区块链的基础（我在不久前的一次国际会议上提出过这个建议）。我个人认为，在一定意义上，知识图谱配合将会显示出比知识图谱融合更加深远的理论意义和研究价值。我甚至期待着复杂度可能远超一般的“知识图谱联邦”（关键词：合作、保护）的“知识图谱共同体”（关键词：合作、保护和竞争）的出现。

多图谱合作和多图谱融合有一个共同的问题，就是各方图谱的结构、语法、语义和表示可能有较大差别，导致出现民间所谓的“鸡同鸭讲话”的困境。在这种情况下，如何才能合作好呢？别担心！世事毕竟“分久必合，合久必分。”一个学问出来了，研究的人多了，慢慢就形成了不同的流派。再过一段时间，出来了高人，又把不同的流派在更高的层面上统一了。目前正处于知识图谱大发展时期，还在“分”的阶段。各种新技术百花齐放，层出不穷。只是相比之下，“百家争鸣”稍嫌不足。以上面提到的知识推理为例，各种推理方法的提出和介绍在文献中比比皆是，但是对它们作对比和分析的文献相对缺失。本书在这一章的最后一节有对几种推理策略的简要分析和比较，那几句话很关键，可供知识图谱开发者参考。不过我们并不满足于此，而是期待着更加深入的理论剖析和应用指导的出现。至于当今一些知识图谱在知识表示上的各行其是，包括一些在国际上极负盛名的特大型知识图谱，则尤为明显。我们相信，在适当的时机会有某个权威的国际学术机构出面制定各种标准，收拾纷杂，形成一统。就像秦灭六国，什么语言文字，什么道宽路距，全部统一了。

本书对知识图谱技术的介绍是非常全面的。从知识的获取、表示和存储、图谱的构建和融合，直到图谱的查询、问答和推理等，还介绍了多种特殊类型的知识图谱，内容洋洋大观。这些技术应该都已经有相应的算法，并且体现为程序，掌握在不同的开发者手中，而且针对同一问题的算法和程序可能还不是唯一的。这里我想到了相应软件工具的（有偿或无偿）共享问题。不仅是个别的、特定的共享，而且是成套的、系统的共享。这对于知识图谱开发者非常重要。省去了耗时耗力的重复开发，可以把精力集中到研发新技术方面。我借此机会向同行们呼吁一下：请关注知识图谱通用平台的研发。它们集成了知识图谱从开发、管理到应用的许多功能，是知识图谱工程的一个重要组成部分。同时我还要强调本书作者陈教授说过的一句话："我们希望见到国产的、开源的、允许批量下载（dump）的大型海量知识图谱。"陈教授认为只有这样的知识图谱才能够体现我国知识图谱技术在世界上的地位和影响。我完全支持这个倡议。

回到本书的宗旨。我注意到作者在本书中谈及的内容，基本上是根据他自己的授课教材编写而成的，并且今后还要根据知识图谱学科的进展，不断调整和丰富其内容。这是一条教研相长的光明大道。我们预祝陈教授成功！

陆汝钤

前言

PREFACE

知识图谱的发展历史源远流长。从经典人工智能的核心命题——知识工程，到互联网时代的语义 Web，再到当下很多领域构建的数千亿级别的现代知识图谱，以及在语义搜索、智能问答、推荐计算、语言理解、大数据分析、设备物联等领域的广泛应用。知识图谱也是典型的交叉领域，是知识表示、机器学习、自然语言处理、图数据库、信息获取等多个领域相关技术的系统性综合运用。知识图谱同时也是不断发展的新领域，并在不断与图神经网络、联邦学习、区块链、视觉计算等众多领域的新发展进一步融合，不断更新和进步。

为什么写作本书

本书的初衷是作为浙江大学知识图谱课程的配套讲义。我理想中的大学课程一方面需要提纲挈领，为学生讲解核心概念和基本知识点，帮助学生形成一个领域的整体知识体系；另一方面也需要启发创新，为学生梳理最新的发展前沿，帮助学生开拓视野，启发学生进一步开展创新研究工作。

因此，本书的基本写作原则也和课程一样。全书包含了知识图谱的基础知识介绍，全面覆盖了知识图谱的表示、存储、获取、推理、融合、问答、分析等七大方面，一百多个基础知识点的内容。同时也囊括了多个知识图谱相关技术领域的最新发展前沿。例如，有关多模态知识图谱、知识图谱与图神经网络的融合、本体表示学习、事理知识图谱、知识增强的语言预训练模型、知识区块链等内容都是近两年的新热点，也被首次系统性地整理进来。此外，本书也包含了作者团队在知识图谱方向的一部分学术探索和应用实践工作，例如知识图谱与可解释人工智能、知识驱动的低资源学习、大规模知识图谱预训练等。

知识图谱不是单一技术，而是系统工程。本书希望帮助读者建立知识图谱的系统工程观，为各个领域的技术决策者提供知识图谱的整体视图，帮助企业技术实践者系统性地了解知识图谱的各方面技术要素，同时也为前沿科研人员拓展研究视野和创新方向。

因此，它的核心定位是一本知识图谱方向的导论、总论性质的书，并将持续配套课程内容进行更新。它可以和其他图书配合使用，例如由 OpenKG 组织编写的《知识图谱：方法、实践与应用》；由阿里巴巴与浙江大学知识图谱团队联合编写，详细介绍阿里巴巴电商知识图谱工程实践工作的《工业级知识图谱：方法与实践》等书。

本书主要内容

本书共包括 9 章，主要内容如下：

第 1 章首先从语言和知识两个视角阐明知识图谱是实现认知人工智能的重要一环。然后通过追溯知识图谱的发展历史，说明知识图谱不仅和人工智能有关，而且具有非常强的互联网基因。

第 2 章探讨了知识图谱的表示问题，分别介绍了知识表示的内涵、人工智能发展历史长河中出现的各种知识表示方法，并重点围绕知识图谱介绍了最常用的符号表示和向量表示两种方法。

第 3 章探讨知识图谱的存储和查询问题。在很多实际的知识图谱项目中，搭建图数据库并建立知识图谱查询引擎仍然是最基础的工作。本章不仅介绍了图数据库的一些选型原则，还深入到原生图数据库背后的实现原理，帮助大家从本质上把握图数据的优缺点。

第 4 章探讨知识图谱的构建。首先简要回顾并重新理解知识工程的发展历史与技术内涵，然后分别从实体识别与分类、关系抽取与属性补全、概念抽取、事件识别与抽取等五个方面介绍知识抽取技术的内涵。

第 5 章关注知识图谱的一个重要技术领域——推理。利用机器实现类似于人类心智的推理能力是人工智能自诞生以来最核心的目标和任务之一。我们构建各种各样的知识图谱来描述客观世界，抽象万物之间的逻辑关系，不只是为了查询和搜索，更是为了利用这些事实性知识去推断、归纳和预测未知的新知识。本章重点介绍了基于符号逻辑和基于表示学习的两类不同的知识图谱推理方法。

第 6 章探讨知识融合问题。首先简要回顾知识图谱构建和应用中遇到的知识异构性问题，并理解知识融合的意义和目标，然后分别从本体匹配和实体对齐两方面介绍知识融合技术的内涵，最后还总结了知识融合技术的发展前沿和趋势。

第 7 章介绍知识图谱在智能问答中的应用。知识图谱作为一种结构化的问答语料，由于能够提供相比于文本更为精准的答案而被广泛地应用于各种智能问答系统中。本章分别介绍了基于问句模板、基于语义解析、基于检索排序和基于深度学习等四种不同的知识图谱问答实现方法。

第 8 章重点介绍知识图谱中偏“图”方面的内容。从图论和图算法的一些基本知识出发，逐步扩展到介绍图表示学习算法和图神经网络模型，并着重介绍利用图表示学习和图神经网络等方法处理知识图谱数据的一些模型和方法，以及在计算机视觉、自然语言处理、推荐计算等领域的一些应用。

第 9 章主要介绍知识图谱的新发展。知识图谱是发展迅速的交叉技术领域，并在不断地与其他领域进一步融合。本章从多模态知识图谱、知识增强的语言预训练模型、事理知识图谱、知识驱动的低资源学习、知识图谱预训练、知识图谱与区块链等方面，尝试对一些知识图谱技术的新发展做一些概要性的介绍。

如何阅读本书

这是一本知识点比较丰富的书，读者应该怎样利用这本书呢？

首先，阅读本书的最好方式是和浙江大学知识图谱慕课课程配合学习。**可在智慧树在线教育平台中搜索“知识图谱”获取。**本书的章节安排与课程安排基本一致。除了观看慕课视频，读者还可以通过慕课课程提供的诸如知识点测试试题、课程实践向导等资源巩固相关知识点。

其次，本书的一些章节需要读者具备一些前置知识。例如，第 2 章需要读者具有数据库技术的相关基础，第 3 章到第 8 章要求读者已经了解基本的机器学习知识，并开展过一些深度学习实践。第 4 章要求读者已经掌握部分自然语言处理的基本知识。

知识图谱技术点繁多，比较好的学习方式是首先对书的整体内容进行概要性浏览，略过细节。在形成对知识体系的整体认知之后，再结合自己感兴趣的点进行深入研读。如果研读某个知识点仍然感觉吃力，可以通过对应的慕课课程讲解进一步深入理解。

致谢

感谢帮助建设知识图谱课程和为本书编写提供素材的浙江大学知识图谱团队全体成员，本书的不少内容得益于团队的集体努力。感谢我的家人给予我坚持不懈的支持。

感谢陆汝钤院士为本书撰写序言，感谢王熙照教授、张民教授和司罗教授的推荐，以及许多领域前辈和老师在本书撰写过程中给予的指导和支持。

感谢电子工业出版社博文视点的宋亚东编辑对本书的重视，以及出版人员为本书所做的一切。

由于作者水平有限，书中不足之处在所难免，敬请专家和读者给予批评指正。

陈华钧

2021 年 2 月

目录

CONTENTS

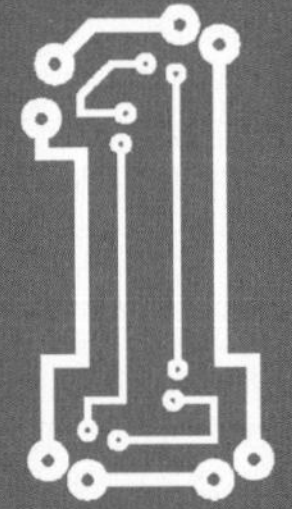

第 1 章
CHAPTER 1

知识图谱概述

本章首先对知识图谱的来龙去脉做一个概要性的介绍，并从语言和知识两个视角阐明知识图谱是实现认知人工智能的重要途径之一。然后追溯知识图谱的发展历史，说明知识图谱不仅和人工智能有密切关系，还具有强烈的互联网基因。最后概览式地探讨知识图谱的技术内涵、技术边界及广泛的应用价值。通过本章的介绍，希望能让读者了解到不论是从人工智能、大数据，还是互联网的多重视角，知识图谱都是非常重要的技术发展方向。

1.1 语言与知识

1.1.1 构建有学识的人工智能

首先将从“语言与知识”两个视角出发，引出本书的主角——知识图谱。这里的故事从人工智能的起源开始。早期的人工智能有很多持不同观点的流派，其中两个历史比较悠久的流派通常被称为连接主义和符号主义。连接主义主张智能的实现应该模拟人脑的生理结构，即用计算机模拟人脑的神经网络连接。这个流派发展至今，即所谓广泛发展的深度神经网络。另外一个流派称为符号主义，主张智能的实现应该模拟人类的心智，即用计算机符号记录人脑的记忆，表示人脑中的知识，即所谓知识工程与专家系统等。

深度学习首先在视觉、听觉等感知任务中获得成功，本质上解决的是模式识别的问题，可以比喻为实现的是一种聪明的 AI。但感知还是低级的智能，人的大脑依赖所学的知识进行思考、推理和理解语言等。因此，还有另外一种 AI 可以称为是有学识、有知识的 AI。这和知识图谱有密切关系，如图 1-1 所示。事实上，这两种 AI 对于实现真正的人工智能都很重要，缺一不可。

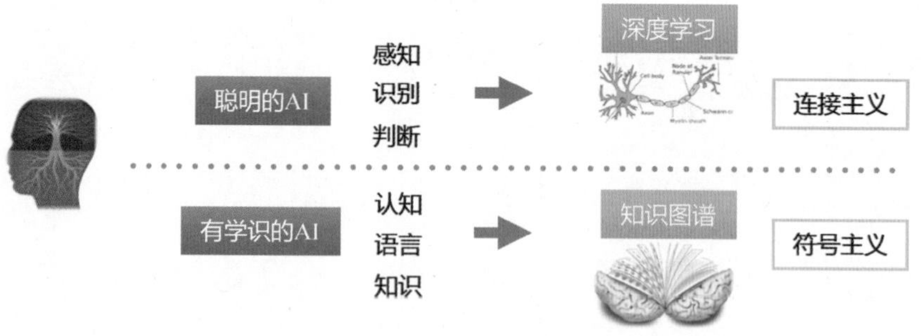

图 1-1 构建有学识的人工智能

什么叫认知智能？认知智能有两个核心的研究命题，一个是语言理解，另外一个是知识的表示与处理。人类通过认识世界来积累关于世界的知识，通过学习到的知识来解决碰到的问题。比如，一位医生利用他的医学知识给病人看病。而语言则是知识最直接的载体，到目前为止，人类的绝大部分知识都是通过自然语言来描述、记录和传承的。

与此同时，正确理解语言又需要知识的帮助。如图 1-2 所示，这里举一个有趣的例子：“G20 上午开会休息，马云对他的秘书说：‘中午帮我买肯德基。’30 分钟后，秘书回来说：‘买好了，一共 4.6 亿美元，咱是支付宝还是现金？’”。这当然只是个玩笑，当时的新闻是春华资本及蚂蚁金服共同向肯德基的母公司百胜餐饮投资了 4.6 亿美元。这里关注的是背景知识对于正确理解语言的重要性。假如马云的秘书是一个人工智能，它在第一个语境中，应该把肯德基识别为一种食品，而在第二个语境中，应该把肯德基识别为一家公司，而且它还需要知道肯德基的母公司是百胜餐饮，蚂蚁金服投资了百胜餐饮，而马云是阿里巴巴的创始人，阿里巴巴与蚂蚁金服存在关联关系，才能正确地建立马云和肯德基的关系。这个背后的事物关系网络其实就是知识图谱。事实上，每个人的大脑里面都有大量这种类型的关于万事万物之间关联关系的知识图谱，我们极大地依赖这些背景知识来准确理解语言并正确地做出判断。

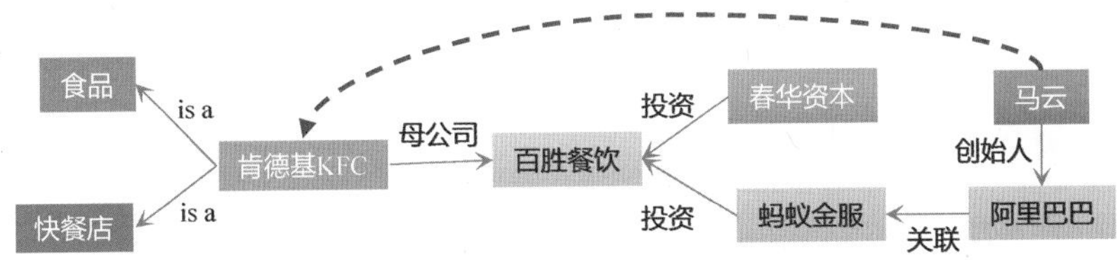
食品
is a
肯德基KFC
is a
快餐店
母公司
百胜餐饮
投资
春华资本
马云
创始人
投资
蚂蚁金服
关联
阿里巴巴
如果马云的秘书是人工智能
【马云购买KFC】“G20上午开会休息，马云对秘书说：中午帮我买肯德基。’30分钟后，秘书回来说：‘买好了，一共4.6亿美元，咱是支付宝还是现金？’”
【马云购买KFC】“昨日晚间，百胜餐饮集团（肯德基和必胜客母公司）宣布与春华资本及蚂蚁金服达成协议，二者共同向百胜中国投资4.6亿美元。”

图 1-2　语言与知识是实现认知智能的两翼

1.1.2　知识的承载与表示方式

那到底什么是知识？柏拉图说知识是“Justified True Belief”。实际上，人类的自然语言，以及创作的绘画和音乐、数学语言、物理模型和化学公式等都是人类知识的表示形式和传承方式。具有获取、表示和处理知识的能力是人类心智区别于其他物种心智的最本质特征之一。传统的人工智能领域有一个经典的研究方向——知识工程和专家系统。这种经常被称为是 GOFAI（Good Old Fashioned AI）的基本思想是建立一个系统，能够从专家大脑里获取知识，再通过一个推理引擎为非专家用户提供服务，如辅助诊断、判案等。而这个从人脑获取知识的过程就叫作知识工程。

知识有很多种表达载体和存在形式，例如自然语言是人类知识最主要的表达载体。既然人脑能够通过阅读从文本获取和学习知识，机器脑也应该具备从文本中抽取知识的能力。但文本字符串似乎对机器不太友好，机器在理解人类语言方面仍然步履维艰。比如类似于微软小冰、苹果 Siri、小米小爱音箱等产品在人机对话方面的体验仍然面临巨大的挑战。

当前，通过机器来理解文本中的知识有两大主要的技术路线。如图 1-3 所示，第一种是抽取技术，例如从文本中识别实体、关系和逻辑结构等；第二种是语言预训练，即通过大量的文本语料训练一个神经网络大模型，文本中的知识被隐含在参数化的向量模型中，而向量化的表示和神经网络是对机器友好的。所以，文本本身也可以作为一种知识库（Knowledge Base）。

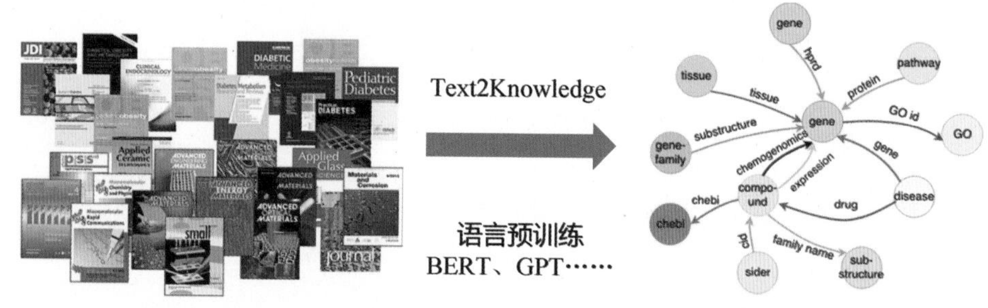

图 1-3　文本知识库

知识图谱的本质是一种结构化的知识表示形式，也是本书的主角。简单地说，知识图谱旨在利用图结构建模、识别和推断事物之间的复杂关联关系和沉淀领域知识，已经被广泛地应用于语义搜索、智能问答、语言理解、媒体理解、推理引擎和决策引擎等众多领域，如图 1-4 所示。相比文本而言，结构化数据更易于被机器处理，比如查询和问答。同时图结构比起字符串序列能够表达更加丰富的语义和知识。

对于机器而言，图结构比文本当然更加友好。深度学习或者更为准确地说是表示学习的兴起，表明参数化的向量和神经网络是更适合机器完成快速计算的信息载体。比如，在自然语言中，可以为每个词学习一个向量表示；在图像处理中，也可以为视觉场景中的每一个对象学习一个向量表示；在知识图谱中，可以为每一个实体和关系学习一个向量表示。我们通常把这些向量化表示称为 Embedding 或“Distributed Vector Representation。”

图 1-4　知识图谱：结构化的知识库

如图 1-5 所示，如果将所有数字对象的向量表示投影到向量空间，我们会发现，同一个数字对象的不同图像的向量在空间距离更近。进一步地，通过将词语、实体、对象和关系等都投影到向量空间，就可以更加方便地在向量空间对这些语言、视觉和实体对象进行操作，甚至可以利用神经网络实现逻辑推理。

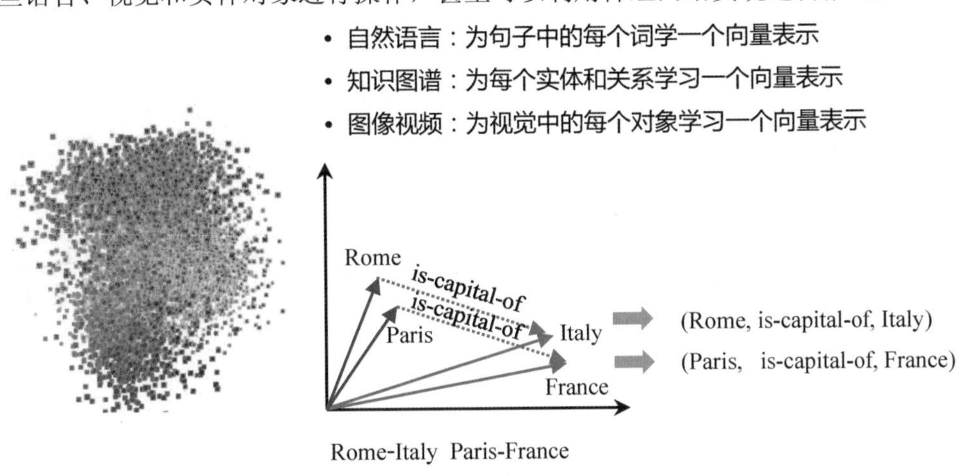

图 1-5　向量知识库

1.1.3　知识图谱是一种世界模型

知识图谱本质上可以看作一种世界模型——World Model。纵观人工智能相关方向的发展历史，一直有一个核心的命题是寻找合适的万物机器表示，用于记录有关世界的知识。在传统的专家系统时代，人们发明了描述逻辑等符号化的知识表示方法来描述万物。人类的自然语言也是符号化的描述客观世界的表示方法。到了互联网时代，人们又设想用本体和语义链接有关互联网上发布的各种数据和知识，这也是知识图谱的起源之一，如图 1-6 所示。

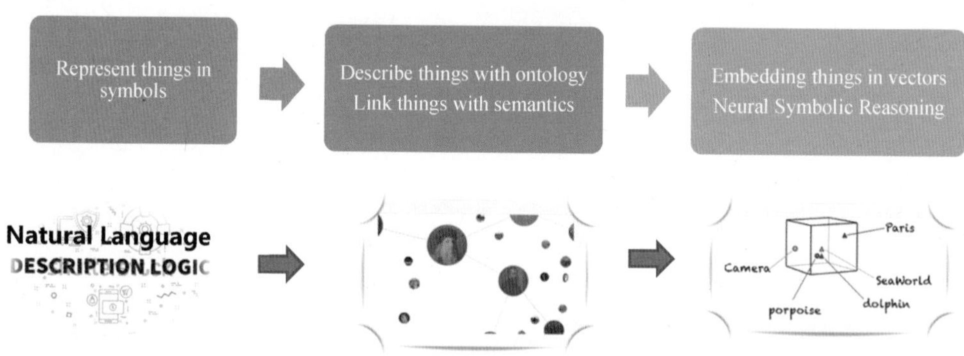

The Good Old Fashioned AI　The Semantic Web 和Linked Knowledge　The Knowledge Graph

图 1-6　寻找合适的万物机器表示

随着表示学习和神经网络的兴起，人们发现数值化的向量表示更易于捕获那些隐藏的、不易于明确表示的知识，并且比符号表示更易于机器处理。知识图谱同时拥抱机器的符号表示和向量表示，并能将两者有机地结合起来，解决搜索、问答、推理和分析等多方面的问题。关于这一点的介绍也将贯穿本书的始终。

结合知识图谱、神经网络等新的人工智能技术手段，可以对专家系统进行重构。原有的知识库可以采用知识图谱的方式，让知识获取的手段更容易。除了传统的符号表示，也要考虑如何用向量表示实体、关系等知识。在知识获取方面，专家层面的经验为现代知识的构建提供了重要的输入，此外，现在还有设备传感数据、自动采集的日志数据、多种模态的数据等大量的机器数据。知识图谱在一定程度上可以起到桥梁的作用，将专家经验性的知识与机器数据通过比较有效的表示结合起来，如图 1-7 所示。

在推理引擎方面，传统的符号推理引擎有很多，由于有诸多瓶颈，例如对知识质量要求非常高，均未能实现大规模商业化应用。而现在的推理引擎可以在神经网络、表示学习等深度学习技术加持下实现更好的推理。在面向用户的交互方面，不再仅仅是简单查询，还可以实现搜索、智能问答和基于图分析的决策分析。并通过一些可视化的手段支撑对所有数据在各个维度的整体性分析，同时对所有推断结果提供可解释性。

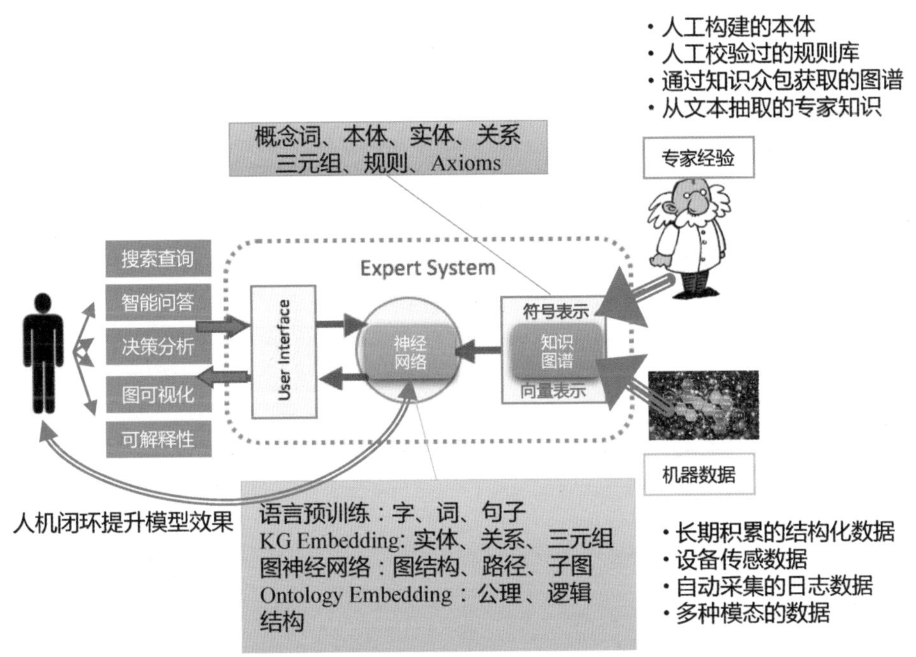

图 1-7　利用知识图谱与神经网络重构专家系统

1.2 知识图谱的起源

1.2.1 知识图谱的互联网基因

我们已经了解了知识图谱与语言理解、人工智能的关系。本节介绍知识图谱的互联网基因。1945 年，美国首任总统科学顾问 Vannevar Bush 曾提出了一个称为 MEMEX 的“记忆机器”的设想。他认为人的记忆偏重关联，而非像图书馆那样采用严格的层次分类目录组织大脑中的信息。因此，他提出设计一种 Mesh 关联网络来存储电子化的百科全书。

MEMEX 记忆机器的设想启发了超文本技术 Hypertext 的实现，而超文本技术则直接促成了互联网的最大应用——World Wide Web 的发明。Web 是由英国人 Tim Berners-Lee 提出的，他因为 Web 技术的贡献获得了 2016 年的图灵奖。1989 年，Tim 作为欧洲高能物理研究中心的计算机工程师，提出了一种基于超文本技术的信息管理系统建议书。如图 1-8 所示，在建议书中，就可以看到知识图谱的影子。

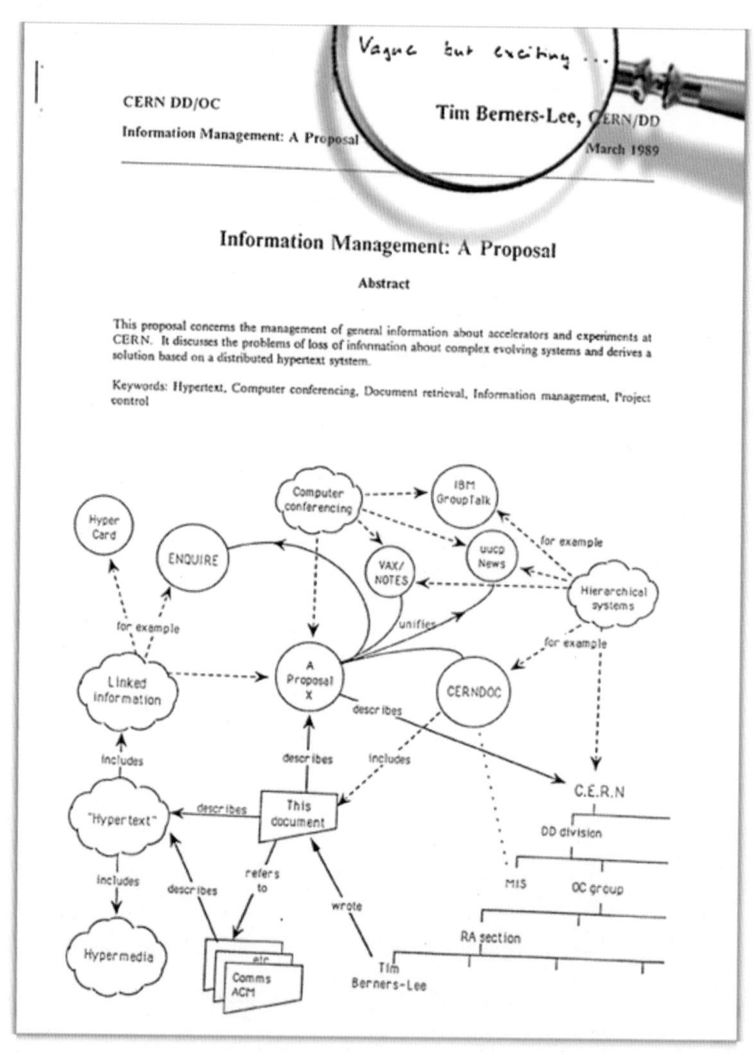

Vague but exciting ...

CERN DD/OC

Tim Berners-Lee, CERN/DD

Information Management: A Proposal

March 1989

Information Management: A Proposal

Abstract

This proposal concerns the management of general information about accelerators and experiments at CERN. It discusses the problems of loss of information about complex evolving systems and derives a solution based on a distributed hypertext sytstem.

Keywords: Hypertext, Computer conferencing, Document retrieval, Information management, Project control

图 1-8　基于超文本技术的信息管理系统建议书（1989）

起初，他只是希望为高能物理研究中心的科学家设计一种新型的科技文献管理系统。他利用超文本链接技术实现科技文献之间的相互关联，并实现了世界上第一个能处理这种超文本链接的 Web 服务器和浏览器。他认为，信息应该以图的方式组织，图中的节点可以是任何事物，节点之间的链接代表事物之间的关联，这样将大幅提升信息检索的效率和能力。这种以图和链接为中心的系统，在开放的互联网环境里面更容易生长和扩展。这一理念逐步被人们实现，并演化发展成为今天的 World Wide Web。

1.2.2 数据的互联网——Semantic Web

1994 年，Web 已经在全世界范围内快速发展起来，成为互联网上的最大应用。但 Tim 指出，这种以文本链接为主的 Web 并非他设想中的终极 Web 的样子。他认为终极的 Web 应该是 Web of Everythings。例如，一位教授的个人主页实际上描述的是他的各种属性信息，如果他的主页上有一个超链接指向浙江大学的官方主页，这个超链接实际上指的是这名教授和浙江大学是雇佣关系，但这个超链接没有这方面的语义描述，搜索引擎也无法识别和处理这种语义关系。因此，他于 1998 年正式提出了 Semantic Web（语义网）的概念。与经典 Web 一样，Semantic Web 也是以图和链接为中心的信息管理系统，但不同之处是，图中的节点可以是粒度更细的事物，如一本书、个人、机构和概念等，图中的链接也标明这些事物之间的语义关系，如雇佣、朋友和作者等。这就是知识图谱的早期理念。

对 Semantic Web 的另外一种解读叫 Linked Data。这是站在大数据的视角，指的是通过规范化的语义表达框架，比如 Schema 或 Ontology，将碎片化的数据关联和融合形成高度关联的大数据，如图 1-9 所示。所以本质上，Semantic Web 也可以看作是一种数据关联网络，告诉我们可以通过规范化的语义加强数据之间的逻辑关联性，从而帮助发现和释放数据的内在价值。

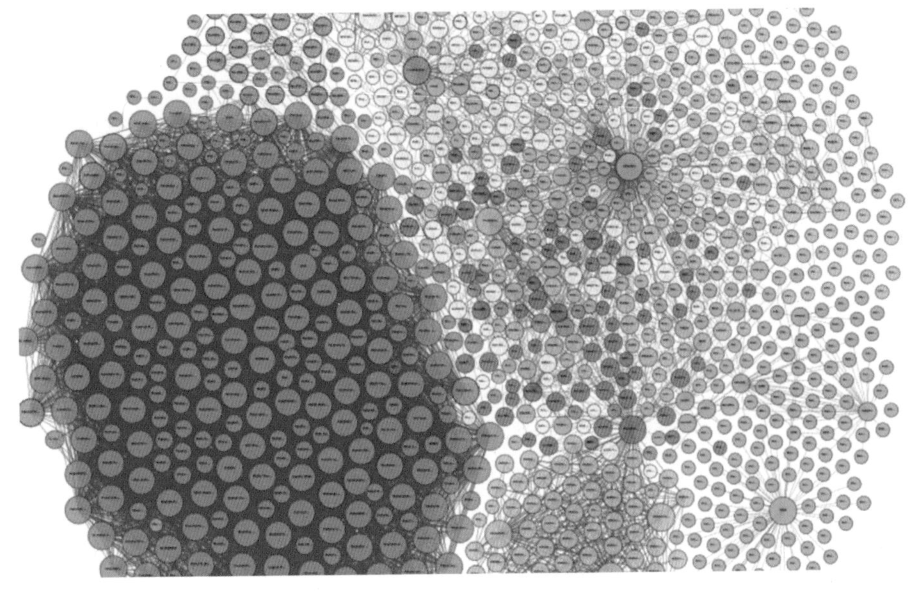

图 1-9 Linked Data

在 Semantic Web 提出以后的 10 余年里，催生了众多的语义网数据项目，比较著名的如谷歌知识图谱的核心数据来源 Freebase，欧洲的 LinkingOpenData，维基基金会倡导的 WikiData 等。由国内科研机构和企业共同发起的 OpenKG 收录了很多中文领域的语义网开放数据集。

1.2.3 Things, Not Strings

谷歌公司于 2010 年收购了开发 Freebase 的 Meta Web 公司，并于 2012 年发布了首个基于知识图谱实现的搜索引擎。谷歌知识图谱本质上是 Semantic Web 理念的商业化实现。对于搜索引擎，知识图谱解决了一个难题，即精确的对象级搜索问题。传统搜索引擎只能返回很多相关页面，用户需要从海量文本中自行寻找答案，即所谓字符串（Strings）级别的搜索。但用户希望直接搜索最终的答案，例如用户问："浙江大学位于哪个城市"，希望得到对事物的精准描述——杭州市，而非返回很多页面，让用户自己从众多页面中寻找正确答案，即所谓事物（Things）对象级别的搜索。谷歌通过构建庞大的知识图谱，以结构化而非纯文本的方式描述事物的属性以及事物之间的关联关系，就可以实现这种对象级的精准搜索。当然，知识图谱的价值不止搜索，将在后续章节中进一步展开介绍。

1.2.4 典型的知识图谱项目

接下来简要介绍历史上出现过的典型知识图谱项目。Freebase 是早期的语义网项目，主要通过开放社区协作方式构建，在经过近 8 年的开发和数据积累后，其母公司 MetaWeb 于 2010 年被谷歌收购。谷歌随后在 Freebase 基础之上发布了其面向搜索的知识图谱。

Wikidata 在一定程度上可以看作 Freebase 的后续发展，它由维基基金会支持，同样也是依靠开放社区众包构建。它的目标是要成为世界上最大的免费知识库，并采用了 CC0 完全自由的开放许可协议。

Schema.org 是谷歌等搜索引擎公司共同推动的 Web 数据 Schema 标准。Schema.org 本质上是一种轻量级的本体，定义了有关人物、机构和地点等最常用的 1000 多个类和关系。任何人都可以利用这个 Schema 描述自己的数据，并以 RDFa、Mcirodata 等格式插入网页或邮件中。这使得每个人或机构都可以定制自己的知识图谱信息，并被搜索引擎快速地抓取和更新到后台数据库中。

DBPedia 也是早期的语义网项目。DBPedia 意指数据库版本的 Wikipedia，是从 Wikipedia 抽取出来的链接数据集。DBPedia 采用了一个较为严格的本体，包含人、地点、音乐、电影、组织机构、物种和疾病等类定义。

YAGO 是由德国马普研究所研制的链接数据库。YAGO 主要集成了 Wikipedia、WordNet 和 GeoNames 三个来源的数据。其主要特点是考虑了时间和空间维度的知识表示。YAGO 是 IBM Watson 的后端知识库之一。

WordNet 是最著名的词典知识库，主要用于词义消歧等自然语言处理任务。由普林斯顿大学认知科学实验室从 1985 年开始开发，与谷歌知识图谱以实体关系为主不同，它主要定义词与词之间的语义关系。

ConceptNet 源于 MIT 的 Open Mind Common Sense 项目，由著名的人工智能专家 Marvin Minsky 于 1999 年建议创立。与谷歌知识图谱相比，ConceptNet 侧重于词与词之间的关系，更加接近于 WordNet，但比 WordNet 包含的关系类型更多。

BabelNet 是多语言词典知识库，它集成了 WordNet 在词语关系上的优势和 Wikipedia 在多语言方面的优势。通过机器翻译技术，自动化地构建了目前最大规模的多语言词典知识库，目前包含了 271 种语言和 1400 万个同义词组。

前面介绍的主要是英文领域的部分较为典型的知识图谱项目。在中文领域，中国中文信息学会语言与知识计算专业委员会于 2015 年启动了 OpenKG 中文开放知识图谱项目的建设，系统地收集和整理了中文领域的众多开放知识图谱，读者可以访问 OpenKG 官网了解。

1.2.5　知识图谱的概念演进

知识图谱并非突然出现的全新技术，而是很多相关领域不断发展融合的结果。一方面，知识图谱具有人工智能的基因，这可以追溯到 1960 年，人工智能领域学者提出的知识表示方法——语义网络的本质就是一种知识图谱的表示方式，如图 1-10 所示。将在第 2 章中具体介绍人工智能发展历史上提出的一些典型的知识表示方法，如框架系统、产生式规则、本体论和描述逻辑等。另外一方面，知识图谱也具有很鲜明的互联网基因。互联网的发展特别是万维网的发展促进了人类知识的共享和开放领域数据如 Wikipedia 的众包积累，没有万维网数十年积累的开放数据，也不会有谷歌的知识图谱。此外，利用图结构的方式描述万物关系和记录事物知识的理念也来源于万维网。因此，需要从多个不同的技术视角全面地掌握知识图谱的本质内涵。

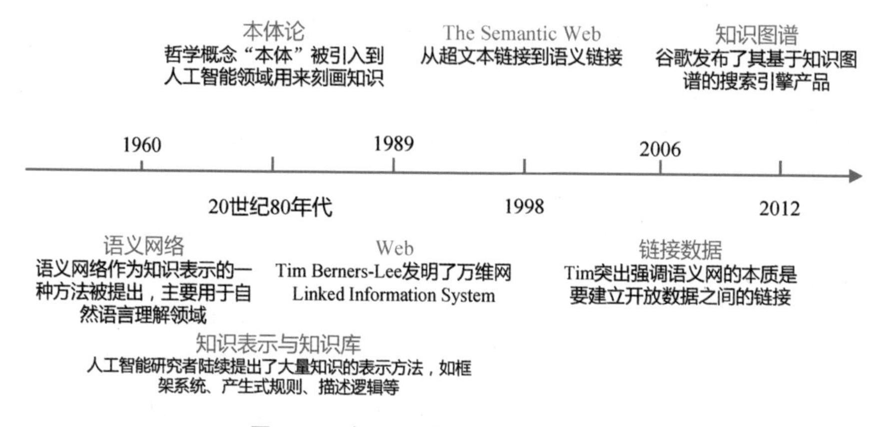

图 1-10　知识图谱相关概念演化历史

1.3 知识图谱的价值

1.3.1 知识图谱支持语义搜索

知识图谱有什么用处呢？知识图谱源于互联网，所以第一个落地的应用当然也是互联网搜索引擎。前面已经介绍过，谷歌在 2012 年推出知识图谱支持的新搜索引擎时，提出的口号是“Things, Not Strings!”。Web 的理想是链接万物，搜索引擎最终的理想是能直接搜索万事万物，这是非常朴素且简单的理念。知识图谱支持的事物级别而非文本级别的搜索，大幅度提升了用户的搜索体验。因此，当前所有的搜索引擎公司都把知识图谱作为基础数据，并成立独立部门持续建设。

1.3.2 知识图谱支持智能问答

知识图谱的第二类应用是智能问答，比如天猫精灵、小米小爱和百度度秘等背后都有知识图谱数据和技术的支持。智能问答本质就是一种对话式的搜索，相比普通的搜索引擎，智能问答更加需要事物级的精确搜索和直接回答。智能厨房、智能驾驶、智能家居等都需要实现这种对话式的信息获取。

当前，实现智能问答功能主要有三种形式，第一种是问答对，这种实现简单的建立问句和答句之间的匹配关系，优点是易于管理，缺点是无法支持精确回答。第二种形式要求给定问句就能直接从大段文本中准确地定位答案，虽然这是终极期望的形式，但源于语言理解本身的困难，比较难于完全实用。第三种是知识图谱，相对于纯文本，从结构化的知识图谱中定位答案要容易得多，同时比起问答对形式，因为答案是以关联图的形式组织的，所以不仅能提供精准答案，还能通过答案关联，非常便利地扩展相关答案。

1.3.3 知识图谱支持下的推荐系统

推荐系统也是知识图谱的典型应用场景。例如，在电商的推荐计算场景中，可以分别构建 User KG 和 Item KG。知识图谱的引入丰富了 User 和 Item 的语义属性和语义关系等信息，将大大增强 User 和 Item 的特征表示，从而有利于挖掘更深层次的用户兴趣。关系的多样性也有利于实现更加个性化的推荐，丰富的语义描述还可以增强推荐结果的可解释性，让推荐结果更加可靠和可信，如图 1-11 所示。

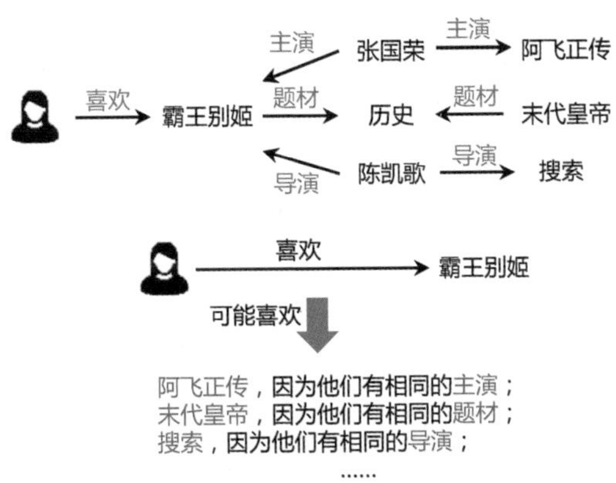

图 1-11 知识图谱增强推荐系统的可解释性

1.3.4 知识图谱辅助语言语义理解

知识对于正确理解语言至关重要，所以自然语言处理领域也是拥抱知识图谱最多的领域之一。正如第一个自然语言理解系统 SHRDLU 作者 Terry Winograd 指出的，当一个人听到或看到一句话时，他使用自己所有的知识和智能去理解。这不仅包括语法，也包括他的词汇知识、上下文知识，更重要的是对相关事物的理解。

Winograd Schema Challenge 是人工智能领域有关常识推理的竞赛。这个竞赛出了很多这种题目，如图 1-12 所示，在第一例子中，让机器阅读一句话，然后要求机器判断其中的 it 是指代 the trophy 还是 the suitcase。此外，还要求机器把句子中的 big 换成反义词 small 之后，能够正确地选择相反的答案。这在自然语言理解中称为指代消解问题，但发现机器基本和瞎猜差不多。这是因为单纯从句子的字面意思来看，不论怎么统计、计算和匹配，都没有关于 trophy 和 suitcase 的空间大小的信息，机器自然无法做出判断。人类可以迅速地做出正确的判断，这是因为人在判断时引入了大脑中的常识知识，即：trophy 通常是被装入 suitcase 携带的，所以 suitecase 肯定要比 trophy 大。在后面的章节中，会专门介绍在自然语言处理模型中植入知识图谱的方法。

1. The trophy would not fit in the brown suitcase because it was too big(small). What was too big (small)?

Answer 0: the trophy　　Answer 1: the suitcase

2. The town councilors refused to give the demonstrators a permit because they feared (advocated) violence. Who feared (advocated) violence?

Answer 0: the town councilors　　Answer 1: the demonstrators

纯NLP：50% → **NLP+KB：超过60%** → **及格线：90%**

图 1-12　语言理解对外源知识的依赖

1.3.5　知识图谱扩展视觉理解的深度和广度

知识图谱对于凡是涉及语义理解的任务都有作用。除了文本语义的理解，在图像、视频等视觉理解任务中，知识图谱也能发挥作用。如图 1-13 所示，我们看到一只海鸟，图片本身所包含的信息显然是有限的。如果能引入知识图谱中关于海鸟的语义描述、关联的其他鸟等，就能大幅增强图片处理的深度和广度。比如，可以利用外源知识库中相关的鸟类信息来提升相似图片的检索效果。

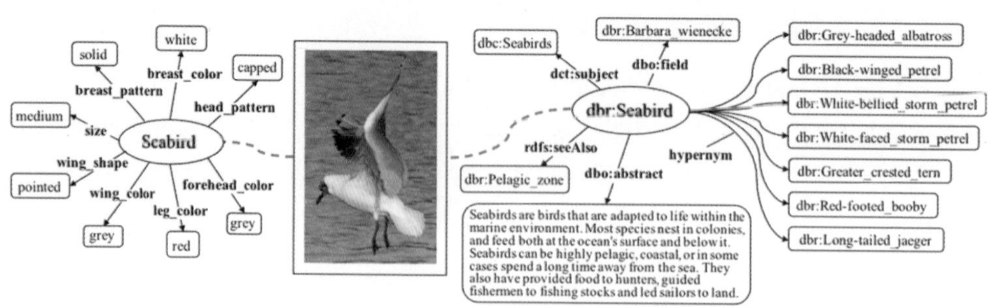

图 1-13　知识图谱扩展视觉理解的深度和广度示例

1.3.6　知识图谱辅助 IoT 设备互联

语义和知识在物联网领域有很多的应用场景。OneM2M 是物联网领域的一个国际联盟，它有一个独立的工作组，专门为物联网设备数据定义本体。这些物联网本体被用来封装设备数据的语义，从而提升物联设备之间的语义互操作能力。

例如，一个温度可能是人的体温，也可能是一个设备的温度，进一步理解这个温度数据还需要知道是在什么时间、什么位置等，丰富的语义描述将大大提升物联设备数据的利用效率，终极的万物互联是设备通过规范化的语义实现数据层面的互联，如图 1-14 所示。

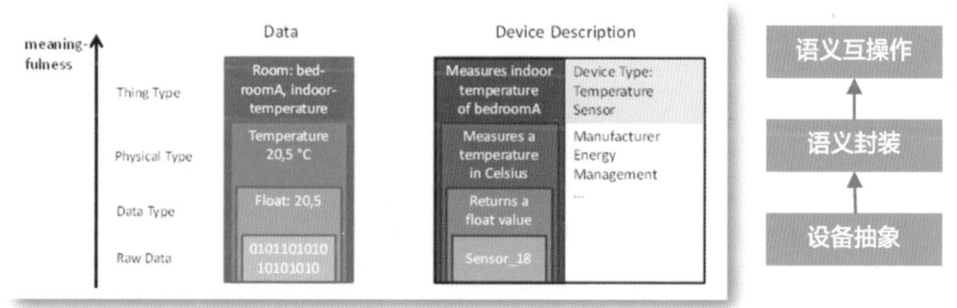

图 1-14　IoT 设备数据的本体抽象与语义封装

1.3.7　知识图谱支持下的大数据分析

知识图谱也在大数据分析应用中发挥重要作用。著名的情报大数据公司 PALANTIR 有一个核心技术叫动态本体（Dynamic Ontology），它允许数据分析人员根据自己的需要来定制构建一个本体。例如在一个反恐场景中，需要定义恐怖分子、恐怖事件和高危区域等基本概念以及它们之间的语义关系。

PALANTIR 再通过机器学习算法和自然语言处理技术从各种数据来源获取信息并灌入本体中。事实上，很多领域的大数据分析问题并不需要构建很复杂的算法模型，如果能根据分析的需要构建一个知识图谱，大部分大数据分析问题都可以转化为一个知识图谱上的查询问题。当然，有了图结构的数据，也可以更加容易地在知识图谱上叠加各种图算法，例如图嵌入算法、图神经网络等。这些算法利用知识图谱中存在的关系进一步挖掘和推理未知的关系，从而大幅提升数据分析的深度和广度。

知识图谱技术源于互联网，最早落地应用的也是搜索引擎、智能问答和推荐计算等领域。知识图谱支持通过规范化语义集成和融合多源数据，并能通过图谱推理能力支持复杂关联大数据的挖掘分析，因此在大数据分析领域也有广泛应用。对于语言理解和视觉理解，外源知识库的引入可以有力地提升语义理解的深度和广度。

1.4 知识图谱的技术内涵

本节系统性地梳理知识图谱涉及的主要技术要素，帮助大家了解和掌握知识图谱的核心技术内涵。

1.4.1 知识图谱是交叉技术领域

知识图谱是典型的交叉技术领域，如图 1-15 所示。在人工智能和机器学习领域，传统符号知识表示是知识图谱的重要基础技术；同时深度学习、表示学习等领域与知识图谱的交叉产生了知识图谱嵌入、知识图谱表示学习等交叉领域。在传统的自然语言处理领域，怎样从文本中自动化识别实体、抽取关系、检测事件等信息一直是经久不衰的研究热题，Knowledge Base Population 即是知识图谱与自然语言处理之间产生的交叉领域。在数据库领域，知识图谱与数据库的交叉又产生了图数据库，而图嵌入、图挖掘等数据挖掘领域的方法也广泛地被用来处理知识图谱数据。同时，知识图谱也具有互联网基因，其最早的商业落地应用即是搜索引擎，因此在互联网和信息获取等领域的会议中也会看到很多知识图谱相关的学术论文。此外，计算机视觉、物联网和区块链等领域也都能时常见到知识图谱的影子。

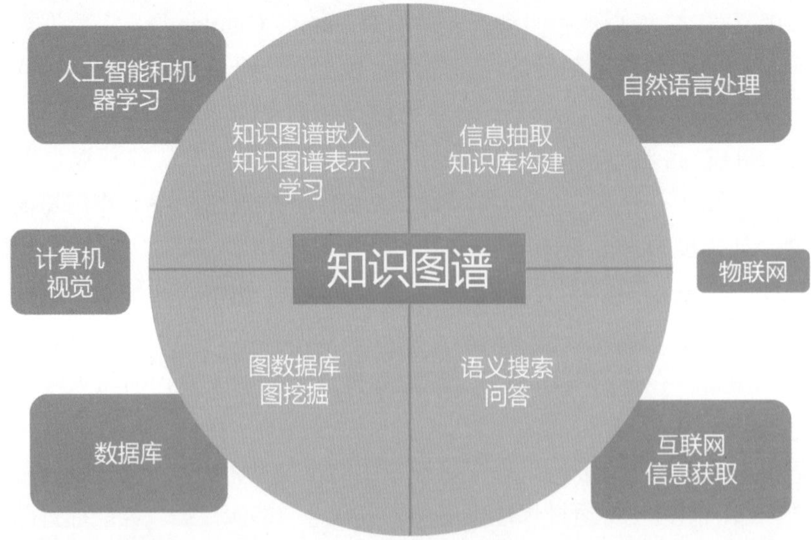

图 1-15 知识图谱是交叉技术领域

1.4.2　知识图谱的两个核心技术维度

虽然知识图谱的交叉特征导致知识图谱相关技术点繁多，但知识图谱始终有两个比较核心的技术基因，如图 1-16 所示。第一个是从知识的视角，它来源于传统 AI 的知识表示与推理领域，关心怎么表示概念和实体，怎样刻画它们之间的关系，怎样进一步表示公理、规则等更加复杂的知识。随着深度学习的兴起，怎样利用向量表示实体和关系产生了 KG Embedding 的技术领域；而怎样利用神经网络来实现逻辑推理则产生了 Neural Symbolic Reasoning 等新兴的技术领域。

第二个视角是从图的视角，它来源于知识图谱的互联网基因，关心图中的节点、边、链接、路径、子图结构，怎样存储大规模的图数据，怎样利用图的结构对图数据进行推理、挖掘与分析等。知识图谱一方面比纯图的表达能力更强，能建模和解决更加复杂的问题，另外一方面又比传统专家系统时代的知识表示方法采用的形式逻辑更简单，同时容忍知识中存在噪声，在构建过程更加容易扩展，因此得到了更为广泛的认可和应用。

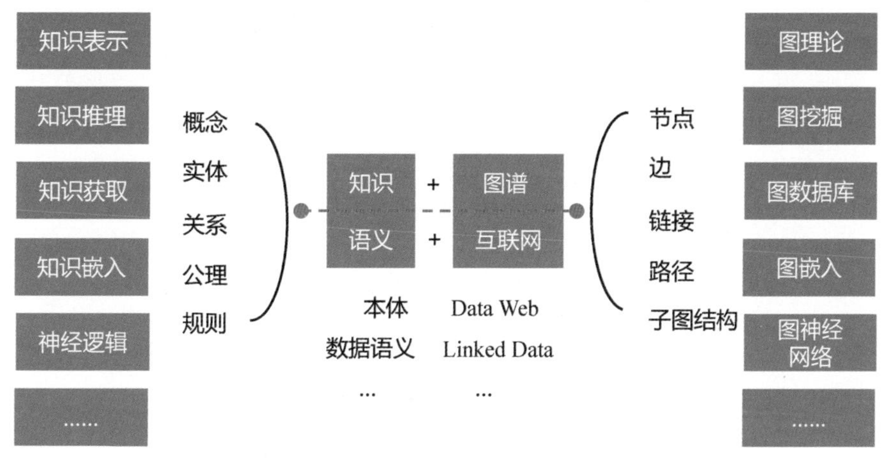

图 1-16　知识 + 图谱：两个互补的技术维度

1.4.3　知识图谱的技术栈

进一步细分，知识图谱涉及的技术要素可以分为表示、存储、抽取、融合、推理、问答和分析等几个方面，如图 1-17 所示。例如，从表示的维度，涉及最基本的属性图表示和 RDF 图模型，以及更复杂知识的 OWL 本体表示和规则知识建模。从存储的维度，涉及怎样利用已有的关系数据库存储知识图谱，也涉及性能更高的原生图存储、图查询语言等。从抽取的维度，涉及怎样从文本中抽取概念、识别实体以及抽取三元组和事件等更为复杂的结构化知识。从融合的角度，涉及怎样实现本体映射和概念匹配，以及实例层的实体对齐等技术。从推理的角度，涉及基于传统符号逻辑的推理技术，以及新兴的基于表示学习和神经网络的推理技术。从问答的角度，涉及问句理解、语义解析、答案生成和实体链接等多个智能问答领域的技术。从分析的角度，涉及传统的图算法，以及利用图嵌入、图神经网络等技术对知识图谱数据进行深度挖掘和分析等方面的技术。其他还包括知识图谱的众包技术，在计算机视觉领域的 Scene Graph 的构建，以及 Semantic IoT 等。在后面的章节中，尝试对这些繁多的技术要素进行系统性的梳理和介绍。当然，在解决一个实际问题时，通常仅需要用到其中若干技术的组合，但对它们进行整体了解和全面把握，对于提出系统性的解决方案会有很大帮助。

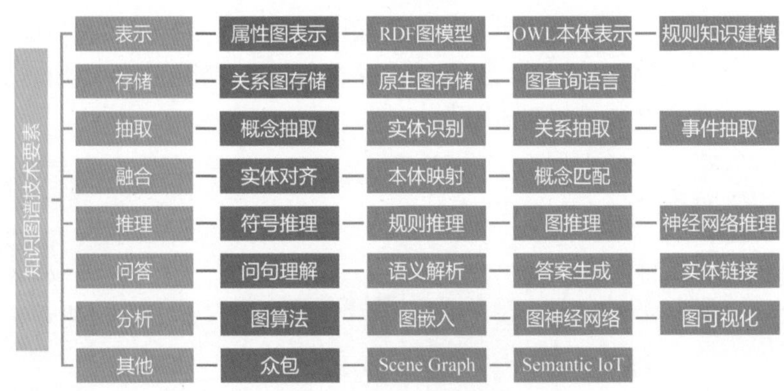

图 1-17 知识图谱技术栈

接下来，对各个技术维度进行概览性的介绍，后面每一个技术维度都会有一个对应章节进行具体的介绍。

1. 基于图的知识表示

第一个技术维度是表示。最常用的知识图谱表示方法有属性图和 RDF 图两种。这两种表示方法都基于一个共同的图模型——有向标记图（Directed Labeled Graph），知识图谱就是基于有向标记图的知识表示方法。以 RDF 图模型为例具体介绍，知识图谱的最基本组成单元是三元组。一个三元组包含（Subject,Predicate,Object）三个部分，即主语、谓语和宾语。例如，“浙江大学 位于 杭州”就可以简单地用一个三元组表示。一条三元组代表了对客观世界某个逻辑事实的陈述。这些三元组头尾相互连接形成了一张描述万物关系的图谱。

从这个角度来看，三元组实际上是最简单而且最接近于人的自然语言的数据模型，而图的信息组织方式又更接近人脑的记忆存储方式。当然，三元组的表达能力也是有限的，在后面的章节中还会介绍更加复杂的知识，比如本体公理、规则逻辑等怎样建模和表示。

2. 图数据存储与查询

第二个技术维度是存储。图数据库充分利用图的结构建立微索引。这种微索引比关系数据库的全局索引在处理图遍历查询时更加廉价，其查询复杂度与数据集整体大小无关，仅正比于相邻子图的大小。因此在很多涉及复杂关联和多跳的场景中得到广泛应用。这里需要说明的是，图数据库并非知识图谱存储的必选方案，在后面的章节中，会介绍常见的知识图谱存储的各种解决方案。

3. 知识抽取

第三个技术维度是知识抽取。知识图谱的构建一般多依赖于已有的结构化数据，通过映射到预先定义的 Schema 或本体来快速地冷启动。然后利用自动化抽取技术，从半结构化数据和文本中提取结构化信息来补全知识图谱。这里涉及 D2R 映射，表格及列表数据抽取，从文本中识别实体、关系和事件等。这里需要特别说明的是，目前完全自动化地抽取高质量的知识仍然是无法做到的，“机器抽取+人工众包”仍然是当前知识图谱构建的主流技术路线。

4. 知识融合

第四个技术维度是知识图谱的融合。在知识图谱的构建过程中，很多时候都需要使用数据融合技术将多个来源数据中的实体或概念映射到统一的命名空间中。主要包含两个层面的融合，一个是在本体概念层面，例如两个不同的知识图谱用到的概念，其中一个定义的 Rock Singer 是另外一个定义的 Singer 类的子类。另一个是在实体层面，例如同一个人在不同的数据集中用的名字是不一样的。基于表示学习的方法是当前实现知识图谱异构融合的主流技术。

5. 知识推理

第五个技术维度是知识推理。推理是知识图谱的核心技术和任务，知识图谱推理的目标是利用图谱中已经存在的关联关系或事实来推断未知的关系或事实，在知识图谱的各项应用任务中发挥着重要作用。推理可以用来实现链接预测、补全缺失属性、检测错误描述和识别语义冲突，以提升图谱质量等。在查询和问答中，推理可以用来拓展问句语义，提高查询召回。在推荐计算中，推理可用来提升推荐的精准性和可解释性。此外，推理在深度语言语义理解和视觉问答中也扮演着必不可少的角色。凡是包含深度语义理解的任务都会涉及推理的过程。当前，在知识图谱中实现推理大致可以分为基于符号逻辑的方法和基于表示学习的方法。传统基于符号逻辑的方法的主要优点是具备可解释性，主要缺点是不易于处理隐含和不确定的知识。基于表示学习的方法的主要优点是推理效率高且能表征隐含知识，主要缺点是丢失可解释性。

6. 知识问答

第六个技术维度是知识问答。问答是利用知识图谱数据的主要形式之一。一个典型的问答处理流程涉及对问句的语义解析，即把自然语言问句解析为更易于被机器处理的逻辑表示或分布式表示形式，再将问句的语义表示与知识图谱中的节点进行匹配和查询，这个过程中可能还需要叠加推理，对结果进行放大，最后再对候选的匹配结果进行排序，并生成对用户友好的答案形式。知识图谱问答有很多种不同的实现形式，也会在知识图谱问答章节对相关基本技术进行介绍。

7. 图算法与知识分析

第七个技术维度是图算法与知识分析。知识图谱作为一种基于图结构的数据，可以充分地利用各种图挖掘与分析算法对知识图谱进行深度的挖掘和分析。包括常见的基于图论的一系列算法，如最短路径搜索、子图识别和中心度分析等，也包括图嵌入、图神经网络等图表示学习方法。

1.5 建立知识图谱的系统工程观

最后，需要特别强调的是，知识图谱不是单一的技术，仅仅把握其中某一个方面的技术对于做好知识图谱还是远远不够的，而是需要建立系统工程思维。如前所述，知识图谱技术涉及数据、算法、工具和系统等多个维度。首先，知识图谱是一种高质量的数据，通过积累高质量的数据沉淀领域知识。这对于任何一个领域，都应该是一件需要持续投入的领域知识工程。其次，通常需要围绕知识图谱数据形成一整套算法、工具和应用系统。整个知识图谱技术栈涉及从数据来源、数据采集、图谱构建、智能服务和业务应用多个层面，知识图谱的价值也需要通过多个技术点的叠加交互才能最大限度地发挥出来。针对自身所在的领域，选择必要的技术要素、设计系统性的技术架构，更多地采用系统工程的思路实践知识图谱是非常重要的实践思路。

第 2 章
CHAPTER 2

知识图谱的表示

本章中重点探讨知识图谱的一个基础问题：怎样表示知识？在构建知识图谱的时候，通常第一件事就是设计 Schema 或本体，而知识图谱的最基本知识表示单元是三元组。当然，知识的表示远远没有三元组那么简单。事实上，在深度学习兴起之前，研究怎样用计算机易于处理的方式来表示人类知识一直居于人工智能研究的核心位置。在这一章中，将分别介绍知识表示的内涵、人工智能发展历史长河中出现的各种知识表示方法，并着重介绍知识图谱领域最常用的符号表示和向量表示两种方法。

2.1 什么是知识表示

2.1.1 知识表示的五个用途

第 1 章曾经提到过一个问题：什么是知识？柏拉图说知识是“Justified True Belief”。实际上，人类的自然语言，以及创作的绘画和音乐、数学语言、物理模型、化学公式等都是人类知识的表示形式和传承方式。具有获取、表示和处理知识的能力是人类心智区别于其他物种心智的最本质的特征之一。所以，传统的人工智能领域有一个经典的研究方向叫知识工程和专家系统。这种经常被称为是 GOFAI（Good Old Fashioned AI）的基本思想是建立一个系统，能够从专家大脑里获取知识，即知识工程，再通过一个推理引擎为非专家用户提供服务。

那么到底什么是知识表示（Knowledge Representation，KR）呢？回到 20 世纪的人工智能研究。1993 年，当时的 MIT AI Lab 有一篇发表在 *AI Magazine* 上的文章，题目叫 *What is Knowledge Representation*。虽然这篇文章探讨的主题和当下的深度学习相去甚远，但对于这篇文章里面所探讨的 AI 难题，当下的人工智能仍然远远没有解决。

简单而言，KR 就是用易于计算机处理的方式来描述人脑知识的方法。KR 不是数据格式、不等同于数据结构、也不是编程语言。对于人工智能而言，数据与知识的区别在于 KR 支持推理。本书摘录了这篇文章中关于 KR 的五个用途的表述，如图 2-1 所示。首先“客观事物的机器标识”。每个客观事物应该有一个统一的机器标示，即事物的命名体系，这就好比我们来到这个世界，首先记住的是万事万物的名字。其次，“一组本体约定和概念模型”。我们记住了大家的名字，然后会进一步做概念的抽象，这几个人是本科生、那几个人是博士生、他们都是浙大学生，这门课是必修课，上课老师的研究方向是知识图谱等。我们通过对认知的事物进行抽象建立起有关万事万物的抽象概念模型，这就是本体。再进一步，“支持推理的表示基础”。我们建立了关于万物的概念表示体系，就能进一步开始推理。比如如果知道知识图谱课程的主题分类是人工智能，就可以近似地推断上这门课的老师的研究方向之一是人工智能。第四点，“用于高效计算的数据结构”。是说这种表示方法还要易于被机器处理，比如自然语言文本也可以表示前面所有的知识内容，但却并不易于被机器处理，所以自然语言不是适合于机器的知识表示方法。最后“人可理解的机器语言”，这一条是说知识表示同时也是要易于人理解的，这和 AI 的可解释性要求有关，这也是当前神经网络方法表示知识的最大问题，关于这一点，后面还会专门提及。

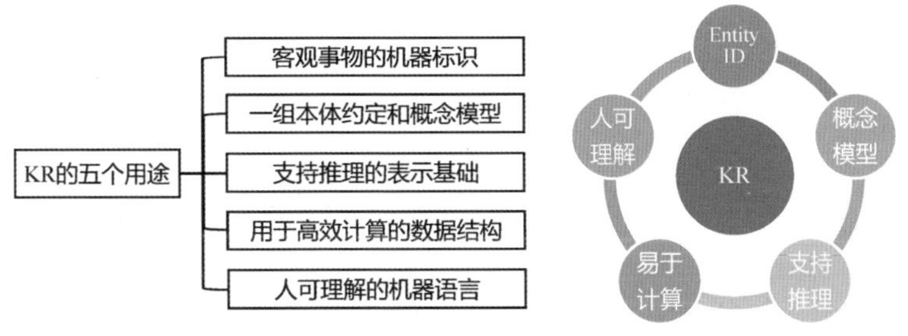

图 2-1　知识表示的五个用途

2.1.2　符号表示与向量表示

传统人工智能领域的知识表示方法主要以符号表示方法为主，例如影响今天知识图谱发展的语义网络、描述逻辑等，影响对话系统的框架系统等。这些方法都尝试用计算机符号表示人脑中的知识逻辑，虽然很多方法已经逐渐不被人提及，但实际上对今天的很多信息系统的建设都或多或少地产生过影响。将在下一节简略回顾这些历史上出现过的各种知识表示方法。

符号表示方法的主要缺点是不易于刻画隐式的知识，同时因为推理依赖于知识描述的精确性，比如一个字符串表示稍有错误就无法完成推理，因而传统的符号人工智能研究的很多推理机都没有得到大规模的实用。随着深度学习和表示学习的兴起，用参数化的向量来表示实体以及实体之间的关系，并利用神经网络来实现更加鲁棒的推理成为一个重要的发展趋势。基于向量的方法有一个比较大的好处是易于捕获隐式的知识。例如，可以将张三和李四两个实体都投影到向量空间，如果他们都有一个共同的属性，比如“就读于浙江大学”，尽管知识库并没有明确描述张三和李四是校友关系，但可以通过两个实体在向量空间的位置再叠加“校友关系”的向量表示，近似地推断出他们之间可能存在校友关系、同学关系，甚至同班关系。这种在向量空间处理隐含知识的能力非常重要，因为我们永远无法显示描述所有的知识。事实上，人脑也并不会记忆所有的知识，而是经常性地基于记得住的知识推断新的知识。向量表示的另外一个好处是将推理过程转化为向量、矩阵或张量之间的计算，这摆脱了传统基于符号搜索的推理计算方式，效率更高。但知识向量化有一个比较大的缺点是丢失了符号表示的可解释性，如图 2-2 所示。关于这一点，会在后续章节多次提及。

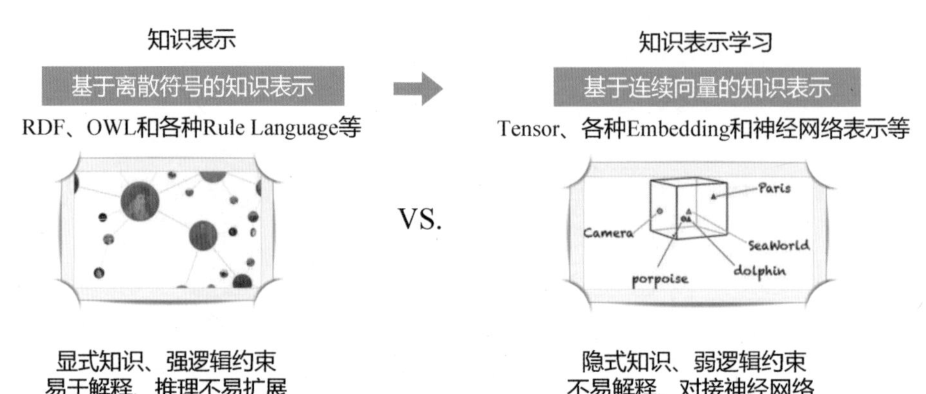

图 2-2 从知识表示到知识表示学习

更进一步，知识的向量化为有机地融合多种模态的数据提供了便利。向量化的表示已经在人工智能的其他领域非常常见。例如，在自然语言处理中，可以为句子中的每个词学习一个向量表示（Word Embedding）或分布式向量表示（Distributed Vector Representation）。在图像视频中可以为每个视觉对象学习一个向量表示。例如，一个视觉感知的“树”，怎样和大脑中有关“树”的概念对应起来；关于“树”的大段自然语言描述又怎样和知识图谱中的“树”的概念定义关联起来。

深度学习专家 Hinton 曾经在 2015 年 AAAI Symposium 的一个有关知识表示与推理的论坛上做了一个题为“Aetherial Symbol”的报告。他这样总结：智能的精华是怎样实现推理，推理的关键是形式化逻辑。同时他批评了深度学习至上的观点，指出学习需要清楚地知道要学习的是什么，那些认为任何东西都可以学习出来的想法是愚蠢的。他也反驳了传统符号主义的观点，认为大脑中并没有符号和图像的存储，而是一些向量之间的相互发生作用。因此将符号表示和神经网络方法相互结合是知识表示的重要发展方向，特别是对于知识图谱，这两者的有机融合也是知识图谱的构建和应用非常重要的基本技术路线，这一点也将贯穿于本书的始终。

2.2 人工智能历史发展长河中的知识表示

在这一节中，简略回顾在人工智能历史发展长河中出现过的知识表示方法。需要特别说明的是，知识表示是一个非常传统、涉及面广、内容深入的领域。本书的重点是讲知识图谱，因此只对传统知识表示方法做简略说明，并主要列举一些与知识图谱有密切关系的方法。例如早期的 Semantic Net 即是研究怎样用语义网络模仿人脑的记忆。产生式规则主要用于刻画规则逻辑型知识，在专家系统领域有广泛应用。框架系统、描述逻辑等都重在研究怎样描述本体，即关心人是怎么描述客观万物之间的关系，以及关于万物的概念是怎样形成的。

2.2.1　描述逻辑

描述逻辑（Description Logic）是和知识图谱最接近的知识表示方法。描述逻辑是一阶谓词逻辑的可判定子集，主要用于描述本体概念和属性，对于本体知识库的构建提供了便捷的表达形式。它的核心表达要素很简单，包括：概念（Concepts），例如学生、教授等；关系（Relations），例如朋友、爱人等；个体（Individuals），例如小明、小红等。

一个由描述逻辑实现的知识库通常包含两个部分，即：TBox 和 ABox，TBox 包含内涵知识，用于描述概念的一般性质。例如需要声明 Mother 的概念是“有小孩的人”这个概念的子概念。ABox 包含外延知识，描述论域中的特定个题，例如声明张三是一名学生，张三和李四是同学关系等。这也是知识图谱的基本表示单元。

2.2.2　霍恩规则逻辑

霍恩规则逻辑（Horn Logic）也是应用广泛的知识表示方法，也是一阶谓词逻辑的子集，主要特点是表达形式简单、复杂度低，且易于描述规则型知识。著名的 Prolog 语言就是基于霍恩逻辑设计实现的。

它的核心表达要素包含三个方面：

- 原子（Atom）：由一个谓词陈述构成，例如 has_child（Helen, Jack）；
- 规则（Rules）：由头部原子和体部原子组成，一条规则描述了多个体部原子与单个头部原子之间的逻辑推导关系；
- 事实（Facts）：是指没有头部且没有变量的规则，例如：has_son（Helen, Jack）:- 。

这类以谓词逻辑为基础的知识表示方法的主要优点是接近自然语言，容易被接受，且易于表示精确知识，因为有严格的形式定义和推理规则，易于精确实现。主要缺点是无法表示不确定性知识，难以表示启发性知识及元知识，存在组合爆炸问题，即：经常出现事实、规则等的组合爆炸，导致效率低。

2.2.3 产生式系统

产生式系统（Production System）是一种意义更广泛的规则系统，专家系统多数是基于产生式系统，例如 Feigenbaum 研制的化学分子结构专家系统 DENDRA，Shortliffe 研制的诊断感染性疾病的专家系统 MYCIN 等。

产生式系统的核心表达形式是：IF P THEN Q CF = [0, 1]，其中 P 是产生式的前提，Q 是一组结论或操作，CF（Certainty Factor）为确定性因子，也称置信度。例如，可以定义一条产生式规则：IF（本微生物的染色斑是革兰氏阴性、本微生物的形状呈杆状、病人是中间宿主）THEN 该微生物是绿脓杆菌，置信度为 CF=0.6。

产生式系统的优点包括自然性——它采用了人类常用的表达因果关系的知识表示形式，既直观、自然，又便于进行推理；模块性——产生式系统中的规则形式相同，易于模块化管理；有效性——能表示确定性知识、不确定性知识、启发性知识、过程性知识等；清晰性——产生式有固定的格式，既便于规则设计，又易于对规则库中的知识进行一致性、完整性的检测。但缺点是效率不高，由于产生式系统求解问题的过程是一个反复进行“匹配—冲突消解—执行”的过程。而规则库一般都比较大，匹配又十分费时，因此其工作效率不高。另外一个缺点是不能表达结构性知识，它对具有结构关系的知识无能为力，它不能把具有结构关系的事物间的区别与联系表示出来。

2.2.4 框架系统

框架系统的基本思想认为人们对现实世界中事物的认识都是以一种类似于框架的结构存储在记忆中。当面临一个新事物时，就从记忆中找出一个合适的框架，并根据实际情况对其细节加以修改、补充，从而形成对当前事物的认识。框架系统在很多 NLP 任务如 Dialogue 系统中都有广泛的应用。框架系统的基本表达结构是框架，一个框架由若干个“槽”（Slot）结构组成，每个槽又可分为若干个“侧面”，槽用于描述对象某一方面的属性；侧面用于描述相应属性的一个方面；槽和侧面所具有的属性值分别称为槽值和侧面值。如图 2-3 所示为一个框架系统的举例。可以看到框架系统其实和面向对象的思想相近。

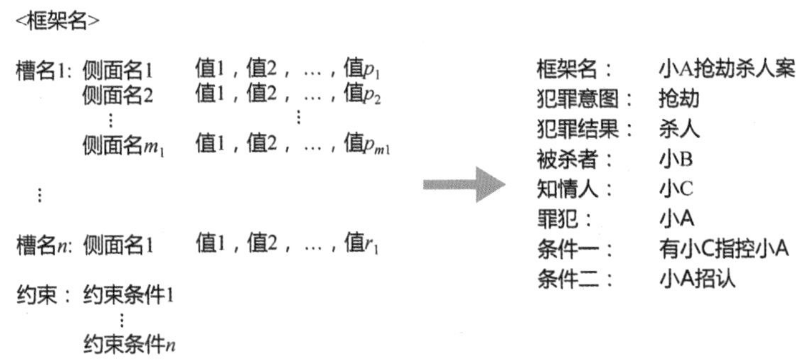

图 2-3　框架系统实例

框架系统的优点是对知识的描述比较全面和完整，知识库的质量也比较高，另外框架允许数值计算，这一点是框架系统优于其他方法的一个主要特点。框架系统的缺点是维护成本比较高，质量要求也比较高，框架的表达形式其实并不灵活，很难与其他形式的数据集配合使用。

2.2.5　语义网络

语义网络（Semantic Net）已经在前面多次提及。1968 年 J.R.Quillian 在其博士论文中最先提出语义网络，把它作为人类联想记忆的一个显式心理学模型，并在他设计的可教式语言理解器 TLC（Teachable Language Comprehenden）中用作知识表示方法。例如，WordNet 就是一个非常典型的语义网络。WordNet 由普林斯顿大学认知科学实验室从 1985 年开始开发，主要定义了名词、动词、形容词和副词之间的语义关系。例如名词之间的上下位关系（如：“猫科动物”是“猫”的上位词），动词之间的蕴含关系（如：“打鼾”蕴含着“睡眠”）等。WordNet3.0 已经包含超过 15 万个词和 20 万种语义关系。

语义网络的优点是它是一种结构化的知识表示方法，易于把事物的属性以及事物间的各种语义联想显式地表示出来，同时直观地把事物的属性及其语义联系表示出来，便于理解，因此自然语言与语义网络的转换比较容易实现，在自然语言理解系统中应用最为广泛。缺点是语义网络没有公认的形式表示体系。一个给定的语义网络所表达的含义完全依赖于处理程序如何对它进行解释；同时通过推理网络而实现的推理不能保证其正确性，例如支持全称量词和存在量词的语义网络在逻辑上是不充分的，不能保证不存在二义性；语义网络表示知识的手段多种多样，灵活性高，但由于表示形式不一致，使得处理复杂度高，对知识的检索相对复杂。如图 2-4 所示为语义网络的实例，每个节点代表一个概念，每条边代表词之间的语义关系，例如描述（Fish lives_in Water）等关系。

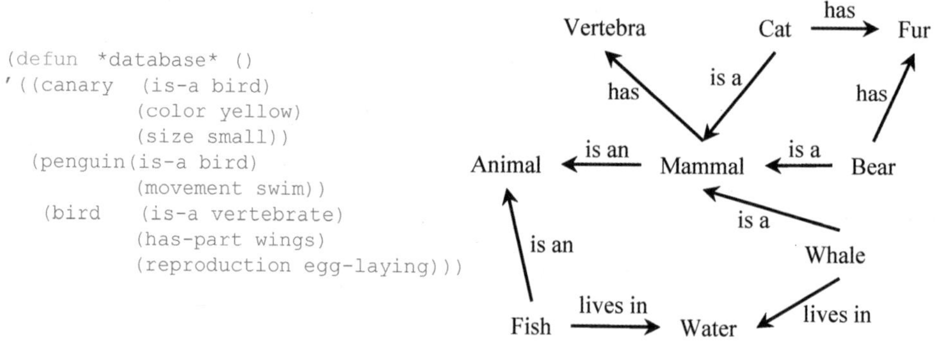

图 2-4 语义网络实例

知识表示与推理在人工智能的发展历史上一直居于核心位置。传统的知识表示方法主要以符号表示为主，与知识图谱有关的典型方法有：描述逻辑、霍恩规则逻辑、产生式系统、框架系统和语义网络等。这些方法各有优缺点，但都有一个共同的缺点是知识的获取过程主要依靠专家和人工，越复杂的知识表示框架，知识获取过程越困难。

2.3 知识图谱的符号表示方法

接下来重点介绍知识图谱的常用知识表示方法，并首先介绍知识图谱的符号表示方法。

2.3.1 基于图的知识表示方法

在前面的章节中已经多次提到，知识图谱采用图的方式描述和表达知识，相比于简单图，能建模更加复杂的事物关系，但比起形式化逻辑，又免于复杂的逻辑约束，使得知识的获取过程变得更加容易。

但在知识图谱的实际实践中，不同的应用场景会对知识的建模采用不同表达能力的图表示方法。例如有些应用场景仅采用最简单的无向图，通常适合于对建模要求不高，偏于数据挖掘类的应用场景。知识图谱表示应用最多的是有向标记图（Directed Labelled Graph）。最常用的两种有向标记图模型，一种叫属性图（Property Graph），另外一种是 RDF 图模型，如图 2-5 所示。

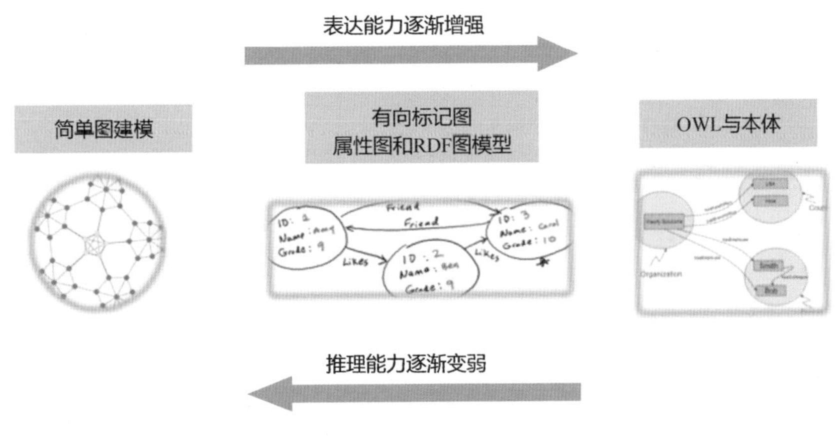

图 2-5　基于图的知识表示方法

但有向标记图的表达能力依然是有限的，在很多专业领域，如医学本体构建等，需要更为复杂的关系语义的表示，例如描述对称关系、自反关系、传递关系等，这就需要用到 OWL 等本体描述语言。本节重点介绍知识图谱领域三种最常用的知识表示方法——属性图、RDF 图模型和 OWL 本体语言。

2.3.2　属性图

属性图是图数据库 Neo4J 实现的图结构表示模型，在工业界有广泛应用。属性图的优点是表达方式非常灵活，例如，它允许为边增加属性，非常便于表示多元关系。属性图的存储充分利用图的结构进行优化，因而在查询计算方面具有较大优势，关于这一点将在知识图谱的存储章节做更加具体的介绍。属性图的缺点是缺乏工业标准规范的支持，由于不关注更深层的语义表达，也不支持符号逻辑推理。

在属性图的术语中，属性图是由顶点（Vertex）、边（Edge）、标签（Label）、关系类型和属性（Property）组成的有向图。顶点也称为节点（Node），边也称为关系（Relationship）。在属性图中，节点和关系边是最重要的表达要素。节点上包含属性，属性可以以任何键值形式存在。

关系边连接节点，每条关系边都有一个方向、一个标签、一个开始节点和一个结束节点。关系边的方向的标签使得属性图具有语义化特征。和节点一样，关系边也可以有属性，即边属性，可以通过在关系边上增加属性给图算法提供有关边的元信息，如创建时间等。此外还可以通过边属性为边增加权重和特性等其他额外语义，如图 2-6 所示。

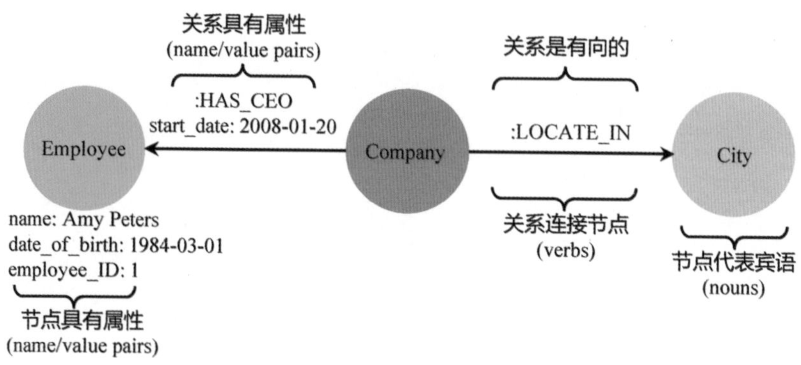

图 2-6 属性图示例

2.3.3 RDF 图模型

RDF 是国际万维网联盟 W3C 推动的面向 Web 的语义数据标准，所以 RDF 本身的定位首先是数据交换标准规范，而非存储模型。RDF 的基本组成单元是三元组，即(s,p,o)，例如，可以用一条三元组来描述<浙江大学, 位于, 杭州>。一条三元组代表关于客观世界的逻辑描述或客观事实。多个三元组头尾相互连接，就形成了一个 RDF 图。本质上，RDF 图也是一个有向标记图。

RDF 还提供了基础的表达构件用于定义类、属性等 Schema 层的术语。例如，domain、range 用于定义某个关系的头尾节点类型，subClassOf 和 subPropertyOf 用于定义类及属性之间的层次关系等。有了 RDFS，已经可以实现最简单的符号推理。如图 2-7 所示，如果将谷歌定义为一家人工智能公司，同时也知道人工智能公司是高科技公司，就可以推理得出谷歌也是一家高科技公司。这类简单的推理已经可以减轻数据维护的负担，因为很多查询结果可以通过推理间接得出，而不用对所有结果进行全量存储。

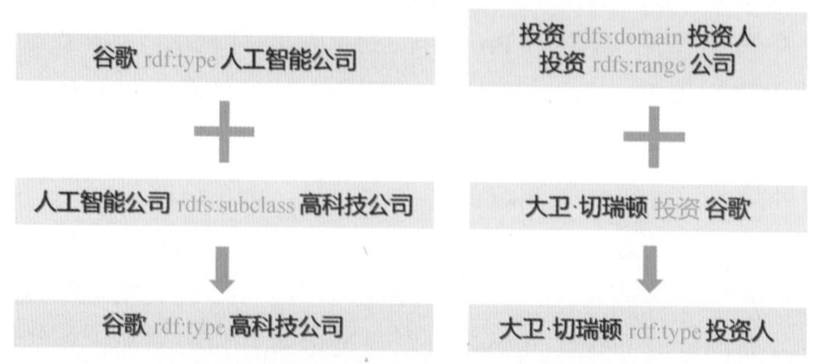

图 2-7 基于 RDFS 实现简单的推理

2.3.4 OWL 本体语言

RDF+RDFS 的表达能力是非常有限的。在实际应用中，需要定义更为复杂的概念，刻画更为复杂的概念关系。这就需要用到 OWL 等本体表达语言。本体（Ontology）原来是一个哲学术语，后来被人工智能的研究人员作为知识表示研究的对象引入计算机领域。本体最常用的逻辑表达语言即描述逻辑（Description Logic）。系统性介绍描述逻辑的内容超出了本书的范围，接下来主要结合国际万维网联盟推动的 OWL 本体语言标准来介绍相关的基本知识。

OWL 首先可以被看作 RDF Schema 的扩展。OWL 在 RDF 的基础上增加了更多的语义表达构件。例如，通过多个类组合定义更加复杂的类；刻画关系的一对多、多对一、多对多等关系基数（Cardinality）约束；定义常用的全称量词和存在量词；定义互反关系、传递关系、自反关系、函数关系等更加复杂的关系语义等。

在这里举例介绍几种典型的 OWL 表达构件。例如可以使用等价性声明表达构件 owl:equivalentClass、owl:equivalentProperty 和 owl:sameIndividualAs 来分别声明两个类、两个属性或两个个体的等价关系。再比如可以声明传递关系，如<exp:ancestor rdf:type owl:TransitiveProperty>声明了 ancestor 是一个传递关系，当知识库中存在<exp:小明 exp:ancestor exp:小林>；<exp:小林 exp:ancestor exp:小志> 两条知识时，就可以推理得出<exp:小明 exp:ancestor exp:小志>。类似地，也可以声明互反关系，如 <exp:ancestor owl:inverseOf exp:descendant>声明 ancestor 和 descendant 是互反的，当知道<exp:小明 exp:ancestor exp:小林>，就可以马上在知识库中新增一条<exp:小林 exp:descendant exp:小明>的新知识。

还可以声明某个关系必须满足函数约束，例如声明<exp:hasMother rdf:type owl:FunctionalProperty>，这样 exp:hasMother 就是一个具有函数性的属性，因为每个人只有一个母亲。这将作为约束作用到整个知识库，不允许知识库中出现一个人同时有两个母亲。

还可以声明属性的全称限定，例如，owl:allValuesFrom 声明 exp:hasMother 在主语属于 exp:Person 类的时候，宾语的取值只能来自 exp:Women 类。同样地，可以声明属性的存在限定，通过 owl:someValuesFrom 声明 exp:publishedIn 在主语属于 exp:SemanticWebPaper 类的时候，宾语的取值部分来自 exp:AAAI 类。

OWL 拥有众多的表达构件，本书不对它们做完整的介绍。OWL 实际上有很多语言家族，不同的语言家族代表不同的表达构件的组合。不同的组合对应不同的推理计算复杂度以及它们所适用的场景。如图 2-8 所示，OWL-QL 表示查询语言的意思，专为基于大规模的查询设计的子语言；OWL 2 RL 在扩展 RDFS 表达能力的同时，保持了较低的复杂度；OWL 2 EL 专为概念术语描述、推理而设计，在生物医疗领域广泛应用，如临床医疗术语本体 SNOMED CT 等。在第 5 章还将结合推理能力对表达语言进行介绍。

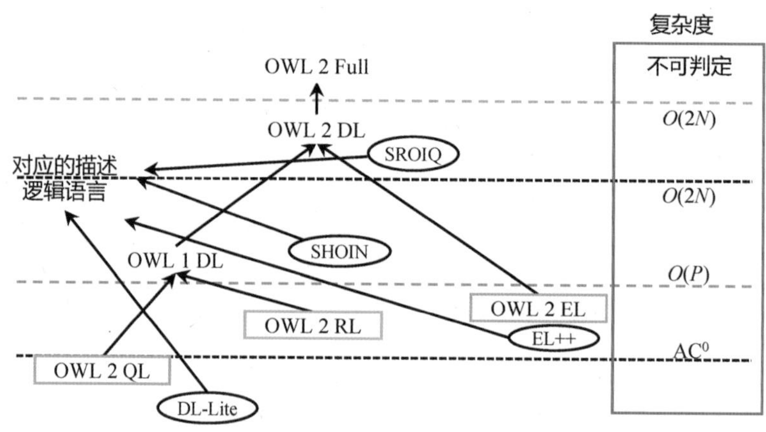

图 2-8 OWL 语言家族

综上，属性图是工业界最常见的图谱建模方法，属性图数据库充分利用图结构特点做了性能优化，实用度高，但不支持符号推理。RDF 是 W3C 推动的语义数据交换标准与规范，有更严格的语义逻辑基础，支持推理，并兼容更复杂的本体表示语言 OWL。在三元组无法满足语义表示需要时，OWL 作为一种完备的本体语言，提供了更多可供选用的语义表达构件。描述逻辑可以为知识图谱的表示与建模提供理论基础。描述逻辑之于知识图谱，好比关系代数之于关系数据库。

2.4 知识图谱的向量表示方法

在这小节中，为大家介绍知识图谱的向量表示方法。前面已经介绍过，向量化的表示已经在人工智能的其他领域非常常见，例如在自然语言处理中，可以为句子中的每个词学习一个向量表示（Word Embedding），在图像视频中也可以为每个视觉对象学习一个向量表示。对于知识图谱，也可以为其中的每一个实体和关系学习一个向量表示，并利用向量、矩阵或张量之间的计算，实现高效的推理计算。

2.4.1　从词向量讲起

首先从词的向量表示讲起。在传统的词向量表示中，比如 One-hot Encoding，每个词向量的大小是整个词典的大小。在这个向量中，除了与该词对应的位置为 1 外，其他位置均为 0，如图 2-9 所示。这种方法的一个显然的缺点是空间消耗比较大。扩展出去，给定一个文档，可以用这个文档中出现的所有词的个数来组成这个文档的向量表示，这种向量的大小也是整个词典的大小。这种表示方法的另外一个缺点是实际上无法有效地表示词的语义。

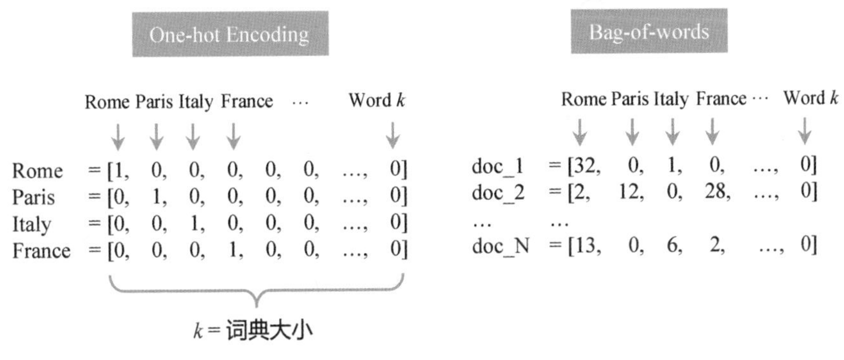

图 2-9　One-hot Encoding 和词袋模型

这里有一个值得思考的问题，就是词的语义到底是由什么决定的。事实上，一个词的含义是很难精确定义的，特别是中文词的语义。例如关于“徒”字，起初的词义是“空的、没有凭借的”，逐步引申变化为“步行”，再引申为“步兵”“同伙”“门徒”等。这里并不想陷入深奥的语言学讨论。

从计算的视角，有一种观点是词的语义可以由它的上下文来确定。人在运用语言时，其实也没有记住每个词的精确语义定义，大脑里面其实也没有什么精确定义的词典，而是更多的类比一个词出现的上下文来理解这个词的语义。这就是所谓的分布式语义概念的来源。One-hot Encoding 模型显然没有办法捕获词的上下文这种语义。

所以，希望通过统计词在大量语料中的上下文规律，并通过词的上下文计算词的这种分布式向量表示。和 One-hot Encoding 不一样，这种分布式向量的每一个维度都有数值，且它的维度远远低于词库的大小，并且是通过语料统计学习出来的，称为低维稠密的向量表示，也称为词向量表示（Word Embedding）。例如，通过对大量语料进行统计学习，可以为“蝴蝶”“瓢虫”“飞”“爬”等词学习它们的向量表示，会发现这些词在向量表示空间有一些规律，比如蝴蝶和飞比较接近，而瓢虫则和爬比较接近，如图 2-10 所示。

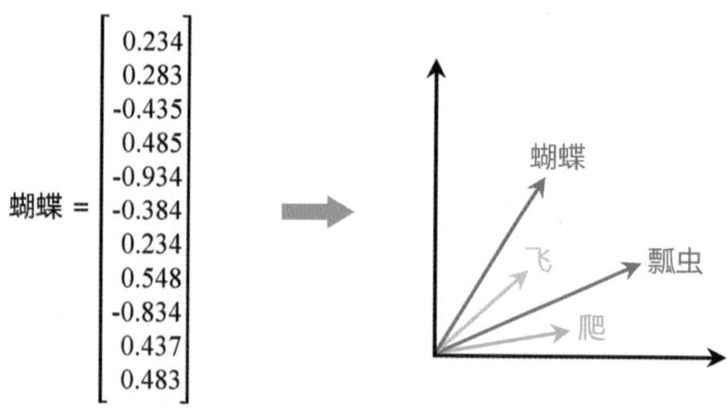

图 2-10　词的向量表示举例

有很多种学习这类词向量的方法，比如传统的 Word2vector 模型 CBoW（Continuous Bag of Words）是通过一个词的前几个词和后几个词作为该词的上下文，并通过引导模型预测中间那个词作为监督训练信号学习每个词的表示。SKIP-Gram 则是反过来利用中间词预测前后几个词学习每个词的表示。不论是传统 Word2vector，还是当下流行的预训练模型，本质都是基于词的上下文共现规律来近似地捕获词的语义。当然这不是本书的重点，不展开介绍，有兴趣的读者可以查阅自然语言处理相关资料进一步了解。

这种词的分布式语义表示有很多有趣的特性。通过探究几个词的维度数值，可以发现同种语义的词在很多维度上具有相似性，例如 Rome 和 Paris 都是首都，而 Italy 和 France 都是国家，所以它们在某些维度上数值非常接近，如图 2-11 所示。再比如，Rome 之于 Italy，Paris 之于 France 都存在首都关系，所以它们在某些维度上也有类似的相似性或相关性，如图 2-12 所示。然而对于 One-hot Encoding，则无法利用这种向量计算得到这种隐含的语义关系。例如 Rome 和 Paris 直接计算相似度为 0，但这显然不正确。

Rome　= [0.91, 0.83, 0.17, …, 0.41]　　Rome　= [0.91, 0.83, 0.17, …, 0.41]
Paris　= [0.92, 0.82, 0.17, …, 0.98]　　Paris　= [0.92, 0.82, 0.17, …, 0.98]
Italy　= [0.32, 0.77, 0.67, …, 0.42]　　Italy　= [0.32, 0.77, 0.67, …, 0.42]
France　= [0.33, 0.78, 0.66, …, 0.97]　　France　= [0.33, 0.78, 0.66, …, 0.97]

图 2-11　词向量的特性（1）

Rome	= [0.91, 0.83, 0.17, …, 0.41]	Rome	= [0.91, 0.83, 0.17, …, 0.41]
Paris	= [0.92, 0.82, 0.17, …, 0.98]	Paris	= [0.92, 0.82, 0.17, …, 0.98]
Italy	= [0.32, 0.77, 0.67, …, 0.42]	Italy	= [0.32, 0.77, 0.67, …, 0.42]
France	= [0.33, 0.78, 0.66, …, 0.97]	France	= [0.33, 0.78, 0.66, …, 0.97]

图 2-12　词向量的特性（2）

2.4.2　从词向量到实体向量

接下来从词的向量表示过渡到知识图谱的向量表示。有一类词是代表实体的，假如对这类实体词的向量做一些计算，比如用 Rome 向量减去 Italy 的向量，会发现这个差值和用 Paris 的向量减去 France 的向量比较接近。这里的原因是 Rome 和 Italy 之间，以及 Paris 和 France 之间都存在 is-capital-of 的关系，如图 2-13 所示。这里看到了熟悉的知识图谱<主语, 谓语, 宾语>三元组结构。这启发可以利用三元组结构来学习知识图谱中实体和关系的向量表示，就像可以利用句子中词的上下文共现关系来学习词的向量表示一样。

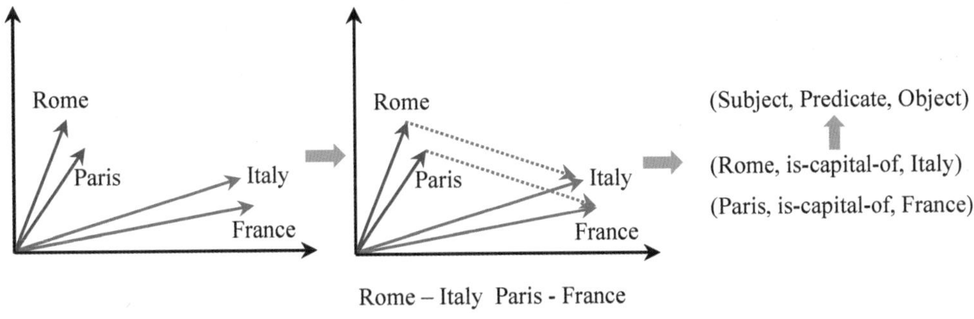

图 2-13　从词向量到实体和关系的向量

2.4.3　知识图谱向量表示学习模型

有很多这样利用主谓宾三元组结构来学习知识图谱中实体和关系的向量表示的模型。其中一个比较简单但有效的模型是 TransE。它的想法很简单，给定一个三元组$<h,r,t>$，其中 h 代表 head，即主语（subject），r 代表 relation，即关系谓词，t 代表 tail，即宾语（Object），如果它所代表的事实是客观存在的，那么 h、r、t 的向量表示应该满足加法关系 $\boldsymbol{h}+\boldsymbol{r}=\boldsymbol{t}$。例如 Rome + is-capital-of 应该在向量空间接近于 Italy；Paris+is-capital-of 的结果也应该接近于 France，如图 2-14 所示。

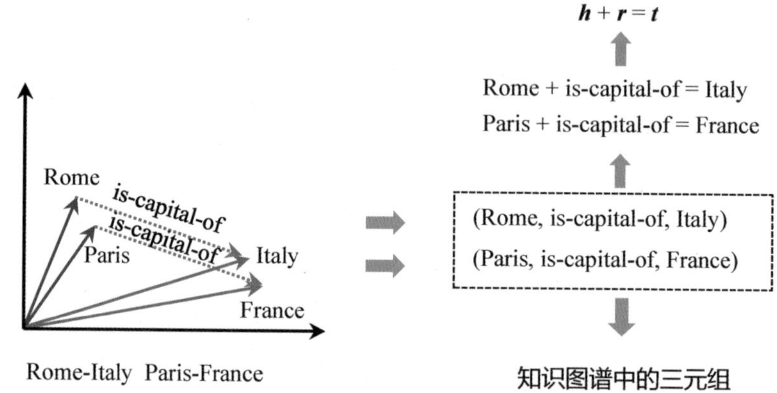

图 2-14 TransE 采用加法模型

对于每一个三元组，可以定义一个评分函数 $f_r(h,t)$，然后对所有的三元组累加计算损失函数 L，如图 2-15 所示。例如给定 Margin Loss 的定义，这里的优化目标就是让真实存在的三元组得分尽可能高，而让不存在的三元组的得分尽可能低。可以采用简单的梯度下降优化方法，例如，可以随机初始化所有实体和关系的向量表示，然后一轮一轮地优化这些向量中的参数。如果优化目标能够收敛，最后学习到的绝大部分实体和关系的向量表示就应该满足 $\boldsymbol{h}+\boldsymbol{r}=\boldsymbol{t}$ 的假设。这里的负样本，也就是不存在的三元组可以有很多种方法构建，一种方法是随机地替换真实三元组的头尾实体，这些新生成的三元组大部分是不存在的，因而可以作为模型的负样本。

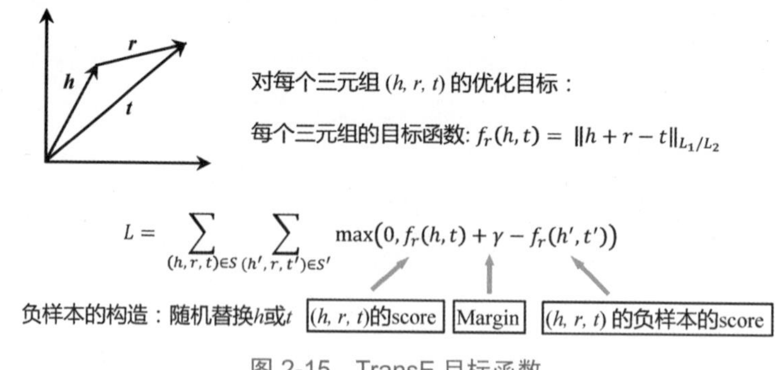

图 2-15 TransE 目标函数

另外一类知识图谱嵌入表示学习模型是以 DistMult 为代表的基于线性变换的学习模型。与 TransE 采用加法不同，DistMult 采用乘法，并用一个矩阵而非一个向量来表示关系，如果一个三元组（h,r,t）存在，那么 h 的向量乘以 r 的矩阵，应该接近于 t 的向量表示，如图 2-16 所示。其他关于评分函数和损失函数的定义都和 TransE 一样。

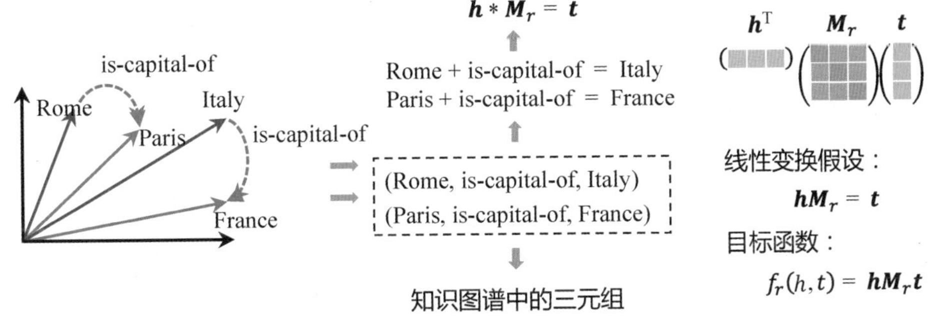

图 2-16　DistMult 采用乘法模型

那么怎样评估这些实体和关系的向量表示的好坏呢？最简单的方法是给定 h、r、t 中的两个，来计算未知的一个，然后看预测的结果是否准确。例如，可以给定 h、r，预测尾实体 t，将 h、r 与知识图谱中的所有候选实体计算得分，如果待预测的实体 t 得分最高，则说明向量表示学习的效果非常好，反之则学习得不好。有很多影响实体关系向量表示学习好坏的因素，例如一个影响比较大的因素是稀疏性问题。给定某个实体或关系，它们的向量表示学习的好坏依赖于知识图谱中是否存在足够多的包含它们的三元组，如果某个实体是一个孤立实体，自然就很难学习到比较好的表示。关于这些问题，将在知识图谱表示学习与推理的章节进一步展开介绍。

2.4.4　知识图谱向量表示的局限性

有非常多的知识图谱嵌入学习模型。当深入考察一个知识图谱的结构特性时，就会发现单纯地依赖三元组提供的信号是远远不够的。人脑的知识结构比语言还复杂，如果希望向量表示能像符号表示一样更加精准地刻画知识结构中的逻辑和语义，并且支持推理，就需要对向量学习的过程增加更多的约束。

例如，为了刻画一对多、多对一等关系语义，就需要增加能存储和捕获这种一对多、多对一的关系的额外参数。但这势必又会增加学习的负担，且对训练语料的要求也会更高。这就陷入两难：一方面，客观问题要求刻画更加复杂的知识逻辑，另一方面，又受到训练代价以及训练语料不充分的约束。所以，知识图谱的表示学习其实是一个比文本表示学习更复杂的问题。关于这个问题，将在知识图谱表示学习与推理、图表示学习及图神经网络的章节再进一步展开探讨。

2.5 总结

知识表示是传统符号人工智能研究的核心。知识表示的方法在早期语义网的发展过程中主要用来为知识图谱的概念建模提供理论基础。现实的知识图谱项目由于规模化构建的需要，常常降低表示的逻辑严格性。目前，较为常见的知识图谱实践包括 RDF 图模型和属性图模型。尽管很多知识图谱并没有应用复杂的知识表示框架，Schema 工程对于知识图谱的构建仍然是基础性和必要性的工作，高质量的知识图谱构建通常从 Schema 设计开始。

在知识图谱的深度利用中，如复杂语义的表达、规则引擎的构建、推理的实现，会对更有丰富表达能力的知识表示方法有更多的需求。图模型是更加接近于人脑认知和自然语言的数据模型，RDF 作为一种知识图谱表示框架的参考标准，向上对接 OWL 等更丰富的语义表示和推理能力，向下对接简化后的属性图数据库以及图计算引擎，仍然是最值得重视的知识图谱表示框架。知识（图谱）的表示学习是符号表示与神经网络相结合比较自然且有前景的方向。知识的向量表示有利于刻画隐含不明确的知识，同时基于神经网络和表示学习实现的推理在一定程度上可以解决传统符号推理所面临的健壮性不高和不容易扩展等众多问题。

第 3 章 CHAPTER 3

知识图谱的存储与查询

本章重点探讨知识图谱的存储和查询问题。在很多实际的知识图谱项目中，搭建图数据库并建立知识图谱查询引擎是最基础的工作。本章将首先对知识图谱的存储方法做一个整体性的了解，然后分别介绍在传统关系数据库基础之上实现知识图谱存储的不同技术和方法，以及原生图数据库及其实现原理。通过了解这些背后的原理，就能比较准确地把握图数据库的优缺点，以及选用知识图谱存储技术方案的一些基本原则。

3.1 基于关系数据库的知识图谱存储

3.1.1 图数据存储的特点

知识图谱的存储需要综合考虑知识的结构、图的特点、索引和查询优化等问题。典型的知识图谱存储引擎分为基于关系数据库的存储和基于原生图的存储。图数据库存储对于知识图谱应用并非是必须的，例如著名的知识图谱项目 Wikidata 后端是 MySQL 实现的。在实践中，知识图谱存储也多采用混合存储结构。

为了探讨知识图谱的存储，首先从知识图谱的图结构模型讲起。前面章节多次提到，不论是属性图，还是 RDF 图模型，基本的数据模型都是有向标记图。知识图谱中包含两类信息，一类是图的结构信息，另一类是由节点和边的标记所包含的语义类型信息。图的结构和语义类型信息是进一步构建更加复杂知识结构，如公理、逻辑规则的基础。针对知识图谱的特点，需要考虑存储相关的三个方面的问题：存储的物理结构、存储的性能问题和图的查询问题。

首先介绍图的查询语言。有很多种图的查询语言，SPARQL 是针对 RDF 设计的语义查询语言。SPARQL 从语法上和 SQL 很类似，如图 3-1 所示，该例子描述了一个查询："查询出生在 1976 年，且出生地所在城市是在 1718 年创立的人的名字。"本质上，这样一条 SPARQL 查询语言可以用一个带变量的图来表示，查询计算的问题则可以转化一个子图匹配的问题。

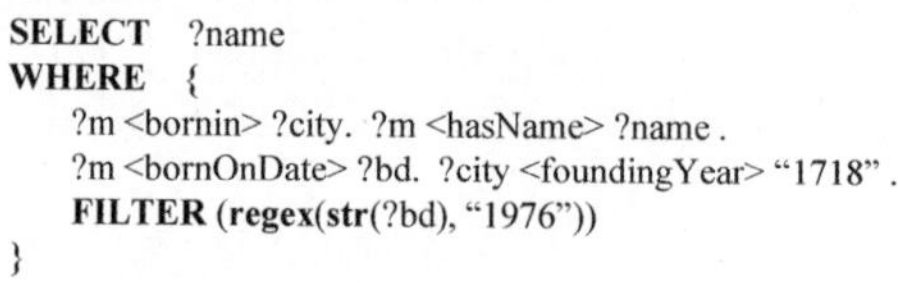

```
SELECT  ?name
WHERE  {
    ?m <bornin> ?city.  ?m <hasName> ?name .
    ?m <bornOnDate> ?bd.  ?city <foundingYear> “1718” .
    FILTER (regex(str(?bd), “1976”))
}
```

FILTER(regex(str(?bd), “1976”))

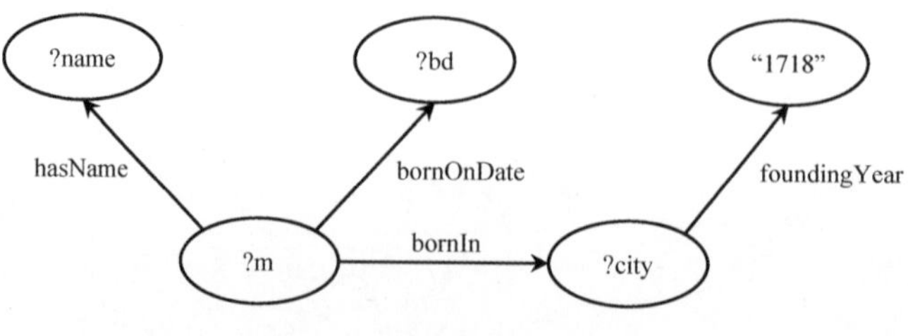

图 3-1 图的查询语言

3.1.2　基于三元组表的图谱存储

最简单的知识图谱存储方式就是直接存三元组。利用关系数据库，只建一张包含（Subject, Predicate, Object）三列的表，然后把所有的三元组存入其中。这种方法因为很简单，所以仍然有知识图谱项目采用，但最大的问题是查询计算效率很低。给定一个有多重关联约束的 SPARQL 查询，需要把它翻译成对应的 SQL 查询，就会发现这是一个包含非常多的 Self-Join 的查询，显然效率会十分低下，如图 3-2 所示。

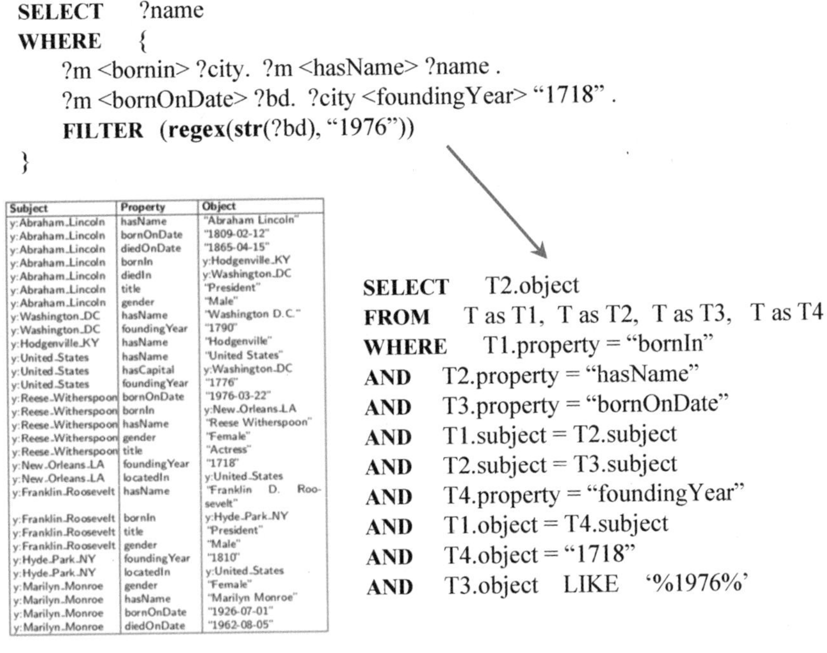

```
SELECT    ?name
WHERE     {
    ?m <bornin> ?city.  ?m <hasName> ?name .
    ?m <bornOnDate> ?bd.  ?city <foundingYear> "1718" .
    FILTER  (regex(str(?bd), "1976"))
}
```

Subject	Property	Object
y:Abraham_Lincoln	hasName	"Abraham Lincoln"
y:Abraham_Lincoln	bornOnDate	"1809-02-12"
y:Abraham_Lincoln	diedOnDate	"1865-04-15"
y:Abraham_Lincoln	bornIn	y:Hodgenville_KY
y:Abraham_Lincoln	diedIn	y:Washington_DC
y:Abraham_Lincoln	title	"President"
y:Abraham_Lincoln	gender	"Male"
y:Washington_DC	hasName	"Washington D.C."
y:Washington_DC	foundingYear	"1790"
y:Hodgenville_KY	hasName	"Hodgenville"
y:United_States	hasName	"United States"
y:United_States	hasCapital	y:Washington_DC
y:United_States	foundingYear	"1776"
y:Reese_Witherspoon	bornOnDate	"1976-03-22"
y:Reese_Witherspoon	bornIn	y:New_Orleans_LA
y:Reese_Witherspoon	hasName	"Reese Witherspoon"
y:Reese_Witherspoon	gender	"Female"
y:Reese_Witherspoon	title	"Actress"
y:New_Orleans_LA	foundingYear	"1718"
y:New_Orleans_LA	locatedIn	y:United_States
y:Franklin_Roosevelt	hasName	"Franklin D. Roosevelt"
y:Franklin_Roosevelt	bornIn	y:Hyde_Park_NY
y:Franklin_Roosevelt	title	"President"
y:Franklin_Roosevelt	gender	"Male"
y:Hyde_Park_NY	foundingYear	"1810"
y:Hyde_Park_NY	locatedIn	y:United_States
y:Marilyn_Monroe	gender	"Female"
y:Marilyn_Monroe	hasName	"Marilyn Monroe"
y:Marilyn_Monroe	bornOnDate	"1926-07-01"
y:Marilyn_Monroe	diedOnDate	"1962-08-05"

```
SELECT    T2.object
FROM      T as T1,  T as T2,  T as T3,   T as T4
WHERE     T1.property = "bornIn"
AND    T2.property = "hasName"
AND    T3.property = "bornOnDate"
AND    T1.subject = T2.subject
AND    T2.subject = T3.subject
AND    T4.property = "foundingYear"
AND    T1.object = T4.subject
AND    T4.object = "1718"
AND    T3.object   LIKE   '%1976%'
```

图 3-2　基于三元组表的知识图谱存储

3.1.3　基于属性表的图谱存储

第二种方法称为属性表（Property Tables）。属性表存储仍然基于传统关系数据库实现，典型的如 Jena、FlexTable、DB2RDF 等都是采用基于属性表的存储方式。其基本思想是以实体类型为中心，把属于同一个实体类型的属性组织为一个表，即属性表进行存储，如图 3-3 所示。这样的优点是 Join 减少了，本质上接近于关系数据库，因而可重用大部分关系数据库的功能。缺点是会产生很多空值，因为知识图谱与关系模型不一样，同一类型的实体包含的属性类型可能差异很大，因而在极端情况下，这种存储方式会产生大量空值。另外一个缺点是它的实现高度依赖基于 Subject 的合理聚类，但这个聚类计算并不容易，且对于多值属性，聚类计算更加复杂。

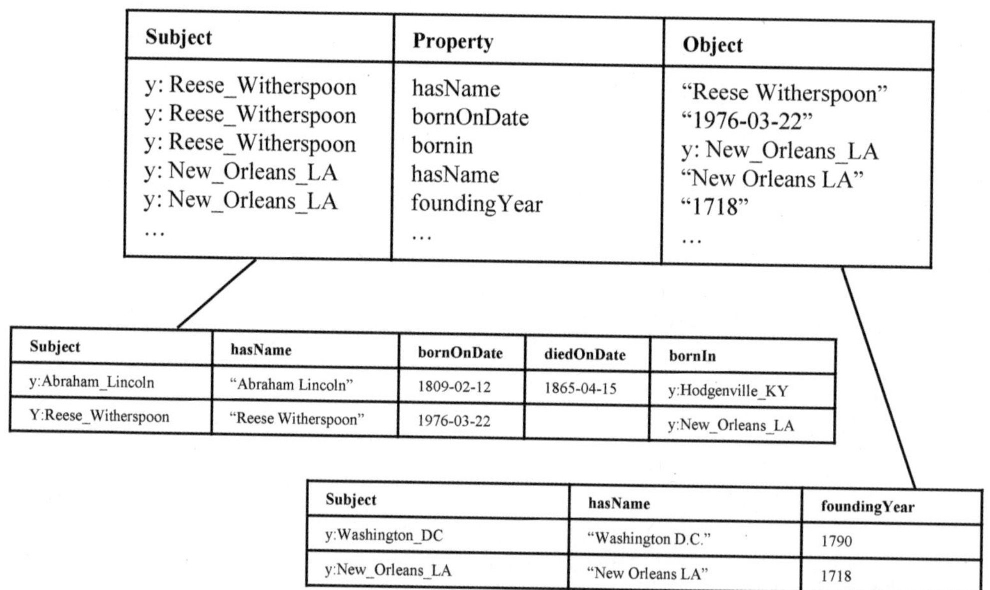

Subject	Property	Object
y: Reese_Witherspoon	hasName	"Reese Witherspoon"
y: Reese_Witherspoon	bornOnDate	"1976-03-22"
y: Reese_Witherspoon	bornin	y: New_Orleans_LA
y: New_Orleans_LA	hasName	"New Orleans LA"
y: New_Orleans_LA	foundingYear	"1718"
…	…	…

Subject	hasName	bornOnDate	diedOnDate	bornIn
y:Abraham_Lincoln	"Abraham Lincoln"	1809-02-12	1865-04-15	y:Hodgenville_KY
Y:Reese_Witherspoon	"Reese Witherspoon"	1976-03-22		y:New_Orleans_LA

Subject	hasName	foundingYear
y:Washington_DC	"Washington D.C."	1790
y:New_Orleans_LA	"New Orleans LA"	1718

图 3-3 基于属性表的知识图谱存储方法

3.1.4 基于垂直划分表的知识图谱存储

第三种方法称为二元表，也叫作垂直划分表。这也是一种基于关系数据库实现的三元组存储方法。其基本思想是对三元组按属性分组，并为每个属性在关系数据库中建立一个包含（Subject,Object）两列的表，如图 3-4 所示。由于一个知识图谱中属性和关系数量是有限的，表的总体数量是可控的。这种方式的优点是没有多空值问题，也避免了大规模的聚类计算。从表的结构设计就可以看出，这种方式对于 Subject-Subject-Join 操作性能比较好。但相比属性表，其缺点是 Insert 性能损耗高，这是因为在插入一个实体（同一个 Subject）的多个属性时，需要同时对多个表进行插入操作。另外一个问题是由于一般是对 Subject 建主键索引，因此对于 Subject-Subject-Join 操作性能好，但对于 Subject-Object Join 性能就比较差，但是对于一个知识图谱来说，Subject-Object

的查询计算是非常普遍的。

Subject	Property	Object
y: Abraham_Lincoln	hasName	"Abraham Lincoln"
y: Abraham_Lincoln	bornOnDate	"1809-02-12"
y: Abraham_Lincoln	diedOnDate	"1865-04-15"
y: Washington_DC	hasName	"Washington D.C."
y: Washington_DC	foundingYear	"1790"
…	…	…

hasName

Subject	Object
y:Abraham_Lincoln	"Abraham Lincoln"
y:Washington_DC	"Washington D.C."

bornOnDate

Subject	Object
y:Abraham_Lincoln	1809-02-12
y:Reese_Witherspoon	1976-03-22

foundingYear

Subject	Object
y:Washington_DC	1790
Y:Hyde_Park_NY	1810

图 3-4　基于垂直划分表的知识图谱存储

3.1.5　基于全索引结构的知识图谱存储

性能更好的存储方式是基于全索引结构的存储，典型的实现包括 RDF-3X 和 Hexastore 等。这种方法也仅维护一张包含（Subject, Predicate, Object）的三列表，但增加了多个方面的优化手段。第一个优化手段是建立 Mapping Table，即将所有的字符串首先映射到唯一的数字 ID，三列表中不再存储真实的字符串，而是只存储对应的数字 ID，这将大大压缩存储空间。进一步建立六重索引：SPO、SOP、PSO、POS、OPS、OSP，即分别建立 Subject-Predicate-Object; Subject-Object-Predicate；Predicate-Subject-Object 等六个方面的全索引，如图 3-5 所示。显然多种形式的索引覆盖了多个维度的图查询需求，可以方便从 Subject 检索 Object，也可以方便地从 Predicate 检索 Subject 等。同时，所有的三元组基于字符串排序，并利用 clustered B+树来组织，以进一步优化索引检索的效率。

下面用一个简单例子演示全索引结构下的查询实现。还是以最开始的 SPARQL 查询语句为例，如图 3-6 所示。给定待匹配条件（?m bornin ?city），首先利用 *pso* 索引，以 bornIn 为中心检索相关元组进行第一轮匹配。再针对第二个匹配条件（?m hasName ?name），仍然利用 *pso* 索引，但以 hasName 为中心检索相关元组进行第二轮匹配。依次完成所有候选条件的处理和候选三元组的过滤，最后筛选得到需要的结果。

Original triple table

Subject	Property	Object
y: Abraham_Lincoln	hasName	"Abraham Lincoln"
y: Abraham_Lincoln	bornOnDate	"1809-02-12"
y: Abraham_Lincoln	diedOnDate	"1865-04-15"
y: Washington_DC	hasName	"Washington D.C."
y: Washington_DC	foundingYear	"1790"

Encoded triple table

Subject	Property	Object
0	1	2
0	3	4
0	5	6
7	1	8
7	9	10

Mapping table

ID	Value
0	y:Abraham_Lincoln
1	hasName
2	"Abraham Lincoln"
3	bornOnDate
4	"1809-02-12"
5	diedOnDate
6	"1865-04-15"
7	y:Washington_DC
8	"Washington D.C."
9	foundingYear
10	"1790"

Subject	Property	Object
0	1	2
0	3	4
0	5	6
7	1	8
7	9	10

图 3-5 基于全索引结构的知识图谱存储

本节介绍的几种知识图谱存储方案均是基于关系数据库实现的。这类方法的一个直接的好处是可以充分利用关系数据库本身的存储和优化功能，因而在现实的很多知识图谱项目中仍然被广泛使用。随着原生图数据库的兴起，以及外围工具的逐步完善，原生图数据库逐渐成为知识图谱存储的主要解决方案，将在后面两节中重点对原生图数据库展开介绍。

```
SELECT   ?name
WHERE   {
    ?m <bornin> ?city.  ?m <hasName> ?name .
    ?m <bornOnDate> ?bd.  ?city <foundingYear> "1718" .
    FILTER (regex(str(?bd), "1976"))
}
```

Subject	Property	Object
y:Abraham_Lincoln	hasName	"Abraham Lincoln"
y:Abraham_Lincoln	bornOnDate	"1809-02-12"
y:Abraham_Lincoln	diedOnDate	"1865-04-15"
y:Abraham_Lincoln	bornIn	y:Hodgenville_KY
y:Abraham_Lincoln	diedIn	y:Washington_DC
y:Abraham_Lincoln	title	"President"
y:Abraham_Lincoln	gender	"Male"
y:Washington_DC	hasName	"Washington D.C."
y:Washington_DC	foundingYear	"1790"
y:Hodgenville_KY	hasName	"Hodgenville"
y:United_States	hasName	"United States"
y:United_States	hasCapital	y:Washington_DC
y:United_States	foundingYear	"1776"
y:Reese_Witherspoon	bornOnDate	"1976-03-22"
y:Reese_Witherspoon	bornIn	y:New_Orleans_LA
y:Reese_Witherspoon	hasName	"Reese Witherspoon"
y:Reese_Witherspoon	gender	"Female"
y:Reese_Witherspoon	title	"Actress"
y:New_Orleans_LA	foundingYear	"1718"
y:New_Orleans_LA	locatedIn	y:United_States
y:Franklin_Roosevelt	hasName	"Franklin D. Roosevelt"
y:Franklin_Roosevelt	bornIn	y:Hyde_Park_NY
y:Franklin_Roosevelt	title	"President"
y:Franklin_Roosevelt	gender	"Male"
y:Hyde_Park_NY	foundingYear	"1810"
y:Hyde_Park_NY	locatedIn	y:United_States
y:Marilyn_Monroe	gender	"Female"
y:Marilyn_Monroe	hasName	"Marilyn Monroe"
y:Marilyn_Monroe	bornOnDate	"1926-07-01"
y:Marilyn_Monroe	diedOnDate	"1962-08-05"

?m <bornIn> ?city

<bornIn> ?m ?city

sorted by *pso*

Property	Subject	Object
bornIn	y:Franklin_Roosevelt	y:Hyde_Park_NY
bornIn	y:Reese_Witherspoon	y:New_Orleans_LA
bornOnDate	y:Abraham_Lincoln	"1809-02-12"
bornOnDate	y:Marilyn_Monroe	"1926-07-01"
bornOnDate	y:Reese_Witherspoon	"1976-03-22"
diedIn	y:Abraham_Lincoln	y:Washington_DC
diedOnDate	y:Abraham_Lincoln	"1865-04-15"
diedOnDate	y:Marilyn_Monroe	"1962-08-05"
foundingYear	y:Hyde_Park_NY	"1810"
foundingYear	y:New_Orleans_LA	"1718"
foundingYear	y:United_States	"1776"
foundingYear	y:Washington_DC	"1790"
gender	y:Abraham_Lincoln	"Male"
gender	y:Franklin_Roosevelt	"Male"
gender	y:Marilyn_Monroe	"Female"
gender	y:Reese_Witherspoon	"Female"
hasCapital	y:United_States	y:Washington_DC
hasName	y:Abraham_Lincoln	"Abraham Lincoln"
hasName	y:Franklin_Roosevelt	"Franklin D. Roosevelt"
hasName	y:Hodgenville_KY	"Hodgenville"
hasName	y:Marilyn_Monroe	"Marilyn Monroe"
hasName	y:Reese_Witherspoon	"Reese Witherspoon"
hasName	y:United_States	"United States"
hasName	y:Washington_DC	"Washington D.C."
locatedIn	y:Hyde_Park_NY	y:United_States
locatedIn	y:New_Orleans_LA	y:United_States
title	y:Abraham_Lincoln	"President"
title	y:Franklin_Roosevelt	"President"
title	y:Reese_Witherspoon	"Actress"

图 3-6　基于全索引结构的查询示例

3.2　基于原生图数据库的知识图谱存储

3.2.1　关系数据库的局限性

接下来重点介绍原生图数据库。正如上节所讲，尽管基于关系数据库的存储方式有很多优势，但是随着原生图数据库的技术及工具的逐步完善，原生图数据库已经成为知识图谱存储和查询引擎搭建的标准基础设施。在这一节首先回答一个问题：为什么需要图数据库。

关系数据库虽然被取名为“关系”，但却不善于处理“关系”。首先，关系模型将语义关联关系隐藏在外键结构中，无显式表达，并带来关联查询与计算的复杂性。其次，数据来源多样性带来大量离群数据（Outlier Data），导致数据集的宏观结构愈发复杂和不规整，对于包含大量离群数据的场景，关系模型将造成大量表连接、稀疏行和空值处理。最后，互联网的开放世界假设要求数据模型满足高动态和去中心化的扩增数据的能力，关系模型对表结构的范式要求限制了

Schema 层的动态性。因此，从根本上而言，关系模型背离了用接近自然语言的方式来描述客观世界的原则，这使得概念化、高度关联的世界模型与数据的物理存储之间出现了失配。

关系模型有很多局限，如图 3-7 所示，例如给定两个关系表，查询："Who are Bob's friends?"，这很容易通过写一个 JOIN 查询来实现。但如果将查询做一个非常简单的改变，即改为查询："Who is friends with Bob？" Friends 关系具有对称特性，即：A 是 B 朋友，B 也是 A 的朋友，这在 RDF 图模型中，只需声明 friends 具有这种对称特性就可以了。但对于关系数据库，受限于建表索引的范式约束，查询 A 的朋友是谁很高效，但反过来查询谁与 A 是朋友就必须遍历整个 PersonFriend 表，并逐一比对，这显然是不需要的。

Person	
ID	**Person**
1	Alice
2	Bob
…	…
99	Zach

PersonFriend	
PersonID	**FriendID**
1	2
2	1
2	99
…	…
99	1

查询示例1：Bob's friends

```
SELECT  p1.Person
FROM Person p1 JOIN PersonFriend
ON  PersonFriend.FriendID = p1.ID
JOIN  Person p2
ON  PersonFriend.PersonID = p2.ID
WHERE  p2.Person = 'Bob'
```

```
SELECT  p1.Person
FROM Person p1 JOIN PersonFriend
ON  PersonFriend.PersonID = p1.ID
JOIN  Person p2
ON  PersonFriend.FriendID = p2.ID
WHERE  p2.Person = 'Bob'
```

图 3-7　关系数据库不善于处理自反关系查询

更为困难的问题是处理多跳查询，这在图查询中是非常常见的。例如要查询 A 的朋友的朋友的朋友是谁，这将带来大量的 JOIN 计算，且计算的复杂度随着跳数的增加呈指数级增长。更多类似的例子如给定客户信息和客户交易表，要求找出两个银行账户交易记录的最短路径，或者给定社交账户表，要求找出两个社交账户消息发送的最短路径等。这是 Neo4J 图数据库的评测比较结果之一：给定 100 万个用户账户，每个账户有大约 50 个朋友，要求查询 5 跳范围内的朋友关系。可以发现传统关系数据库在处理多跳查询时，到 5 跳时已经无法得出结果，但对于图数据库仍然可以在秒级范围内得出结果，如图 3-8 所示。

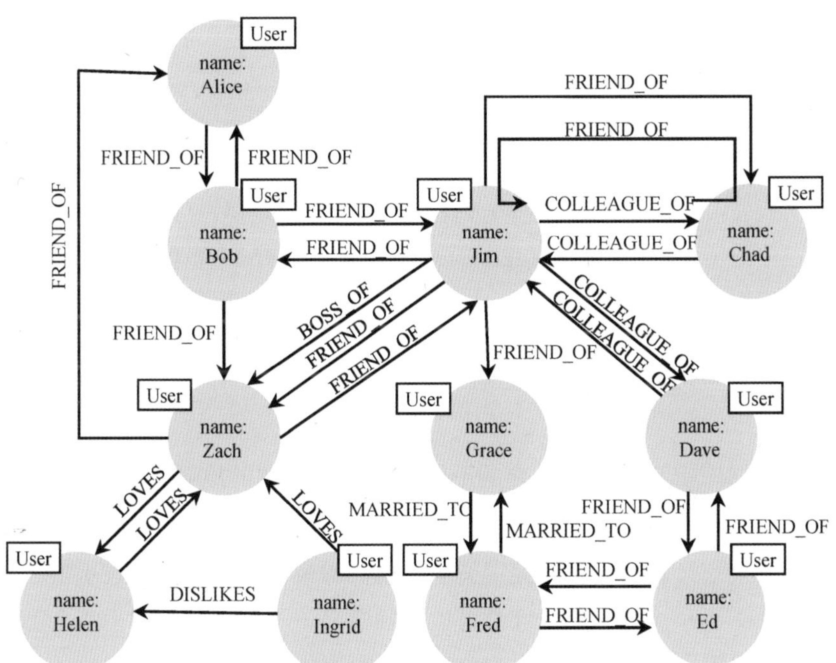

深度	RDBMS 运行时间/s	Neo4j 运行时间/s	返回记录
2	0.016	0.01	~2500
3	30.267	0.168	~110000
4	1543.505	1.359	~600000
5	–	2.132	~800000

图 3-8 关系数据库处理多跳查询时效率低下

更为重要的是，知识图谱需要刻画更加丰富的关系语义表达与关联推理能力。在需要更加深入的研究数据之间的关系时，需要更加丰富的关系语义的表达能力，除了前述自反关系（Reflexive）和多跳关系，还包括传递关系（Transitive）、对称关系（Symmetric）、反关系（Inverse）和函数关系（Functional）等。除了关联查询能力，深层次的关系建模还将提供关联推理的能力，属性图数据库如 Neo4J 提供了由于关系模型的关联查询能力，而 AllegroGraph 等 RDF 图数据库则提供了更多的关联推理能力。

关系在 NoSQL 数据库中也不是第一类公民（First-Class Citizen），在处理数据关联也需要使用类似于外键的 Foreign Aggregates。Foreign Aggregates 也不能处理自反关系，例如，查询“who is friends with Bob?”时，需要暴力计算，即扫描所有实体数据集。Foreign Aggregates 也不负责维护 Link 的有效性，在处理多跳关系时效率也是低下的。

3.2.2 原生图数据库的优点

在图数据库中，有一个重要的不同于关系数据库的原则，即：Relations are first-class citizens。这是什么意思呢？在关系数据库中，属性都是从属于某个表的，而实体关系又被隐藏在外键定义中。但在图模型中，关系是显示描述和定义的，如图 3-9 所示。此外，属性都可以单独定义，不需要一定属于哪个类，也就是说在图数据库中，属性、关系和实体类型的地位是平等的，这将极大地增强数据建模的灵活性。

同时，图数据库可以充分利用图的结构特征建立索引，在下一节的原生图数据库实现原理会进一步展开介绍。这里的基本思想就是将一张图表示为一个邻接列表，即将相邻关系表示成邻接关系表，再基于这个邻接关系表建立索引，优化图上的查询，如图 3-10 所示。

因此，图数据库建模带来很多好处。首先是自然表达：图是十分自然的描述事物关系的方式，更加接近于人脑对客观事物的记忆方式。其次是易于扩展：图模型更加易于适应变化，例如在图中，临时希望获取历史订单，只需新增边即可。再次是复杂关联表达：图模型易于表达复杂关联逻辑的查询，例如：“查询生活在南方城市、年龄在 20 岁上下的人所喜欢的小吃的做法”等。最后是多跳优化：在处理多跳查询上，图模型有明显的性能优势。

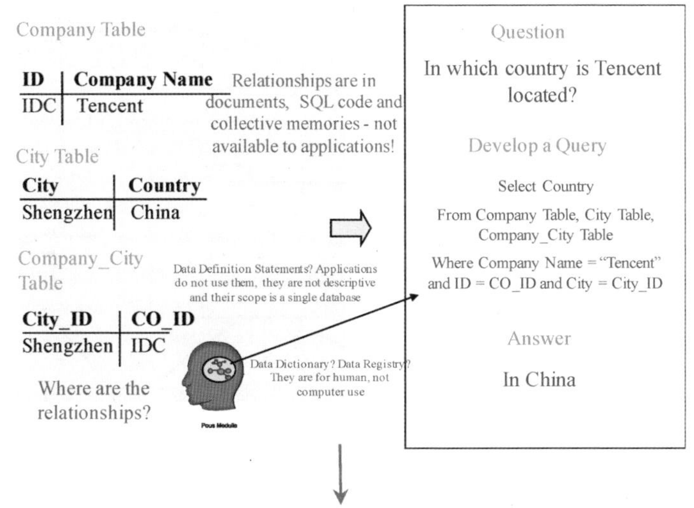

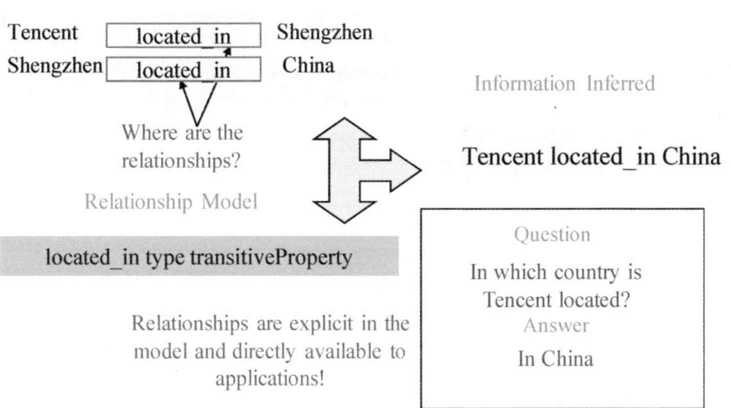

图 3-9　在图数据库中关系被显示描述和定义

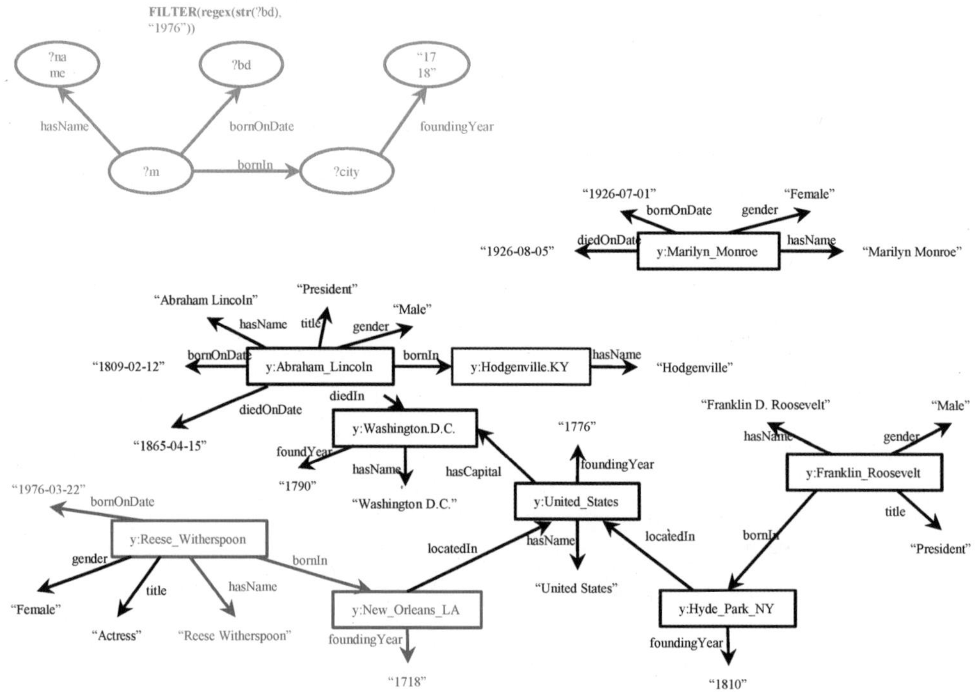

相邻关系表示成邻接关系表

Prefix: y = http://en.wikipedia.org/wiki/

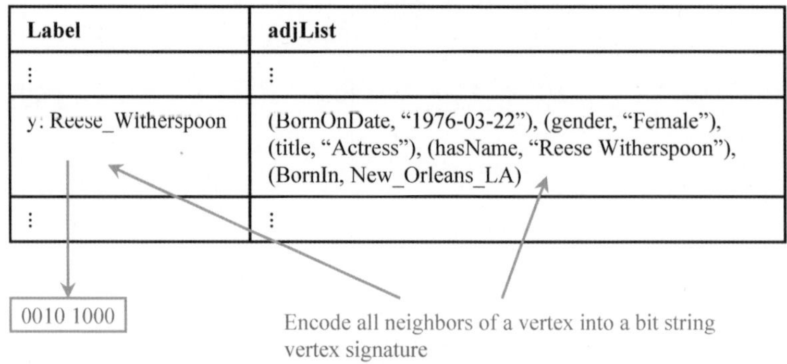

Label	adjList
⋮	⋮
y: Reese_Witherspoon	(BornOnDate, "1976-03-22"), (gender, "Female"), (title, "Actress"), (hasName, "Reese Witherspoon"), (BornIn, New_Orleans_LA)
⋮	⋮

图 3-10　利用图的结构建立数据索引

3.2.3　原生图数据库使用举例

属性图是图数据库 Neo4J 实现的图结构表示模型，在工业界有广泛应用。在属性图的术语中，属性图是由顶点（Vertex）、边（Edge）、标签（Label）、关系类型和属性（Property）组成的有向图。属性图的优点是表达方式非常灵活，例如，它允许为边增加属性，非常便于表示多元关系。属性图的存储充分利用图的结构进行优化，因而在查询计算方面具有较高优势。

Neo4J 定义了自己的图查询语言 Cypher。Cypher 和 W3C 定义的 SPARQL，以及 Apache ThinkerPop 定义的 Gremlin 语言是目前知识图谱领域最主流的图查询语言。其中，SPARQL 是描述性的查询语言，而 Cypher 和 Gremlin 是过程式查询语言，如图 3-11 所示。过程式的查询语言需要严格地根据图的结构精确定义查询语义，因此查询解析及查询处理的效率也非常高。描述性查询语言重在刻画查询本身的语义，通常还需要再经过一轮翻译，成为底层实际查询语言如 SQL，其优势是更接近于人的自然语言并易于人理解和定义。详细的介绍这些语言的语法及使用不是本书的重点，感兴趣的读者可以查阅相关技术手册。这里仅给出一些示例用于介绍图数据库查询的特点和优势。

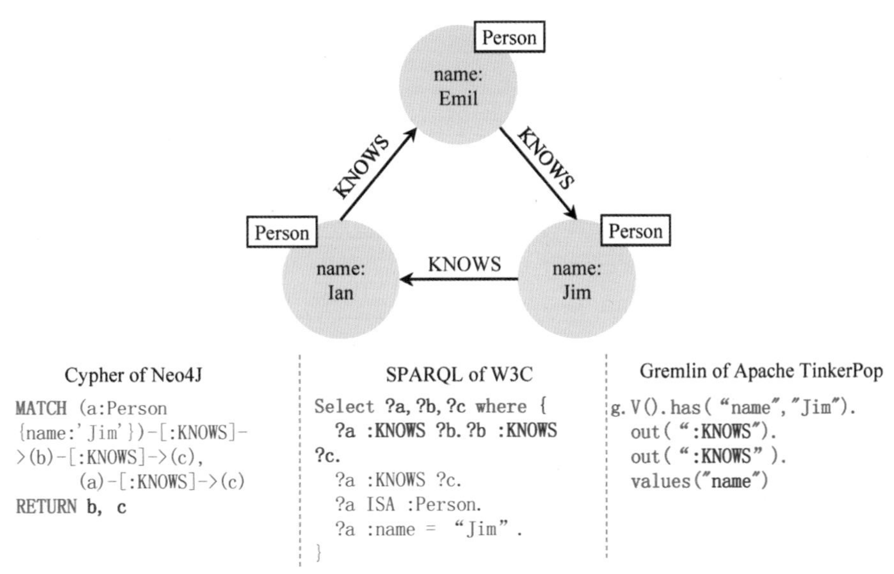

图 3-11　三种不同的图查询语言

知识图谱的一个好处是可以将多源多领域的数据相互关联，实现跨领域的建模与查询。例如图 3-12 所示例子中，包含文学领域、歌剧院和地理信息三个领域的数据。可以利用图谱将这三个领域的数据进行关联，同时图数据模型允许按需要进一步扩展相关领域，而不影响已有的数据结构，此外，查询语句能表示跨多个领域的关联逻辑。

举一个跨领域逻辑查询的例子，例如需要查询在 Newcastle 的皇家剧院上演的莎士比亚的歌剧，这需要跨文学、歌剧院和地理信息三个领域的数据。这里用一个 Cypher 查询来描述这种查询。在一个 Cypher 查询中，查询通常从一个起始节点开始，例如“Theatre Royal”，然后通过多个图连接关系逐步扩展到图中的其他节点。可以像 SQL 语句那样为查询的遍历过程增加条件约束，并对结果进行排序。

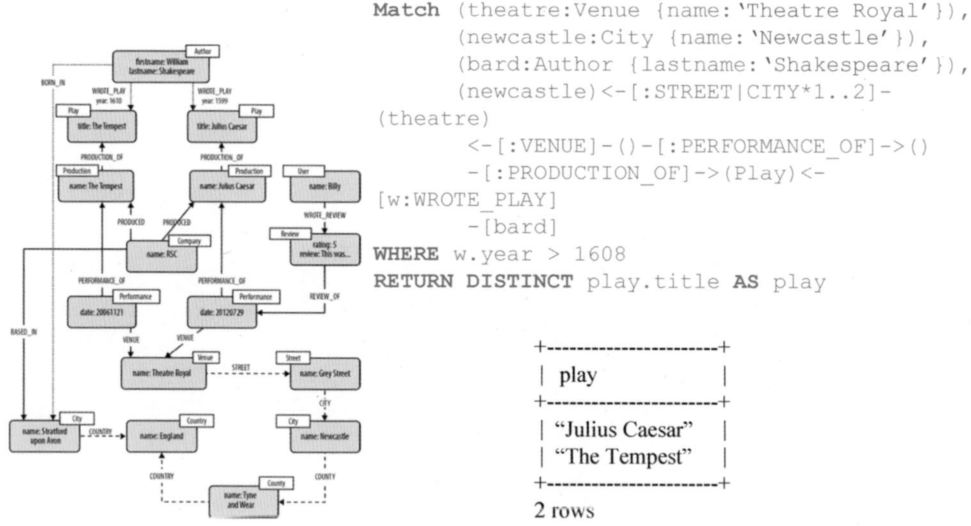

Finds all the Shakespeare performance
at Newcastle's Theatre Royal
Match (theatre:Venue {name:'Theatre Royal'}),
(newcastle:City {name:'Newcastle'}),
(bard:Author {lastname:'Shakespeare'}),
(newcastle)<-[:STREET|CITY*1..2]-(theatre)
<-[:VENUE]-()-[:PERFORMANCE_OF]->()
-[:PRODUCTION_OF]->(Play)<-[w:WROTE_PLAY]
-[bard]
WHERE w.year > 1608
RETURN DISTINCT play.title AS play
play
"Julius Caesar"
"The Tempest"
2 rows

图 3-12　Cypher 图查询举例

此外，还可以通过定义一些图的模式（Graph Pattern）来对图进行更细微的分析，例如，可以定义一个查询分析潜在的恶意账户：那些经常发送给自己的别名地址的账户更有可能是恶意账户。

3.2.4　什么时候使用原生图数据库

最后作为一个小结，回答一个问题：什么时候使用原生图数据库。主要的判断基于三个原则：第一是高性能的关系查询，即如果应用场景涉及很多复杂的关联查询，图数据库有显著的性能优势，大部分知识图谱应用都涉及这类复杂关联查询；第二个是模型的灵活性，在无法预先定义明确的数据模型（即 Schema），或需要融合跨多个领域的多来源数据时，图数据库具有很好地适应变化的优势；第三个是复杂图分析需求，例如涉及子图匹配、图结构学习、基于图的推荐计算等，图数据库通常会外接图算法计算引擎，因而会有较大的优势，这一点会在图算法和图分析部分进一步展开介绍，如图 3-13 所示。

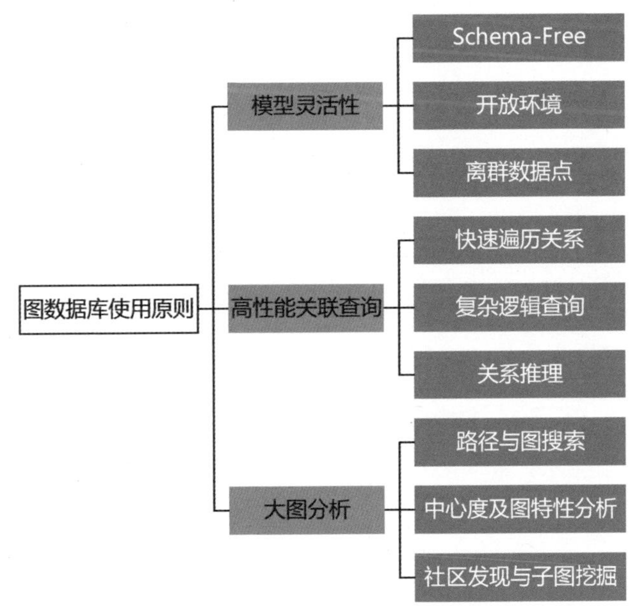

图 3-13　原生图数据库的使用原则

3.3 原生图数据库实现原理浅析

3.3.1 免索引邻接

本节介绍原生图数据库的实现原理。原生图数据库的实现原理并不复杂，其中的一个核心概念是免索引邻接，即：Index-free adjacency。其基本想法是为每一个节点维护了一组指向其相邻节点的引用，这组引用本质上可以看作是相邻节点的微索引（Micro Index）。这种微索引比起全局索引在处理图遍历查询时非常廉价，其查询复杂度与数据集整体大小无关，仅正比于相邻子图的大小。

这里首先简单了解一下几种在关系数据库中实现的常见 Table JOIN 的计算复杂度。例如 Nested JOIN 复杂度是 $O(M\times N)$，Hash JOIN 是 $O(M+N)$，而 Merge JOIN 的复杂度是 $O(N\times\log(N)+ M\times\log(M))$，可以看到这几种 JOIN 的计算复杂度都与表或数据集的大小 M 和 N 有关。

而对于 Index-free adjacency，关系是直接基于某个节点的相邻节点获取的（tail to head, or head to tail）。例如，为了查询“who is friends with Alice”，只需要检索 Alice 的所有入度 FRIEND 关系即可，如图 3-14 所示。这个复杂度仅与节点的邻居个数有关，而与整个数据集的大小是无关的。

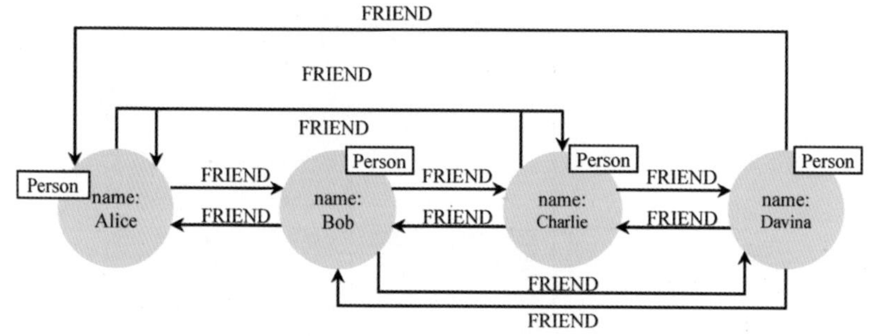

图 3-14 原生图数据库利用图的结构建立微索引

3.3.2 原生图数据库的物理存储设计

接下来深入分析原生图数据库的物理存储实现，这里还是以 Neo4j 背后的实现为例来介绍。如图 3-15 所示，Neo4j 最核心的实现是两个文件——节点存储文件和关系边存储文件，它通过设计这两个文件的物理结构，对图查询进行了全方位的优化。

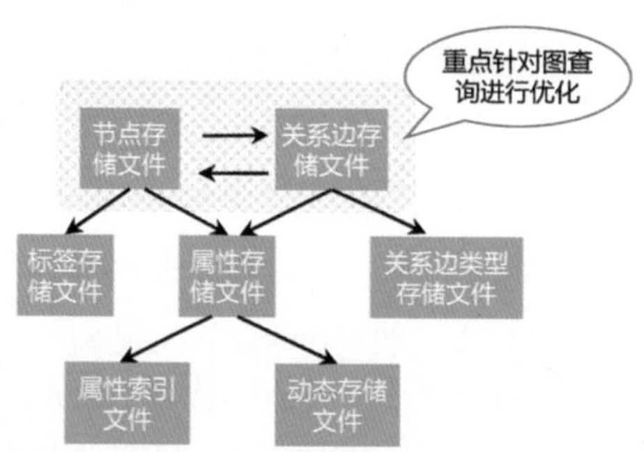

图 3-15 原生图数据库的物理存储的基本架构

3.3.3　节点和关系边的存储处理

知识图谱中的节点存储于独立的“节点存储文件”。首先，每个节点的存储空间固定，如 14 字节，这样便于直接通过 ID 编号计算获得访问地址，基于这种格式，节点查询成本为 $O(1)$，而非 $O(N)$。每个节点首字节标明是否 inUse，接下来四个字节存储该节点的第一个关系边的 ID，再接下来四个字节存储该节点的第一个属性边 ID，再接下来 4 个字节存储该节点的第一个 Label ID，这些 ID 都类似于指针，便于从该节点出发快速的检索与该节点有关的关系边、属性边和 Label 等，如图 3-16 所示。需要特别指出的是，节点的属性数据（如姓名、年龄等）是分开存储的，节点只存储其第一个属性边的 ID，这样的设计是为了保证节点遍历的高效性。

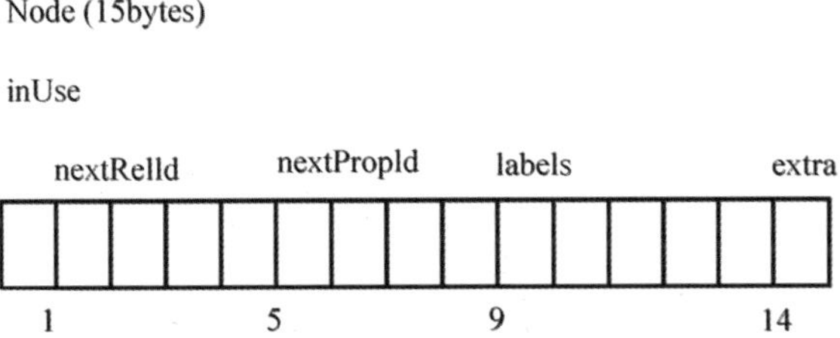

图 3-16　节点存储文件的编码格式

知识图谱中的所有关系或边存储于独立的“关系边存储文件”。和节点存储类似，每个关系边的存储空间固定，如 34 字节，这种设计便于直接通过 ID 编号计算获得关系边的访问地址。每个节点首字节标明是否 inUse，接下来四个字节存储该关系边的头节点 ID，再接下来四个字节存储该关系边的尾节点 ID，再接下来 4 个字节存储关系边类型 ID，再下面存储头节点和尾节点的上一个关系边 ID，以及头尾节点的下一个关系边 ID，如图 3-17 所示。和节点存储的设计一样，这样做是为了非常快速地检索与该关系边相关的头尾节点、关系边类型、与头尾节点相连的前一条关系边和下一条关系边。

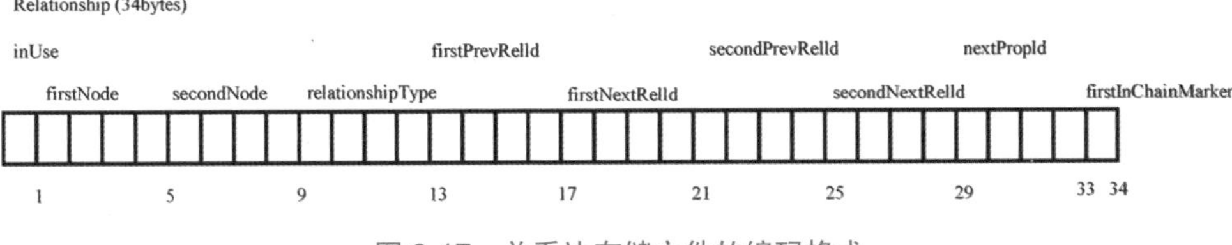

图 3-17　关系边存储文件的编码格式

3.3.4 图遍历查询的物理实现

基于前面的节点存储文件和关系边存储文件，可以非常方便地对图进行遍历。如图 3-18 所示，给出了一个图谱的实际物理存储的结构设计，可以看到这种设计从各个方面都做了优化。例如可以快速地从一个节点出发找到它的第一条关系边，再从该关系边找到相邻的另外一个节点，或者进一步找第二条、第三条、第 *N* 条关系边。也可以从一条关系边出发，快速地找到它的头尾节点，以及遍历头尾节点的前一条或后一条关系边。也可以分别从节点和关系边出发快速地查询它们的第一条属性边，进而获得第二条、第三条、第 *N* 条属性边，同时也能快速地检索它们的节点类型或关系边类型等。这种全方位的优化使得从各个角度对图进行遍历都非常高效和便捷。

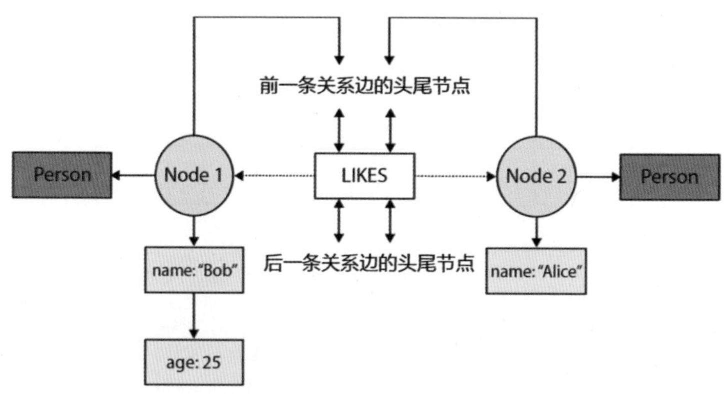

图 3-18 图遍历查询的物理实现与优化

3.3.5 属性数据的物理存储处理

图数据库中存在大量属性，这些属性的检索与图遍历的计算是分开的，这是为了让节点之间的图遍历能不受大量属性数据的影响。节点和关系边的存储记录都包含指向它们的第一个属性 ID 的指针，属性记录也是固定大小，便于之间通过 ID 计算获得存储位置。每个属性记录包含多个属性块，以及属性链中下一个属性的 ID。每个属性记录包含属性类型以及属性索引文件，属性索引文件存储属性名称。对于每一个属性值，记录包含一个指向动态存储记录的指针（大属性值）或内联值（小属性值），如图 3-19 所示。

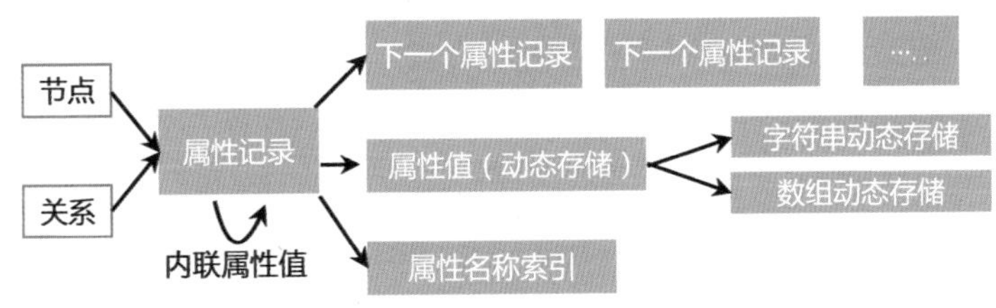

图 3-19　属性数据的物理存储处理

3.3.6　属性图与 RDF 图存储的比较

接下来回答几个经常被问到的问题，第一个是 RDF 图模型和属性图模型的比较。属性图实际上是 Neo4j 所引导的一种数据模型，尚未形成工业标准，但因为推出时性能比较好，因而得到工业界的大量实践。RDF 图模型确切地说不是一个数据存储模型，而是一种数据交换的格式标准，它由国际万维网联盟 W3C 倡导和推动，因为来源于人工智能领域有关知识表示方向的研究，因而具有较好的理论基础。一般而言，如果应用场景重图结构和查询分析，属性图会更合适一些；如果应用场景重知识建模，特别是要求描述和表示复杂的关联关系且有知识推理要求，采用 RDF 图模型会更适合一些。

这里也比较分析一下几种常见的知识图谱查询语言，其中 SPARQL 是 W3C 推动的工业级标准查询语言，因为与 RDF 对应，也具有较好的理论模型基础，同时对于更复杂知识表示的查询支持度比较好。而其他几种查询语言，如 Cypher、Gremlin 等主要是针对图的结构设计的语言，一般对于比较强调图结构的应用更加适合。

3.4　总结

知识图谱存储方式的选择需要综合考虑性能、动态扩展、实施成本等多方面因素。首先需要区分原生图存储和非原生图存储：原生图存储在复杂关联查询和图计算方面有性能优势，非原生图存储兼容已有工具集，通常学习和协调成本会低。其次，需要区分 RDF 图存储和属性图存储：RDF 存储一般支持推理，属性图存储通常具有更好的图分析性能优势。此外，在大规模处理情况下，需要考虑与底层大数据存储引擎和上层图计算引擎集成需求。

图模型是更加接近于人脑认知和自然语言的数据模型，图数据库是处理复杂的、半结构化、多维度的、紧密关联数据的最好技术。我们鼓励在知识图谱项目中采用和实践图数据库。图数据库也有它的弱点，假如应用场景不包含大量的关联查询，对于简单查询，传统关系模型和 NoSQL 数据库目前在性能方面更有优势。RDF 作为一种知识图谱表示框架的参考标准，向上对接 OWL 等更丰富的语义表示和推理能力，向下对接简化后的属性图模型以及图计算引擎，是最值得重视的知识图谱表示框架。

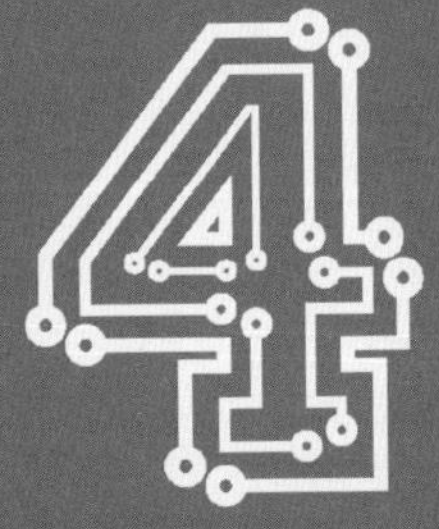

第 4 章 CHAPTER 4

知识图谱的获取与构建

本章重点探讨知识图谱的获取与构建，并着重介绍怎样从自然语言文本中抽取实体、关系、属性、概念和事件等知识图谱要素。首先简要回顾并重新理解知识工程的发展历史与技术内涵，然后分别从实体识别与分类、关系抽取与属性补全、概念抽取、事件识别与抽取等多个方面介绍知识抽取的技术内涵，最后总结知识抽取技术的发展前沿和趋势。这一章也是知识图谱与自然语言处理方向的交叉领域。事实上，自然语言处理领域一直有一个历史悠久的研究领域——知识库构建（Knowledge Base Population，KBP），专注于研究怎样从文本中识别实体、抽取三元组和事件等知识结构。

4.1 重新理解知识工程与知识获取

4.1.1 知识工程发展历史简介

首先回顾知识工程的发展历史，简单介绍知识获取的技术内涵和重要价值。在第 1 章中，曾介绍过早期的人工智能有一个流派称为符号主义。符号主义认为智能的本质就是符号的操作和运算。符号主义在后来几大流派的较量中，曾长期一枝独秀，为人工智能的发展做出重要贡献。但在 20 世纪 60 年代到 70 年代初，符号主义主导的人工智能遭遇第一次寒冬。研究者们开始重新审视、思考未来的道路。Feigenbaum 提出人工智能必须引进知识，并提出了专家系统。专家系统一般由两部分组成——知识库与推理引擎。1977 年，Feigenbaum 将其正式命名为知识工程，如图 4-1 所示。

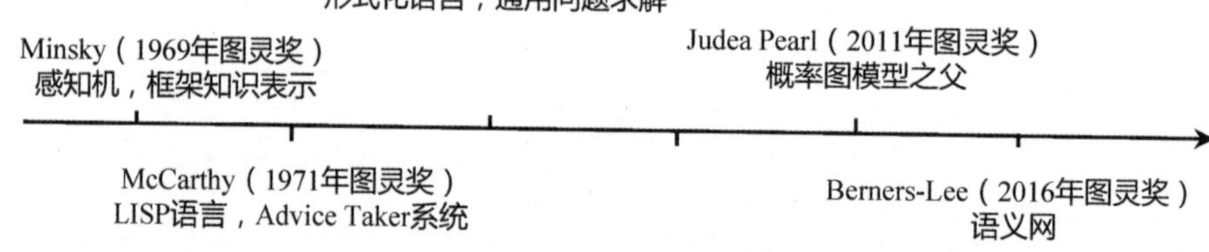

图 4-1 知识工程发展历史上的代表人物

知识工程诞生之后，经过繁荣发展，不断产生了新的知识表示语言和方法。随后万维网的出现，为基于互联网获取知识提供了极大的方便。1998 年，万维网之父蒂姆·伯纳斯·李提出的 Semantic Web 本质上就是“互联网上的知识工程”，即鼓励大家通过互联网采用统一的知识表示方法来发布自己的数据，从而让互联网上的数据更加易于被机器自动处理。

在 20 世纪七八十年代，传统的知识工程的确解决了很多的问题，但是这些问题都有一个很鲜明的特点，即它们大部分都是在规则明确、边界清晰、应用封闭的场景取得的成功，一旦涉及开放的问题就比较难以实现。传统知识工程通常是自上而下实现的，需要依赖专家表达、获取和运用知识。这就会存在很多问题：一方面，人工构建的知识库规模和知识覆盖面很有限；另外一方面，由于专家对知识的认知很难完全统一，而且专家知识也具有高度的不确定性、不精确性，导致其实很难用统一的符号精确刻画专家大脑中的知识，这也是著名的知识汤概念的内涵。

4.1.2 知识获取的瓶颈问题

再换一个视角来探讨知识获取的瓶颈问题：成年人脑包含近 1000 亿个神经元，每个神经元都可能有近千个连接。模拟这样的人脑需要约 100TB 的参数。假设这 100TB 的参数能完整地存储人脑中的知识，靠人工编码可以获取这样规模的知识吗？单个人脑中的知识仍然是有限的，如果需要获取全人类知识，靠人工编码是无法完的。这就是人工获取人类知识的天花板。

因此，计算机领域始终有一个持久性的研究命题：挑战机器自主获取知识的极限。首先从感知层面，机器应该具备基本的事物与对象的识别能力。深度学习的一个重大贡献是在感知层面实现了事物的准确识别，但仅仅识别是远远不够的。我们看到一张图片，不仅要识别其中包含的对象，还需要理解图片中事物之间的关联关系，并进一步从感知产生知识。

再进一步到认知层面，人类从通过识别世间万物形成关于万物的知识，进而形成关于万物的概念，并发明了语言描述这些概念。概念之间相互组合，进而产生逻辑，依赖这些逻辑来完成推理。更为复杂的知识来源于我们对事物关系更深层次的把握，比如那些数学符号所描述的模型就是依赖概念符号进一步抽象出来的更深层次的关于世界的知识。显然，让机器能自动地从识别感知出发构建概念，进而产生逻辑和生成模型，还有非常漫长的路要走，如图 4-2 所示。机器知识获取依然道阻且长。

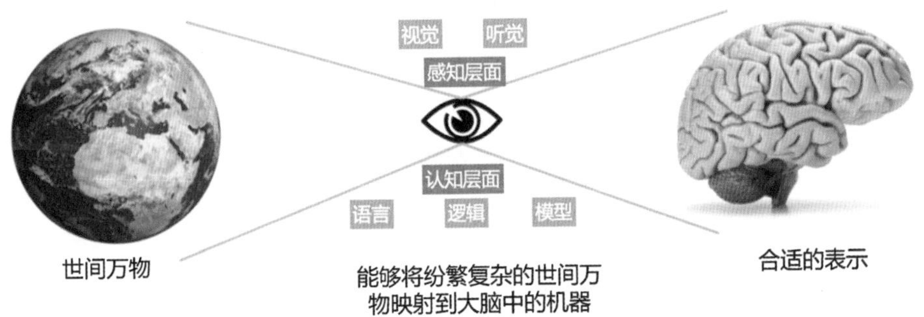

图 4-2　挑战机器自主获取知识的极限

4.1.3 知识图谱工程

人类知识是复杂的，利用机器来表示和自动化获取全部的人类知识是困难的。知识图谱不希望陷入传统知识工程的困境当中，因此首先把知识获取的内容限定于界面比较清晰的任务，例如概念抽取、实体识别、关系抽取、事件抽取等，如图 4-3 所示。同时，知识图谱的构建更加强调依靠大数据来自动化地获取，更加注重知识的规模。

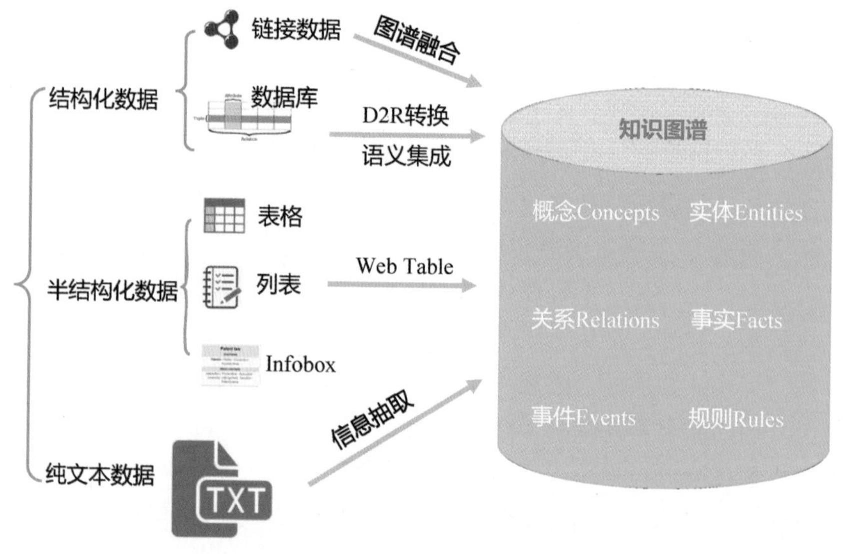

图 4-3 知识图谱工程

知识图谱构建的数据来源可以是文本、多媒体数据、结构化数据或半结构化数据等。不同类型的数据来源有各自不同的技术手段。通常，绝大部分知识图谱工程项目是通过已有的结构化数据完成冷启动，再进一步利用文本、图片等数据进一步补全知识图谱。

最为直接快速地获取知识图谱的数据的方法是从已有的关系数据库中抽取。通常的做法是先定义一个 Common Schema 或本体，然后通过定义一个映射语言，将关系模型映射到本体语言。如图所示，基于 W3C 定义的 R2RML 语言可以定义从关系表到 RDF Schema 的映射，从而精准地实现从关系数据库提取需要的知识图谱数据。

在视觉领域也有一个和知识图谱相关的领域称为 Scene Graph Construction，

指的是在识别对象的基础上，进一步识别对象之间的关联关系，并形成关系图谱。当然这不是本书的重点，但的确在计算机视觉领域有非常多的研究怎样从大量视觉数据中获取知识图谱数据，或者利用图片数据来补全知识图谱。本书的第 9 章介绍多模态知识图谱时还会探讨该问题。

本章更多地关心怎样从文本中获取知识图谱数据。这主要可以分解为如下几个方面的任务：命名实体识别主要完成从文本中识别实体，这是进一步识别三元组的基本条件；概念抽取关注怎样从大量语料中发现多个单词组成的相关术语；关系抽取关注怎样从句子中抽取一组实体之间的关系，比如怎样从“王思聪是万达集团董事长王健林的独子”，抽取出知识图谱需要的三元组关系：（[王健林] <父子关系> [王思聪]）。

更为复杂的任务还包括怎样从文本中抽取事件。事件是更为复杂的结构化数据，一个事件至少包含一个触发词，例如“发生爆炸”，同时还需要抽取多个要素，例如事件发生的事件、地点、涉及的对象等。一个事件抽取的过程可以看作一组三元组的联合抽取过程。接下来将逐一介绍从文本抽取知识图谱数据的一系列技术和方法。

4.1.4　知识图谱与传统知识工程的差异

知识图谱不等于传统意义的专家系统，也和传统意义的知识工程有很多不一样的地方。传统知识工程极大地依赖人工，且对知识表示的要求比较高，例如 Cyc 项目可以采用高阶的谓词逻辑来描述知识，而知识图谱获取的对象是相对简单的实体和三元组。这就为知识的自动化获取提供更多的便利，从而大大提高了现代知识图谱的规模。例如，当前阿里、百度、美团、谷歌等企业构建的知识图谱都已经达到千亿级别规模，并在向万亿级别迈进，如图 4-4 所示。这是传统专家系统时代的知识工程所不能比的。同时，构建知识图谱的成本也大大降低，在 ISWC2018 上有一篇论文题目叫 *How much is a triple*。文章大致统计了几个典型知识库项目的平均构建成本。可以看到，传统的 Cyc 项目每条知识构建成本是 5.71 美金，而到了 Yago 知识库，一条知识的成本已经降低至 0.83 美分。这样的成本使得很多小领域就可以实现低成本的知识工程。当然，成本的降低也是极大地得益于各个领域已有数据的积累以及大数据技术的不断进步。

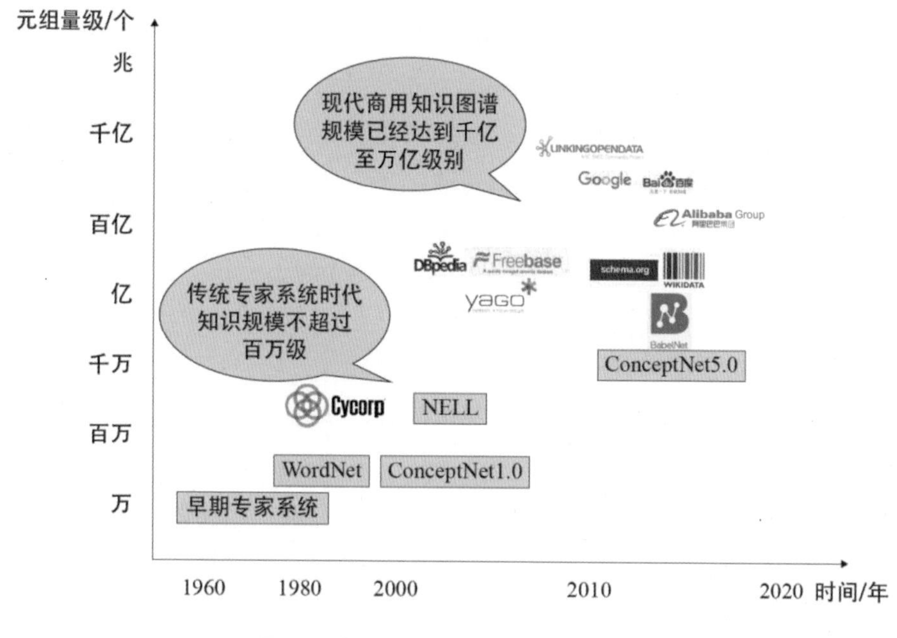

图 4-4 知识图谱不同于传统的知识工程

4.2 实体识别

本节主要介绍知识抽取中的实体识别任务。实体识别是知识图谱构建的一个基础性工作，也是进一步实现关系抽取、事件抽取等更加复杂知识结构抽取的前提条件。

4.2.1 实体识别任务简介

实体识别任务的主要目标是从文本中识别出代表实体的边界，并进一步判断其类别。例如，需要将例句中包含人物、时间、地点和组织的实体识别出来，如图 4-5 所示。需要说明的是，这种实体识别的类别可能是粗粒度的，例如人物和机构，也可能是很细粒度的，例如演员、新闻机构、快餐厅等。

最为简单的实体识别方法是定义模板或规则。“***老师”前面几个字可能代表一个人，“***大学”前面几个字可能代表一个机构等。可以定义很多正则表达式来描述这类规则。这种方法的优点是抽取准确，并且有些实体识别也只能依靠人工定义的规则来抽取。但缺点也是显而易见的：规则的定义费时费力，需要大量的语言学知识，而且规则之间还会出现冲突，大量模板也很难维护。

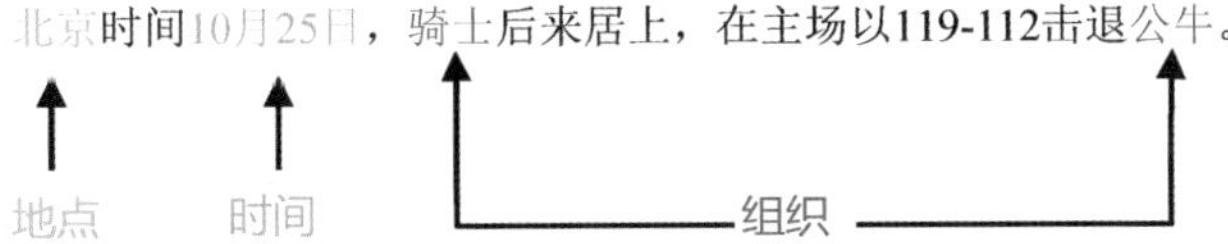

图 4-5　实体识别任务举例

更为常用的做法是利用机器学习算法。实体识别任务可以定义为一个序列标注问题，即：给定一个句子，需要通过一个分类器给每个词打一个标签，例如 B-ORG 标签代表该词是机构 Org 的起始词，I-Per 代表该词是一个人名的中间词等。这样就可以通过机器学习训练一个分类算法，完成整个句子的序列标注。和大多数机器学习模型一样，需要设计各种类型的特征来训练这个分类器。例如可以利用词本身的特征，如词性、依存关系；前后缀特征，如姓氏前缀等；字本身的特征，如是否是数字、字符等。

所以，通常首先要做的事情是确定实体识别的标签体系。例如粗粒度的 IOB 标注体系简单的定义 B-ORG、I-ORG、O 分别代表机构的起始、中间和其他等标签，如图 4-6 所示。也可以根据特定领域的需要定义更加细粒度的标签。需要指出的是，标签体系越复杂，所需要的语料标注成本就越高。

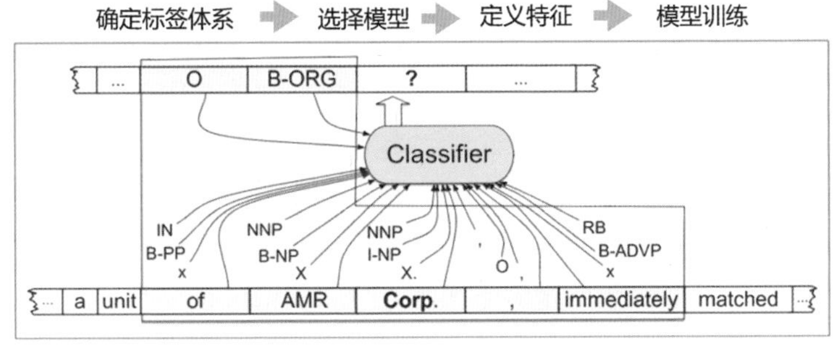

图 4-6　实体识别与序列标注模型

4.2.2 基于 HMM 的实体识别

1. HMM 简介

隐马尔可夫模型（Hidden Markov Model，HMM）是比较传统的实体识别模型。尽管这类模型已逐渐被深度学习模型替代，但了解这些基本知识对于理解问题本质仍然是重要的。HMM 是有向图模型，图中的节点分为两类：一类称为隐变量，代表需要预测的标签，如 B-ORG 等，另外一类称为观测变量，即句子中的词。HMM 基于马尔可夫性，假设各个特征之间是相互独立的。

更为具体地说，给定隐藏状态集合 Q，即所有可能的标签集合；给定观测状态集合 V，即所有可能词的集合；再给定一个长度为 T 的句子，HMM 用 I 代表这个句子对应的状态序列，也就是标签组成的序列，用 O 代表观测序列，即句子中词组成的序列，如图 4-7 所示。

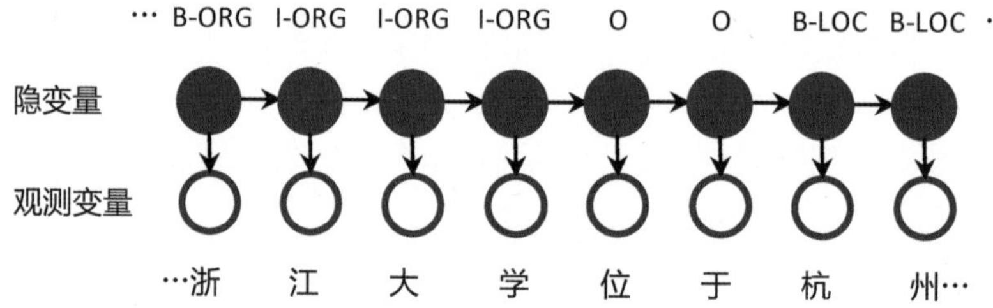

图 4-7 利用隐马尔可夫模型建模实体序列标注问题

进一步，HMM 需要定义一个转移概率矩阵 $\boldsymbol{A}$，其中的每一个元素 a_{ij} 代表从标签 i 转移到标签 j 的概率，例如，B-ORG 标签的下一个标签大概率是 I-ORG，但一定不可能是 I-Per，这对于标签预测是比较重要的特征信号。HMM 还需要定义一个发射概率矩阵 $\boldsymbol{B}$，其中的每一个元素 $b_j(k)$代表从某一个隐藏状态 j 生成某一个观测状态 k 的概率，如图 4-7 中向下箭头所标记的。例如从给定一个标签 B-Per，生成词如“陈”字的概率有多大。当然还有一个隐藏状态的初始分布，指的是标签的先验概率分布。

现在对 HMM 的基本要素已经有了初步的认识，也大致了解了怎样用 HMM 来建模实体识别的序列标注问题。下面来看一下 HMM 的三个主要计算问题。

首先是评估观测序列概率，即给定模型的参数 λ，即包含前面所说的转移概率矩阵 $\boldsymbol{A}$、发射概率矩阵 $\boldsymbol{B}$ 和隐藏状态的先验概率，要预测一句话，例如“浙江大学位于杭州”的概率 $P(\boldsymbol{O}|\lambda)$，这需要用到后面马上介绍的前向后向算法。

其次，我们更加关心的问题是怎样学习模型的参数，即给定一组观测序列 O（即：一组句子），需要估计模型的参数，使得在该模型下这些观测序列的条件概率 $P(\boldsymbol{O}|\lambda)$可能性最大，这需要用到基于 EM 算法的鲍姆·韦尔奇算法。

第三个问题是预测问题，也称为解码问题，即已经训练得出了模型参数 λ，给定一个观测序列，即一个句子，需要预测这个句子所对应的隐藏状态序列，即对应的实体类型标签，这个问题的求解需要用到基于动态规划的维特比算法。接下来简要了解一下这三种算法。

2. 求解句子序列概率

首先来看前向后向算法，这里的问题是：假设模型参数全知，要求推断某个句子序列出现的概率。可以简单想象一下，最简单的做法是先穷举所有的隐藏状态，即所有可能标签的组合序列。然后对于每一个可能的标签序列 I，可以利用发射概率矩阵 $\boldsymbol{B}$ 来计算利用该标签序列生成对应的句子的概率，最后求和的结果就是该句子成立的概率。但这个计算复杂度显然是非常高的，因为如果句子长度为 T，总计有 N 个标签，可能的标签序列数就可以有 N 的 T 次方个，如图 4-8 所示。

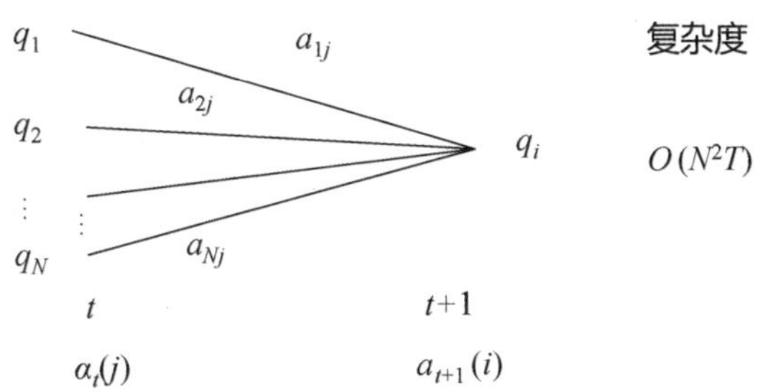

图 4-8 从 t 时刻推算 t+1 时刻的概率

前向后向算法是利用动态规划的方法来优化求解这个问题的算法。这里简要地介绍前向算法的基本原理，更为详细的算法介绍可以参考相关书籍。前向算法本质上属于动态规划的算法，其基本的想法是定义一个局部状态，然后基于这个局部状态定义一个递推式，就可以利用这个递推式一步步地从句子的第一个词出发，推算出整个句子的概率。

首先定义局部状态——这里叫前向概率：定义时刻 t 的隐藏状态为 q_i（如标签 B-Org），且已知观测序列为$<o_1,o_2,\cdots,o_t>$（如“浙江大学位于”）的概率为前向概率，记为：

$$\alpha_t(i)=P(o_1,o_2,\cdots,o_t,i_t=q_i|\lambda)$$

接下来要定义一个递推式来求解 t+1 时刻的前向概率 $\alpha_{t+1}(i)$：

$$\alpha_{t+1}(i)=[\sum_{j=1\sim N}\ \alpha_t(j)a_{ji}]b_i(o_{t+1})$$

显然，t+1 时刻的概率由两个因素决定，一个是 t+1 时刻标签（如 B-LOC）的概率和对应的词（如杭）的概率。前者可以利用转移概率矩阵来计算，即将 t 时刻所有可能标签转移到 t+1 时刻的标签的所有概率做一个累加；后者可以利用发射矩阵中对应的概率值来求得。两个概率相乘就获得了递推关系式。有了关系递推式，可以从第一个词，即 t=0 时刻，一直推算出到最后一个词对应的概率，即 t=T 时刻，并最终求得整个句子的生成概率。

3. 模型参数的估计与学习

更重要的是模型的参数 λ 怎么训练。即给一些训练语料，怎样估计标签转移概率矩阵 $\boldsymbol{A}$、词的发射概率矩阵 $\boldsymbol{B}$ 以及标签的初始分布 $\boldsymbol{\Pi}$ 。假如已知 D 个长度为 T 的句子，并且还有这 T 个句子对应的实体识别标签，很容易用最大似然来估计出最好的模型参数并拟合训练数据。例如，可以非常简单地统计语料中从标签 q_i 转移到标签 q_j 的频率计数 A_{ij}，再除以从 q_i 转移到其他所有的标签的总计数，就可以算出转移概率矩阵 $\boldsymbol{A}$ 中的每一个 a_{ij}。类似的，也可以非常简单地统计语料中标签为 q_i，且对应生成词为 v_k 的频率计数 B_{jk}，再除以从 q_i 生成所有其他词的总计数，就可以算出发射概率矩阵 $\boldsymbol{B}$ 中的每一个元素 $b_j(k)$。最后，用标签 q_i 在语料中出现的总次数 $C(i)$，除以所有标签出现的总次数作为 q_i 的先验分布。

$$\boldsymbol{A}=[a_{ij}],\text{其中}a_{ij}=\frac{A_{ij}}{\sum_{s=1}^{N}A_{is}}$$

$$\boldsymbol{B}=[b_j(k)],\text{其中}b_j(k)=\frac{B_{jk}}{\sum_{s=1}^{M}B_{js}}$$

$$\boldsymbol{\Pi}=\pi(i)=\frac{C(i)}{\sum_{s=1}^{N}C(s)}$$

但很多时候无法得到句子对应的实体标签序列，因为这需要大量的人工数据标注工作。如果只有 D 个句子作为训练语料，可以采用鲍姆·韦尔奇算法来迭代求解参数。鲍姆·韦尔奇算法使用的是 EM 算法的原理。首先随机初始化模型的所有参数，即 $\boldsymbol{A}$、$\boldsymbol{B}$ 和 $\boldsymbol{\Pi}$ 。然后用这个模型参数来推算两个概率，一个用 $\xi_t(i)$ 表示，代表给定模型λ和观测序列 O，在时刻 t 处于状态 q_i 的概率；另外一个用 $\xi_t(i,j)$ 表示，代表给定模型λ和观测序列 O，在时刻 t 处于状态 q_i，且时刻 t+1 处于状态 q_j 的概率。这两个概率可以用前面所介绍的前向后向算法来推算得出。

利用这两个概率值，可以重新计算模型的三个参数矩阵，即 $\boldsymbol{A}$、$\boldsymbol{B}$ 和 $\boldsymbol{\Pi}$ 。有了新的模型参数，又可以再进行第二轮迭代计算新的γ和 ξ 的概率值。这就形成了一个 EM 迭代优化过程。如果模型参数收敛，就得到了最后估计出的模型参数。因为篇幅限制，这里仅介绍算法的大致原理，详细的公式推导和证明过程可参考相关书籍。

输入：D 个观测样本 $\{(O_1),(O_2),\cdots,(O_D)\}$ 。

输出：HMM 观测参数。

第 1 步，随机初始化所有的 π_i、a_{ij} 和 $b_j(k)$ 。

第 2 步，对于每个样本 $d=1,2,\cdots,D$ ，用前向后向算法计算 $\gamma_t^{(d)}(i)$ 、$\xi_t^{(d)}(i,j),t=1,2,\cdots,T$ 。

第 3 步，更新模型参数：

$$\pi_i=\frac{\sum_{d=1}^{D}\gamma_1^{(d)}(i)}{D}$$

$$a_{ij}\frac{\sum_{d=1}^{D}\sum_{t=1}^{T-1}\xi_t^{(d)}(i,j)}{\sum_{d=1}^{D}\sum_{t=1}^{T-1}\gamma_t^{(d)}(i)}$$

$$b_j(k)=\frac{\sum_{d=1}^{D}\sum_{t=1,o_t^{(d)}=v_k}^{T}\gamma_t^{(d)}(i)}{\sum_{d=1}^{D}\sum_{t=1}^{T}\gamma_t^{(d)}(i)}$$

第 4 步，如果 π_i、a_{ij} 和 $b_j(k)$ 的值已经收敛，则算法结束，否则回到第 2 步继续迭代。

4．解码实体标签

第三个问题是给定训练好的模型，需要解码某一句话对应的实体标签，即：已知模型参数 λ 和观测序列 O（如：浙，江，大，学，位，于，杭，州），要求求解句子对应的最有可能的隐藏状态序列 $I=\{i_1,i_2,\cdots,i_T\}$，即实体标签序列。这里的优化目标显然是给定 O 下 I 的条件概率 $P(I|O)$要最大化。解这个问题有一个非常简单的做法：在每一个时刻 t，即对应每一个词，有 N 种可能的标签；可以先计算每个时刻 t 对应的最可能的标签，这个计算可以用前面介绍的前向后向算法非常迅速地完成；然后把每个词对应的标签组合起来作为最后的解码结果。但大家想想看，这种做法有什么问题？显然单个词的局部最优不代表整个句子的全局最优，因为预测的状态序列中某些相邻的隐藏状态可能存在转移概率为 0 的情况，例如从 B-Org 标签到 I-Per 标签的转移概率为 0，因为 Organization 的第一个

词后面不可能是 Person 的中间词。可以利用维特比算法来帮助解决这类问题。

维特比算法是一个通用的解码算法，是基于动态规划的求序列最优路径的方法。如图 4-9 所示，找寻最大概率所对应的状态序列无非是一个图上的搜索问题。具体说来，将每个状态作为有向图中的一个节点，节点间的距离由转移概率决定，节点本身的花费由发射概率决定。那么所有备选状态构成一幅有向无环图，待求的概率最大的状态序列就是图中的最长路径。而维特比算法有助于搜索最长最优路径。

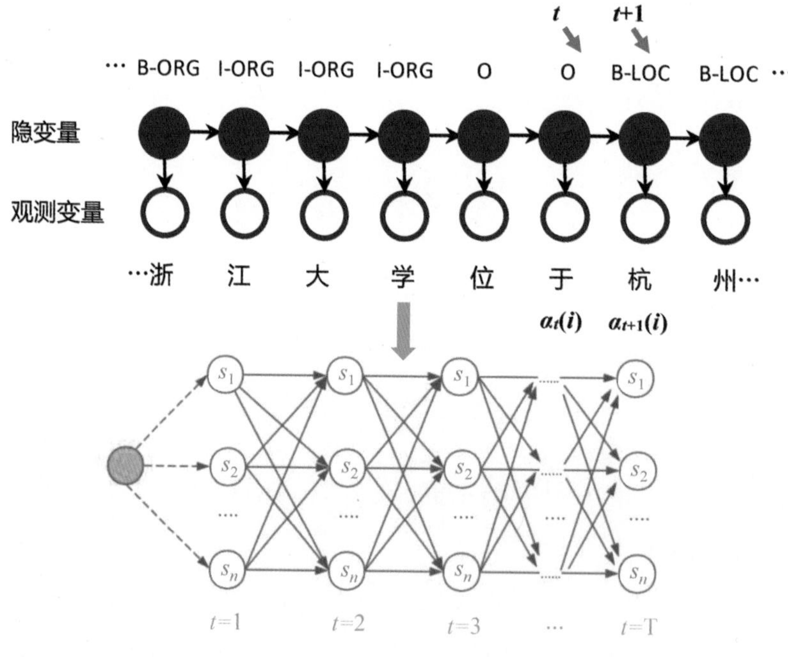

图 4-9 将解码问题转化为一个最优路径搜索问题

下面简单地介绍维特比算法的计算过程。首先用 $\delta_t(i)$ 存储在 t 时刻以状态 s_i 结尾的所有局部路径中的最大概率，用 $\psi_t(i)$ 存储 t-1 时刻的所有状态中，能够使 t 时刻概率最大的那个隐藏状态的编号。接下来看递推过程。首先用先验概率初始化 $\delta_1(i)$，并将 $\psi_1(i)$ 初始化为 0。

$$\delta_1(i)=\pi_i b_i(o_1), i=1,2,\cdots,N$$

$$\psi_1(i)=0, i=1,2,\cdots,N$$

然后开始动态规划过程递推后续时刻的局部状态。从公式可以看到，在每一个时刻 t，简单地计算从所有前序状体 s_j 到状态 s_i 的转移概率以及状态 s_i 对应的发射概率，然后取其中的最大值就可以了。依此类推，可以计算的最后时刻 T 最大的 $\delta_T(i)$ 就是最有可能隐藏状态序列出现的最大概率。

$$\delta_t(i) = \max_{1\leqslant j\leqslant N}[\delta_{t-1}(j)a_{ji}]b_i(o_t), i=1,2,\cdots,N$$

$$\psi_t(i) = \arg\max_{1\leqslant j\leqslant N}[\delta_{t-1}(j)a_{ji}], i=1,2,\cdots,N$$

$$P^* = \max_{1\leqslant j\leqslant N}\delta_T(i)$$

$$i_T^* = \arg\max_{1\leqslant j\leqslant N}\left[\delta_T(i)\right]$$

式中，P^* 即表示最后 T 时刻最大的概率；i_T^* 表示使最后 T 时刻概率最大的隐藏状态。

然后利用 $\delta_T(i)$ 存储的序列编号简单回溯，就可以找到最优的解码序列了，如“…B-ORG，I-ORG，I-ORG，I-ORG，O，O，B-LOC，B-LOC…”。维特比算法是解码序列算法的一种，还有很多其他的解码序列算法，有兴趣的读者可以进一步查阅相关文献。

4.2.3 基于 CRF 的实体识别

接下来介绍另外一种经常应用于实体识别任务的模型——条件随机场模型（CRF）。随机场包含多个位置，每个位置按某种分布随机赋予一个值，其全体就叫作随机场。马尔科夫随机场假设随机场中某个位置的赋值仅与和它相邻位置的赋值有关，和不相邻位置的赋值无关。

条件随机场进一步假设马尔科夫随机场中只有 X 和 Y 两种变量，X 一般是给定的，而 Y 一般是在给定 X 的条件下的输出。例如：实体识别任务要求对一句话中的十个词做实体类型标记，这十个词可以从可能实体类型标签中选择，这就形成了一个随机场。如果假设某个词的标签只与其相邻词的标签有关，则形成马尔科夫随机场，同时由于这个随机场只有两种变量，令 X 为词，Y 为实体类型标签，则形成一个条件随机场，即最终目标就是求解给定输入词序列 X 为条件下的概率最大的序列 Y，即：$P(Y|X)$。

因此，与 HMM 的隐藏状态标签仅由其前一个状态标签所决定（即转移概率）相比，CRF 的隐藏状态标签可以由前后两个状态标签以及该标签对应的词所决定。显然，这是合理的。在后面介绍深度学习模型时，还会看到，要预测未知的隐藏状态标签，不仅前后标签和词可以作为预测信号的来源，其他远距离的词以及它们的组合都可能影响预测的结果。这也是为什么深度学习模型效果会更好的根本原因。

既然目标就是求解 $P(Y|X)$的最大值，就可以通过定义特征函数及参数，将序列标注问题转化为一个机器学习问题。如图 4-10 所示，可以定义 Y 节点上下文相关的特征函数，以及 Y 节点自身的特征函数。每个特征函数有对应的权重参数。在训练阶段，给定训练数据集 X 和 Y，学习 CRF 的模型参数 w_k (θ)和条件概率分布 $P_w(y|x)$，采用最大化对数似然函数和 SGD 进行模型训练即可。而在预测阶段，给定 CRF 的条件概率分布 $P(y|x)$，和输入序列 x，计算使条件概率最大的输出序列 y，显然可采用维特比算法解决这一问题。

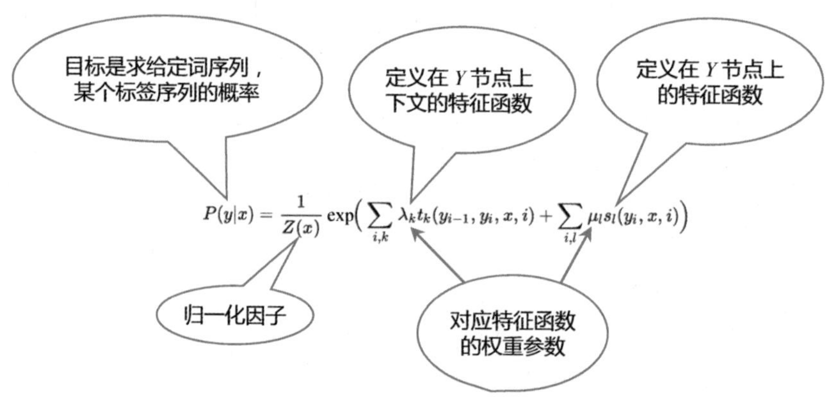

图 4-10　CRF 的机器学习模型

4.2.4　基于深度学习的实体识别

基于特征工程的机器学习方法仍需要人工筛选有用的特征。随着深度神经网络的发展，学者们开始探索基于深度学习的实体识别方法。这类方法可以通过神经网络自动产生实体识别任务所需的特征。一般地说，基于神经网络的实体识别模型可以分为三部分。例如，给定输入的一句话，模型首先通过预训练的词嵌入将句子表示成向量，然后通过卷积神经网络、循环神经网络或 Transformer 等表示器学习上下文相关的向量，最后通过条件随机场、Softmax 等解码器生成序列标注标签。

比较常见的实现方法如将 BiLSTM 模型与 CRF 模型相结合。实现过程也比较简单，如图 4-11 所示。首先将输入的句子词预训练或者随机初始化，通过两个或多个 RNN 层，生成前向和后向两个隐藏序列。采用双向的原因是一个词所对应的序列会受到前后两个方向的词的影响。LSTM 的输出层 p_i 的每一维代表将

字 x_i 分类到第 j 个标签的打分值。基于这一层的输出，再叠加一个解码层，例如维特比算法就可以得出对应的实体标签序列。但这里有一个问题是，LSTM 的输出仅考虑了字本身的特征，正如前面 HMM 和 CRF 模型所显示的，最终的实体标签还受到前后标签的影响，例如，B-LOC 的下一个标签不太可能时 I-Per。所以通常会在 LSTM 之上再叠加一个 CRF 层，以捕获标签之间的转移依赖关系。

CRF 层的参数就是状态转移矩阵，即：A_{ij} 表示的是从第 i 个标签（如 B-LOC）到第 j 个标签（如 B-Org）的转移得分，当然这里的转移矩阵也是作为参数需要学习出来的。所以 BiLSTM+CRF 的评分函数通常包含两个部分，前一部分对应字的特征，第二部分对应 CRF 的转移概率矩阵。

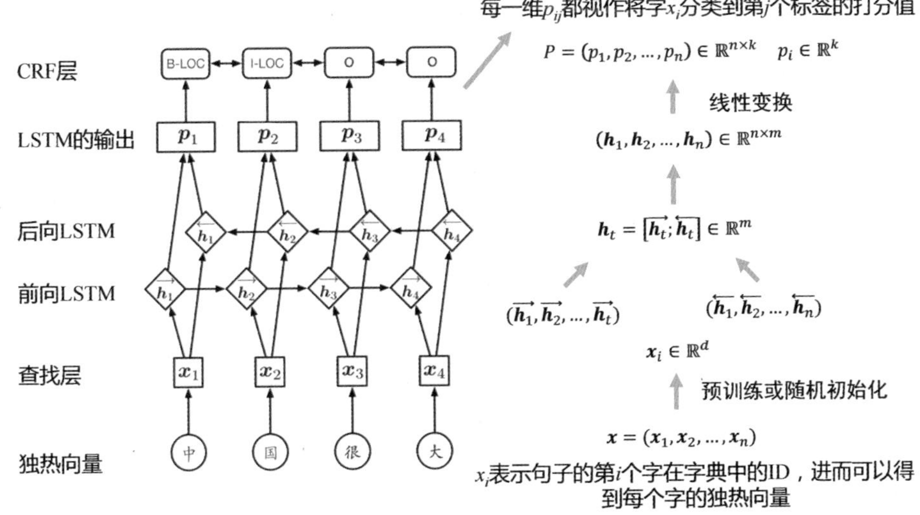

图 4-11　基于 BiLSTM + CRF 的实体识别举例

随着深度学习的不断发展，基于预训练语言模型的实体识别取得了较好的效果，其中包含谷歌的 BERT 模型，OpenAI 的 GPT 模型，以及 AllanNLP 的 ELMO 等。预训练模型能够更加深度地挖掘字句中隐藏的特征信号，因而在很多实际场景中取得了优势。详细介绍预训练模型超出了本书的范畴，感兴趣的读者可以查阅相关文献。

实体识别仍面临着标签分布不平衡，实体嵌套等问题，制约了现实应用。中文的实体识别面临一些特有的问题，例如：中文没有自然分词、用字变化多、简化表达现象严重等。实体识别是语义理解和构建知识图谱的重要一环，也是进一步抽取三元组和关系分类的前提。

4.3 关系抽取

4.3.1 关系抽取任务定义

首先来看一下实体关系抽取的任务定义。实体关系抽取是从文本中获取知识图谱三元组的重要技术手段，通常被用于知识图谱的补全。如图 4-12 所示，文本“美丽的西湖坐落于浙江省的省会城市杭州的西南面。”包含有三个实体，并至少描述了两个关系。利用关系抽取可以把这句话转化成两个三元组，即：（西湖,位于,杭州）和（浙江省,省会,杭州）。

美丽的西湖坐落于浙江省的省会城市杭州的西南面。

（西湖，位于，杭州），（浙江省，省会，杭州）

图 4-12 实体关系抽取任务举例

实体关系抽取有很多种方法。按领域划分，可以分为面向封闭领域的抽取方法和面向开放领域的抽取方法；按模型可以分为特征工程、核函数、图模型以及深度学习等方法；按框架可以分为基于人工模板、监督学习、远程监督与弱监督、Bootstrapping 以及无监督的学习框架；拓展开来还包括多元关系抽取，跨句或篇章级的关系抽取，实体和关系的联合抽取，基于对抗学习、强化学习或元学习，以及最近比较流行的基于预训练模型的抽取方法等，如图 4-13 所示。下面提纲挈领地介绍其中最为典型的一些方法。

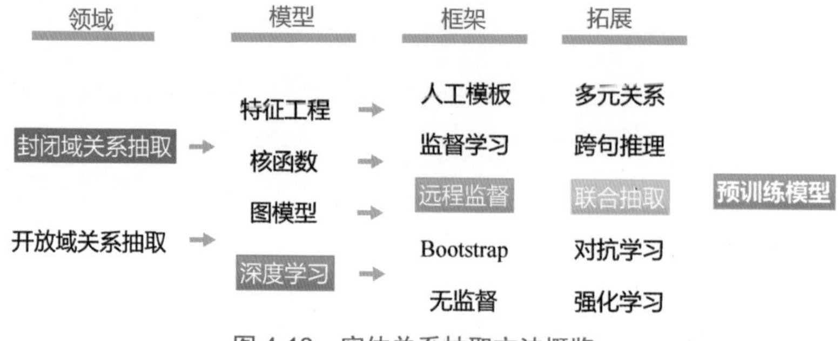

图 4-13 实体关系抽取方法概览

4.3.2 基于模板的关系抽取

早期语言学家基于语义统计的方式，发现特定的句法范式和特定的关系类别有很大关联程度，如夫妻关系大多包含妻子、配偶等短语词汇，因此学者采用通过触发词匹配的方式进行关系抽取，这类方法简单高效，如图 4-14 所示。

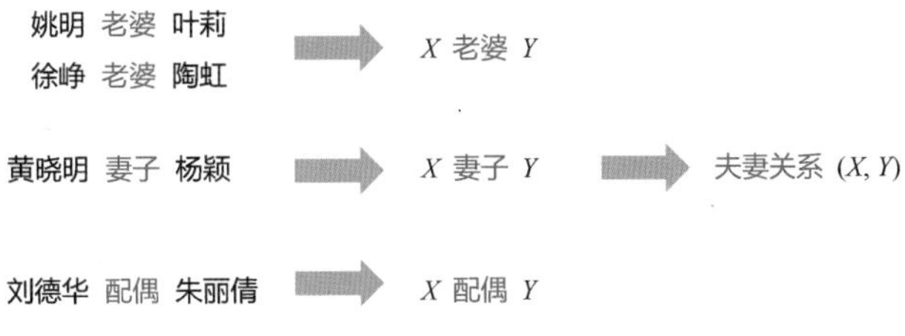

图 4-14　基于触发词匹配的关系抽取

后来学者们发现，实体的关系类别往往也和依存句法分析后的句法树相关，实体间的关系通过句法树的边构建连接。因此，学者们提出了基于依存句法匹配的关系抽取方法。对于给定的句子，首先利用依存语法分析建立句法结构，然后以动词为基点构建抽取规则库。

在建立构建规则库后，对于待处理的句子，也首先进行依存分析，再根据句子依存语法树结构匹配规则，每匹配一条规则就生成一个三元组。例如，给定句子"董卿现身国家博物馆看展优雅端庄大方"，首先获得依存分析结果，再和抽取规则库进行匹配，一旦匹配成功，即生成一条三元组，如：(董卿, 现身, 国家博物馆)。

模板方法的优点是构造简单、抽取准确。然而，不管是基于触发词的抽取还是基于依存句法的抽取，都存在较低的召回率和模板构造成本的问题，并且规则库通常可维护性和可移植性差，如图 4-15 所示。

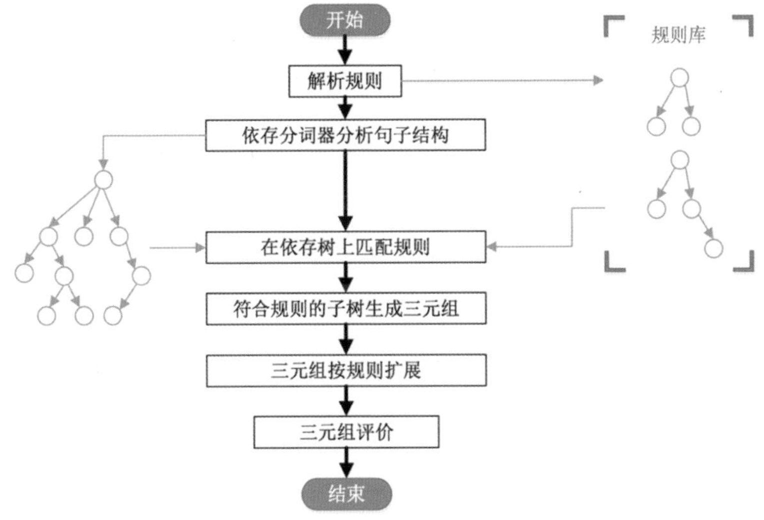

图 4-15　基于依存语法分析的关系抽取

4.3.3 基于特征工程的关系抽取

人们更希望实现的是利用机器学习的方法来实现更加自动化的关系抽取。通常的做法是把关系抽取建模为一个分类问题，即：首先预先定义好所有关系的类别，然后人工标注一些包含这些关系描述的句子，接下来设计特征表示和机器学习模型，并利用标注数据来训练这个机器学习模型。这是典型的监督学习做法，它基于一个称为："At-least-one Hypothesis"的假设，即：如果两个实体确实存在某种关系，则至少存在一个句子描述了它们之间的这种关系。

传统的监督学习方法首先要进行特征工程的工作。对于关系抽取而言，可以选用很多种对于分类预测有帮助的特征，例如实体层面的实体共现特征，实体本身的类型、语法及语义特征等。还可以从 WordNet 等外部资源中引入特征。在关系层面，可以考量实体之间的词、依存关系，以及特定的结构信息如最小子树等。特征工程费时费力，并且人工选择的特征对于预测结果未必是最敏感的。后面会介绍利用深度学习方法来减少对特征工程的依赖。

完成了特征的设计，接下来的工作是选择合适的分类模型。例如可以采用最大熵模型来做分类预测。最大熵原理认为，学习概率模型时，在所有可能的概率模型中，熵最大的模型是最好的模型。因此，可以定义优化目标是在知道 X 的条件下使熵最大的条件概率 $P(y|x)$，同时要求满足一组约束条件。这些约束条件即是需要针对句子样本定义的特征函数。这里不对细节展开介绍。当然也可以采用很多分类模型，如 SVM、贝叶斯分类器等。

4.3.4 基于核函数的关系抽取

由于传统机器学习模型极大地依赖于耗费人力的特征工程，而关系抽取相比实体识别特征数量更加巨大，因此后来很多核函数方法被提出应用于关系抽取。

给定句子空间 X，核函数 K: $X * X \longrightarrow [0, \infty)$表示一个二元函数，它以 X 中的两个句子 x、y 为输入，返回二者之间的相似度得分 $K(x,y)$。例如，可以为句子定义一个特征向量计算函数 Ø(•)，那么句子 x 和 y 对应特征向量的点集 $K(x, y)=Ø(x)T \cdot Ø(y)$可以作为核函数的一种实现形式。

具体而言，给定输入文本 T 中的两个实体 e_1 和 e_2，核函数方法采用下述方法计算它们之间满足关系 r 的置信度。首先从标注数据中找到文本 T'，且 T' 中包含满足关系 r 的 e_1'和 e_2'。然后基于核函数计算 T 和 T'之间的相似度，作为 e_1 和 e_2 满足关系 r 的置信度。

这种做法背后体现的思想是：如果两个实体对同时满足某个关系 r，这两个实体对分别所在的文本上下文也应该相似，该相似通过核函数计算得到。计算相似度的方法有基于字符串核（Sequence kernel）和基于树核函数（Tree kernel）等多种方法。

字符串核的基本实现思想如图 4-16 所示：给定带有关系标注的训练样本集合，该方法首先基于每个样本中出现的实体 e_1 和 e_2，将该样本切分为左端上下文 left、中间上下文 middle 和右端上下文 right 三部分。给定测试样本，根据其中出现的实体 e_1'和 e_2'对其进行同样的切分，生成 left'、middle'和 right'。基于字符串核函数计算该样本与每个训练样本在上述三个上下文上的相似度，如 K(left,left')。最后对三个相似度得分进行加和，并用于分类模型的训练与预测。

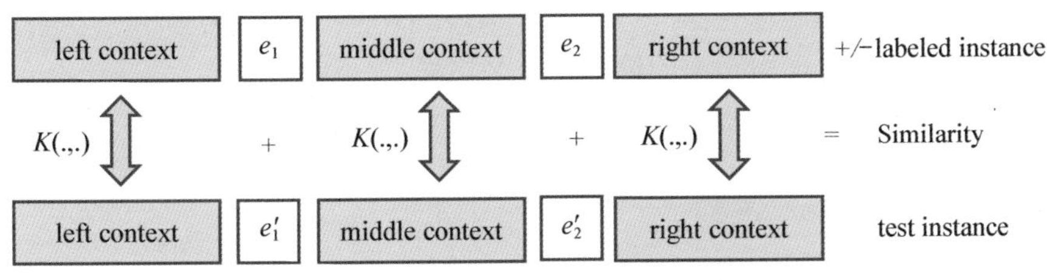

图 4-16 字符串核的基本实现思想

显然，可以利用更深层次的信息定义核函数，例如句法树核采用句法依赖树代替浅层的字符串分析，并且通过在每个字节点进一步加入 NER 实体识别、*pos* 词性等信息增强用于核函数计算的特征。其他还有很多核函数方法，例如 SPT 最短依赖路径树内核、上下文相关的最短依赖树核等，这里不再展开介绍。

4.3.5 基于深度学习模型的关系抽取

基于特征工程的方法需要人工设计特征，这类方法适用于标注数量较少，精度要求较高，人工能够胜任的情况。基于核函数的方法能够从字符串或句法树中自动抽取大量特征，但这类方法始终是在衡量两段文本在子串或子树上的相似度，并没有从语义的层面对两者做深入比较。此外，上述两类方法通常都需要做词性标注和句法分析，用于特征抽取或核函数计算，这是典型的 pipeline 做法，会把前序模块产生的错误传导到后续的关系抽取任务，并被不断放大。深度学习技术不断发展，端到端的抽取方法能大幅减少特征工程，并减少对词性标注等预处理模块的依赖，成为当前关系抽取技术的主流技术路线。下面介绍几种常见的深度学习关系抽取模型，需要特别说明的是，在真实的应用场景中，通常需要结合实际的数据特点选择和尝试不同类型的模型，找到效果最好和最适合的模型设计。

首先来看一个非常早期的深度学习模型——基于递归神经网络的关系抽取模型。该模型的核心思想是采用递归神经网络来建模词组之间的依赖关系。如图 4-17 所示，每个词都由一个向量（如 $\boldsymbol{a}$）和矩阵（如 $\boldsymbol{A}$）组成，向量表示词汇语义，可以用词向量进行初始化，矩阵则表示词对邻词的作用。整个递归计算过程如下：对于输入句子中待分类的实体 e_1 和 e_2，在句法树中找到能覆盖两个实体的最小子树；然后从该子树对应的叶节点开始，通过自底向上的方式两两合并相邻的两个单词或短语对应的向量和矩阵，直到遍历至该子树的根节点结束。最后基于根节点对应的向量 $\boldsymbol{p}$，使用 Softmax 对关系集合中的关系候选进行打分和排序。该方法基于词向量和句法树本身的结构，有效地考虑了句法和语义信息，但并未考虑实体本身在句子中的位置和语义信息。

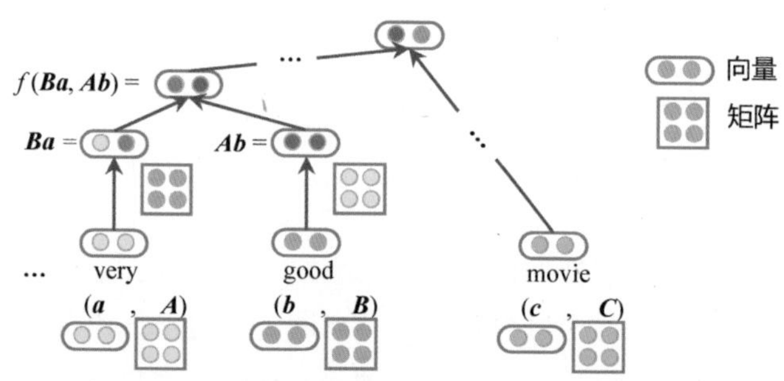

图 4-17 基于递归神经网络的关系抽取

也可以采用卷积神经网络编码句子的特征用于关系抽取。如图 4-18 所示为基于卷积神经网络的模型，分别编码了词法和句子两个层次的特征。其中词法层的特征采用了两个实体词、实体词的上下文、实体词在 WordNet 中对应的词汇等多个方面的特征，采用向量拼接的方法输入神经网络模型中。仅用词级别的特征提取，会丢失语序、上下文、句子整体的信息，因此，模型进一步使用卷积网络来提取句子级别的特征信息。

后来，研究人员发现实体词在句子中的位置对于模型预测结果有比较大的影响，因此进一步提出了 PCNN 模型。如图 4-19 所示，PCNN 按实体词出现的位置对句子进行划分，然后分段进行卷积和池化操作。

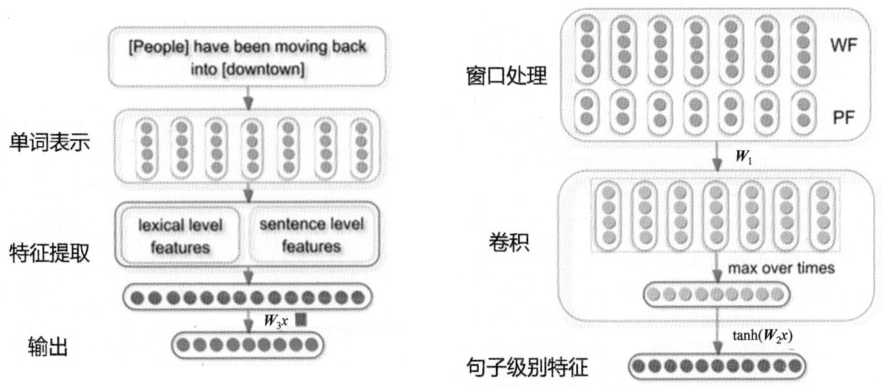

图 4-18　基于卷积神经网络的模型

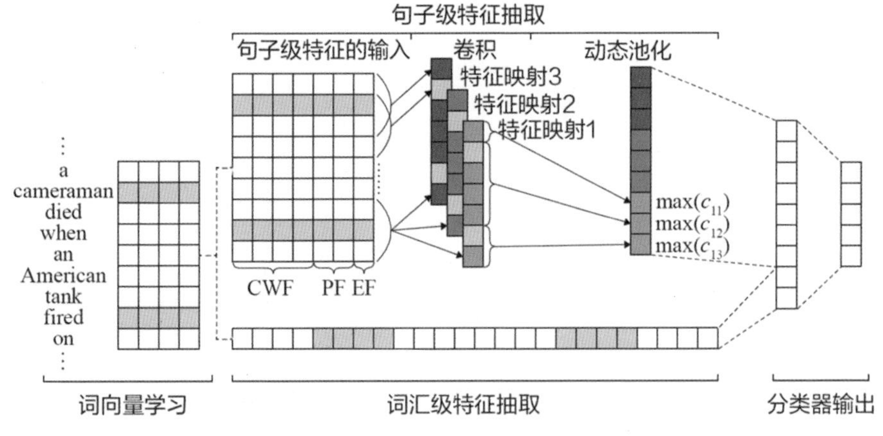

图 4-19　基于 PCNN 的抽取模型

CNN 不善于处理长线依赖关系，当然也可以采用 LSTM 等 RNN 循环神经网络模型（注意，这里的 RNN（Recurrent Neural Network），和前面介绍的递归神经网络是两种不同的概念）。如图 4-20 所示，可以采用 BiLSTM+注意力机制的方法，以句子作为序列输入，中间叠加一个注意力层捕获词与词之间的交互关系，最后学习到整个句子的表示，再完成关系预测分类。

图神经网络在图像领域的成功应用证明了以节点为中心的局部信息聚合同样可以有效地提取图像信息。利用句子的依赖解析树构成图卷积中的邻接矩阵，以句子中的每个单词为节点做图卷积操作。如此就可以抽取句子信息，再经过池化层和全连接层即可做关系抽取的任务。

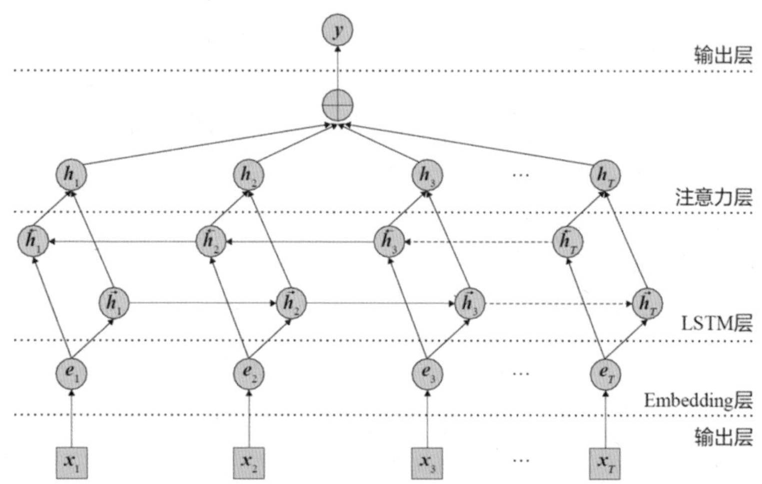

图 4-20 基于 BiLSTM 的关系抽取

在 2017 年底，谷歌提出了语言预训练模型 BERT，在诸多 NLP 数据集上都取得了较好的效果。2019 年，谷歌提出了基于 BERT 的系列关系抽取模型。如图 4-21 所示，简单地使用 BERT 语言预训练模型方式，将句子输入 BERT 后，得到的结果输入全连接层即可做关系抽取任务。实验结果表明，语言预训练模型的加持使得关系抽取的实际效果取得了显著提升。

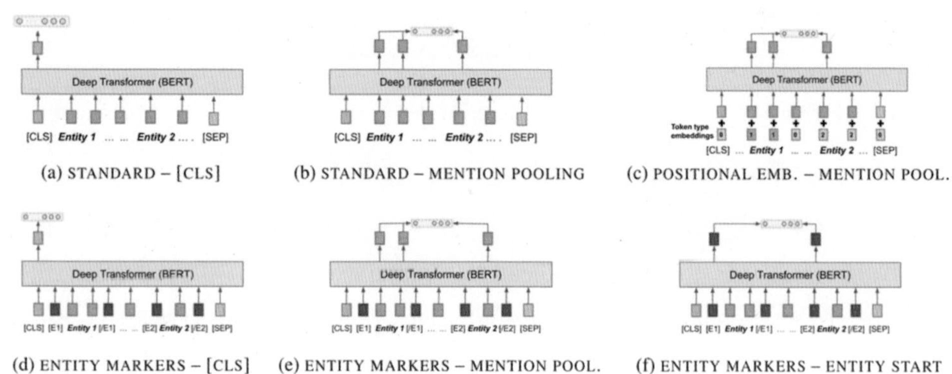

图 4-21 基于预训练模型的关系抽取

4.3.6 实体关系联合抽取

在知识图谱构建的过程中，实体识别通常与关系抽取被定义为两类不同的任务。关系抽取作为其中的一环，不可避免地会出现误差传播问题。实际上，实体识别和关系抽取任务之间存在显著的关联，比如对于“北京是中国的政治文化中心”，实体识别出的实体“北京”和“中国”可以显著约束关系抽取的类别，同时关系类别“位于”也可以约束实体的类型，如图 4-22 所示。因此学者们也提出了若干实体关系联合抽取方法，这里简单介绍两个模型。

有不少支持实体联合抽取的模型。下面介绍一个基于新标注规范的实体关系联合抽取模型，如图 4-23 所示，该模型在传统的实体识别的 BIO 标签上结合关系类别定义新的 Tag，如 B-PER-BirthOf，然而，该模型并不能很好地解决一个实体存在于多个三元组中的这种嵌套情况。

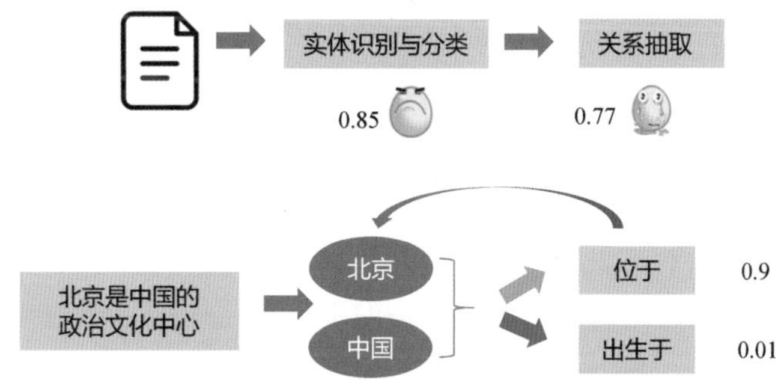

图 4-22　实体关系联合抽取减少误差传播

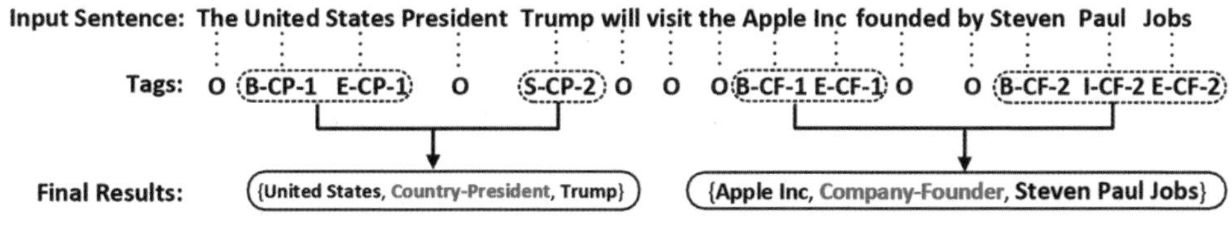

图 4-23　实体关系联合抽取的序列标注规范

其他模型，例如级联三元组抽取模型先抽取实体，再抽取关系和尾实体。在训练时，两个阶段可以同时训练，在预测时，模型需要先预测出头实体，然后将头实体和句子向量拼接预测关系和尾实体。

4.3.7　基于远程监督的关系抽取

深度学习模型最大的缺点是需要大量标注数据，因此研究人员又相继提出半监督的抽取模型，其中一个应用广泛的方法是远程监督，如图 4-24 所示。远程监督基于这样的一种假设：“两个实体如果在知识库中存在某种关系，则包含该两个实体的非结构化句子均可能表示出这种关系。”

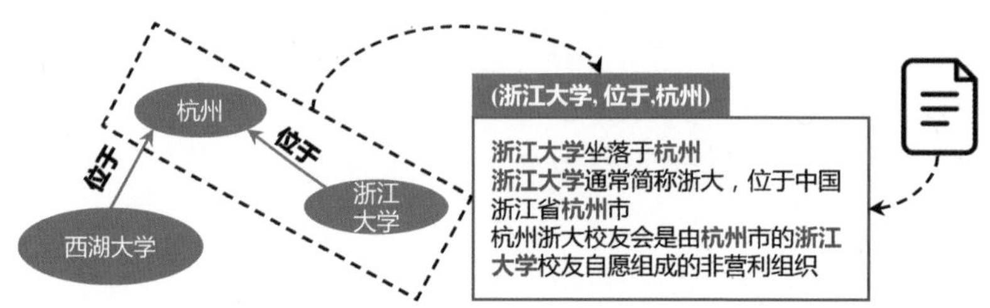

图 4-24 远程监督的基本思想

基本实现思路是：首先从知识库中收集已经存在的关系 r 的三元组，然后用这些三元组中的实体和文本语料进行匹配，如果两个实体同时在一个句子中匹配成功，则假设该句子描述的就是 r 关系，并作为 r 关系的正样本去训练抽取模型。远程监督主要是对知识库与非结构化文本对齐来自动构建大量训练数据，减少模型对人工标注数据的依赖，增强模型跨领域适应能力。可以看出，该假设是一个非常强的假设，很显然，一个实体对可能有多种关系，一个句子与两个实体同时匹配并不能完全代表此种关系，因此远程监督会引入大量噪声。为了缓解这一问题，下面介绍几种降低远程监督噪声的策略。

第一种策略是基于注意力机制的多实例学习方法。回顾远程监督的思想，包含相同实体对的句子都被打标成相同的关系，可以基于多实例学习的思想，将包含相同实体对的句子组成一个 Bag。然而并不是所有的句子都具有这类关系，因此一种简单的思路是基于注意力机制学习每一个句子的权重，然后通过加权的方式得到包含实体对的一个 Bag 的表征，整个算法的过程如图 4-25 所示。

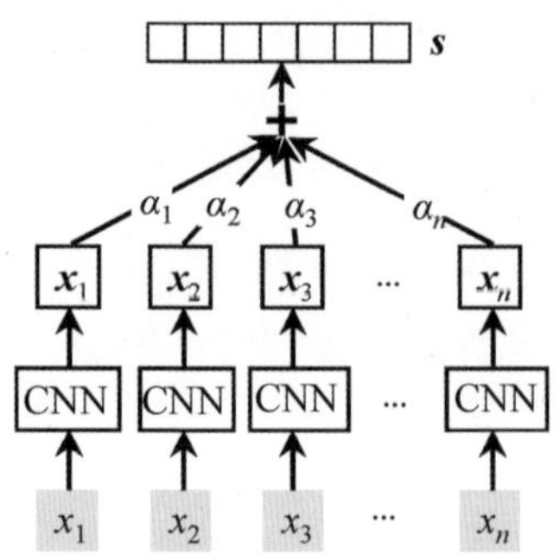

图 4-25 基于注意力机制的远程监督降噪处理

4.3.8 基于 Bootstrapping 的半监督关系抽取

还有一种半监督抽取方法称为 Boostrapping。这种方法的主要思想是利用少量实例作为初始种子集合，然后进行学习得到新的规则库，进而基于新老规则库抽取新的三元组并扩充种子集合，通过不断迭代，从非结构化数据中寻找和发现新的潜在关系三元组，如图 4-26 所示。Boostrapping 是一种朴素的迭代扩充样本的方法。

基于 Bootsrtapping 这一朴素思想和神经网络强大的学习能力，学者们提出了 Neural Snowball 关系抽取模型，以通过转移现有关系的语义知识来学习新关系。具体地说，该方法使用关系孪生网络基于现有关系及其标记数据来学习实例之间的关系相似性。给定一个新的关系及其少量实例，可以使用累积未标记语料库中的可靠实例。这些实例用于训练关系分类器，该分类器可以进一步识别新关系的新事实。该过程像雪球一样反复进行。

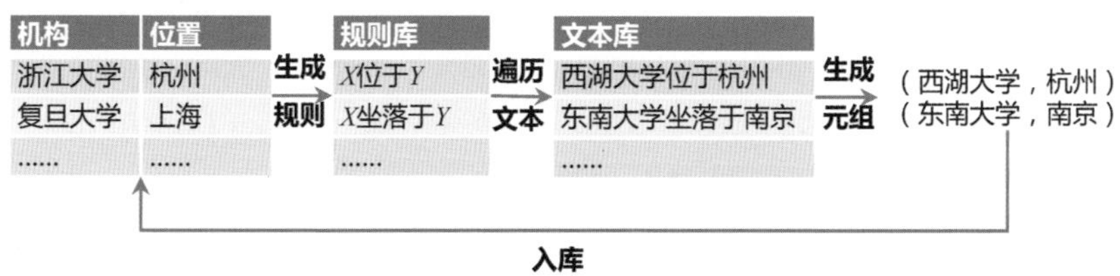

图 4-26　Bootstrapping 的基本思路

Bootstrapping 的主要问题之一是语义漂移问题。如图 4-27 所示，种子词的类型是城市，但经过种子词的获取的模板，例如“lives in X”，再次应用于文本后，新增加的实体类型可能会是一个洲、一个国家。这种因为新增加的实例与种子不相关或不属于同一类型的问题称为语义漂移问题。

解决语义漂移问题的方法很多。例如可以限制迭代次数，因为迭代次数越多，漂移问题越严重。也可以通过预先定义抽取模板中实例的类型来对抽取结果进行过滤和类型检查。还有一种方法是通过对多个抽取对象进行耦合训练，让抽取对象之间相互约束来降低语义漂移的影响。

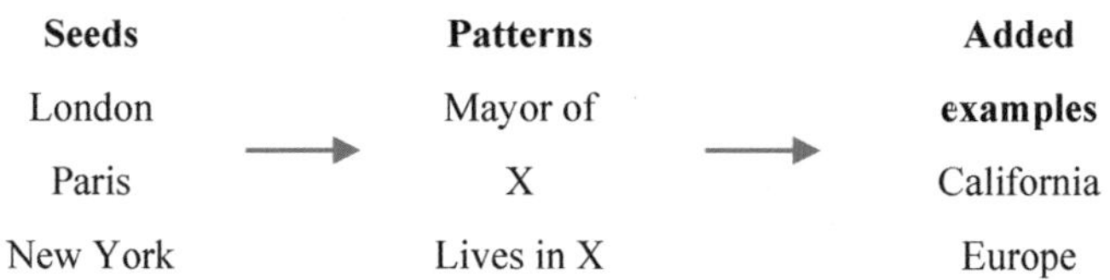

图 4-27　Bootstrapping 的语义漂移问题

4.4 属性补全

接下来介绍另外一个和三元组抽取有关的任务，即属性补全。和关系抽取不同，属性补全任务指的是对实体拥有的属性及属性值进行补全。现实世界的任何事物，都要靠若干属性来修饰和描述，比如实体杭州，具有若干描述的属性如人口、气候等。一个实体通过若干属性的取值来对这个事物进行多维度的描述。一般来说，属性补全方法可以分为抽取式和生成式两大类。下面具体介绍每一类方法。

基于抽取式的属性补全主要通过抽取输入文本中的字词，组成预测的属性值。预测出的属性值需要在输入侧出现过。如图 4-28 所示，属性补全的任务输入是待预测属性“口味”和句子“这回馍真的是不辣的”，抽取的属性值是不辣的。和关系抽取模型类似，一般可以通过神经网络如 CNN、Transformer 等模型建模文本表示，并基于序列标注进行属性获取。

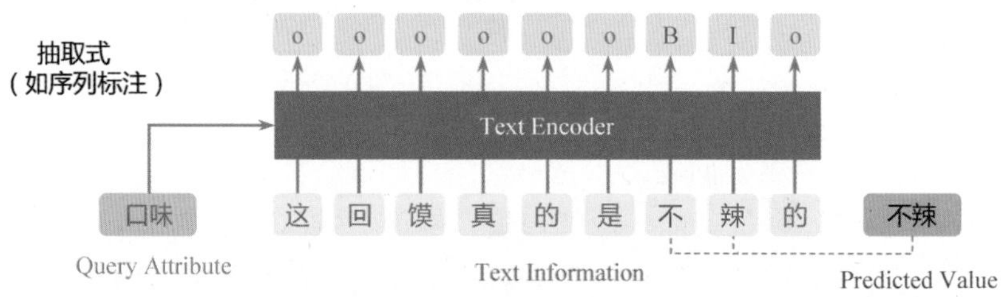

图 4-28 抽取式属性补全方法

不同于抽取式方法，生成式方法直接生成属性值，而这个属性值不一定在输入文本中出现，只要模型在训练数据中见过即可。如图 4-29 所示，可以直接基于端到端的序列生成模型实现属性值的获取。

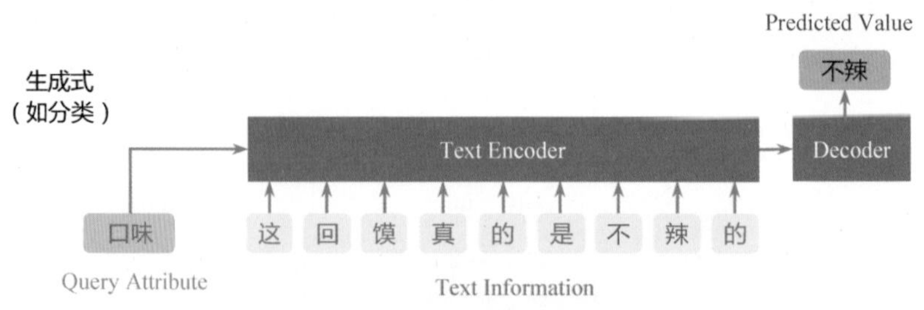

图 4-29 生成式属性补全方法

抽取式和生成补全各有优劣。抽取式方法只能抽取在输入文本中出现过的属性值，且预测属性值一定在输入中出现过，具有一定可解释性，准确性也更高。生成式方法可以预测不在文本中出现的属性值，但只能预测可枚举的高频属性，导致很多属性值不可获取，且预测出来的属性值没有可解释性。

下面介绍一个属性补全的应用，商品信息属性补全，如图 4-30 所示。商品属性是对产品性质的描述，是区分产品差异性的集合。一般来说商品的属性越详细，越有利于商品特点的展示，越有利于买家选择商品，商品结构化关键属性覆盖率和精度越高，越有利于提升导购效率，商品分层需要根据商品属性、用户属性进行特征计算，从而圈选出精品库，提供优质商品的选品能力。平台可以基于属性补全算法，通过商品的文本等信息预测商品的类目、同款、品牌等属性，提升用户体验。

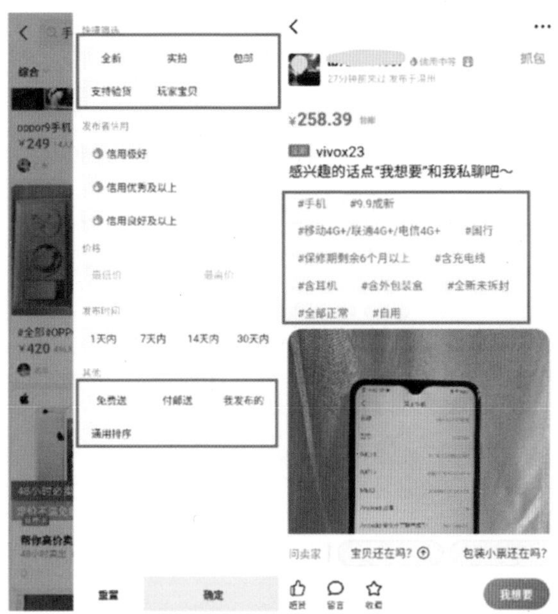

图 4-30　商品属性补全应用实例

4.5 概念抽取

4.5.1 概念图谱简介

本节介绍知识图谱构建系列任务中的概念抽取任务。概念是人类在认识过程中，把所感知事物的共同本质特点抽象出来，加以概括的表达，如图 4-31 所示。概念知识一般包含概念与概念之间的 subClassOf 关系，概念与实体之间的 isA 关系两种，通常被用于本体构建。一般来说，这两种关系都可以统称为 isA 关系。以浙江大学实体为例，可以抽取出浙江大学所属的概念是高校，还可以进一步获取到高校所属的概念是学校。

概念知识具有很高的科研和应用价值。首先，概念是认知的基石。人类往往通过概念来认知同类实体。比如，昆虫这一概念使得能够认知各种各样的昆虫，无须纠缠细节的不同。其次，概念有助于理解自然语言。比如，用小号试探对手，这里“小号”可能是一个辅助游戏账号，也可能是一种乐器。根据上下文，可以识别出（小号 isA 辅助账号），根据这一概念知识，可以更好地理解这句话表达的含义。最后，概念还可以用于解释一些现象。比如，为什么人遇到了老虎要跑？通过概念知识，可以发现老虎是食肉动物，因此也解释了这句话的原因。

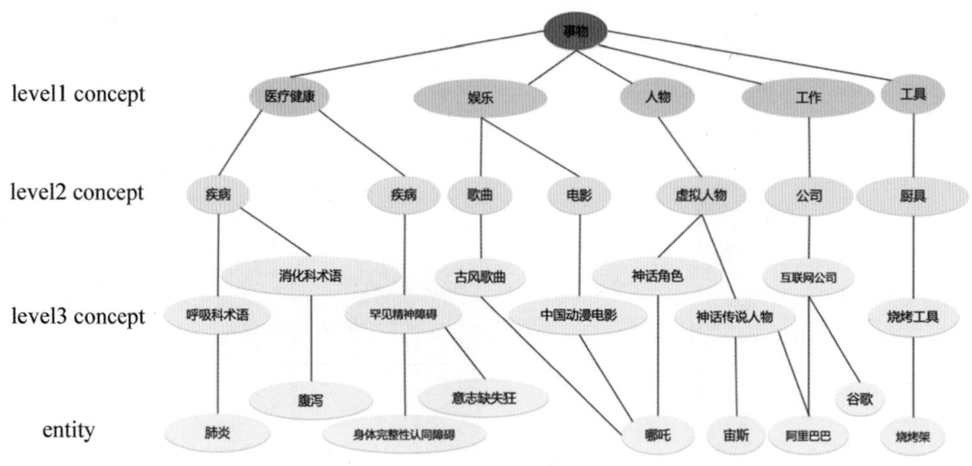

图 4-31 概念图谱

概念、实体通常采用词汇进行表达。实体与概念，概念与概念之间的关系属于自然语言处理中的语言上下位关系。比如，对于概念三元组 A isA B，通常称 A 是 B 的下位词，B 是 A 的上位词。概念抽取并构建成无环图的过程又被称为 Taxonomy。

4.5.2 概念抽取的方法

概念抽取的方法有很多。本节主要介绍以下三种方法，分别是基于模板的抽取、基于百科的抽取和与基于机器学习的抽取。基于模板和基于百科的抽取方法通常具备较高的准确率，然而泛化能力较差，无法从未见过的复杂文本中抽取概念，而基于机器学习的方法可以直接从文本中抽取概念知识。下面分别介绍这三种方法。

首先介绍基于模板的方法。基于模板的概念抽取通常采用 Hearst Pattern 来进行抽取，基于固定的句型可以抽取 isA 关系。如图 4-32 所示，列出了一些 Hearst Pattern 的例子，其中 NP 指的是名词短语，右图举出了一些符合 Hearst Pattern 的例子，可以通过模板匹配的方式获得 Dog isA animal 这一概念知识。

ID	Pattern
1	NP such as {NP,}* {(or | and)} NP
2	such NP as {NP,} * {(or | and)} NP
3	NP{,} including {NP,} * {(or | and)} NP
4	NP {,NP} * {,} and other NP
5	NP {,NP} * {,} or other NP
6	NP{,} especially {NP,} * {(or | and)} NP

1) … Sci-fi movies such as Terminator …

2) … animal such as dog …

3) China, United States, Japan and other…

Terminator isA Sci-fi movies
Dog isA animal

图 4-32　基于 Hearst Pattern 的概念抽取

在真实的场景中，模板构造成本相当高，制约了概念抽取的效率。因此，学者们提出了基于 Boostrapping 的方式进行半自动化概念知识抽取。首先，通过专家构造少量种子 Hearst Pattern，使用这些模板进行概念抽取，在获取一组概念列表后，从语料中提取包含这些概念的句子，人工观察这些句子的共同特点并编写新模板，基于新的模板再继续进行 isA 关系抽取，如图 4-33 所示。

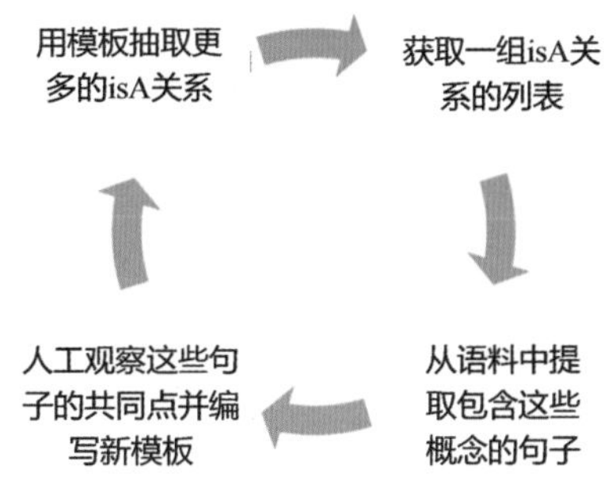

图 4-33　基于 Boostrapping 半自动化产生新模板流程

其次，百科文本中含有大量概念知识，还可以从这些半结构化数据中抽取概念知识。一般来说，基于百科的概念抽取可以分为从半结构化数据中获取上下位关系和知识验证两部分。可以通过网页解析、表格抽取等方式从网页等半结构数据中获得相应的概念。然而，由于互联网存在大量的噪声，还需要对抽取的知识进行知识验证。

知识验证的目标主要是判断抽取的概念知识是否合法，其中一个主要的方法是互斥概念的发现。比如，刘德华不可能同时拥有香港演员和内地演员这两个概念，需要将非法的概念进行过滤。互斥概念一般可以通过概念所包含实体的相似度、属性的相似度，以及领域规则来发现。如果一个实体所属的两个概念之间是互斥的，可以通过结合大数据统计的人工校验的方式过滤掉错误的概念。

最后，介绍基于机器学习的概念知识抽取方法，这种方法可以从大量的文本中直接获取概念知识。如图 4-34 所示，我们可以通过大量的标注样本，训练基于序列标注的概念抽取模型，从而进行概念知识的获取。然而，此方法需要大量的标注样本。在真实场景中，一般可以通过规则匹配的方式获取大量的弱监督样本作为训练语料。

《太阳的后裔》是韩国KBS电视台于2016年2月24日起播出的水木迷你连续剧

O B-Entity I-Entity I-Entity I-Entity I-Entity O O O O O O O O O O O O O O O O O O O O O
O O O O O O B-Concept I-Concept I-Concept I-Concept I-Concept I-Concept I-Concept

图 4-34 基于序列标注的概念知识抽取举例

4.5.3 概念图谱的应用场景

概念知识具有很多应用场景。首先，概念知识可以帮助自然语言理解。例如，对于“地球末日生存回收台怎么用”这句话，根据概念知识可以知道“地球末日生存”是一个游戏，而“回收台”是一个游戏装备，通过概念的组合，可以知道这句话想表达的意图是游戏装备的使用方式。

概念知识也可以帮助理解搜索意图。比如对于搜索的查询语句是“杭州的重点中学”，可以通过概念知识得到重点中学和杭州的中学的集合，基于概念的组合，得到包含杭州的重点中学的结果，从而获得更加准确的搜索体验，如图 4-35 所示。

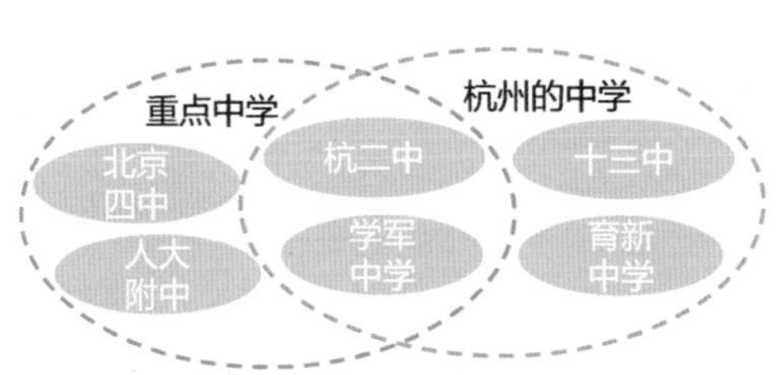

图 4-35 利用概念图谱帮助理解搜索意图

综上，概念是人类在认识过程中，从感性认识上升到理性认识，把所感知的事物的共同本质特点抽象出来的一种表达。概念知识一般可以通过基于模板、基于百科和基于序列标注等方法进行获取。概念知识可以帮助自然语言理解，促进搜索、推荐等应用的效果。

4.6 事件识别与抽取

4.6.1 事件抽取概述

本节简要介绍知识图谱构建系列任务中的事件识别与抽取任务。目前，对事件还没有统一的定义，在不同领域，针对不同的应用，不同的人对事件有不同的描述。在知识图谱领域，事件是发生在某个特定的时间点或时间段、某个特定的地域范围内，由一个或者多个角色参与的一个或者多个动作组成的事情或者状态的改变，如图 4-36 所示。

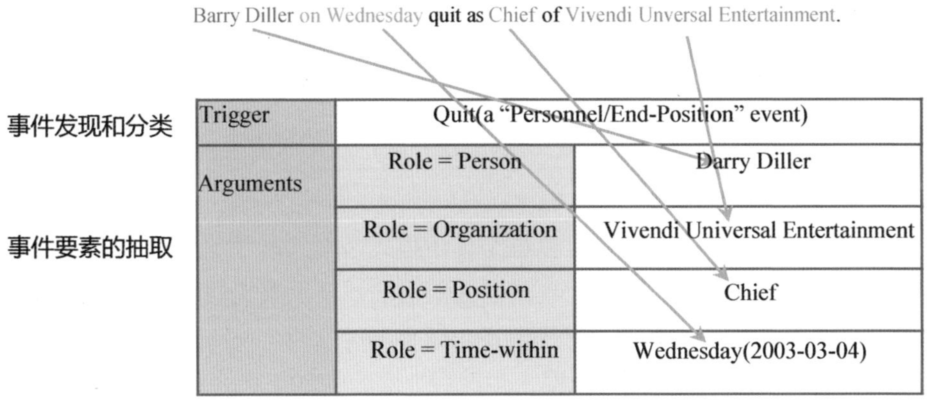

Barry Diller on Wednesday quit as Chief of Vivendi Unversal Entertainment.

事件发现和分类	Trigger	Quit(a "Personnel/End-Position" event)	
事件要素的抽取	Arguments	Role = Person	Darry Diller
		Role = Organization	Vivendi Universal Entertainment
		Role = Position	Chief
		Role = Time-within	Wednesday(2003-03-04)

图 4-36 事件抽取任务定义

首先，不同动作或者状态的改变是不同类型的事件，比如说奥巴马上任和奥巴马离任这是两种类型的事件。同一种类型的事件中不同的要素代表了不同的事件，比如奥巴马上任和特朗普上任，这是两个事件。同一种类型的事件中不同粒度的要素代表不同粒度的事件。比如同样是战争类型的事件，持续的时间或者要素的粒度不一样，就有第二次世界大战、抗日战争和淞沪会战之分，它们是不同粒度的事件。

事件抽取是获取事件知识的主要任务。给定一个事件的描述文本，事件抽取应该预测出带有特定事件类型的触发词以及具有指定角色的事件要素。事件抽取一般分两个步骤：第一步是事件的发现和分类，第二步是事件要素的抽取。

事件的发现和分类指的是找到事件描述文本中的触发词，并将其对应到指定的事件类型。比如需要识别出句中的“quit”是一个触发词，触发的事件类型是“离职”。事件要素抽取需要找到事件的参与要素，并划分它们在事件中扮演的角色。如图 4-37 所示，需要找出离职事件中的人是 Barry Diller，离职的时间是周三等。

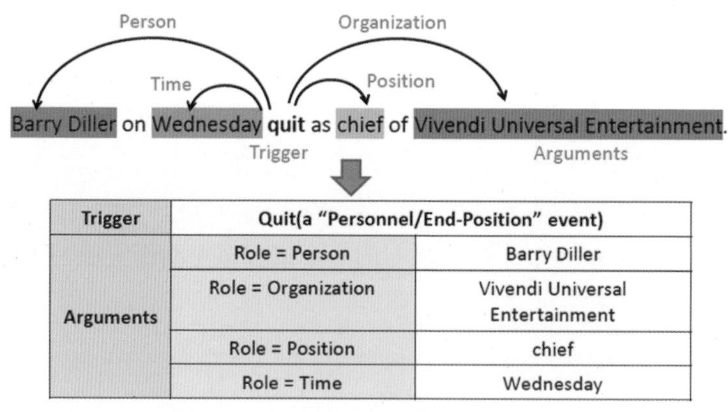

Trigger	Quit(a “Personnel/End-Position” event)	
Arguments	Role = Person	Barry Diller
	Role = Organization	Vivendi Universal Entertainment
	Role = Position	chief
	Role = Time	Wednesday

图 4-37　事件要素提取

4.6.2　事件抽取的方法

根据抽取方法，事件抽取可以分为基于模式匹配的事件抽取和基于机器学习的事件抽取。接下来先介绍基于模式匹配的方法。基于模式匹配的方法是指对某种类型事件的识别和抽取是在一些模式的指导下进行的，模式匹配的过程就是事件识别和抽取的过程。

1. 基于模式匹配的事件抽取

采用模式匹配的方法进行事件抽取的过程一般可以分为两步：模式获取和模式匹配。以 AutoSlog 系统为例，它基于“事件元素首次提及之处即可确定该元素与事件间关系”和“事件元素周围的语句中包含了事件元素在事件中的角色描述”两个假设，通过句法分析和人工标注规则匹配的方式实现事件抽取，如图 4-38 所示。

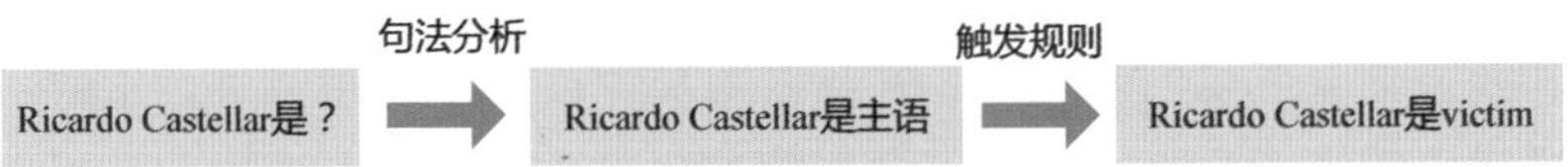
Ricardo Castellar, the mayor, was kidnapped yesterday by the FMLN.
句法分析
触发规则
Ricardo Castellar是？
Ricardo Castellar是主语
Ricardo Castellar是victim
kidnapped出现在被动结构，对应的主语被标记为victim

图 4-38　基于模式匹配的事件抽取

然而，人工标注耗时耗力，且存在一致性问题，而弱监督方法不需要对语料进行完全标注，只需人工对语料进行一定的预分类或者制定种子模板，由机器根据预分类语料或种子模板自动进行模式学习。以 AutoSlog-Ts 系统为例，它不需要进行文本的标注，只需要一个预先分类好的训练语料，类别是与该领域相关还是不相关。在抽取的过程中，首先会过一遍语料库，对每一个名词短语根据句法分析产生抽取规则，然后再整体过一遍语料库，产生每个规则的统计数据，根据“在相关文本中更常出现的抽取规则更有可能是好的抽取规则”这一假设，将规则进行筛选。基于弱监督的方法可以解决标注标准不一致的问题，同时也降低了模式获取的工作量。

下面对基于模式匹配的方法做一个小结。基于模式匹配的方法在特定领域中性能较好，便于理解和后续应用，但对于语言、领域和文档形式都有不同程度的依赖，覆盖度和可移植性较差。在模式匹配的方法中，模板准确性是影响整个方法性能的重要因素，主要特点是高准确率和低召回率。

2. 基于机器学习的事件抽取

不同于模式匹配的事件抽取方法，基于机器学习的事件抽取方法建立在统计模型基础上，一般将事件抽取建模成多分类问题，因此方法的重点在于特征和分类器的选择。根据利用信息的不同可以分为基于特征、基于结构和基于神经网络三类主要方法。首先介绍基于特征的方法。基于特征的方法重点在于如何提取和集成具有区分性的特征，比如词性、实体类型、依存树等，从而产生描述事件实例的各种局部和全局特征，作为特征向量输入分类器。该类方法多用于阶段性的管道抽取，即按顺序依次执行事件触发词识别和要素抽取。然而，多阶段管道通常会引起误差传播，进而影响事件抽取的效果。

与阶段性的管道抽取不同，基于结构的方法将事件结构看作依存树，抽取任务则相应地转化为依存树结构预测问题，触发词识别和要素抽取可以同时完成。例如 Joint Inference 使用集成学习的思路，将各模型通过整体优化目标整合起来，可以通过整数规划等方法进行优化。Joint Modeling 又可以称为基于结构的方法，将事件结构看作依存树，抽取任务相应转化为依存树结构预测问题，触发词识别和要素抽取可以同时完成，共享隐藏层特征，使用搜索进行求解，避免了误差传播导致的性能下降。另外，全局特征也可以从整体的结构中学习得到，从而使用全局的信息来提升局部的预测。

基于特征的方法在特征提取的过程中依赖依存分析、词性标注、句法分析等传统的自然语言处理工具，容易造成误差累积，而且有很多语言没有自然语言处理工具。2015 年起，如何利用神经网络直接从文本中获取特征进而完成事件抽取成为研究热点。相比于传统机器学习，深度学习方法优势明显。下面，介绍基于神经网络的事件抽取模型 DMCNN。DMCNN 使用动态多池化卷积能实现对一个句子中不同部分的最大值获取，以保留更多有价值的信息，模型的逻辑和关系抽取模型 PCNN 相似。它把事件抽取看作两个阶段的多分类任务，第一步是触发词分类，利用 DMCNN 对句子中每个词进行分类，判断是否是触发词，如果句子中存在触发词，执行第二步要素分类，同样使用 DMCNN，给触发词分配要素，同时匹配要素到角色，如图 4-19 所示。基于神经网络的事件抽取具有以下优势，首先它减少对外部 NLP 工具的依赖，甚至不依赖 NLP 工具，建成端对端的系统；其次，它使用预训练词向量作为输入，蕴含更为丰富的语言特征；第三它能够自动提取句子特征，避免了人工特征设计的烦琐工作。

基于神经网络的事件抽取也存在一些缺点，基于神经网络的事件抽取需要大量标注样本。然而，事件抽取的样本极难标注，触发词和要素之间存在非常复杂的依赖关系。其次，传统的弱监督方法，比如远程监督，无法直接应用于事件抽取。

基于弱监督的方法可以在一定程度上减少模型对海量数据的依赖。下面介绍一个基于外部知识库的弱监督事件抽取方法。这种方法主要依赖 FrameNet 知识库。FrameNet 是语言学家定义及标注的语义框架资源，采用层级的组织结构，FrameNet 和事件抽取有很高的相似性，一个框架由一个词法单元和若干框架元素组成，一个事件由触发词和若干事件角色组成。该方法利用 ACE 语料训练的分类器判定 FrameNet 中句子的事件类别，再利用全局推断将 FrameNet 的语义框架和 ACE 中的事件类别进行映射，进而利用 FrameNet 中人工标注的事件样例扩展训练数据以提升事件检测性能 。

目前，国内外事件抽取相关的研究大部分都是面向英文文本的英文事件抽取，面向中文文本的中文事件抽取工作面临更多的挑战。在技术层面，中文的词句是意合的，词语间没有显式分隔符，而且中文实词在时态和形态上也没有明显变化，因此面向中文的事件抽取研究在基础自然语言处理层面具有天然的劣势。在数据层面，由于起步较晚，缺乏统一的、公认的语料资源和相关评测，极大制约了中文事件抽取的研究。尽管如此，近些年中文事件抽取也取得一定进展，比如百度发布的大规模中文事件抽取数据集 DuEE。

综上，事件抽取主要分为事件的发现和分类和事件要素的抽取两部分，又可以细分为触发词识别与事件分类和要素检测与要素角色分类。与关系抽取相比，事件抽取是一个更加困难和复杂的任务。事件结构远比实体关系三元组复杂，事件的 Schema 结构对事件抽取有很强的约束作用。将事件抽取出来之后，不仅可以构建知识图谱，而且可以利用这些结构化的事件知识进行一些下游应用，比如时序预测、电商推荐、行程规划等。

4.7 知识抽取技术前沿

4.7.1 知识抽取发展趋势

本节介绍知识抽取的一些前沿技术。随着算力和算法的不断发展，知识抽取在不同的领域都取得了非常大的进展，如图 4-39 所示。然而，基于深度学习的知识抽取方法大多都依赖海量的标注数据。在真实的场景中，数据通常是长尾的，数据的标注成本制约着模型的效果，知识抽取模型在少样本、零样本等场景下面临严峻的挑战。比如，给定极少的包含某关系的样本，模型很难在测试集中识别出这一关系，且无法抽取不存在于训练集的关系。此外，在知识日新月异的时代，需要模型能够不断学习和抽取新知识，然而模型在持续学习新知识抽取范式时存在灾难性遗忘问题。下面针对少样本知识抽取、零样本知识抽取、终身知识抽取，分别介绍一些前沿的技术。

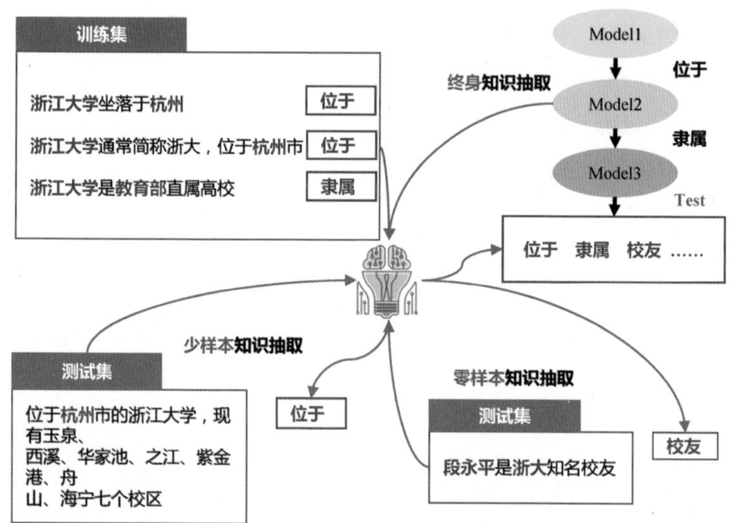

图 4-39 知识抽取技术发展趋势概览

4.7.2 少样本知识抽取

首先，介绍基于少样本的知识抽取技术。人类可以根据很少的样本就能学习到知识，然而机器仍需要大量的数据才能获得预测能力，因此，如何让机器具备少样本学习能力是学者们研究的重点。少样本学习的基本范式是 N-way-K-shot。其中，N 指的是样本的类别数，K 指的是样本的个数。少样本学习有一些经典的模型，原型网络就是其中之一。如图 4-40 所示，对于每一个类别的若干样本，可以通过特征平均的方式学得每个类别的原型 $\boldsymbol{c}_1$、$\boldsymbol{c}_2$ 和 $\boldsymbol{c}_3$，对于未知样本 $\boldsymbol{x}$，通过计算 $\boldsymbol{x}$ 与原型中心的距离，可以判断出它所属的类别。

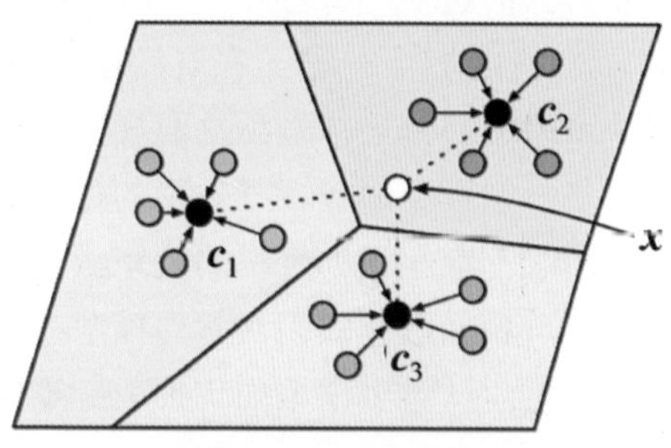

图 4-40 原型网络

传统的原型网络可以直接应用于少样本知识抽取，然而，少样本问题易受到噪声干扰。因此，有学者提出了一种基于混合注意力原型网络的少样本关系抽取模型，并通过引入 instance-level 和 feature-level 的两种注意力机制，减少噪声对原型计算的影响，在实验中同原始的原型网络相比，取得了较好的效果，如图 4-41 所示。

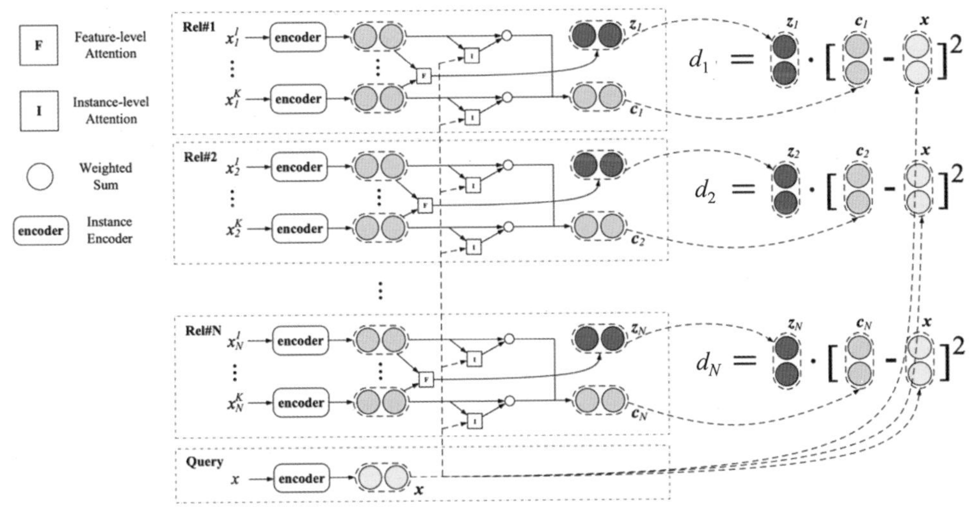

图 4-41　基于混合注意力原型网络的少样本关系抽取

相比于少样本关系抽取，少样本的实体关系三元组的联合抽取是一个更加困难的任务。下面介绍一个基于原型网络的少样本三元组知识抽取方法。三元组知识抽取的目标包含了实体以及实体和实体之间的关系。显然，可以通过学习实体原型和关系原型的方式，基于原型网络实现少样本知识的获取。然而，对于三元组来说，知道实体对和关系具有明确的知识约束，比如 religion 关系存在 Schema 约束，头实体一定是 Person 类型；反过来 Entity 类别也在约束关系的分类学习。因此，在原有的原型网络基础上增加了实体关系约束，如图 4-42 所示，Person 类型的原型加上 religion 关系原型约等于 Institute 原型。

如图 4-42 所示，该模型首先基于 instance Encoder 获取句子的表示。不同于原始的原型网络求均值的方式，该模型采用了基于注意力机制加权的方法获取原型。此外，该模型引入了实体关系间的隐式约束，进而获得更好的原型表示，在实验中相比传统的原型网络，取得了较好的效果。

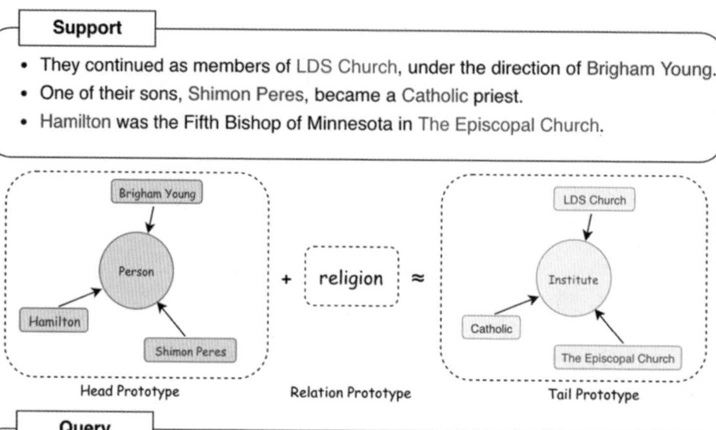

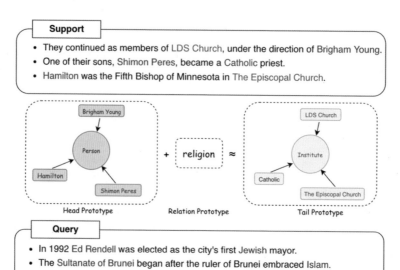

图 4-42　基于实体关系原型网络的少样本知识抽取

4.7.3　零样本知识抽取

相比于少样本知识抽取，零样本知识抽取更具挑战。零样本学习指的是基于可见标注数据集及可见标签集合，学习并预测不可见数据集结果。目前在知识抽取任务中，通常使用众包或弱监督的方法构建数据用于训练分类器，但是这些方法只适用于关系的类别已经预先定义的情况。对于没有预先定义的类别，通常需要零样本学习。

首先，介绍一种基于阅读理解的零样本关系抽取方法。这个方法的核心是将关系抽取任务转化成阅读理解问题，也就是找到合适的答案满足提出的问题。对于关系抽取任务，可以理解为已知实体对中的一个实体以及它们之间的关系，而去抽取另一个实体。基于这种设定，在训练阶段，训练模型可以针对不同问题给出正确的答案；在测试阶段，对于新的关系，通过定义合适的问题，便可以找到相应的答案。所以这种方法不需要对于新的关系提供新的训练数据。

解决零样本知识抽取的另一种思路是学习输入特征空间到类别描述的语义空间的映射。下面介绍一种基于规则引导的零样本关系抽取方法，该方法通过规则增强的方式学习特征空间和语义空间的映射。如图 4-43 所示，该模型通过知识图谱表示学习得到关系向量作为初始化隐式语义表征，并通过规则挖掘算法挖掘出符号规则来增强语义表征，从而建立可见关系和不可见关系的语义连接。在实验中，相比于基于词向量的语义映射方法，该模型取得了较好的效果。

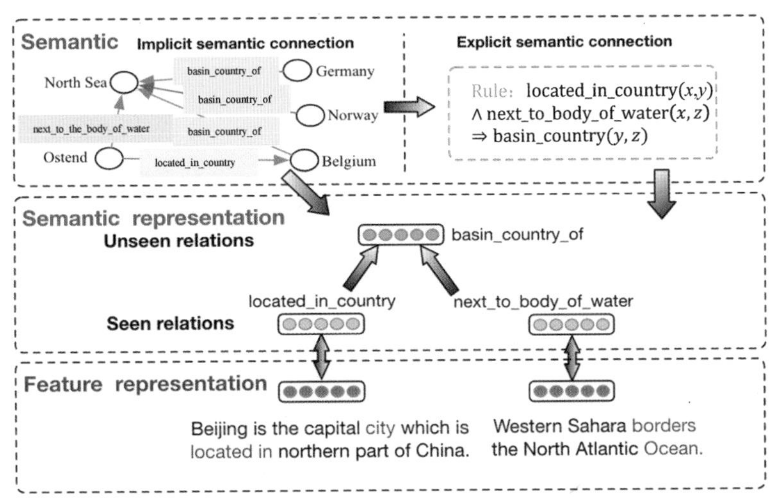

图 4-43　基于规则引导的零样本关系抽取

4.7.4　终生知识抽取

不同于少样本和零样本知识抽取，终身知识抽取是一个动态的过程。人类可以很好地不断学习新知识，进而学会新技能，然而，基于神经网络的知识抽取模型在取得某个领域较好的抽取效果的同时，会遗忘以前学到的知识。在新知识不断出现的时代，如何构建一个能够长期抽取新知识，不断学习新技能的模型，具有严峻挑战。

下面，介绍一种基于表示对齐的终身关系抽取模型。如图 4-44 所示，该对齐模型将以前任务中保存的数据视为锚点，并在终身关系提取中最大限度地减少锚点在嵌入空间中的改变。然后将对齐的嵌入空间用于关系提取。该方法的核心在于通过附加的网络控制不同任务间的嵌入空间的差异，以减少灾难性遗忘的影响。

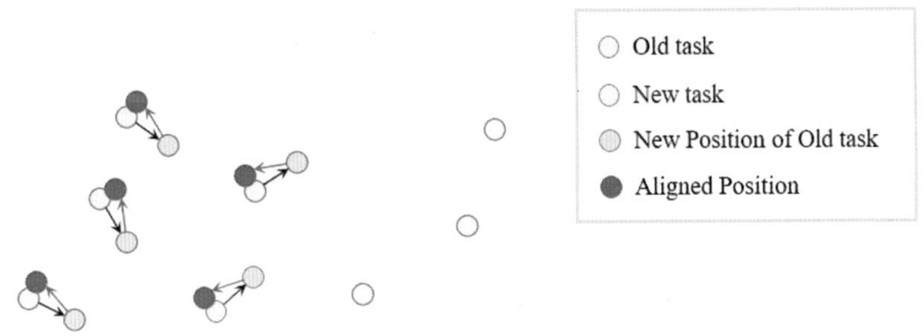

图 4-44　基于表示对齐的终身关系抽取

具体地说，这个模型在优化的目标上增加了一个句子表示对齐项，并采用一种两步训练的方式。首先，基于训练数据优化关系抽取任务目标。然后，优化句子表示对齐项。通过这种方式，该模型减轻了灾难性遗忘带来的影响，并在实验中取得了较好的效果。

综上，面对低资源少样本场景，需要更加智能的少样本、零样本知识抽取方法。知识是不断变化的，需要能够终身学习知识的框架。

4.8 总结

知识广泛存在于文本、结构化的数据及多种模态的数据中。通过抽取技术可以将知识从原始数据中萃取出来，以支持搜索、问答、推理和分析等各种不同形式的下游图谱应用。挑战机器自主获取知识的极限是计算机领域经久不衰的研究命题。与传统知识工程不同，知识图谱的构建将抽取目标局限于实体、关系、属性和概念等相对任务定义明确、实施较为容易的问题，且更加突出依赖大数据和机器学习的方法实现知识获取的技术和方法，因而具有更好的实用性和规模可扩展性。发展更加自动化、高质量的知识抽取方法和技术也是未来知识图谱构建的一个需要持续突破的领域。

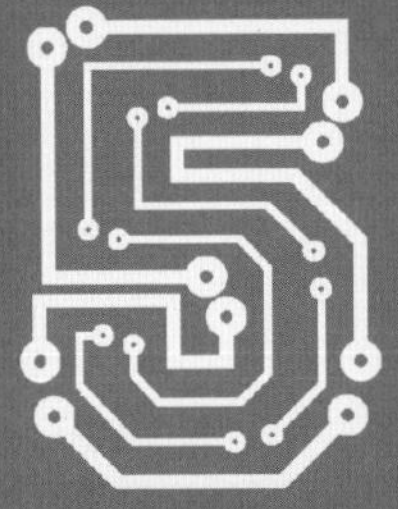

第 5 章 CHAPTER 5

知识图谱推理

本章关注知识图谱的一个重要技术领域——推理。推理能力（Reasoning）是人类心智区别于普通物种的重要特征之一。人类通过推理，从已知的事实中获取和习得新的知识，包含了认知、理解、抽象、演绎、归纳、溯因、类比等多种不同形式的推理思维过程。利用机器实现类似于人类心智的推理能力是人工智能自诞生以来最核心的目标和任务之一。构建各种各样的知识图谱来描述客观世界，抽象万物之间的逻辑关系，不只是为了查询和搜索关于万物的信息，更是为了能够基于这些关于事物的描述性事实，去推断、归纳和预测未知的事实。因此，推理是知识图谱最为关键的技术。知识图谱与人工智能在这个方面的关系主要体现在两个方面：一个是从知识表示的维度，即：怎样表示和描述知识，进而完成推理；二是从知识表示学习的角度，希望基于表示学习和神经网络来完成知识推理。这两个方面刚好对应在知识图谱上完成推理的两种不同方法基于符号逻辑的推理和基于表示学习的推理。需要特别指出的是，这两种推理实现形式对于知识图谱的推理应用是同等重要的，会在本章中具体分析这两种技术手段的优缺点，以及集成两者的一些方法。

5.1 推理概述

5.1.1 什么是推理

首先来回答一个问题：什么是推理？随着人工智能的复兴，推理也经常被人们提及。推理和逻辑是密切相关的，关于推理的研究更多和更早地出现于哲学和数学领域。古希腊有个词叫 Logos，指世界的可理解的一切规律，涉及逻辑描述语言、逻辑思维方式、逻辑推理过程等内容。当然，我们并不希望陷入关于推理的哲学思辨中，所以在本书中还是更多地从人工智能发展历史上出现的关于推理的研究来展开探讨。即使是在人工智能领域，有关推理的研究也非常广泛和深入，区别于一般意义上的机器推理研究，在这里也仅仅局限于那些与知识图谱密切相关的一些推理方法来探讨推理的问题。

简而言之，推理指的是从已知事实（Known Facts）来推断得出新的事实（New Facts）的过程。有很多种实现推理的方法，较为常见的有演绎、归纳、溯因、类比，如图 5-1 所示。在介绍知识图谱上的推理实现方法之前，先对这几类推理形式做一个大致的介绍。

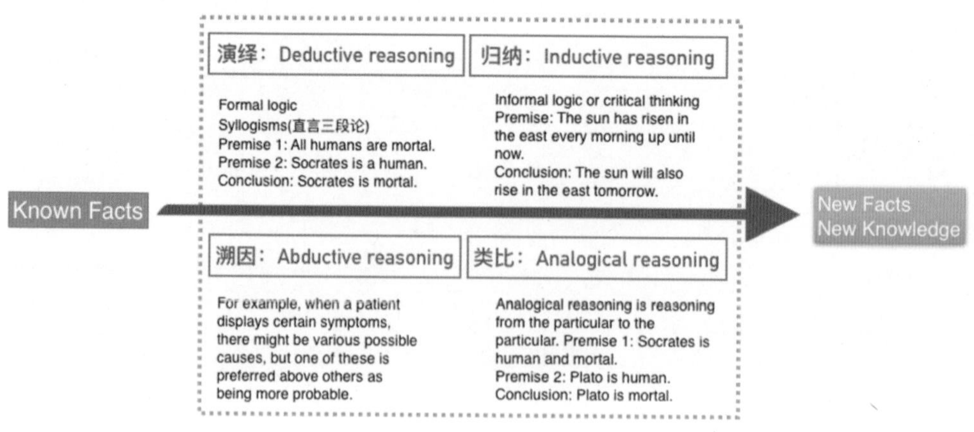

图 5-1 推理的简要分类

首先来看演绎推理（Deductive Reasoning）。演绎推理是一种 Top-down Logic，在日常思维过程中经常被用到。例如肯定前件（Modus Ponens）推理逻辑十分简单：假设知道 P 能推出 Q，如：“如果今天是周四，张三就会去上班”，

同时也知道 P 的事实，如“今天正好是周四”，就可以推理得出 Q，即“张三会去上班”。另外一种否定后件（Modus Tollens）推理也很简单：同样假设知道 P 能推出 Q，如：“如果下雨，天空肯定有云”，同时知道否定的 Q，即“天空没有云”，就可以推理得出否定的 P，即“没有下雨”。再比如三段论推理逻辑：假设知道 P 能推出 Q，Q 能推出 R，那么 P 也可以推出 R。

第二类常见的推理称为归纳推理（Inductive Reasoning）。和演绎推理不一样，归纳推理是一种 Bottom-up Logic，指的是通过观察客观事实进而总结和归纳抽象知识的推理过程。例如，假如观察发现看到的天鹅都是白色的，于是可能归纳得出所有的天鹅都是白色的。显然归纳推理不一定是正确的，因为突然发现还有黑色的天鹅存在。实际上，日常生活中的推理都是这种近似正确的推理，尽管不一定百分百正确，但很有用。再看两个归纳逻辑的例子，假设箱子中有很多白色或黑色的球，随机地从中取出一部分球，发现其中 3/4 是黑色，1/4 是白色的，于是可以近似得出整个箱子中的球黑色占比 3/4。再比如，统计发现 90%就读某高中的学生都会上大学，如果张三是该高中的学生，就会归纳推断他极大可能也会上大学。

还有一种很有用的推理形式称为溯因推理（Abductive Reasoning）。现在谈论深度学习的缺点，经常会说到一个问题即可解释的问题。溯因推理关注的一个方面就是推理结果的可解释逻辑。下面举例说明，假如知道一个假设或规则：“如果下雨，草地就会湿”，现在观察到草地已经湿了，基于已知假设，我们推断得出：“可能是下雨导致的潮湿”。所以，首先溯因推理也是一种从观察现象出发的推理，但和归纳推理不同，它是将抽象的规则知识与观察现象相结合，寻找可能原因的推理的过程。而归纳推理则是从观察到的现象和原因出发，归纳抽象规则的过程。当然和演绎推理更加不同，演绎推理是将抽象规则知识与原因相结合，推理得出结果的过程。

还有一类在传统人工智能领域被研究得比较多的推理称为类比推理。人们经常采用类比思维来解决问题，特别是在学习样本很少的情况下，习惯于寻找类似的解决方案来解决面临的新问题。例如，假如我已经学过草莓饼干怎么做，现在需要做菠萝饼干，就会去比较两者的相同和不同之处。抽象来讲，类比推理的过程是：假设 P 和 Q 在某些属性上相似，如 a、b、c，同时观察到 P 有一个新属性 x，因此，可能类比推理得出 Q 也可能具有 x 属性。和归纳推理不同，类比推理从个体到个体的推理过程。本质上，在机器学习领域的迁移学习也属于一种类型的类比推理过程。

5.1.2 机器推理举例

那么机器怎样实现这些推理任务呢？在计算机领域有很多关于推理的研究，这里无法系统性地介绍。接下来主要介绍几个与知识图谱有关系的推理任务。

1. 基于描述逻辑的推理

首先看一个和知识图谱有密切关系的利用描述逻辑实现机器推理的例子。顾名思义，描述逻辑关注的是描述客观世界的逻辑，也就是本体（Ontology）。本体指的是大脑中关于世界的描述模型。通常一个本体知识库包含 TBox 用来存储抽象概念，ABox 用来存储事实性描述。这就好比我们来到这个世界，首先记住的是万事万物的名称，然后会基于这些名称进一步抽象概念，如人分为男性、女性，生物分为动物和植物等。我们还会利用抽象的概念和事实描述来进行推理。如图 5-2 所示，定义 Father 的概念是指有小孩的男性，还定义了一个 HappyFather 的概念指那些小孩是医生或律师的父亲。假如在 ABox 中有一个事实描述 John 是 HappyFather，同时还知道 Mary 是 John 的小孩，基于 TBox 中的关于 HappyFather 的定义，可以推理得出 Mary 可能是医生或者律师。这是一种严格的符号逻辑推理。假如可以非常精确地用这种符号表示复制人脑中的本体描述和所有事实性描述，就可以利用机器模拟人脑完成这类推理。但符号表示是有局限性的，关于这一点，将在后面专门谈到。

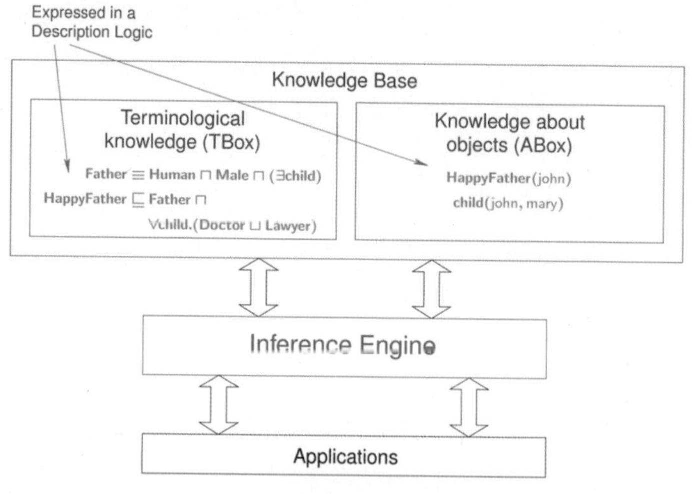

图 5-2 基于描述逻辑的推理举例

2．自然语言推理

人类的自然语言也可以描述世界万物，包括概念、事实和逻辑规则等。既然人可以利用自然语言实现推理，当然也希望机器能模仿人的语言实现自动推理。因此在自然语言处理领域，也有一个任务与推理有关，称为自然语言推理（Natural Language Inference，NLI），如表 5-1 所示。NLI 的任务定义比较简单：给定两句话，要求机器能判断它们之间是否是蕴含或冲突关系。例如：句子“他正在打鼾”蕴含了“他正在睡觉”。自然语言的缺点是没有描述逻辑那样严格的形式化逻辑定义，但优势是语料数据更加容易获得。

表 5-1　自然语言推理

Premise	Label	Hypothesis
Fiction		
The Old One always comforted Ca'daan, except today.	neutral	Ca'daan knew the Old One very well.
Letters		
Your gift is appreciated by each and every student who will benefit from your generosity.	neutral	Hundreds of students will benefit from your generosity.
Telephone Speech		
yes now you know if if everybody like in August when everybody's on vacation or something we can dress a little more casual or	contradiction	August is a black out month for vacations in the company.
9/11 Report		
At the other end of Pennsylvania Avenue, people began to line up for a White House tour.	entailment	People formed a line at the end of Pennsylvania Avenue.

3．视觉推理

在计算机视觉领域也有不少和推理相关的任务。例如 CLEVR 数据集定义了一系列视觉推理（Visual Reasoning）的问句。如图 5-3 所示，给定一张图片，视觉推理不仅要求识别其中的物体，还需要分析它们之间的位置关系、实现路径搜索、比较属性大小和计数等。严格地说，这些问句还不是逻辑型的问句，但也是基于视觉识别进一步实现复杂逻辑推理的基础。

Q: Are there an equal number of large things and metal spheres?
Q: What size is the cylinder that is left of the brown metal thing that is left of the big sphere? **Q:** There is a sphere with the same size as the metal cube; is it made of the same material as the small red sphere?
Q: How many objects are either small cylinders or metal things?

图 5-3　视觉推理

4．表示与推理

在计算机领域还有很多关于机器推理的研究，详细介绍这些内容超出了本书的范围。但不论哪种推理的实现，其本质都是要找到一种合适的表示方法，一方面这种表示能方便而且准确地刻画客观世界中的事物以及运行规律，另外一方面，这种表示又非常适合于机器处理和计算。可以将其称为面向机器的知识表示。在后面的介绍中，将会看到符号表示和向量表示是当前实现知识图谱推理的最常用的两种机器表示方法。

5.2 知识图谱推理简介

5.2.1 知识图谱上的推理实现

本书更多地关心怎样基于知识图谱实现推理。总的来说，在知识图谱上可以实现演绎、归纳、溯因和类比等各种形式的推理。同时，深度学习的出现又为利用神经网络和表示学习方法实现推理提供了新的技术手段。因此，后面也会着重关注综合利用知识图谱和神经网络实现推理的新方法。

推理的实现和应用都是比较困难的。知识图谱将推理任务进行了简化，并将推理任务限定为基于图结构完成关系推理和事实预测。知识图谱中的每一条三元组都代表关于客观世界的一条事实描述，同时图的结构又进一步为推理提供了关联线索。简而言之，知识图谱推理的目标是利用图谱中已经存在的关联关系或事实来推断未知的关系或事实，很多现实的问题如推荐计算、因果分析、查询问答和实体对齐等任务都可以归结为实体之间的关系推理问题。如图 5-4 所示，推理可以用于属性补全、关系预测、错误检测、问句扩展和语义理解等。在查询和问答中，推理可以用来拓展问句语义和提高查询召回率。在推荐计算中，推理可用来提升推荐的精准性和可解释性。此外，推理在深度语言语义理解和视觉问答中也扮演必不可少的角色。凡是包含深度语义理解的任务都会涉及推理的过程。

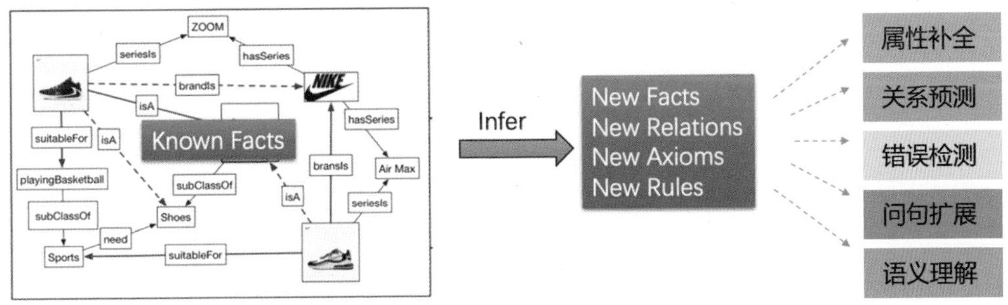

图 5-4　知识图谱对推理任务进行了简化

有很多种在知识图谱上实现推理的方法，这里将较为常见的方法按表示方法和推理模式两个维度进行了分类，如图 5-5 所示。前文已经提到，符号表示是一种显式的知识表示方法，它的最大优势是可解释性很好。而向量表示的优势是比较易于捕获隐含的知识，例如可以利用两个实体在向量空间的位置推算它们可能存在的各种关系。这很重要，因为永远无法显式描述所有的知识。但向量表示的最大缺点是丢失了符号表示的可解释性。参数化的数值对机器是友好的，但不利于人来理解。从推理模式的维度，主要从演绎推理和归纳推理两个维度进行划分。演绎推理更多依赖于显式的知识描述和逻辑推导，而归纳推理则更多地依赖于大数据和机器学习方法。

在本章中，将分别介绍基于符号表示的演绎推理方法，如利用本体公理或 Datalog 实现的推理；基于符号表示的归纳推理，如利用图结构做归纳的路径排序算法（Path Ranking Algorithm，PRA）和利用规则归纳学习的关联规则挖掘（Association Rule Mining under Incomplete Evidence，AMIE）。进一步会重点介绍当下更为流行的基于表示学习和神经网络的知识图谱推理方法，例如知识图谱嵌入系列模型和基于图神经网络图谱推理模型等。还有一类方法研究基于向量表示学习符号规则，再利用符号规则做演绎推理，这实际上是一类将基于符号的演绎推理和基于向量的归纳推理相结合的方法，也是当前人工智能和知识图谱的一个研究热点。当然，也可以基于知识图谱完成溯因推理、类比推理和因果推理等其他推理模式。

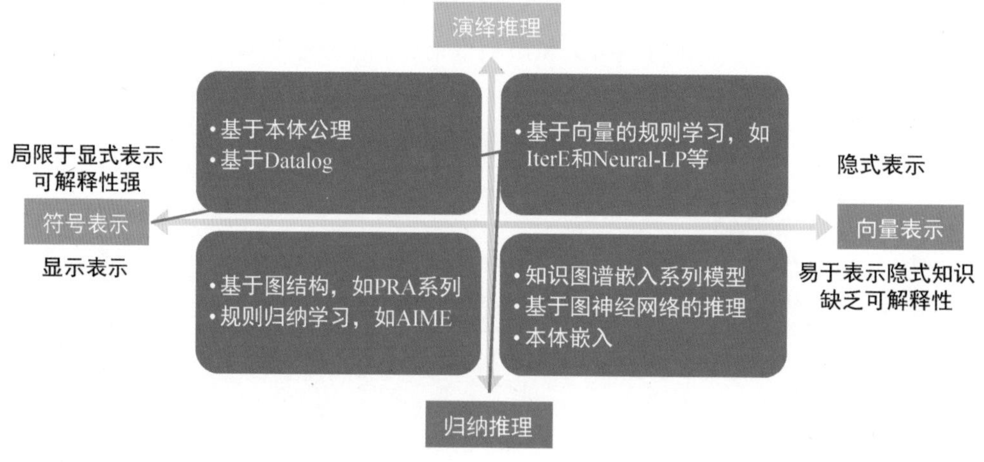

图 5-5 知识图谱上实现推理的方法一览

5.2.2 基于本体公理的知识图谱推理

前文已经介绍过，一个定义得比较好的知识图谱包含 TBox，即 Schema 层，主要定义概念以及关系；同时还包含 ABox，包含事实性断言或描述，如图 5-6 所示。在 TBox 中，可以定义很多本体公理（Ontological Axioms）用于实现演绎推理。这种基于本体公理的演绎推理是一种基于符号表示的演绎推理方法。还有很多其他在知识图谱上实现的符号演绎推理方法，例如基于 Datalog 的推理等，将在下一小节展开介绍。

可以为一个知识图谱定义很多公理，例如，定义一条代表类别之间包含关系的公理：“人工智能公司 rdfs:subClassOf 高科技公司”，或者定义一条领域公理，声明投资关系的“domain”是投资人。利用这些简单的公理就可以实现一些简单的演绎推理了。比如，如果知道谷歌是一家人工智能公司，就可以应用第一条公理推理得出谷歌也是一家高科技公司。这种基于符号本体实现的演绎推理一个特点是很精确，并且不存在可解释的问题，因为每一个推理得出的结论都可以回溯和给出推理的过程。

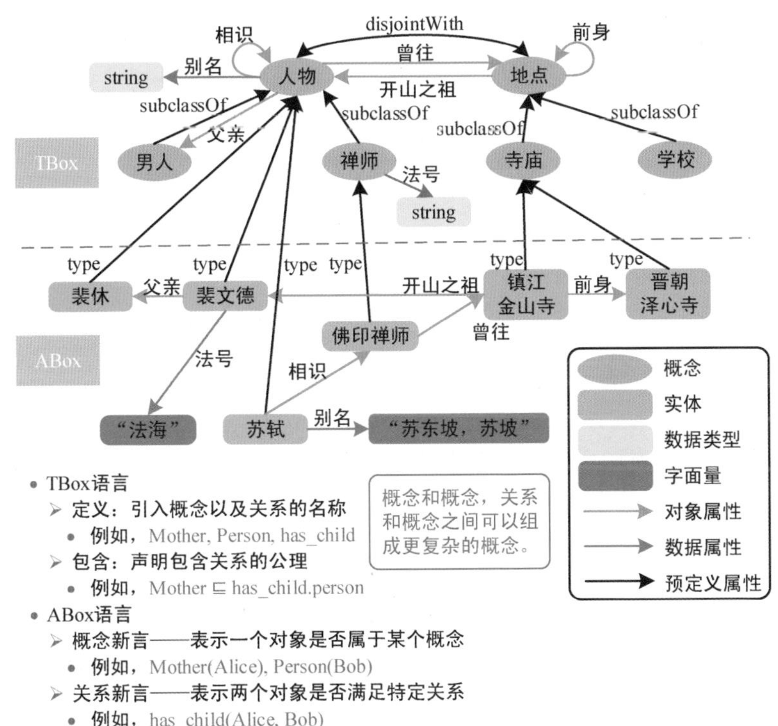

图 5-6　通过在本体的 TBox 中定义的公理来实现本体推理

基于本体公理的推理也可以非常复杂。在描述逻辑领域，数十年的努力都在研究怎样用符号逻辑来表示各种各样的本体公理，同时研究这些公理组合所对应的推理是否完备，是否可以计算，计算的复杂度又是多少。例如，可以为关系定义更细致的语义。通过传递属性公理（Transitive Property Axiom），可以声明某个关系如 ancester 是传递关系。通过 inversof axiom 可以声明两个关系（如 ancestor 和 descendant）是互反关系。有了这些公理，就可以进一步完成更为复杂的演绎推理。例如，如果知道小明的 ancestor 是小林，小林的 ancestor 是小志，就可以推理得出小明的 ancestor 是小志。

5.2.3　基于图结构与规则学习的知识图谱推理

也可以基于符号表示在知识图谱上实现归纳推理。例如，PRA 就是一种利用知识图谱的图结构信息实现归纳推理的算法。它的基本假设是：两个实体之间所有可能的路径都可能作为推断两个实体存在某种关系的线索或依据。如图 5-7 所示，希望推断 Charlotte 的职业是否是 Writer，可以从 Charlotte 出发找出所有能抵达 Writer 的路径。例如，发现她的父亲是 Patrick，而 Patrick 的职业是 Writer。这当然可以作为证明 Charlotte 也是作家的一条可能依据。PRA 对这些可能的路径进行排序加权，推断待预测关系的概率。

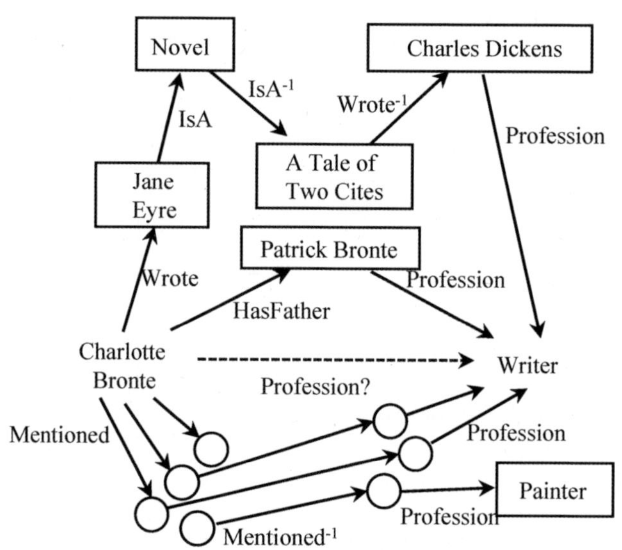

图 5-7 PRA 利用知识图谱中的结构和路径信息实现归纳推理

可以对整个图谱进行统计学习，如果训练数据足够多，期望能统计出这类规律或规则，例如：可能统计出很多父亲是作家的人也可能是作家。当然，这肯定只是一种近似推断，但和基于公理的演绎推理相比，PRA 不需要人工定义规则，并能充分利用大数据和机器学习进行归纳推理。同时，显式的路径特征也可以直接用于对推理的结果进行解释，因而也不存在可解释的困难。

类似的知识归纳模型 AMIE 等也是利用知识图谱已经存在的事实和图结构学习出一组规则，再利用规则完成推理。但这类方法有一个缺点是依赖于对整个知识图谱做搜索匹配，在知识图谱规模增大的情况下，搜索空间和复杂度也急剧上升，学习的效率也会随之降低。

5.2.4 基于表示学习的知识图谱推理

深度学习和表示学习的兴起启发了人们研究基于向量表示的推理方法。例如，TransE 和 DistMul 等知识图谱嵌入系列模型。这些模型的基本思想是将知识图谱中的实体和关系都投影到向量空间。如图 5-8 所示，可以将 Rome、Paris 等实体，以及 is-capital-of 关系都投影到向量空间，再通过向量空间完成推理计算。这些模型通常以知识图谱的三元组为训练输入，通过定义一个约束函数对向量表示进行学习。

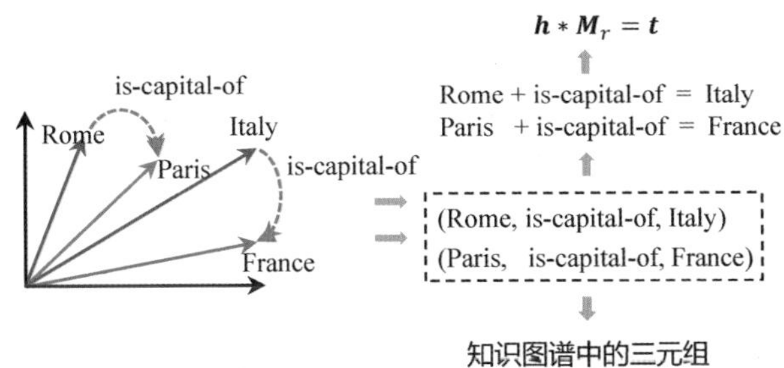

图 5-8 在向量空间实现知识图谱推理

例如，DistMult 模型定义了一个向量乘法函数，要求：如果两个实体 h、t 之间存在 r 关系，那么，h 的向量乘以代表 r 关系的矩阵 $\boldsymbol{M_r}$ 所得出的向量应该在向量空间与 $\boldsymbol{t}$ 比较接近。这些向量或矩阵就称为实体和关系的嵌入（Embedding）。向量表示的一个优势是推理的计算转化为向量之间的计算，免除了符号的搜索匹配过程，因而推理计算更加高效。但向量表示的最大问题是丢失了可解释性，因为向量计算实际上丢失了符号推理的过程。只能得到一个分数（Score）评估结果的真或假，但并不知道为什么能得出这样的结果。

此外，基于表示学习的方法还依赖于图谱中有足够多的训练样本。但知识图谱很多时候是高度稀疏的，即：很多实体只有少量甚至没有关系连接。对于那些训练样本不充分的实体，很难学习到好的向量表示，当然也会影响到推理的结果。关于这个问题，后面还会专门论述。

5.2.5 基于图神经网络的知识图谱推理

既然知识图谱通常有丰富的图结构，图神经网络方法当然也可以用来处理知识图谱数据。图神经网络善于捕获图的结构特征，例如，如果希望学习 Rome 城市的向量表示，那么它在图谱中的邻居节点，甚至多跳范围之外的远距离节点都有可能对它的表示产生影响。

传统的图神经网络更多的是处理无标记的纯图模型，对于知识图谱需要做不同的处理。例如 R-GCN 首先对某个节点的边按关系类型进行区分，然后再用传统的 GCN 模型对节点特征进行聚合。后面会更具体地介绍这类模型的实现细节。

图神经网络可以为图谱推理获得更多的图结构方面的特征，如图 5-9 所示。但图谱稀疏性问题则更为突出，因此图神经网络推理模型不适合图结构比较稀疏的场景，例如常识类知识图谱的表示学习。此外，图神经网络不仅可以用来对知识图谱进行推理，也可以做更加深度的挖掘和分析，会在第 8 章中更具体地介绍图神经网络模型。

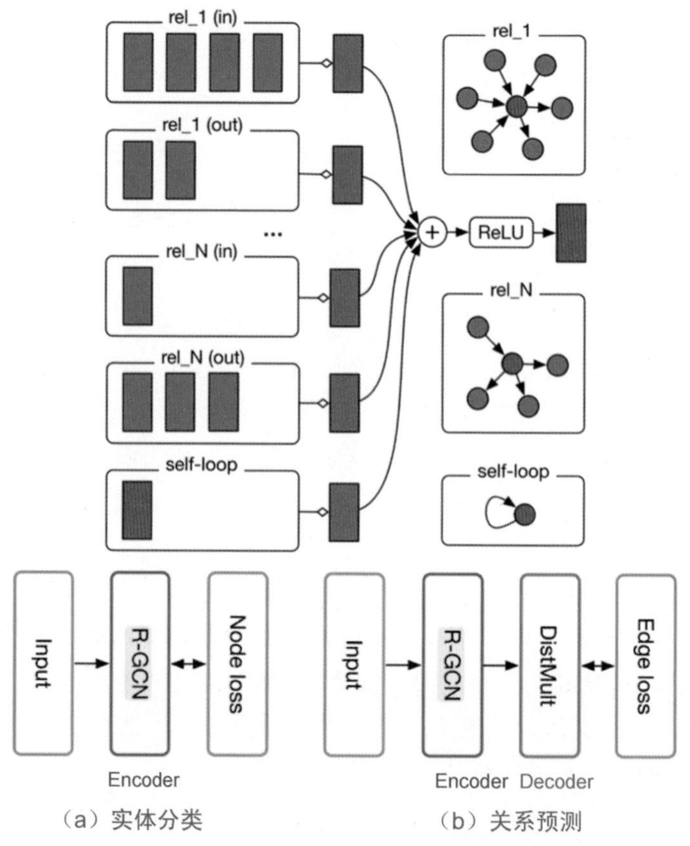

（a）实体分类　　（b）关系预测

图 5-9　图神经网络可以为图谱推理获得更多图结构方面的特征

5.2.6　符号推理与表示学习的融合

符号知识的向量化表示更易于捕获隐含的不确定性知识，向量空间的连续性也使得基于向量的推理计算更易于泛化，并免于严格的符号逻辑匹配。

然而，通过可微过程学习出的数值化知识表示虽然对机器友好，但人不可理解；同时，向量化的推理计算丢失了对推理链的跟踪，导致推理结果不可解释。将符号规则与表示学习相结合可以在一定程度上解决这一问题。一方面，在向量表示的学习过程中，植入符号规则的学习过程可以利用同步学习出的规则增强推理结果的可解释性。另外一方面，将人工构建和机器学习出的符号规则与向量表示的学习相耦合，也可以进一步在表示学习过程中植入逻辑层的先验知识，从而使得向量表示更易于实现符号逻辑推理。

因此，符号逻辑与表示学习相互补充是解决表示学习可解释性的一种重要途径。更进一步，符号逻辑的向量化和神经网络化也使得感知层的任务（抽取、识别）能和认知层的任务（理解、推理）能够在统一的表示空间完成，因此，也是感知和认知进一步融合的未来主要发展趋势之一，如图 5-10 所示。

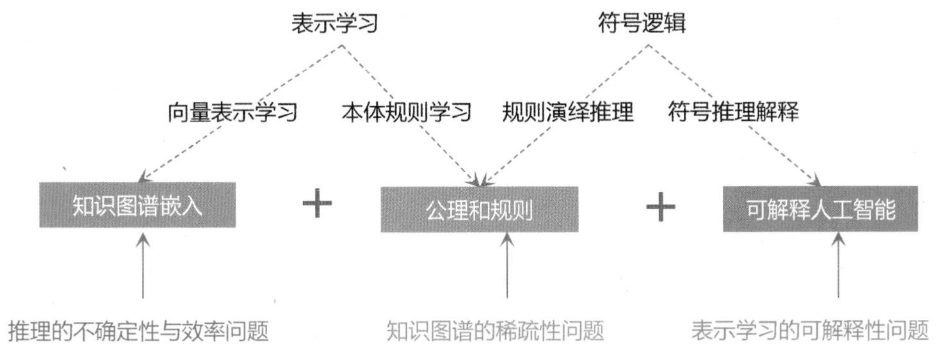

图 5-10　符号推理与表示学习相互补充

5.3 基于符号逻辑的知识图谱推理

在这一小节中，首先介绍基于符号逻辑的知识图谱推理方法。在前面已经介绍过典型的基于符号表示的知识图谱推理方法有本体公理和 Datalog 等方法，下面简要介绍比较传统的产生式规则推理。这类推理方法都是可以在知识图谱上实现的演绎推理方法。

5.3.1 基于本体的推理

1. OWL 本体语言简介

在介绍基于本体的推理之前，先回顾 RDF 的三元组模型，每一条三元组描述了客观世界的一个逻辑事实。这些事实性三元组是进一步叠加逻辑推理的基础。

利用 RDF 或 RDFS 可以实现比较简单的演绎推理。例如可以利用 subClassOf 关系推断父子类关系。OWL 扩展了 RDF Schema 的表达能力，提供了更多描述类和属性的表达构件。例如，可以声明两个类的相交性或互补性，可以定义传递关系、互反关系，还可以利用属性链（Property Chain）定义关系之间的关系。利用这些语义表达构件，可以完成更加复杂的本体逻辑推理。

在介绍基于 OWL 实现的本体推理之前，先熟悉 OWL 的描述逻辑语义及语法。在一个 OWL 知识库中，包含原子概念 A 和原子概念 R。可以对概念叠加合取和析取的逻辑操作。可以进一步增加存在量词和全称量词。例如：用∃代表存在量词，∃has_child.Male 的语义是指："Somebody who has a child who is a male"。用∀代表全称量词，∀has_child.Doctor 的语义是指"Somebody whose children are all Doctor"。

进一步可以定义更多的公理描述概念与概念之间、属性与属性之间的关系，以及属性本身的特性。例如，可以声明 has_daughter 在逻辑上蕴含 has_child；cost 和 price 是同一种语义；has_child 和 has_parent 是互反关系；ancestor 是传递关系等。如表 5-2 和表 5-3 所示分别为 OWL 语言基本语法和 OWL 公理基本语法。限于篇幅，不对 OWL 完整语法展开介绍，有兴趣的读者可以参考 OWL 官方白皮书。

表 5-2　OWL 语言基本语法

构造算子	语法	语义	例子
原子概念	A	$A^I \subseteq \triangle^I$	Human
原子关系	R	$R^I \subseteq \triangle^I \times \triangle^I$	has_child
对概念 C, D 和关系(role) R			
合取	$C \sqcap D$	$C^I \cap D^I$	Human ⊓ Male
析取	$C \sqcup D$	$C^I \cup D^I$	Doctor ⊔ Lawyer
非	$\neg C$	$\triangle^I \setminus C$	¬Male
存在量词	$\exists R.C$	$\{x \mid \exists y.<x, y> \in R^I \wedge y \in C^I\}$	∃has_child. Male
全称量词	$\forall R.C$	$\{x \mid \forall y.<x, y> \in R^I \Rightarrow y \in C^I\}$	∀has_child. Doctor

表 5-3　OWL 公理基本语法

公　理	描述逻辑的语法	例　子
subClassOf	$C_1 \sqsubseteq C_2$	Human ⊑ Animal ⊓ Biped
sameClassAs	$C_1 \equiv C_2$	Man ≡ Human ⊓ Male
subPropertyOf	$P_1 \sqsubseteq P_2$	hasDaughter ⊑ hasChild
samePropertyAs	$P_1 \equiv P_2$	cost ≡ price

（续表）

公　　理	描述逻辑的语法	例　　子
sameIndividualAs	$\{x_1\} \equiv \{x_2\}$	{President_Bush} ≡ {G_W_Bush}
disjointWith	$C_1 \sqsubseteq \neg C_2$	Male ⊑ ¬ Female
differentIndividualFrom	$\{x_1\} \sqsubseteq \neg \{x_2\}$	{John} ⊑ ¬ {Peter}
inverseOf	$P_1 \equiv P_2^{-}$	hasChild ≡ hasParent^{-}
transitiveProperty	$P^{+} \sqsubseteq P$	ancestor^{+} ⊑ ancestor
uniqueProperty	$T \sqsubseteq \leq 1P$	$T \sqsubseteq \leq$ 1hasMother
unambiguousProperty	$T \sqsubseteq \leq 1P^{-}$	$T \sqsubseteq \leq$ 1isMotherOf^{-}

2. 概念包含推理

首先来看基于 OWL 的概念之间的包含关系推理。概念包含推理是定义在 TBox 上面的推理，一般基于 TBox 中的公理推断两个概念之间是否存在包含关系。例如，已知 Women 概念包含 Mother，Person 概念包含 Women，可以简单推理得到 Person 概念包含 Mother，如图 5-11 所示。这种推理似乎太简单了，但事实上，人脑对概念的抽象和组合能力是很强的。经常会将多个概念进行组合来描述事物。例如，会描述：“红色、古风、适合于少女穿的长裙”，并判断“红色女装”是否包含这个概念所描述的语义。

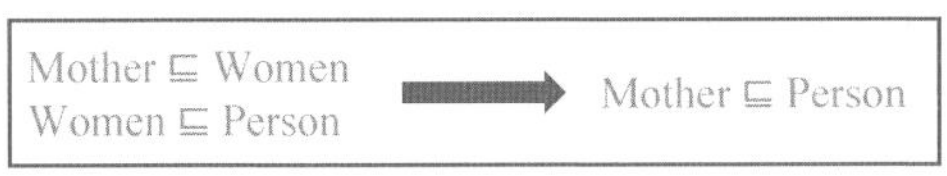

长裙 ⊆ 女装

长裙 ∩ ∃颜色.红色 ∩ ∃风格.古风 ∩ ∀适合年龄.少年 ⊆ 女装 ∩ ∃颜色.红色

图 5-11　概念包含推理示例

再来看一个完整的例子[①]，如图 5-12 所示。在一个 OWL 本体中先定义如下几条公理，如第一条公理定义：“苹果由富达和黑石投资”，第二条公理定义：“借助富达融资的公司都是创新企业”，第三条公理定义：“借助黑石融资的公司都是创新企业”，第四条公理声明：“投资即是帮助融资”。

首先基于第一条公理，可以得出图中横线下面的第一条结论，即：苹果由富达投资。进一步叠加第四条公理，可以推理得出苹果由富达融资。再进一步叠加

① 本小节及下小节的 OWL 案例内容参考自东南大学的漆桂林教授、王萌教授等人的相关报告。

第二条公理，因为凡是由富达融资的公司都是创新公司，因此可以推理得出苹果也是创新公司。

Apple ⊑ ∃beInvestedBy.(Fidelity ⊓BlackStone)　苹果由富达和黑石投资
∃beFundedBy.Fidelity ⊑ InnovativeCompanies　借助富达融资的公司都是创新企业
∃beFundedBy.BlackStone ⊑ InnovativeCompanies　借助黑石融资的公司都是创新企业
beInvestedBy ⊑ beFundedBy　投资即是帮助融资
公理层
推理层
第一步：Apple ⊑ ∃beInvestedBy.Fidelity
第二步：**Apple ⊑ ∃beFundedBy.Fidelity**
第三步：Apple ⊑ InnovativeCompanies

图 5-12　利用概念包含推理实现投资策略知识推理

3. 实例检测推理

再来看在 OWL 本体上实现的第二种推理，即：实例检测推理。它主要用于计算知识库中符合某个概念或关系定义的所有实例。如图 5-13 所示，知道 Alice 是 Mother，而 Mother 概念包含于 Women 概念，因此可以计算得出 Alice 也是 Women。类似地，也可以计算两个实体能满足的新的二元关系。

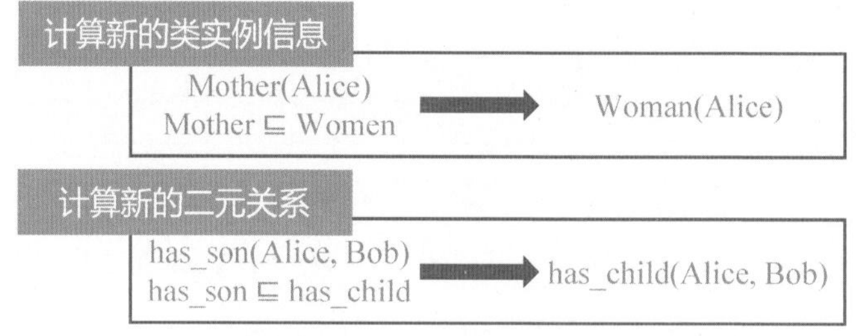

图 5-13　实例检测推理

再来看一个完整的例子。在金融领域，希望定义一个兼并重组的套利策略，例如希望描述这样一种策略：与大盘股公司兼并重组的上市企业有很高的预期收益。可以根据自己的需要定义大盘股的概念，例如，可以定义：上证 50 和沪深 300 指数中的标的属于大盘股，并进一步定义上证 180 中的标的也属于沪深 300。这些在 TBox 中定义的公理实际上描述了一种选股的专家知识，现在希望计算得出符合这种兼并重组策略的所有高预期公司。

假如在知识库中，发现一条事实性三元组描述“赢时胜 SZ300377 和恒生电子 SH600570 在区块链方面有业务兼并”，同时也知道“恒生电子是上证 180 的成分股”，如图 5-14 所示。这类在 ABox 层的三元组数据可以从已有的结构化数据转化过来，也可以是从新闻公报中实时提取出来的。不管怎样获取知识，这个事实型的 ABox 可能包含很多不断更新和变化的实例化三元组知识。接下来的目标是基于这些实例层三元组，推算哪些公司符合前面公理所定义的兼并重组策略描述的高预期公司。

一个兼并重组套利策略：

∃merge.BigCapital ⊑ ValueSecurity

SZ50 ⊑ BigCapital, HS300 ⊑ BigCapital, SZ180 ⊑ HS300

选股目标：找出兼并重组策略下所有高预期公司：

merge(SZ300377, SH600570) 赢时胜和恒生电子在区块链方面有业务兼并

SZ180(SH600570) 恒生电子是上证180的成分股

推理：

HS300(SH600570), **BigCapital(SH600570),** ValueSecurity(SZ300377)

结论：SZ300377赢时胜在短期内是一家高收益公司。

这本质上用基于消息面的套利，推理机可以完成复杂股票筛选的过程。

图 5-14　基于本体的投资策略表示与推理

首先基于第四条公理，推理知道恒生电子也是 HS300 的成份股。接下来，基于第三条公理，得出恒生电子是 BigCapital 大盘股。再接下来，叠加第一条公理就可以推理得出：赢时胜在短期内是一家高收益公司 ValueSecurity。通过这个例子可以看到，本体推理其实模仿了人做决策判断的过程。TBox 中的本体公理可以用来描述和表示复杂的选股策略知识，也就是所谓的专家知识。同时，ABox 中的事实型知识可以利用大数据技术实时获取和更新，规模可能会很大。综合 TBox 中的策略知识和 ABox 中大量的事实型知识，可以通过一个推理机来完成复杂股票的筛选过程，这是传统数据库技术所实现不了的。

4．Tableax 算法

OWL 本体上实现的各种推理都可以用 Tableaux 算法来实现。Tableaux 算法的基本思想是通过一系列规则构建 ABox，以检测知识库的可满足性。Tableaux 算法将概念包含、实例检测等推理都转化为可满足性检测问题来实现。Tableaux 算法检查可满足性的基本思想类似于一阶逻辑的归结反驳。

Tableaux 算法主要基于一组描述逻辑算子来实现，如图 5-15 所示，列举了常

用的几种运算规则。例如第一个规则定义：如果 ABox 中声明 x 属于 C 和 D 的组合类，但 $C(x)$和 $D(x)$都还不在 ABox 中，则把 $C(x)$和 $D(x)$都加入到 ABox 中。

$\sqcap^+$-规则：若$C\sqcap D(x)\in\emptyset$，且$C(x),D(x)\notin\emptyset$，则$\emptyset:=\emptyset\cup\{C(x),D(x)\}$

$\sqcap^-$-规则：若$C(x),D(x)\in\emptyset$，且$C\sqcap D(x)\notin\emptyset$，则$\emptyset:=\emptyset\cup\{C\sqcap D(x)\}$

$\exists$-规则：若$\exists R.C(x)\in\emptyset$，且$R(x,y),C(y)\notin\emptyset$，则$\emptyset:=\emptyset\cup\{R(x,y),C(y)\}$，

其中，y是新加进来的个体

$\forall$-规则：若$\forall R.C(x)$，$\mathrm{R}(x,y)\in\emptyset$，且$C(y)\notin\emptyset$，则$\emptyset:=\emptyset\cup\{C(y)\}$

$\sqsubseteq$-规则：若$C(x)\in\emptyset$，$C\sqsubseteq D$，且$D(x)\notin\emptyset$，则$\emptyset:=\emptyset\cup\{D(x)\}$

$\perp$-规则：若$\perp(x)\in\emptyset$，则拒绝$\emptyset$

图 5-15　Tableaux 算法运算规则

来看一个简单的例子：给定如图 5-16 所示的本体，怎样检测实例 Allen 是否属于 Woman 类？首先将待证明的事实 Woman（Allen）加入知识库中。然后逐一应用前面列表中所给出的规则，例如应用第二条规则，得出新的结论：Allen 既是 Man 也是 Women。这显然是不正确的，因为知识库中已经声明了，同时是 Man 和 Women 的人不存在，因此这会导致知识库不可满足。因而得出该知识库不可满足，从而得出结论：Allen 不属于 Woman 类。所以，可以利用这种归结反驳推理的过程来做实例检测推理。同样的，也可以利用类似的方法完成如概念包含等推理。有很多实现这类本体推理的工具，以及各种改进和优化的 Tableaux 算法，这里不做具体介绍。感兴趣的读者可以查阅相关资料进一步学习。

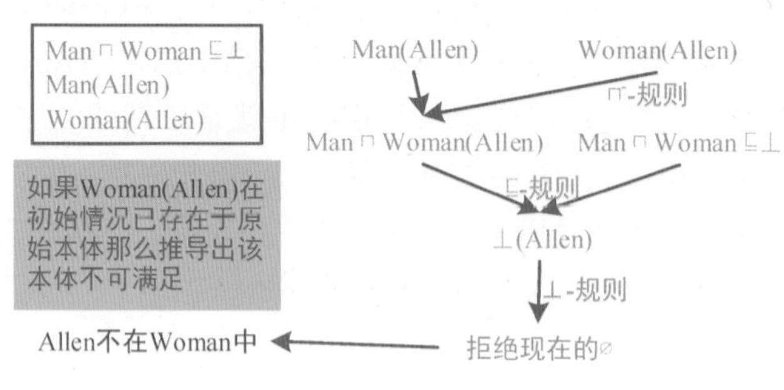

图 5-16　Tableax 算法运算举例

5.3.2　基于 Datalog 的知识图谱推理

接下来讲解基于 Datalog 的知识图谱符号推理方法。前面介绍的本体推理主

要实现的是基于本体概念描述的推理，无法支持规则型知识的推理。规则是非常常见的一种形式的知识，非常易于描述各类业务逻辑型知识。Datalog 是一种可以将本体推理和规则推理相结合的推理语言。

Datalog 的基本组成单元是原子谓词 p，其中 n 代表谓词的目数，例如 has_child(X,Y)的目数是 2，即二元关系。从这里可以看到，Datalog 允许刻画多元关系。一条规则由头部原子 H 和多个体部原子组成，表示是体部描述对头部描述的逻辑蕴含关系。例如规则“has_child(X,Y):-has_son（X,Y）”表示 has_son（X,Y）逻辑上蕴含 has_child(X,Y)。

和 OWL 本体一样，Datalog 知识库还包含大量的事实型知识，在语法层面指那些没有体部也没有变量的规则。因此，Datalog 知识库就是一组规则的集合。

下面举例来介绍 Datalog 推理过程。如图 5-17 所示，定义一组描述 a、b、c 中的节点和路径的规则和事实型知识。基于第一条规则和第一条事实，可以推理得出新的结果 path(a,b)。继续应用第一条规则和第二条事实，得出 path（b,c）的事实。最后应用第二条规则和新产生的两条事实，得出 path(a,c)。需要说明的是，在实际应用场景中，事实集通常是很大的，整个推理的计算复杂度也会随着规则集的增大而增加。

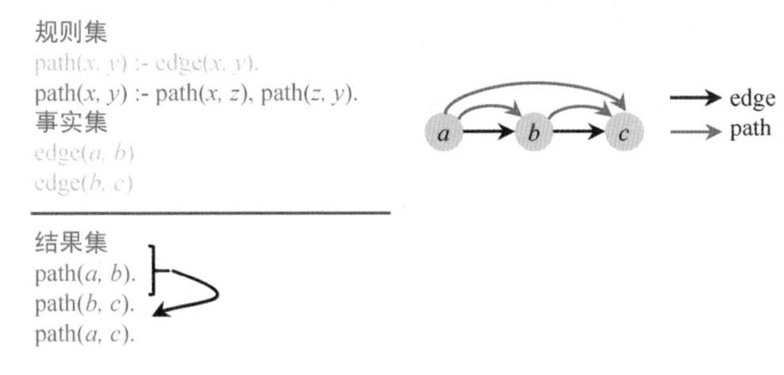

图 5-17　Datalog 程序举例

5.3.3　基于产生式规则的推理

1．产生式规则简介

最后简要介绍传统的产生式规则推理方法。产生式规则推理最早主要出现在专家系统时代的知识库推理中，其基本组成包含三个方面，即：Working Memory 中的事实集合、产生式规则集合以及推理引擎。在 Working Memory 中的存储的事实可以类比本体中对于类和关系的描述，只是在语法方面会有所不同。

产生式规则集合中存储都是像 IF conditions THEN actions 的规则，其中 conditions 是由条件组成的集合，又称为 Left Hand Side（LHS），actions 是由动作组成的序列，又称为 Right Hand Side（RHS）。

LHS 由一组条件取并操作组成，每个条件的形式如（type attr_1:spec_1 attr_2:spec_2…attr_n:spec_n）所示。其中，原子，如：Alice，用于判断取值是否等于 Alice；变量，如：*x*，用于判断取值是否等于（如果未绑定常量，则视其为自由变量）；表达式，如：[*n*+4]，用于判断取值是否等于（需要事先赋值）；布尔测试，如：{>10}，用于判断取值是否满足给定条件。若 LHS 中的所有条件均被满足，则该规则被触发。

RHS 由一组动作序列组成，当执行时，这些动作依次执行。动作的种类包括如：Add Pattern 操作将向 WM 中加入型如 Pattern 的新事实；REMOVE *i* 执行删除事实 *i* 的操作；MODIFY *i* 执行对应的属性修改操作。如图 5-18 所示的产生式规则定义了这样的推导逻辑：如果一个学生名为 *x*，则向事实集中加入一个 Person，并设定其名字为 *x* 所指代的名称。

IF (Student name: *x*)
Then ADD(Person name: *x*)
亦可写作（具体语法因不同系统而异）
(Student name: *x*) ⇒ ADD(Person name: *x*)

如果有一个学生名为 ?*x*，那么向事实集中加入一个事实，表示有一个名为 ?*x* 的人

图 5-18 产生式规则举例

产生式规则通过一个推理引擎来控制系统的执行，并完成模式匹配、冲突解决和动作执行的操作。模式匹配用规则的条件部分匹配事实集中的事实，整个 LHS 都被满足的规则触发，并被加入议程（agenda）。冲突解决模块按一定的策略从被触发的多条规则中选择一条。动作执行模块执行被选择出来的规则的 RHS，从而对 WM 进行一定的操作。

因此，推理算法的核心是做规则匹配。但这个匹配过程并不简单，如图 5-19 所示，对于规则中的每一个条件都可能有很多事实进行匹配，想象一下在关系数据库中所面临的 Join 计算的复杂性问题，规则匹配也是一个组合爆炸问题，如图 5-20 所示。

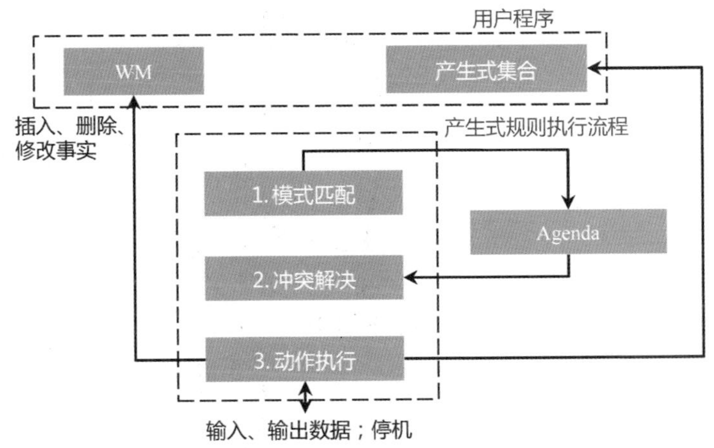

图 5-19　产生式规则匹配过程

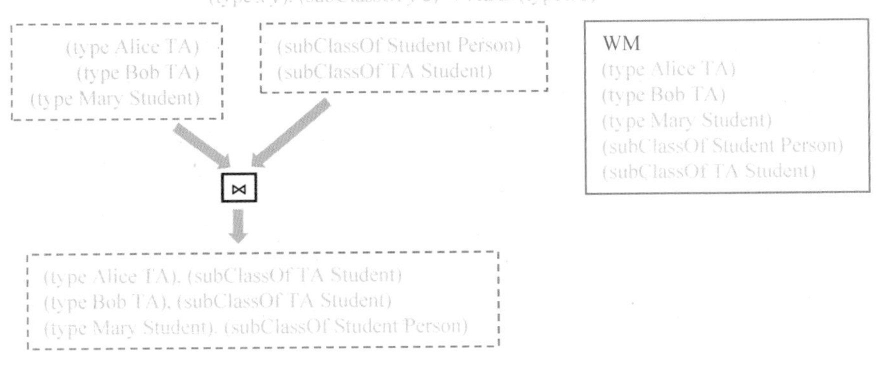

图 5-20　产生式规则匹配的组合爆炸问题

2. Rete 算法

Rete 算法是产生式规则系统中常用的推理算法。它也是一个比较传统的算法，其核心思想是将产生式规则中的 LHS 部分组织成判别网络，然后用分离的匹配项构造匹配网络，同时缓存中间结果。其基本优化思想是以空间来换取时间。下面简要介绍 Rete 算法的基本过程。

如图 5-21 所示，α 网络用来检验和保存规则集合中每条规则所对应的条件集合。β 网络用于保存 Join 计算的中间结果。例如，Working Memeory 中的所有事实首先与 α 网络中的元素进行匹配，然后按网络的结构形式完成 Join 操作，Join 的中间结果保存于 β 网络，最终结果加入议程完成推理。

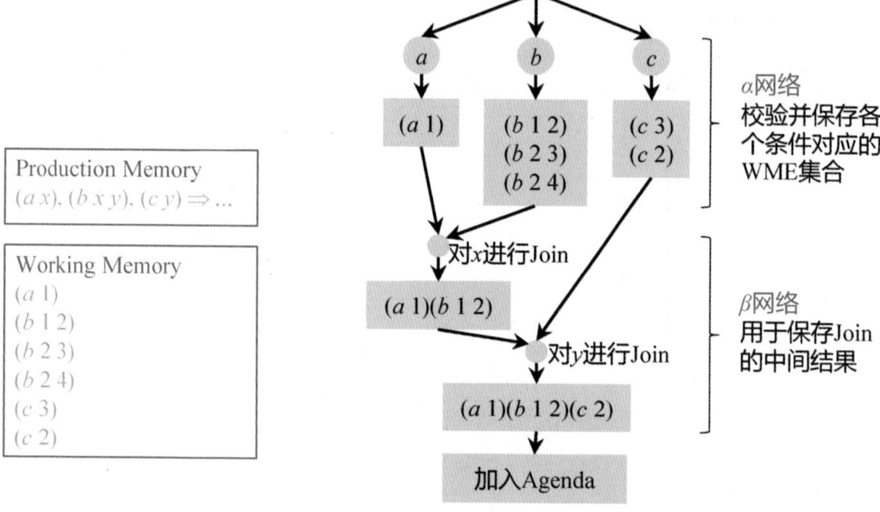

图 5-21 Rete 算法举例

Rete 算法高效的主要原因是用空间换时间。Rete 算法是一种启发式算法，不同规则之间往往含有相同的模式，因此在 Rete 网络中可以共享不同规则的条件部分。如果 Rete 网络中的某一个条件节点被 N 条规则共享，则算法在此节点上效率会提高 N 倍。Rete 算法由于采用 AlphaMemory 和 BetaMemory 存储事实，当事实集合变化不大时，保存在 α 和 β 节点中的状态不需要太多变化，避免了大量的重复计算，提高了匹配效率。从 Rete 网络可以看出，Rete 匹配速度与规则数目无直接关系，这是因为事实只有满足本节点才会继续向下沿网络传递。

5.3.4 符号知识图谱推理总结

常见的基于符号的知识图谱推理方法有基于 OWL 的本体推理，基于 Datalog 的规则推理和比较传统的基于 Rete 算法的产生式规则推理。基于符号表示的推理的最大优势是精确并具有可解释性，因而对那些规模可控，对知识表示的精确度要求比较高的场景更加适用。这类基于符号表示的推理都是基于演绎逻辑的推理，对知识的表示和描述要求比较高，这增加了知识获取的难度，同时在知识库规模比较大时，推理的健壮性和效率都会降低。因此，当前更多的研究是基于大数据的推理实现，这将在后面展开介绍。

5.4 基于表示学习的知识图谱推理

5.4.1 利用机器学习实现知识图谱归纳推理

本节讲解利用机器学习方法，特别是表示学习方法实现知识图谱推理的模型。前面多次提到过，基于符号逻辑的演绎推理的主要缺点是对知识表示的逻辑结构要求比较高，不论是本体推理还是规则推理，都要求人工定义公理和规则才能完成推理。过于依赖人工限制了知识库的规模和应用能触达的范围。

现代知识图谱的一个主要优势是可以充分利用各个领域已经积累的数据实现规模化的快速构建，因此，可以利用机器学习方法在大规模知识图谱数据基础之上实现基于归纳学习的推理。传统的方法有利用图结构特点进行统计归纳的 PRA 系列模型和基于知识库中的事实性知识进行规则归纳学习的 AMIE 等。

随着深度学习的深入发展，基于表示学习和知识图谱嵌入的推理方法得到更多的重视。同时，既然知识图谱有图的结构特点，图神经网络方法也非常自然地被应用到知识图谱的推理和挖掘分析中。有关图神经网络的方法将在第 8 章中介绍。

本节会首先介绍较为简单的基于知识图谱嵌入的推理方法。随后进一步关注怎样利用规则学习实现更为复杂的知识图谱推理。还将介绍一类称为本体嵌入（Ontology Embedding）的方法，也是侧重于利用表示学习方法来捕获更为复杂的本体概念层的推理逻辑。需要特别说明的是，由于相关的推理模型非常多，也是当前的一个研究热点，因此，对于每一种类型的推理模型，将仅对几个最基础的模型给予具体介绍，以帮助大家理解其中的技术内涵，然后简要罗列一些更为复杂的模型作为进一步深入学习的引导。

5.4.2 基于嵌入学习的知识图谱推理

1. 知识图谱嵌入学习简介

首先介绍基于嵌入学习的知识图谱推理模型，即知识图谱嵌入（KG Embedding）。知识图谱最关心的推理任务是关系推理。现实场景中的很多问题都可以归结为基于知识库中已知的事实和关系来推断两个实体之间的新关系或新事实。可以进一步把关系推理的问题分解为三个子问题，即：给定两个实体，预测它们之间是否存在 r 关系；给定头实体或尾实体，再给某个关系，预测未知的尾实体或头实体；给定一个三元组，判断其为真或假。

前面已经介绍过基于向量的知识图谱表示方法。与词向量类似，希望为知识图谱中的每个实体和关系学习一个向量表示，称为实体或关系的向量表示。例如前面介绍过的 TransE 模型，通过加法模型定义给定三元组的得分函数，即：头节点 h 和关系 r 的向量表示相加的结果，应该在向量空间中与尾节点 t 的向量比较接近。

TransE 以知识图谱中已经存在的三元组为输入，并通过随机替换三元组的头尾节点产生负样本，整个学习的过程是要使得真实存在的三元组得分尽可能高，不存在的负样本三元组得分尽可能低。通过多次迭代，最终为知识图谱中的每一个实体和关系都学习到一个向量表示。有了这些向量表示，就可以非常方便地完成推理计算。例如，假如希望推断 Rome 和 Italy 是否存在 is-capital-of 的关系，只需要把三个向量做加减法计算即可，如图 5-22 所示。可能还希望推断 Rome 和 Europe 的关系，Rome 和凯撒大帝的关系等。

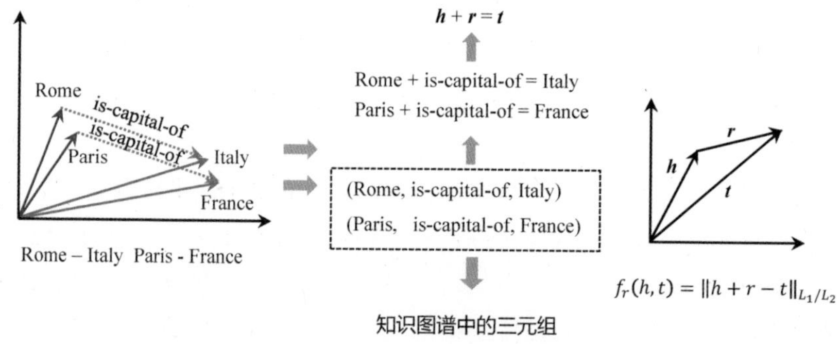

图 5-22 TransE 推理模型

怎样评价推理结果的好坏呢？一般的做法是选择一组待测试的三元组，对每一个三元组，用知识图谱中的其他实体替换 h 或 t，然后对所有的生成的三元组计算得分并排序。第一个指标 Hit@n 指所有预测样本中排名在 n 以内的比例。MR（Mean Rank）指所有预测样本的平均排名。MRR（Mean Reciprocal Rank）先对所有预测样本的排名求倒数，然后计算平均值。当然还有其他的评价指标。

另外一类知识图谱嵌入表示学习模型是以 DistMult 为代表的基于线性变换的学习模型。与 TransE 采用加法不同，DistMult 采用乘法，并用一个矩阵而非一个向量来表示关系。其他关于评分函数和损失函数的定义都和 TransE 一样。

Analogy 也是一个基于线性变换假设的推理模型。它利用类比推理的思想做知识图谱推理。如图 5-23 所示，知识图谱中大量存在类比模式：“sun is to planets as nucleus is to electrons”，“sun is to mass as nucleus is to charge”。可以利用这种规律为向量表示的学习增加额外的约束，以提升向量表示学习的质量。Analogy 将类比规律转化为对应的关系矩阵表示的等式：假如“a is to b (via r) as c is to d via (r')”，r 和 r'的矩阵表示应该满足 $\boldsymbol{W}_r\boldsymbol{W}_{r'}=\boldsymbol{W}_{r'}\boldsymbol{W}_r$。Analogy 基于 Linear Maps 的假设，用矩阵 $\boldsymbol{W}_r$ 表示关系，用乘法计算三元组的真假得分。基于类比规律转化的关系矩阵等式则作为损失函数的额外约束提升关系 r 的表示学习效果。

还有很多其他改进 DistMult 的模型。如前所述，DistMult 将实体和关系映射到实数空间，并假设 $\boldsymbol{hM_r=t}$。当将 $\boldsymbol{M_r}$ 设置为对角矩阵时，发现 $\boldsymbol{h*M_r*t=t*M_r*h}$。这意味着每个关系都是对称关系，这显然是不合理的。ComplexE 通过将实体和关系映射到复数空间解决这一问题。这是因为复数空间的向量和矩阵计算是不满足交换律的。其得分函数如下所示，与其他模型不同，得分函数包含了 h、r、t 所对应的实部 Re(h)、Re(r)、Re(t)与虚部 Im(h)、Im(r)、Im(t)的多重组合得分。具体的实现细节可以参考相关文献。

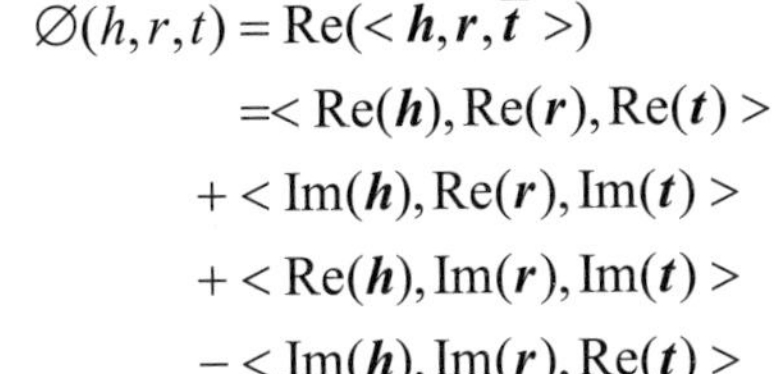

$$
\begin{aligned}
\varnothing(h,r,t) &= \mathrm{Re}(<\boldsymbol{h},\boldsymbol{r},\bar{\boldsymbol{t}}>) \\
&=<\mathrm{Re}(\boldsymbol{h}),\mathrm{Re}(\boldsymbol{r}),\mathrm{Re}(\boldsymbol{t})> \\
&+<\mathrm{Im}(\boldsymbol{h}),\mathrm{Re}(\boldsymbol{r}),\mathrm{Im}(\boldsymbol{t})> \\
&+<\mathrm{Re}(\boldsymbol{h}),\mathrm{Im}(\boldsymbol{r}),\mathrm{Im}(\boldsymbol{t})> \\
&-<\mathrm{Im}(\boldsymbol{h}),\mathrm{Im}(\boldsymbol{r}),\mathrm{Re}(\boldsymbol{t})>
\end{aligned}
$$

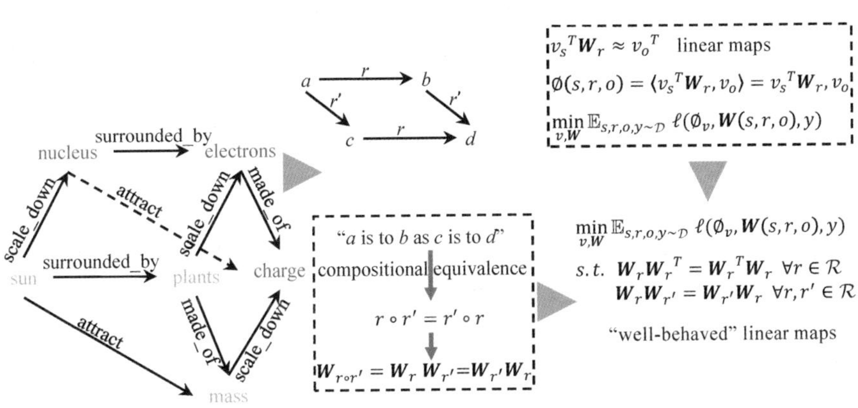

图 5-23　利用类比思想实现知识图谱推理

2. 处理复杂关系

知识图谱中的逻辑显然没有加法那么简单。如图 5-24 所示，假如一个头实体在知识图谱中对应多个尾实体，显然这几个尾实体的向量表示应该是不一样的。但由于 $\boldsymbol{h}+\boldsymbol{r}=\boldsymbol{t}$ 的假设，导致无法对这些尾实体进行有效的区分。

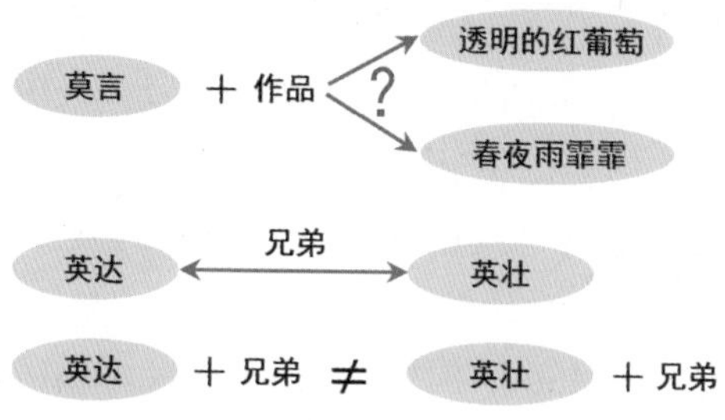

图 5-24 处理一对多和多对多关系

解决这一问题的一种思路是利用关系 r 对头尾节点的表示进行区分。这里的假设是：同一个节点在处理不同关系的推理时，可能需要的表示是不一样的。例如张三这个实体在计算读者关系和选课关系时，所需要的表示可能是不一样的。TransH 通过一个把 $\boldsymbol{h}$、$\boldsymbol{t}$ 投影到一个超平面上获得与关系有关的新表示，然后再用新的表示进行加法计算。类似的，TransR 直接增加一个 $\boldsymbol{M}_r$ 矩阵刻画关系空间，所有的头尾节点表示都通过与 $\boldsymbol{M}_r$ 矩阵相乘获得关系空间的表示，再进行加法计算，如图 5-25 所示。TransD 也是通过一个动态映射矩阵来获得关系空间的头尾节点表示，然后再进行加法计算。

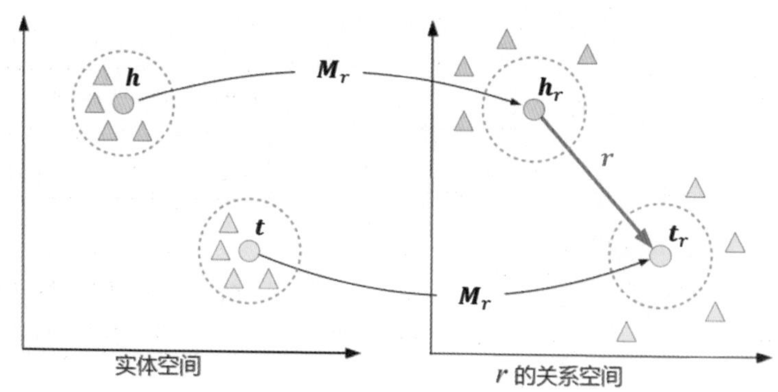

目标函数：$f_r(\boldsymbol{h},\boldsymbol{t}) = \|\boldsymbol{h}_r + \boldsymbol{r} - \boldsymbol{t}_r\|$

$$\boldsymbol{h}_r = \boldsymbol{M}_r\boldsymbol{h}$$
$$\boldsymbol{t}_r = \boldsymbol{M}_r\boldsymbol{t}$$

损失函数：
$$L = \sum_{(\boldsymbol{h},\boldsymbol{r},\boldsymbol{t})\in S}\ \sum_{(\boldsymbol{h}',\boldsymbol{r},\boldsymbol{t}')\in S'} \max(0, f_r(\boldsymbol{h},\boldsymbol{t}) + \gamma - f_r(\boldsymbol{h}',\boldsymbol{t}'))$$

图 5-25 TransR：区分关系的实体表示

可以看到，为了区分和处理复杂的关系语义，就不得不增加新的参数。参数越多，对知识图谱语料的要求越多，训练的代价也随之增加。因此，平衡语义的建模和表达能力与参数的多少是设计和选择合适的知识图谱嵌入模型所需要考虑的问题。

除了一对多、多对多的复杂关系，还有其他类型的复杂关系语义刻画。已有模型（TransE、TransH 和 distMult 等）无法覆盖所有的关系类型，包括对称关系（配偶）、逆关系（父亲和儿子关系）、组合关系（父亲+父亲=祖父），RotatE 的动机来源于此。灵感来源于欧拉恒等式 $\mathrm{e}^{\mathrm{i}\theta}=\cos\theta+\mathrm{i}\sin\theta$。

欧拉恒等式表明了可以将虚数单位 i 视作在复数空间中的旋转。具体来讲，模型 RotatE 将实体和关系映射到复数向量空间，并且将每个关系定义为头实体到尾实体的旋转，通过约束关系的模长为 1，将关系约束为在复数空间内绕原点旋转一个弧度，只影响在复数向量空间内实体嵌入的相位。论文作者证明这种简单的旋转方式可以构建上述所有形式的关系。此外，还提出了一种新的负采样方式——自我对抗性负采样方式，能够更好地训练 RotatE 模型。

3. 处理多跳推理

在知识图谱中进行复杂的多跳逻辑推理是一个非常重要的问题。这个问题的难点在于知识图谱本身非常庞大并且具有不完整性。当前的知识图谱嵌入方法还不能处理任意的对知识图谱的一阶逻辑查询。BetaE 重点提出了一种用 Beta 分布对知识图谱中实体和逻辑查询进行建模的概率嵌入（Probabilistic Embedding）方法，其中逻辑查询的具体操作被建模成在概率嵌入上的向量化操作。

如图 5-26 所示，对于一个问题“列出从未举办过世界杯的欧洲国家的国家主席”，其查询逻辑可以表达成上面的一阶逻辑查询，并且可以进一步表达成图 5-26（a）中的计算图，其中点表示具体的实体，边表示逻辑操作。BetaE 将图 5-26（a）中的点建模成图 5-26（b）中的 BetaE 分布，每个边的逻辑操作建模成对 Beta 分布对应的转换操作。最终该查询的实体就是和逻辑查询计算出的最终概率分布相近的实体。

$$q=V_?\,.\,\exists V:\mathrm{Located}(\mathrm{Europe},V)\wedge\neg\mathrm{Held}(\mathrm{World\ Cup},V)\wedge\mathrm{President}(V,V_?)$$

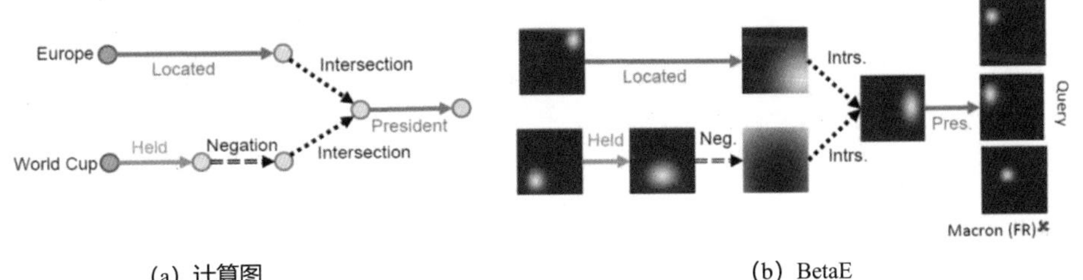

(a) 计算图　　(b) BetaE

图 5-26　BetaE 处理多跳推理

还有一些利用强化学习来实现多跳推理的模型，如 MINERVA 等，其基本思想是推理本质上是一个在图上游走并逐步找到推理答案的过程，这可以用强化学习来建模。这里以 MINERVA 为例，运用强化学习在知识图谱上游走来寻找正确答案，避免对所有实体逐一枚举，并且相较于之前运用强化学习的方法拥有解决更复杂的问答问题的能力。作者采用基于路径搜索的方法，从已知的实体节点出发，根据问题选择合适的路径到达答案节点，将问题形式化为一个部分可观察的马尔可夫决策过程，将观察序列和历史决策序列用基于 LSTM 的策略网络表示。LSTM 的训练使用了 Policy Gradient（PG）方法。

4. 处理稀疏性问题

接下来讨论知识图谱嵌入推理的一个重要挑战，即知识图谱的稀疏性问题。尽管有很多知识图谱嵌入的学习模型，但它们都基于一个基本的假设，即对于待学习的实体或关系，知识图谱中拥有足够多的包含该实体或关系的三元组。但真实的知识图谱是高度稀疏的。一方面，对于常识类知识，通常具有显著的长尾分布特点，即大部分的常识知识都位于长尾部分。另外一方面，从图的角度来看，很多图应用的数据都具有无尺度的特征，例如在社交网络数据中，仅有少量的节点拥有足够多的连接，而大量的节点只有少量的连接，甚至有很多孤立节点，如图 5-27 所示。

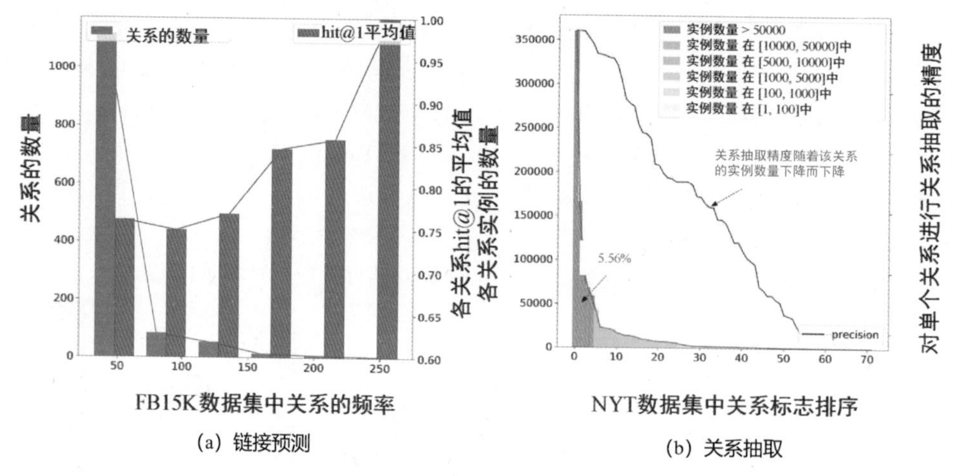

(a) 链接预测　　(b) 关系抽取

图 5-27　知识图谱的稀疏性问题

也有很多模型关注知识图谱嵌入学习的稀疏性问题。例如 wRAN 模型提出利用关系对抗网络来提升长尾部分的关系推理和补全的效能。这里的基本思想是利用训练资源比较丰富的关系增强长尾部分的关系推理的效果。如图 5-28 所示，知识图谱中的很多关系是有相关性的，例如：place_of_burial 与 place_of_birth/place_of_death 是相似的，通常有些常用关系的三元组是比较多的，就可以利用这些常用关系的三元组增强相似关系（如：place_of_burial）的推理效果。这本质上是一个迁移学习的过程，这里不对迁移学习的具体过程展开介绍，主要介绍模型的基本思想。

wRAN 是通过一个对抗学习的过程来实现从高资源关系（即图中的 Source Relation）向低资源关系（即图中 Target Relation）的特征迁移学习，称为对抗关系学习，如图 5-29 所示。模型主要包含三部分，第一部分是特征提取器，它的主要目标是学习到高资源关系和低资源关系共有的特征，并迷惑判别器 D。在第二部分中，判别器的目标是努力区分高资源关系和低资源关系，这就好比在图像生成应用中的判别器努力区分图片的真假一样。当对抗学习过程达到平衡时，希望特征提取器能学习到关系特征的不变部分（invariant features）。第三部分是一个权重机制，这是因为经常需要从多个高资源关系向单个低资源关系进行迁移学习，但这些高资源关系的贡献可能是不一样的，甚至有一些会产生负迁移（Negative Transfer），因此需要一个权重机制区分不同关系对于迁移学习的重要程度，例如图 5-29 中的 capital 关系不仅不会增加目标关系的效果，还可能降低模型的性能，同时 country 关系和 place_of_death 关系对于 place_of_bury 的贡献显然也是不一样的。关于模型的细节本章不再赘述，感兴趣的读者可以查阅原始论文。

另外一类的稀疏性推理问题是少样本推理（Few-shot Reasoning）。少样本推理问题的定义是这样的：每个关系视为一个 task，每个 task 包含 Support 集和 Query 集。few-shot 指的是每个关系都只有少量三元组，例如 one-shot 指每个关系只有一个三元组，three-shot 指每个关系只有三个三元组。实际上人类在实现推理的时候也不需要很多样本，通常看两三个例子，就会知道该怎么去推断新的关系。有很多实现小样本推理的模型，MetaR 是利用元学习（Meta-Learning）实现小样本推理的模型，其基本思想是在元学习阶段挖掘关系自身以及关系之间的元知识，在预测阶段利用 rel-meta 对关系预测模型进行微调，从而提升模型在少样本情况下的预测效果，如图 5-30 所示。第 9 章还会进一步展开介绍。

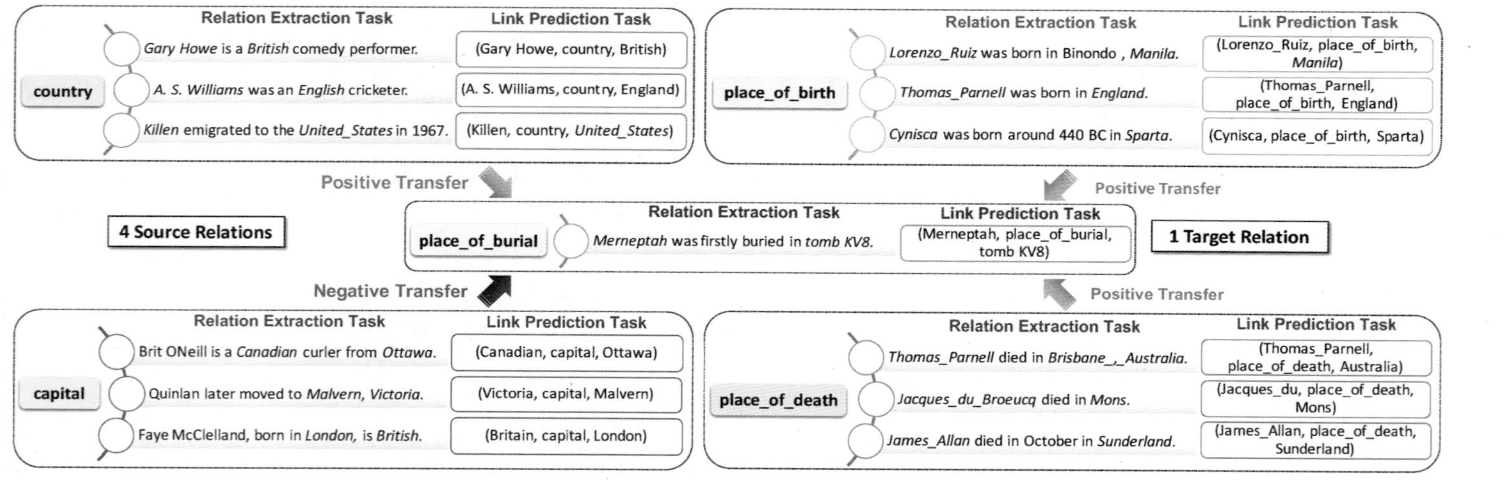

图 5-28　wRAN 的基本思想

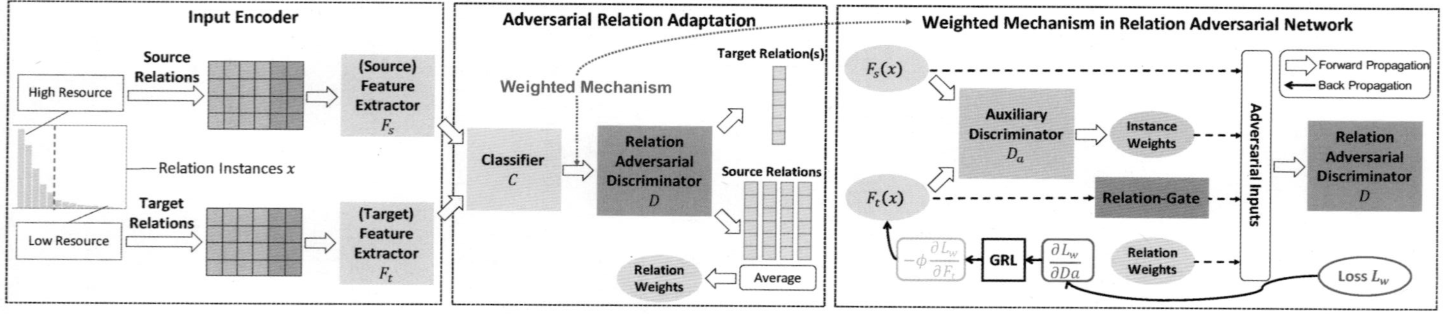

图 5-29　wRAN 的实现架构

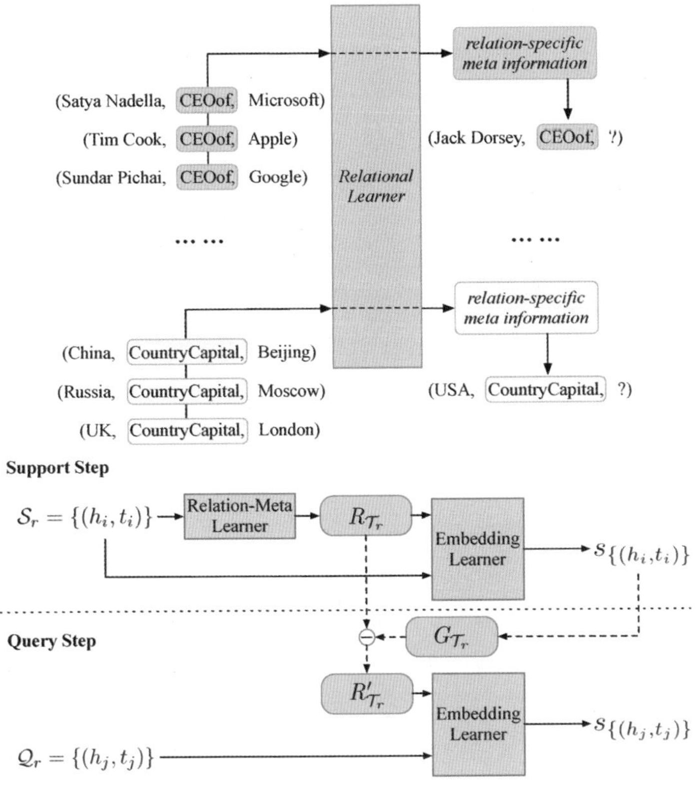

图 5-30　利用元学习处理小样本推理问题

5．符号推理与向量推理的比较

接下来对基于符号表示的推理和基于向量表示的推理做一个比较。符号表示是一种显式的知识表示，一般需要人工来定义；而向量表示主要是依靠大量训练语料，通过机器学习模型学习出来的表示。符号表示的推理过程主要依靠符号匹配，更适合于需要精确推理的场景；而向量推理则是通过向量或矩阵计算来完成的，由于最终得到的是一个三元组事实的真实性得分，因此推理的结果也具有不确定性。

符号推理一般都是需要人工定义推理逻辑的，比如本体推理都需要人工定义公理；而向量推理本身是利用向量计算完成的近似推理，不需要人工定义显式的规则逻辑，如图 5-31 所示。符号推理过程本身是严格而且人可理解的，因此没有可解释的问题；向量推理虽然简单高效，但丢失了推理的过程，因而也就丢失了推理的可解释性。

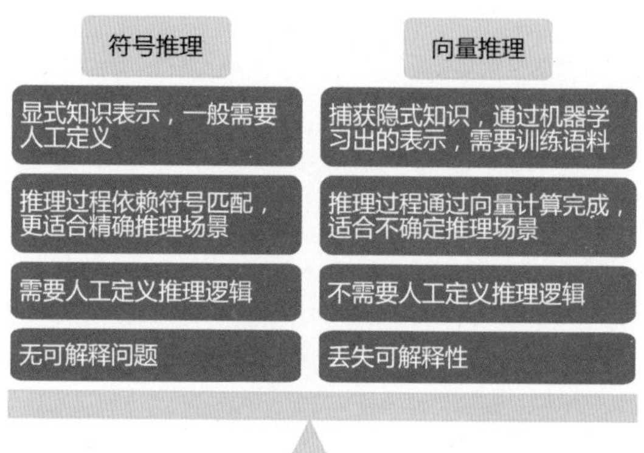

图 5-31　符号推理与向量推理的比较

知识图谱嵌入的终极目标是学习万物的机器表示。给定一个实体，它的表示取决于它自己的语义类型信息、结构化属性以及它在图中的邻居节点的信息。知识图谱嵌入就是要找到合适的方法学习到最适合的表示。进一步地，这种数值化的向量表示当然不是给人看的，希望基于这些学习出来的表示进一步构建实体之间的逻辑关系，并在向量空间实现一些逻辑操作。将在后面的两个小节中进一步介绍。

知识图谱嵌入与推理领域发展迅速，表 5-4 列出了近两年的一些模型，其中还包括接下来要继续介绍的规则学习模型。当然，这里列举的也不是全部，同时这个列表也会不断更新。

表 5-4　知识图谱嵌入与推理模型列表举例

类别	方法	核心创新点
知识图谱嵌入	DURA	在基于张量分解的 KGC 模型中，通过增加对偶的基于距离的 KGC 模型作为正则项显著克服了模型过拟合的问题
	Interstellar	提出了一种递归网络结构在路径信息中搜索长距离和短距离的信息提升嵌入表示学习结果
	QuatE	在超复数空间进行知识图谱嵌入表示学习
	Platt/Iso	结合普拉特定标和等渗回归方法，解决了 KGE 方法中负样本不可用情景下的预测概率校准问题
	RotatE	在复数空间中用旋转来模拟实体之间存在的关系
	TransRHS	将关系层次结构融入到 KGE 中

（续表）

类别	方法	核心创新点
知识图谱嵌入	wRAN	利用对抗学习实现低资源知识图谱推理
	MetaR	利用元学习实现少样本知识图谱推理
规则学习	AnyBURL	基于路径的规则离散的规则挖掘方法
	DRUM	通过将规则置信度和低秩张量联系完成可微规则学习
	Neural-Num-LP	在可微规则学习框架下进行数值类规则的学习
	IterE	基于迭代学习同时学习规则和嵌入
多跳推理	RLH	提出了层次化的强化学习用于知识图谱多跳推理
	DPMPN	提出了基于图神经网络的知识图谱推理方法，不仅可以生成基于子图的解释，还可以在图上完成信息传播
	BetaE	提出了一种用 Beta 分布对知识图谱中实体和逻辑查询进行建模的概率嵌入方法，完成复杂的多跳逻辑推理
可微查询	DPMPN	将知识图谱查询语句表示为向量空间中的一个盒子，能更加高效地完成知识图谱逻辑查询

5.4.3 基于规则学习的知识图谱推理

1．规则推理概述

接下来介绍另外一种重要的基于归纳学习的推理方法——基于规则学习的推理。知识图谱嵌入主要考量的是三元组级别的知识，但知识图谱中的知识不止三元组。正如在基于符号逻辑的推理那一节中所介绍的，规则是重要的知识结构。

可以换一个视角来看待知识图谱上实现推理的问题。本质上，知识图谱的关系推理的问题都可以转化为基于规则的推理，例如，可以利用一条规则，在已知(A hasWife C)和（C hasChild M）两条事实的前提下，推理得出 (A isFatherOf B)，但这需要人工定义很多规则。此外，人在利用规则推断时，也有不确定性，例如可能会近似地利用(A graduatedFrom C)的事实近似地推断 (A, isBornIn, C)的概率。既然人工定义这些规则有缺点，当然希望利用知识图谱本身的数据来自动学习出这些规则，进而完成推理。

2．PRA

第一种思路是利用知识图谱的图结构特点来学习这类规则。例如比较经典的 PRA 的基本思想是将两个实体的路径作为特征来预测其间存在某种关系。如

图 5-32 所示，从实体 Charlotte 出发有一条路径是（Charlotte Brontë, hasFather Patrick)，(Patrick, profession, Writer)，可以近似地认为，如果 Charlotte 的父亲是作家，那么她自己也是作家的可能性就会大一些。

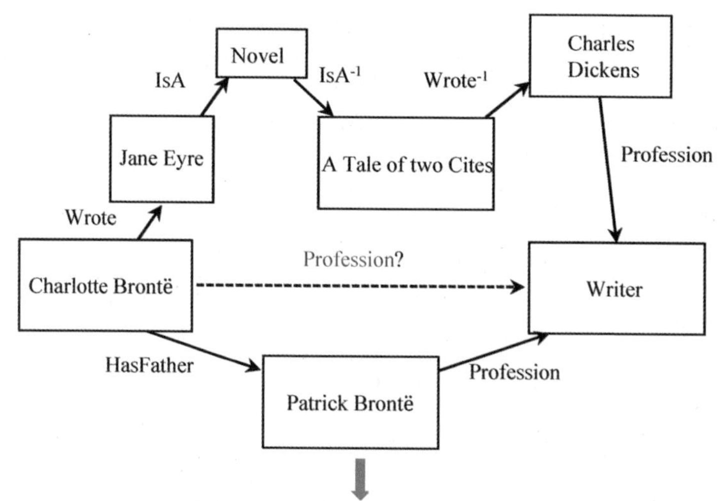

图 5-32 PRA 的基本思想

根据一个带有边类型的有向图，如何判断某节点对(s,t)之间是否存在给定关系呢？如图 5-32 所示，如何判断 Charlotte Brontë 跟 Writer 之间是否具有关系 Profession 呢？那就需要计算这两个节点间的一个分数（Score），如果分数高于某个阈值，则认为这两个节点间具有关系 Profession。如何计算分数呢？对于节点对（s,t），可以找出从 s 到 t 的所有连通路径 p，对于每条路径计算出一个概率，然后加权求和，即可得到分数。

权重是通过有监督学习方法线下计算出来的。对于一个关系 r 和有向图 G，其训练样例中需要给出一些节点对，标注出每个节点是否具有关系 r，然后通过使用逻辑回归模型（Logistic Regression Model）为每条路径类型计算出权重。这个模型将路径类型（Path Type）看作特征，通过模型训练为每一种路径类型学习一个权重。这是因为每条路径对于结果预测重要性程度不一样。另外还有一个问题是图中的每一条路径都可以作为关系推断的一条线索，可以穷举出从头节点出发到尾节点的所有路径，但这个数量是随着路径的长度呈指数级增长的。PRA

采用随机游走的方法，从头尾两个节点出发，随机地采样部分路径以降低路径搜索的计算量。

PRA 最终学习得出的是一组从头节点到尾节点的路径。这些路径被用来推断头尾节点之间未知的关系。实际上，可以用规则学习的视角来看待 PRA 的学习结果。首先回顾一下规则的表示方法。规则通常由体部（Body）和头部（Head）两部分组成。其中的每一个原子对应一个谓词，谓词可以是一元谓词，如声明 x 是学生，也可以是二元谓词，如声明 x、y 是读者关系。PRA 所学习出来的路径也可以描述为一条规则。

这种规则也称为路径规则或称为封闭式规则（Closed Rules）。这种规则的体部原子中的变量从头节点 x 开始，如 $r_1(x,z_1)$，沿着图谱中的路径 $r_2(z_1,z_2)$，一直到 $r_n(z_{n-1},y)$，其中 y 对应尾节点。

$$r_1(x,z_1)\wedge r_2(z_1,z_2)\wedge\cdots\wedge r_n(z_{n-1},y)\Rightarrow r(x,y)$$

如果规则中的所有变量替换为具体的实体并保证每个实例化后的原子都存在于图谱中，这样规则的实例化后的结果称为规则的一个 Grounding。因此，也可以用规则学习的方法来实现类似于 PRA 的推理。这类算法中比较传统的方法是 AMIE。

3. AMIE

关联规则挖掘（Association Rule Mining under Incomplete Evidence，AMIE）是一种基于规则学习的归纳推理方法。在介绍 AMIE 之前，首先来介绍规则学习的几个统计指标。

支持度（Support）指的是给定规则，用知识图谱中的实体对规则进行 Grounding 的总个数，即知识图谱中有多少实例满足（Support）这条规则的定义。

$$\text{supp}((\vec{\boldsymbol{B}})\Rightarrow r_0(x,y))=\#(x,y):\exists z_1,\cdots,z_n:\vec{\boldsymbol{B}}\Rightarrow r_0(x,y)=\#(x,y)$$

头覆盖度（Head Coverage）是用规则的 Grounding 数除以规则的头部关系 r 的所有三元组数，指的是满足规则定义的实例覆盖了多少头部关系的三元组（Head Coverage）。

$$HC(\vec{\boldsymbol{B}}\Rightarrow r_0(x,y))=\frac{\text{suppo}(\boldsymbol{B}\Rightarrow r_0(x,y))}{\text{size}(\boldsymbol{r})}$$

置信度（Confidence）是用规则的 Grounding 数除以满足体部定义的实例数。显然满足体部定义的实例未必都会推导得出头部原子，因此，这个指标衡量了某个规则的可信程度。

$$\text{conf}((\vec{\boldsymbol{B}})\Rightarrow r_0(x,y))=\frac{\text{suppo}((\vec{\boldsymbol{B}})\Rightarrow r_0(x,y))}{\#(x,y):\exists z_1,\cdots,z_n:\vec{\boldsymbol{B}}}$$

另外，还有一个指标称为 PCA 置信度，即局部封闭世界假设（Partial Closed World Assumption Confidence，PCA Confidence）。传统的置信度定义基于封闭世界假设，即图谱中不存在的三元组都被视为错误的。知识图谱通常要求采用开放世界假设，即知识图谱中不存在的事实不一定是错误，因此传统的置信度计算公式的分母可能会不准确。PCA 置信度只将满足规则体部并且存在三元组 (x,r,y') 的实例才计入分母，在一定程度上考虑了知识图谱本身的不完备性，因而会更加准确。

$$\text{conf}_{\text{PCA}}((\vec{\boldsymbol{B}})\Rightarrow r_0(x,y))=\frac{\text{suppo}((\vec{\boldsymbol{B}})\Rightarrow r_0(x,y))}{\#(x,y):\exists z_1,\cdots,z_n:\vec{\boldsymbol{B}}\cdot r(x,y')}$$

AMIE 依次学习预测每种关系的规则。对于每种关系，从规则体为空的规则开始，通过三种操作扩展规则体部分，搜索所有可能的规则形式，并保留支持度大于阈值的候选规则。这三种操作分别为：添加悬挂边，悬挂边是指边的一端是一个未出现过的变量，而另一端是在规则中出现过的变量或常量；添加实例边，实例边与悬挂边类似，边的一端是未出现过的常量，另一端是在规则中出现过的变量或常量；添加闭合边，闭合边是连接两条已经存在于规则中的变量或常量的边，如图 5-33 所示。

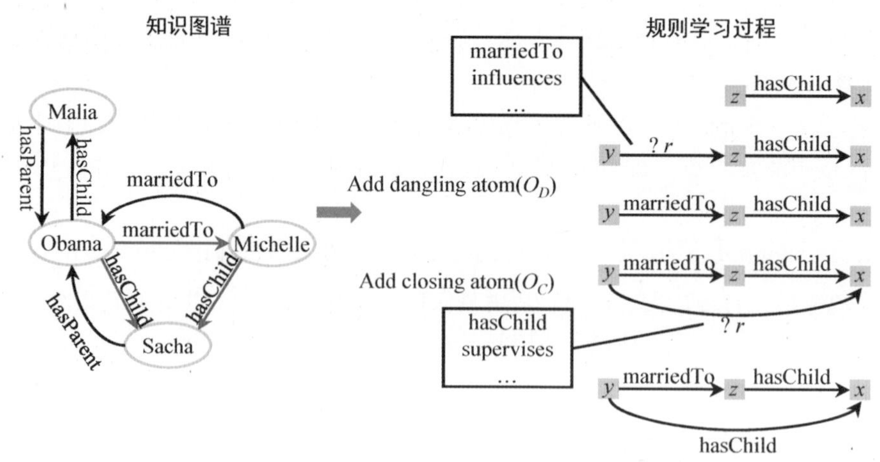

图 5-33 AMIE 规则学习的基本过程

AMIE 规则学习的过程不断产生新的规则，那么怎样判断一个规则是否满足要求呢？这里主要定义了两个约束条件：一是所学习出的规则要求是封闭的并且置信度要大于某个预值 minConf；二是所产生的新规则的置信度应该要大于其母规则的置信度。图中给出了母规则的例子。这里略去了更为详细的算法介绍。

4．基于神经网络与向量嵌入的规则学习

也可以利用向量表示学习规则，例如，假如基于 TransE 的假设：$e_1+r_1=e_2$、$e_2+r_2=e_3$，同时又有 $e_1+r_3=e_3$。通过简单的加法推算就会有 $r_1+r_2=r_3$。所以可以利用向量嵌入非常方便地计算关系的关系。这种学习出的关系的关系就等同于一条新的规则。

再来介绍一个更为复杂一些的模型。Embedding-based 的方法都要求为每一个实体学习一个表示，但可以考虑一下，利用规则做推理时，其实可以不依赖实体的表示，因为规则是关系之间的关系的抽象。推理过程与实体无关的另外一个好处是对于未见的新实体也可以进行推导。Neural-LP 提出了一个称为可微规则学习的知识图谱推理模型，可以利用基于梯度下降的方法优化规则学习，如图 5-34 所示。

在 Neural-LP 中，实体采用独热向量表示，关系采用一个矩阵算子 $\boldsymbol{M}_R$ 表示，于是一条规则可以表示为一系列矩阵算子的乘积的形式，并且为每一条规则学习一个置信度。

$$\alpha \ \text{query}(Y,X) \leftarrow R_n(Y,Z_n) \wedge \cdots \wedge R_1(Z_1,X)$$

$$\sum \alpha_l \prod_{k\in\beta_l} M_{R_k}$$

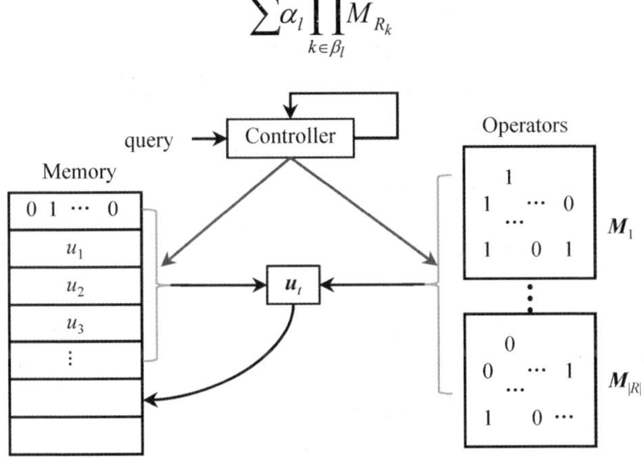

图 5-34　Neural-LP 的学习过程

式中，α 和 β 代表每条规则的置信度和结构，也是需要优化的参数。因此，优化函数目标如下：

$$\max_{\{\alpha_l,\beta_l\}}\sum_{\{x,y\}}\text{score}\left(y|x\right)=\max_{\{\alpha_l,\beta_l\}}\sum_{\{x,y\}}\boldsymbol{v}_y^T\Big(\sum_l\big(\alpha_l\big(\prod_{k\in\beta_l}M_{R_k}\boldsymbol{v}_{\boldsymbol{x}}\big)\big)\Big)$$

由于每一条规则的置信度都是依赖于具体的规则形式，而规则结构的组成也是一个离散化的过程，因此计算过程整体是不可微的。Neural-LP 巧妙地交换其中连加和连乘的顺序，如下所示，把乘法放到加法前面做，从而让计算过程变得可微：

$$\prod_{k\in\beta_l}\sum_{k}^{|R|}a_t^k M_{R_k}$$

但这种转化还有一个问题是必须固定规则的长度为 T，这显然是不合理的。为了能够学习到变长的规则，Neural-LP 中设计了记忆向量 u_t，表示每个步骤输出的答案（即这一步得到的实体）作为 query 答案的概率分布，还设计了两个注意力向量：一个为记忆注意力向量 $\boldsymbol{b}_t$——表示在步骤 t 时对于之前每个步骤的注意力；一个为算子注意力向量 $\boldsymbol{a}_t$——表示在步骤 t 时对于每个关系算子的注意力，$\boldsymbol{a}_t$ 和 $\boldsymbol{b}_t$ 的生成方式基于一个 RNN 生成，此过程中的 $\boldsymbol{h}_{t\text{-}1}$ 由一个 LSTM 生成。最后用记忆力机制选择出合适的长度，这样就保证了规则长度的可变性。

$$\boldsymbol{u}_0=\boldsymbol{v}_{\boldsymbol{x}}$$

$$\boldsymbol{u}_t=\sum_{k}^{|R|}a_t^k M_{R_k}\left(\sum_{\tau=0}^{t-1}b_t^\tau\boldsymbol{u}_\tau\right),\boldsymbol{i}\leqslant\boldsymbol{t}\leqslant\boldsymbol{T}$$

$$\boldsymbol{u}_{t+1}=\sum_{\tau=0}^{T}b_{T+1}^\tau\boldsymbol{u}_\tau$$

Neural-LP 的另一个缺点是不支持数值类型的规则，Neural-LP-N 对此进行了拓展，可以在规则体中使用带有数值的比较操作符，同时也可以处理原子的否定。Neural-LP-N 隐式地表示必要的矩阵操作，可以使用动态规划、累积求和及排列实现数值的比较。这里不再展开介绍。

另外一种方法类似于 Neural-LP 的规则学习方法名为 DRUM。首先也是进行公式重写，但是不同之处在于处理定长规则的方式不同。DRUM 定义了一种新的关系 B0，对应的矩阵为单位矩阵 $\boldsymbol{I}$。这个关系可以插入规则中的任意地方，并不改变计算结果，由此可以改变规则的长度。至此，DRUM 完成了与 Neural-LP 相同的事情，但是论文作者同时证明这种方式会学到置信度很高的错误规则，于是引入了置信度张量（Confidence Value Tensor），并将计算再次改写。所谓置信度张量即将置信度参数视为一个 T 维的张量。

5. 规则学习与嵌入学习的融合模型

最后介绍一个将规则学习和嵌入学习相结合的模型 IterE。基于嵌入表示学习和基于规则推理是两种知识图谱推理的经典方式，但两者都存在各自的缺点，其中嵌入学习方法对稀疏的实体无法学到较好的向量表示，因而预测结果较差；而传统的基于图遍历搜索的规则挖掘方法在大规模知识图谱上会遇到明显的效率问题，如图 5-35 所示。这项研究提出了一种方法，将表示学习和规则挖掘结合在一起，互相弥补各自的缺点。

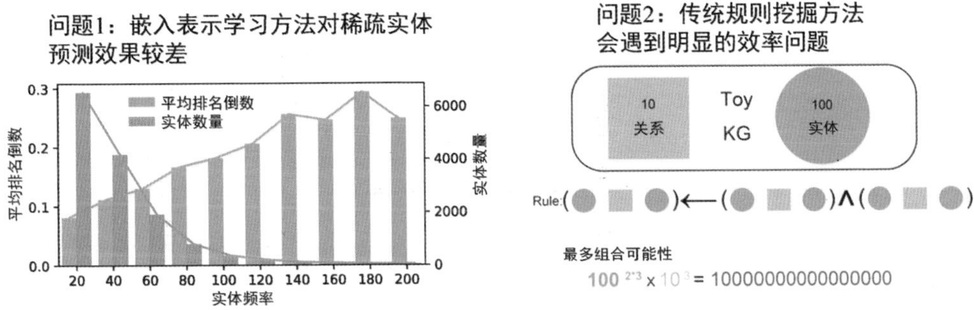

图 5-35 嵌入学习与规则学习所面临的问题

整个迭代学习的过程如图 5-36 所示，分为三个步骤，嵌入学习（Embedding Learning）学习知识图谱的向量表示，Axiom Induction 基于嵌入学习规则，Axiom Injection 把学习出的规则植入嵌入学习的学习过程中，提升向量表示学习的效果。可以看到这是一个演绎推理和归纳推理相结合的框架。同时也融合了符号规则表示和向量空间表示。

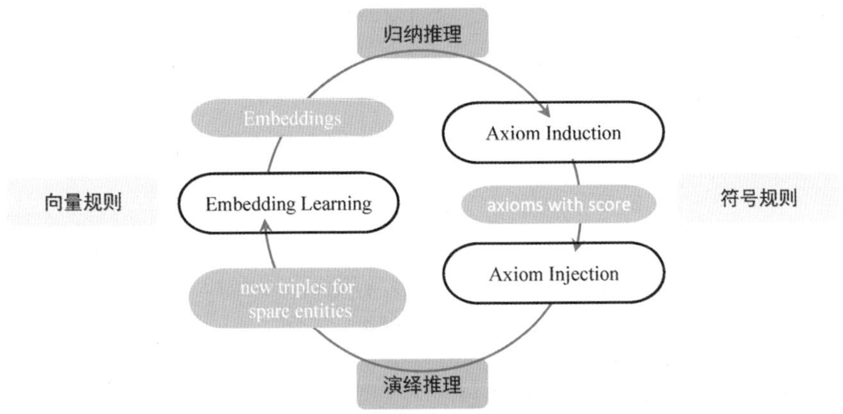

图 5-36 迭代推理的基本思想

图 5-37 展示了更为具体的迭代学习过程。左下角是符号化的知识图谱，通过嵌入学习到图谱的向量表示。进而再次学习到右上角的符号化的公理，即本体规则。这些本体规则再叠加应用到知识图谱中，通过演绎推理的过程产生更多的

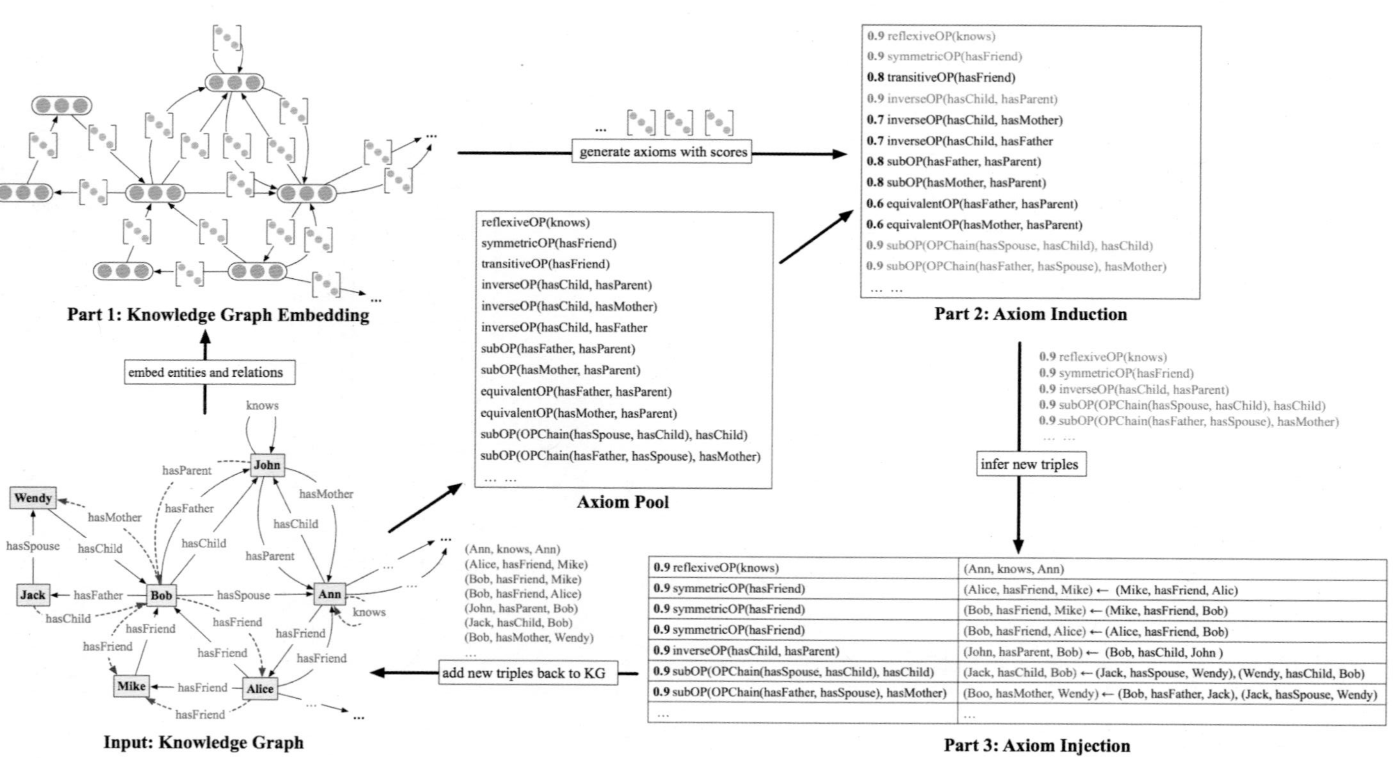

图 5-37 迭代推理的详细流程

三元组。这些新增加的三元组可以进一步增强知识图谱嵌入学习的效果，特别是那些稀疏实体的表示会因为三元组的增加而学习得到更好的向量表示。

IterE 的迭代学习思路建立于作者们发现了基于线性变换假设的表示学习模型对于规则挖掘具有很好的友好性。回顾知识图谱嵌入的线性变换假设：将关系 r 表示为矩阵 $\boldsymbol{M}_r$，且假设对于正确的三元组满足乘法关系：$\boldsymbol{hM}_r\boldsymbol{=t}$。

基于线性变换假设，论文考虑实现了 OWL2 本体描述语言中七类规则的向量推导公式。这里举其中一个例子说明基本的思路，如对于 inverseof 的规则定义了两个关系是互反关系，例如 hasParent 和 hasChild 是互反关系。

在符号逻辑推理部分介绍过，如果知识图谱中有一条三元组(mike, hasParent, john)，同时知道 hasChild 与 hasParent 是 inverseof 关系，就可以马上推理得出一条新的三元组(John, hasChild, Mike)，这叫演绎推理。但这里关心的是怎么基于嵌入学习 inversof 关系。反过来观察，如图 5-38 所示，假如知识图谱中同时存在这两条三元组，基于线性变换假设可以推导得出向量相乘等式。

进一步分析，假如这两个向量相乘等式成立，则必定满足 hasParent 和 hasChild 的矩阵相乘为一个单位矩阵 $\boldsymbol{I}$。因此，怎样判断知识图谱中的两个关系是否为互反关系呢？只需要把它们的矩阵相乘再看看是否和单位矩阵接近即可。利用这种方法就可以非常高效地利用关系的向量表示来学习规则。表中列举出了其他规则，如传递关系、对称关系等对应的矩阵推导公式，这里不再展开一一介绍。

1. We consider seven types of object property axioms selected from OWL2 ontology language

3. Specify the meaning of these ontological axioms based upon linear map assumptions.

Object Property Axioms	Rule Form	According to Linear Map Assumption	Rule Conclusion
ReflexiveOP(r)	(x, r, x)	$v_x\boldsymbol{M}_r=v_x$	$\boldsymbol{M}_r=\boldsymbol{I}$
SymmetricOP(r)	$(y, r, x)\leftarrow(x, r, y)$	$\boldsymbol{v}_y\boldsymbol{M}_r=\boldsymbol{v}_x$, $\boldsymbol{v}_x\boldsymbol{M}_r=\boldsymbol{v}_y$	$\boldsymbol{M}_r\boldsymbol{M}_r=\boldsymbol{I}$
TransitiveOP(r)	$(x, r, z)\leftarrow(x, r, y)$, (y, r, z)	$\boldsymbol{v}_x\boldsymbol{M}_r=\boldsymbol{v}_z$, $\boldsymbol{v}_x\boldsymbol{M}_r=\boldsymbol{v}_y$, $\boldsymbol{v}_y\boldsymbol{M}_r=\boldsymbol{v}_z$	$\boldsymbol{M}_r\boldsymbol{M}_r=\boldsymbol{M}_r$
EquivalentOP(r_1, r_2)	$(x, r_2, y)\leftarrow(x, r_1, y)$	$\boldsymbol{v}_x\boldsymbol{M}_{r_2}=\boldsymbol{v}_y$, $\boldsymbol{v}_x\boldsymbol{M}_{r_1}=\boldsymbol{v}_y$	$\boldsymbol{M}_{r_1}=\boldsymbol{M}_{r_2}$
subOP(r_1, r_2)	$(x, r_2, y)\leftarrow(x, r_1, y)$	$\boldsymbol{v}_x\boldsymbol{M}_{r_2}=\boldsymbol{v}_y$, $\boldsymbol{v}_x\boldsymbol{M}_{r_1}=\boldsymbol{v}_y$	$\boldsymbol{M}_{r_1}=\boldsymbol{M}_{r_2}$
inverseOP(r_1, r_2)	$(x, r_1, y)\leftarrow(y, r_2, x)$	$\boldsymbol{v}_x\boldsymbol{M}_{r_1}=\boldsymbol{v}_y$, $\boldsymbol{v}_y\boldsymbol{M}_{r_2}=\boldsymbol{v}_x$	$\boldsymbol{M}_{r_1}\boldsymbol{M}_{r_2}=\boldsymbol{I}$
subOP(OPChain(r_1, r_2), r)	$(y_0, r, y_2)\leftarrow(y_0, r_1, y_1)$, (y_1, r_2, y_2)	$\boldsymbol{v}_{y_0}\boldsymbol{M}_r=\boldsymbol{v}_{y_2}$, $\boldsymbol{v}_{y_0}\boldsymbol{M}_{r_1}=\boldsymbol{v}_{y_1}$, $\boldsymbol{v}_{y_1}\boldsymbol{M}_{r_2}=\boldsymbol{v}_{y_2}$	$\boldsymbol{M}_{r_1}\boldsymbol{M}_{r_2}=\boldsymbol{M}_r$

2. Reformulate ontological axioms to their rule forms.

4. Draw the rule conclusion for each axiom. These rule conclusion will be used to generate candidate axioms that can be inject back to the embedding learning process.

inverse(hasParent, hasChild)　(Mike, hasParent, John) → $\boldsymbol{v}_{\text{Mike}}\boldsymbol{M}_{\text{hasParent}}=\boldsymbol{v}_{\text{John}}$　(John, hasChild, Mike) → $\boldsymbol{v}_{\text{John}}\boldsymbol{M}_{\text{hasChild}}=\boldsymbol{v}_{\text{Mike}}$ → $\boldsymbol{M}_{\text{hasParent}}\boldsymbol{M}_{\text{hasChild}}=\boldsymbol{I}$

图 5-38　利用 Embedding 学习本体公理

6. 规则推理总结

规则是包含更加复杂逻辑结构的知识，在很多实际的业务场景中，规则知识非常普遍。传统的符号逻辑推理依赖人工构建这些规则，可扩展性不高，且不易于处理不确定的隐含知识，因此更多需要研究规则的自动学习方法。单一依靠实体和关系的嵌入表示学习，不足以支持规则层面的推理能力；而传统基于符号搜索的规则学习方法（如 PRA 和 AMIE）等也存在搜索空间过大的问题。利用嵌入表示学习来实现规则学习能加速规则学习的过程，并让规则推理过程更易于捕获隐含的知识逻辑。此外，考虑规则学习和嵌入学习的有机融合也是实现知识图谱推理的重要发展方向。

5.4.4 本体嵌入

1. 本体概念层的推理

本节进一步探讨知识图谱上实现的基于表示学习的推理。前面多次谈到，仅仅只是依赖三元组和图的结构信息学习出的实体和关系的表示不足以捕获复杂的推理逻辑。在第 2 章曾谈到，知识图谱上的很多复杂推理依赖于本体概念层的知识描述，也就是 TBox 或 Schema 层的知识描述。例如通常会在本体概念层定义类、属性（关系）、类层次、属性层次、类之间的关系、类与属性之间的关系等多个方面的公理。

一方面本体概念层，也就是 TBox 本身的表示学习会与实例层，也就是 ABox 的表示学习会有所不同，因此需要研究本体概念层的表示学习方法，也就是本体嵌入（Ontology Embedding）。另外一方面，本体概念层的知识通常也能够极大地增强实例层也就是 ABox 层的表示学习的效果。实际上，IterE 就是在探讨怎样利用本体公理的学习增强知识图谱推理的效果。

那么，本体嵌入和知识图谱嵌入有什么区别呢？首先，本体嵌入和知识图谱嵌入本质上都是一种知识表示结构的嵌入，只不过嵌入的内容有所不同，本质上也没有严格的区分和界限。如图 5-39 所示，简而言之，本体嵌入侧重于 TBox 概念层的表示学习，而知识图谱嵌入则更加侧重于 ABox 实例层的表示学习。具体来说，本体嵌入关注概念层次体系、概念之间的逻辑组合关系、属性的层次体系、概念和属性之间的逻辑组合关系。因此，本体嵌入更多考虑的是本体语义和逻辑层面的表示学习。而知识图谱嵌入主要关注对象是实体以及实体之间组成的关联图，更多关注的是实体节点组成的图结构的表示学习。事实上，概念层和实例层的表示学习是需要相互结合、相互增强的。概念层的表示学习通常被用来增强实例层表示学习的效果；反过来，实例层的表示学习也被经常用来实现概念层（如本体公理）的学习。

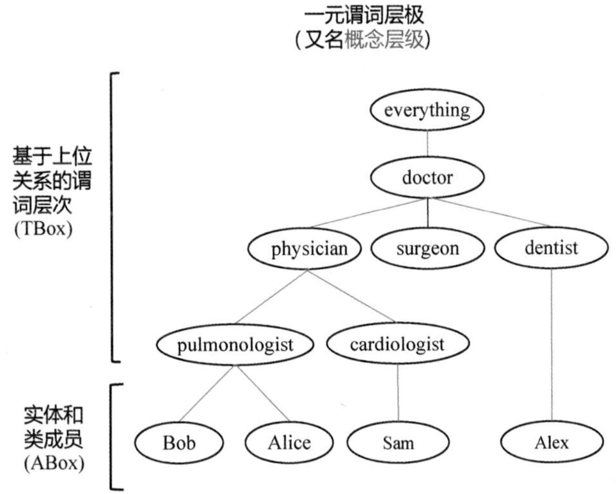

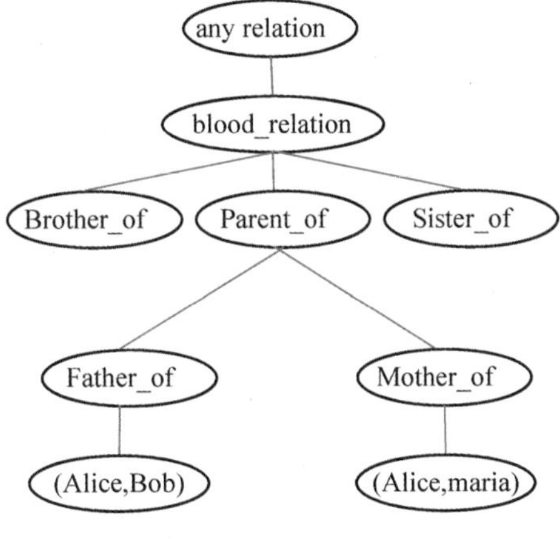

图 5-39　本体概念层的推理

2. EL Embedding 模型

先来看一个典型的本体嵌入模型——EL Embedding。EL++是一种描述逻辑语言。在第 2 章介绍过用来定义本体的描述逻辑语言家族。每一种语言都是根据应用的需要选择出一组用来描述本体概念的表达原语。EL++的主要特点是：表达构件十分简单，如表 5-5 所示。同时，包含关系推理，即 subsumption 推理，可以在多项式时间来完成，因而非常适合建模超大规模的本体。可以看到，EL++包含类的合取表达、全称量词、概念的包含关系等描述逻辑表达构件。EL Embedding 希望能在向量空间处理这几种表达构件所代表的语义。

表 5-5 EL 本体语言

名　称	句法规则	语　义
top	$\top$	Δ
bottom	$\bot$	ϕ
nominal	$\{a\}$	$\{a\}$
conjunction	$C\sqcap D$	$C\cap D$
existential restriction	$\exists r.C$	$\{x\in\Delta \mid \exists y\in\Delta:(x,y)\in r\wedge y\in C\}$
generalized concept inclusion	$C\sqsubseteq D$	$C\subseteq D$
instantiation	$C(a)$	$a\in C$
role assertion	$r(a, b)$	$(a, b)\in r$

EL Embedding 的主要目标是要将类及属性之间逻辑关系映射到向量空间，并在向量空间完成类似于符号空间完成的本体概念推理。例如，定义 Father 是 Male，Female Parent 是 Mother，有 Child 的人是 Parent 等。EL Embedding 的目标是希望在向量空间完全保留这些概念之间的逻辑包含关系。

EL Embedding 的基本思想是将本体中的每个类映射成一个球的表示，而类之间的关系就可以用球心的位置来反映。比如子图的球心应该位于父类所映射的球里面，并且这种位置关系又可以通过调整球心之间的距离和半径的长短进行更细粒度的约束。如图 5-40 中的例子，代表 Person 类的圆球最大，而代表 Father 类的圆球则最小。代表 Father 的球被包含于 Parent 类，而 Parent 类又与代表 Female 类的球在空间中有重叠。如果仅仅只是反映两个类之间的包含逻辑关系是简单的。

这里的难点是怎样在向量空间刻画组合语义。例如，逻辑包含语句“Female

Parent subClassOf Mother”，这里就需要同时处理类的合取操作符和类之间的包含操作符。

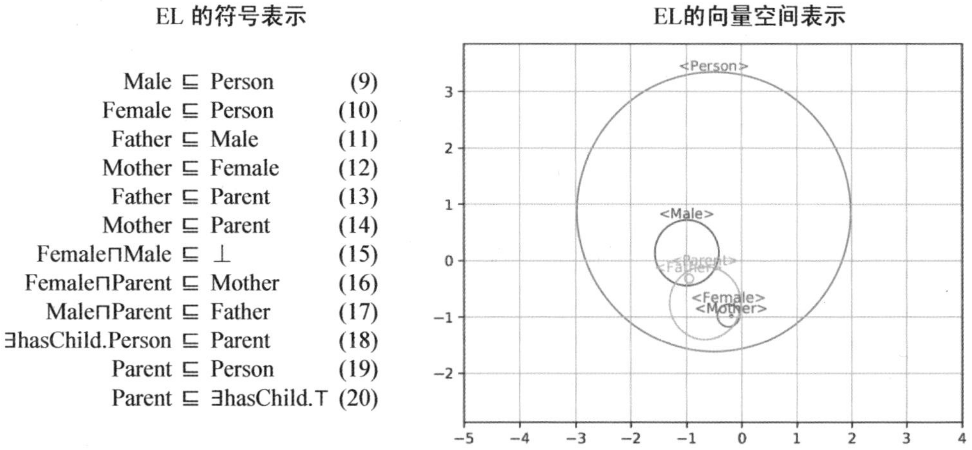

图 5-40　EL Embedding 的基本思想

更有挑战的是处理存在量词，例如“∃hasChild.Person subClassOf Parent”这样的公理就需要同时处理存在量词和类之间的包含关系两种操作符号。还需要考虑最顶层类和最底层类的表示学习问题，这两个类非常特殊但非常有用。事实上，EL++已经是非常简单的本体描述语言了。更为复杂的本体描述语言具有更多这类概念或属性之间的逻辑组合关系。显然，传统的知识图谱嵌入如 TransE 等模型是处理不了这些概念之间的逻辑关系的表示学习的。

再来看 EL Embedding 具体怎么做。EL Embedding 的第一步是将所有的表达原语都转化为包含关系。为什么要全部转化为包含关系呢？这是因为如果所有的逻辑表达式都可以转化为包含关系了，就可以把类之间的包含关系用球之间的包含关系近似，并利用这种几何空间的包含关系模拟类之间的包含关系推理。

例如，类型声明表达式 $C(a)$可以转化为如图 5-41 所示的形式：{a}代表只包含 a 的集合类，该类是 C 类的子类。关系声明表达式 $r(a,b)$可以转化为图 5-41 所示的形式：{a}代表只包含 a 的集合类，而存在 $r.\{b\}$代表那些与 b 存在 r 关系的类，因此这两个类也是包含关系。可以看到这种形式的转化仍然保留了原来的逻辑语义。通过类似于这样形式转化，可以将整个 EL 知识库中的表达式都转化为如图 5-41 所示的包含关系的一种。这样，在向量空间只需要处理包含关系就可以覆盖所有的逻辑表达式。

再来看一下 EL Embedding 的 Loss 函数。EL Embedding 的核心是两个映射函数：$f(x)$和 $r(x)$。$f(x)$函数的作用是完成符号空间到向量空间的映射，即将一个类 x 映射到向量空间中的某个球心，并将关系也映射为一个向量。$r(x)$函数的作用是将某个类映射到某个球的半径。

名称	句法规则	语义
top	$\top$	$\Delta^{\mathcal{I}}$
bottom	$\bot$	$\emptyset$
nominal	$\{a\}$	$\{a^{\mathcal{I}}\}$
conjunction	$C\sqcap D$	$C^{\mathcal{I}}\cap D^{\mathcal{I}}$
existential restriction	$\exists r.C$	$\{x\in\Delta^{\mathcal{I}}\mid\exists y\in\Delta^{\mathcal{I}}:(x,y)\in r^{\mathcal{I}}\wedge y\in C^{\mathcal{I}}\}$
generalized concept inclusion	$C\sqsubseteq D$	$C^{\mathcal{I}}\subseteq D^{\mathcal{I}}$
instantiation	$C(a)$	$a^{\mathcal{I}}\in C^{\mathcal{I}}$
role assertion	$r(a, b)$	$(a^{\mathcal{I}}, b^{\mathcal{I}})\in r^{\mathcal{I}}$

class assertions $C(a)$ 转化为$\{a\}\sqsubseteq C$
relation assertions $r(a, b)$转化为$\{a\}\sqsubseteq\exists r.\{b\}$

全部转为包含关系

剩余各种公理都是如下包含关系的一种：
$C,D,E\in\mathbb{C}$ 和 $R\in\mathbb{R}$:
$C\sqsubseteq D$;
$C\sqcap D\sqsubseteq E$;
$C\sqsubseteq R.D$;
$\exists R.C\sqsubseteq D$.

图 5-41 把所有公理转化为包含关系

再来深入观察“C 包含于 D”公理对应的 Loss 函数定义，这里是通过定义一个 Margin Loss 来实现的。这里要做是在向量空间体现 c、d 两个类的逻辑包含关系。具体怎样做呢？$f(c)$、$f(d)$分别代表 c 和 d 的球心，$r(c)$和 $r(d)$分别代表 c 和 d 的半径。想象一下，第一项 $f(c)-f(d)$可以看作将 d 的圆心平移到 c，如果 $r(c)-r(d)$小于某个阈值 γ，即代表 c 的半径小于 d 的半径，这样就可以近似刻画 C 和 D 的包含关系了。Loss 函数中还有其他几项都是正则化项，是为了让两个类的球的表示在向量空间都有统一的基准。

$$\begin{aligned}&\operatorname{loss}_{C\sqsubseteq D}(c,d)=\\&\qquad\max(0,\|f_\eta(c)-f_\eta(d)\|+r_\eta(c)-r_\eta(d)-\gamma)+\\&\qquad\big|\|f_\eta(c)\|-1\big|+\big|\|f_\eta(d)\|-1\big|\end{aligned}$$

再来看更为复杂的逻辑表达式，带合取关系的表达式。如下所示，希望刻画 C 和 D 的交集是 E 的子类。这里的难点是 C 和 D 的交集在空间中并不是一个球，因此首先需要找到一个最小的球，它一方面能包含 C 和 D 的交集部分，另外一方面，还要让这个球尽可能地被包含于代表 E 类的球中。读者们可以简单想象一下，这个关系要在几何空间完整地刻画是很难的。这里主要通过定义一些 Loss 项来近似地逼近想要的东西。如下所示的第一个惩罚项，是为了惩罚 C 和

D 是 Disjoint 的情况，通过这个惩罚项，让 C 和 D 在空间中尽可能相交。而第二项和第三项则是进一步为了让 E 的球心尽可能地位于 C 和 D 的交集部分。第四个惩罚项则是为了让 E 的半径要大于 C 和 D 两个类的半径中的更小者。剩下的都是正则项。这当然只是一个近似的逼近，并不能准确地刻画前面所讲的语义。

$$\begin{aligned}
&\text{loss}_{C\sqcap D\sqsubseteq E}(c,d,e)= \\
&\qquad \max(0,\|f_\eta(c)-f_\eta(d)\|-r_\eta(c)-r_\eta(d)-\gamma)+ \\
&\qquad \max(0,\|f_\eta(c)-f_\eta(e)\|-r_\eta(c)-\gamma)+ \\
&\qquad \max(0,\|f_\eta(d)-f_\eta(e)\|-r_\eta(c)-\gamma)+ \\
&\qquad \max(0,\min(r_\eta(c),r_\eta(d))-r_\eta(e)-\gamma)+ \\
&\qquad \big|\|f_\eta(c)\|-1\big|+\big|\|f_\eta(d)\|-1\big|+\big|\|f_\eta(e)\|-1\big|
\end{aligned}$$

再来看包含存在量词的表达式的 Loss 函数该怎么定义。存在量词中包含有关系 r，在这里看到了熟悉的 TransE 的公式，即：$f(c)+f(r)-f(d)$。简单思考一下，如果 C 类是“存在 R 关系是 D”类的子类，那么 C 类的所有实例都应该与 D 类中的某个实例存在 r 关系，所以自然地可以用类似于 TransE 的 Loss 项约束 C 类、关系 r 和 D 类的表示。后面再加上代表半径约束的项就可以准确地刻画带有存在量词的逻辑表达式了。

$$\begin{aligned}
&\text{loss}_{C\sqsubseteq\exists R.D}(c,d,r)= \\
&\qquad \max(0,\|f_\eta(c)+f_\eta(r)-f_\eta(d)\|+r_\eta(c)-r_\eta(d)-\gamma)+ \\
&\qquad \big|\|f_\eta(c)\|-1\big|+\big|\|f_\eta(d)\|-1\big|
\end{aligned}$$

$$\begin{aligned}
&\text{loss}_{\exists R.C\sqsubseteq D}(c,d,r)= \\
&\qquad \max(0,\|f_\eta(c)-f_\eta(r)-f_\eta(d)\|-r_\eta(c)-r_\eta(d)-\gamma)+ \\
&\qquad \big|\|f_\eta(c)\|-1\big|+\big|\|f_\eta(d)\|-1\big|
\end{aligned}$$

还有一个有趣的逻辑表达式的类和类之间的 Disjoint 关系，也就是怎样刻画 C 和 D 不存在任何交集。在 EL++中，这类关系 D 是用如下所示的表达式来描述的，也就是让 C 和交集是空集类（⊥）的子类。在向量空间，只需要让两个球不相交就可以实现。在这里可以看到，在向量空间处理本体概念层的逻辑关系比在实例层处理三元组和图的结构关系要复杂很多。

$$\begin{aligned}
&\text{loss}_{C\sqcap D\sqsubseteq\bot}(c,d,e)= \\
&\qquad \max(0,r_\eta(c)+r_\eta(d)-\|f_\eta(c)-f_\eta(d)\|+\gamma)+ \\
&\qquad \big|\|f_\eta(c)\|-1\big|+\big|\|f_\eta(d)\|-1\big|
\end{aligned}$$

3. 其他本体概念层表示学习模型

还有一些其他模型被提出来建模概念层次和关系层次。例如量子嵌入（Quantum Embedding）借用了量子逻辑理论，将所有的层次关系都视为基于量子理论表示的向量空间之间的层次关系。因此，子概念和子关系的表示就在其父概念和父关系所对应的空间里，而实体及其按某种关系的组合也落在其所属于的概念类的空间里。

另一类专门针对本体概念层设计的表示学习模型，例如 Onto2Vec、OWL2Vec 等。其主要思想是把本体转化为一个图，每个类或概念对应图中的一个节点。然后用类似于图嵌入（Graph Embedding）中的随机游走方法获得本体概念的节点序列，再用 Skip-Gram 架构或连续词带模型 CBOW 学习每个节点的表示，如图 5-42 所示。虽然这种方法也能学习到本体中每个类或概念的表示，但和 EL Embedding 方法相比，这类模型并没有能够捕获本体概念层更深层次的逻辑关系。这是因为类似于 Skip-Gram 模型都只能捕获概念与概念的共现关系，而非逻辑关系。关于这些模型的具体细节这里不再展开介绍。

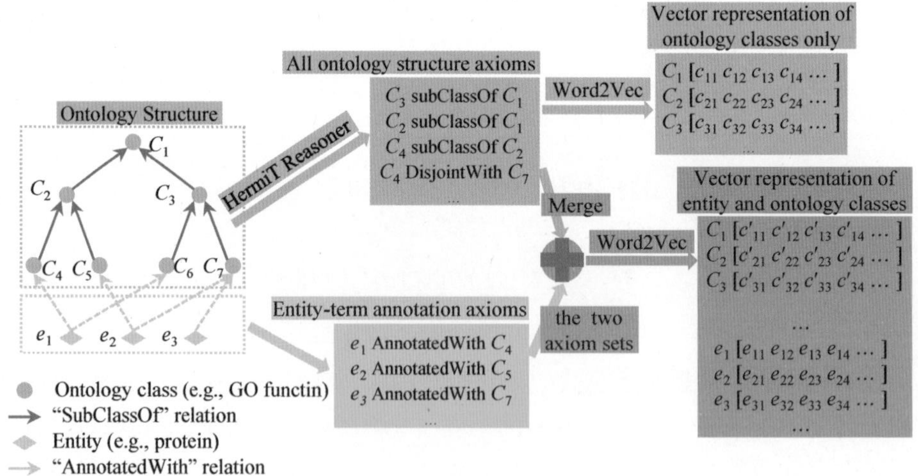

图 5-42　Onto2Vec 模型

本体层的概念表示学习是可以用来增强实例层的关系推理的。也有很多这方面的研究，例如 JOIE 模型。如图 5-43 所示，JOIE 模型区分本体视图（Ontological View）和实例视图（Instance View）。本体视图主要关注 TBox 层的类及关系的描述，实例视图则主要关注实体及实体之间关系的描述。JOIE 提出应该将这两个视图区分开来，并结合起来进行学习，并侧重用本体视图的学习过程加强实例视图的学习。具体 JOIE 提出两个方面的模型学习：第一个是跨视图的模型学习，也就是跨本体和实例两个视图的学习。这里探索了两种捕获跨视图链接的技术。一种是交叉视图分组技术，其目标是强制将两个视图放入同一个空间进行学习，如图 5-43 所示；另一种是交叉视图转换技术，是通过一个非线性变换过程实现从实例嵌入空间到本体嵌入空间的转换，如图 5-44 所示。第二个是视图内的模型学习，也就是本体视图和实例视图本身的学习，这里当然可以采用各种已有的知识图谱表示学习方法，这里就不展开介绍了。

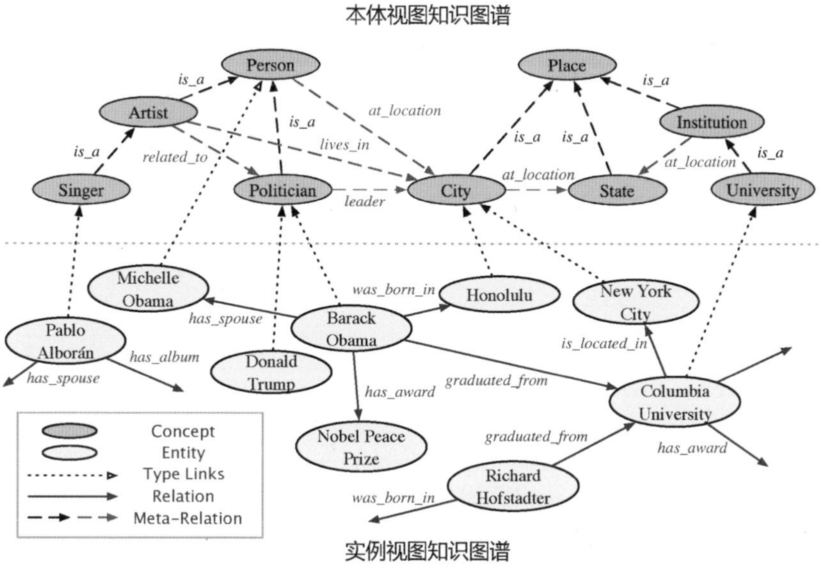

图 5-43　交叉视图分组技术

MuPP——多关系庞加莱图模型也是一个通过学习本体概念层次的知识来增强实例层表示学习的模型。MuPP 利用双曲几何模型建模本体概念的层次结构。传统的嵌入模型多基于欧几里得空间。双曲模型建模层次结构的优势在于：想象一下球面积公式，在欧几里得空间中，球的表面积会随着半径的增加而呈多项式增加，但是在双曲空间中，表面积的增长是呈指数级增加的。这就意味着，从本体概念层次树的根部节点向外扩展，在双曲空间中拥有更多的空间来区分叶节点。双曲空间还有一个优势是，多关系庞加莱模型只需要 40 维，得到的准确率就和欧氏空间模型用 100 维甚至 200 维向量的结果差不多。因此，双曲空间的模型可以节省空间维度和存储容量。

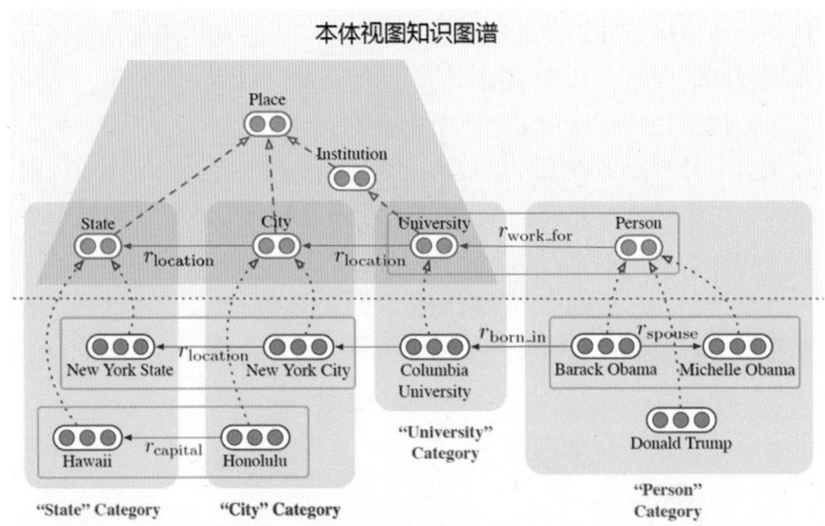

图 5-44 交叉视图转换技术

5.5 总结

作为本章总结，最后回答一个问题：给定一个知识图谱，里面到底有哪些信息可以被用来学习嵌入，并进而支持推理呢？传统的知识图谱嵌入模型仅能学习实体和关系的表示，但知识图谱还有 TBox 中的复杂本体逻辑，例如希望学习类的层次关系、TBox 中的各种公理等。因此，才有了关于本体嵌入的研究。在第 8 章中，还会介绍采用图神经网络方法进一步对知识图谱中的图结构信息进行归纳学习，但图神经网络方法也只能捕获图中邻接信息和子图结构信息。推理当然不只是图结构，还需要进一步深挖更为复杂的规则逻辑结构，支持更高层次的推理，如图 5-45 所示。关于这些内容，当前仍然是知识图谱推理的研究热点。

在知识图谱上可以完成包括演绎推理、归纳推理、溯因推理和类比推理等多种推理形式，针对不同的问题可选择不同的推理技术。演绎推理精确、可解释，但需要人工定义推理逻辑，缺乏可扩展性。归纳推理可充分利用大数据的优势，更多依靠机器学习和总结推理逻辑，是当前知识图谱推理研究的主要关注点。知识图谱归纳推理主要分为基于嵌入学习的推理、基于规则学习的推理和基于本体概念表示学习的推理。另外，还有一类基于图神经网络的推理方法将在第 8 章中专门介绍。这些方法各有优缺点，应综合运用。

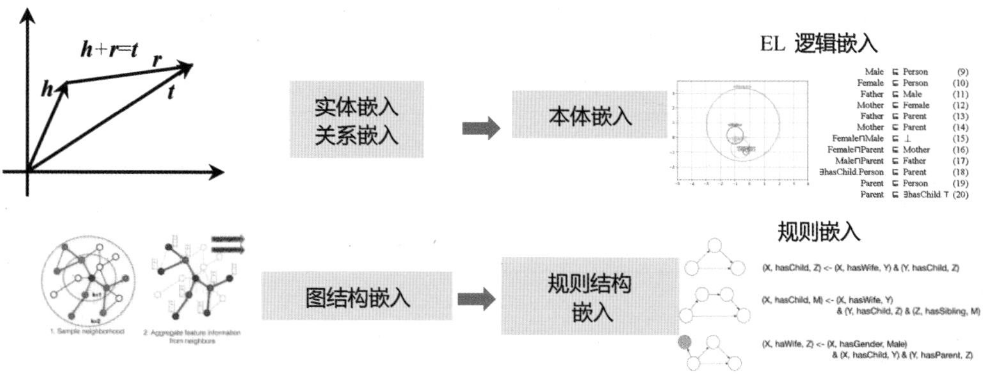

图 5-45　深挖知识图谱中的信息实现推理

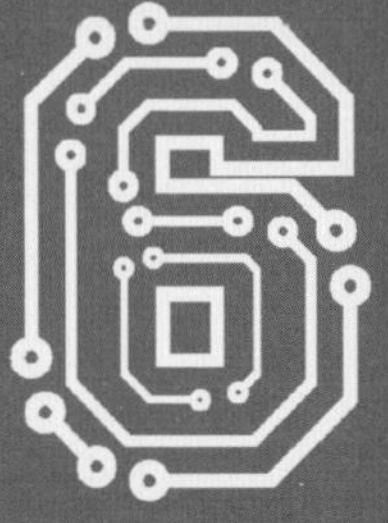

第 6 章
CHAPTER 6

知识图谱融合

本章将重点探讨知识融合问题，首先简要回顾知识图谱构建和应用中遇到的知识异构性问题，并理解知识融合的意义和目标，然后分别从本体匹配和实体对齐两个方面介绍知识融合技术的内涵，最后总结知识融合技术的发展前沿和趋势。本章介绍的内容也属于知识图谱与多源数据融合等方向的交叉领域。

6.1 知识图谱融合概述

6.1.1 知识异构性

首先回顾知识图谱的构建，从知识的异构性开始介绍知识融合相关的技术。知识图谱包含描述具体事实的实例层和表达抽象知识的本体层。实例层一般包含海量的事实知识以表达具体的实体对象及对象之间的关系，而本体层包含抽象的知识，如概念、公理。

从知识图谱构建角度，早期知识工程希望构建统一的知识库。然而，在真实的应用中，传统的知识工程面临较多困难。首先，真实的应用难以构建一个包含所有知识的本体，仅能实现部分领域应用中的知识共享。主要的原因在于人类知识的系统性和复杂性所导致的工程实施的困难。此外，领域的差异性导致不同本体具有分布性和主观性的特点，这也导致了构建统一本体的困难。

其次，知识会随着时间不断演化。一方面，这导致不同的用户在不同的时间阶段会构建适合自己应用场景的本体。这样一来，相同的领域会出现大量包含重叠抽象概念的知识库，但具体的表示模型却存在一定的区别，由此导致了本体的异构性。另一方面，相同的知识实例可能会包含大量不同的实体名称，引起大量的共指问题，导致实例的异构性。

在实际应用中，解决本体和实例的异构性非常重要。由于存在本体异构问题，大量不同的应用之间无法实现高效的信息交互，进而会导致应用无法获取关键知识信息。解决本体异构有利于提升知识图谱应用中的数据操作效率。对于实例异构而言，大量不同名的实例指代导致应用面临复杂语义歧义的挑战。解决知识图谱实例存在异构问题，对降低知识图谱的数据操作障碍具有现实意义。

6.1.2 知识异构的原因分析

解决知识图谱异构性的关键途径是进行知识融合。知识融合可以通过映射的方式建立异构的实例或本体之间的关联，进而实现不同知识图谱之间的互联互通，促进数据的操作性。知识融合的技术核心是建立关联。首先分析本体和实例异构的原因，其次介绍知识融合需要建立映射的的具体对象，并针对不同的对象选择不同的知识融合方法。

造成知识异构的原因之一是语言层面的不匹配。在知识工程发展的不同阶段曾出现过多种流行的本体语言，然而不同的语言大多存在不兼容的问题，这导致了不同时期构建的知识图谱在本体层面存在难以交互的挑战，由此产生了本体的异构性。一般来说，本体语言层次的不匹配可分为原语异构、语法异构、逻辑异构和表达能力异构四类，如图 6-1 所示。首先，不同的语言的原语存在一定的差异性。其次，不同的知识描述语言具有完全不一致的语法结构，一些本体语言甚至没有通用的格式。此外，不同的语言通常具有不同的逻辑表达。最后，不同的本体语言的表达能力也有非常大的差异性，例如相同的本体知识可能完全无法被不同的本体语言所表达。

图 6-1 不同层次的知识异构

模型层面存在的不匹配性也会导致知识的异构性。模型层面的不匹配和具体采用的本体语言无关，具体包含解释不匹配和概念化不匹配两种类型。解释不匹配主要是由于不同的本体对于相同的术语采用了完全不同的定义。例如，对于同样的实例“汽车”，一类本体采用词汇“Auto”，而另一种类型的本体采用“Car”，这导致了解释的不匹配性。概念化的不匹配主要是由于本体在领域层次的抽象建模的不同。例如，在对动物知识进行建模时，一类建模专家将“动物”划分为“食草动物”和“食肉动物”；而其他一些专家可能会将“动物”分类为“无脊椎动物”和“脊椎动物”，这也导致了概念化的不匹配。

事实上，对象建模和数据库建模领域很早就开展了异构性的研究，关系数据库之间的异构性和知识的异构性存在不少相同点。然而，知识图谱具备更加丰富的语义信息，且形式更加灵活，具备一定的可扩展性和可推理性。知识图谱中的本体远比对象建模和数据库建模中的模式复杂，其异构形式多样。针对海量的异构知识图谱，仍缺乏高效的数据处理工具，需要借助一些数据库处理技术。

6.1.3 不同层次的知识图谱融合

知识融合旨在合并知识图谱，它可以起到数据清洗和数据集成的作用。首先，知识图谱存在异构性，知识融合是重要的知识图谱预处理步骤之一。其次，不同知识图谱可能存在重叠的知识，知识融合可以高效集成不同来源的知识图谱。

此外，知识图谱可以由任意个人或机构自由构建，其背后的数据来源广泛、质量参差不齐。例如，对于相交甚至同一个领域，有时会存在多个不同的实体指称真实世界中的相同事物。知识融合能够重用已有的知识，并集成为一致、简洁、统一的形式，进而提升不同知识图谱应用间交互的操作性，如图 6-2 所示。

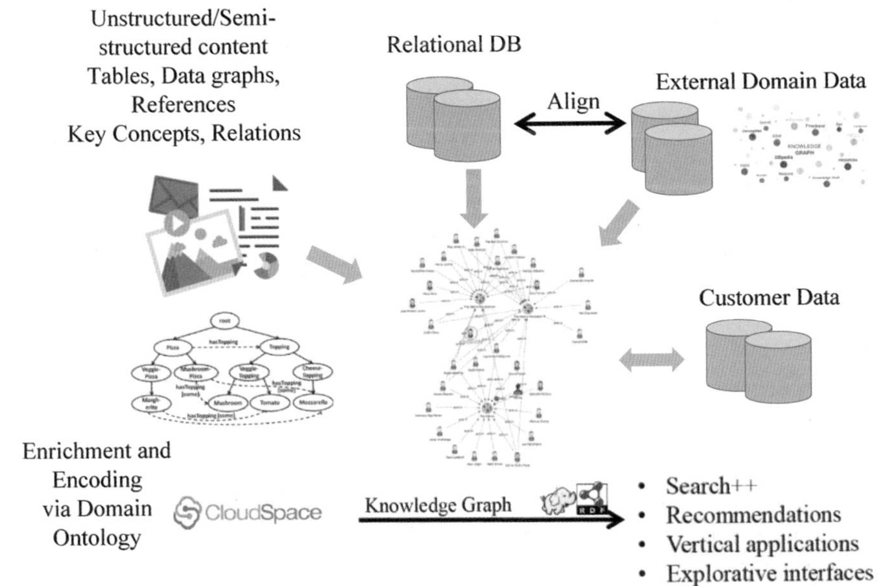

图 6-2　利用知识融合重用现有知识

知识融合的主要目标为合并多个知识图谱。总的来说，这些知识融合可以分为两个层次。本体层匹配和实例层匹配。本体层包含等价类、子属性、子类及等价属性等，实例层则包含了等价实例。

在本体层面，由于语言、数据结构等不同造成的差异，不同的知识库对相同属性存在不同的称谓。知识融合需要寻找本体间的映射规则，并消除本体异构，达到异构本体间的互操作。在实例层面，相同的实体可能存在别名、缩写等指代称谓，如图 6-3 所示，两个不同的知识图谱中的不同实例其实是相同的实体。知识融合需要对齐不同知识图谱中相同的实体。

常用的知识融合技术可分为本体匹配和实体对齐。本体匹配也称为本体映射、本体对齐，实体对齐又称为实例匹配、实体消解等。知识融合本质上是在合并知识图谱，基本的问题都是研究如何将来自多个来源的关于同一个实体或概念的描述信息融合起来。

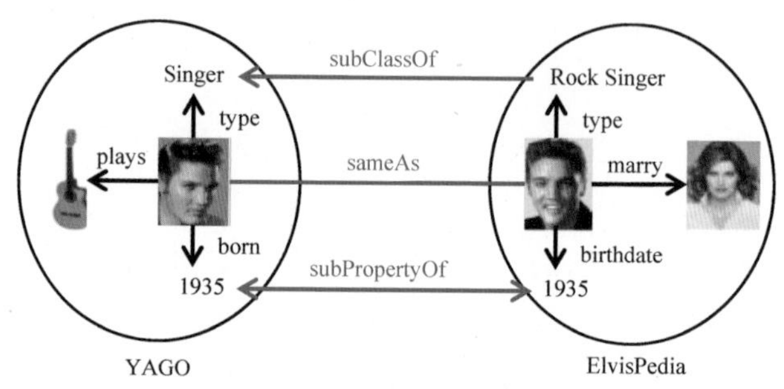

图 6-3 概念层融合与实例层融合

综上，语言层面和模型层面的不匹配是导致知识图谱异构的本质原因。知识融合旨在将不同的知识图谱融合为一致、简洁、统一的形式，为使用不同知识图谱的应用之间的交互建立互操作性。

6.2 概念层融合——本体匹配

本节首先介绍概念层的融合——本体匹配。本体是领域知识规范的抽象和描述，是表达、共享、重用知识的方法。本体是知识图谱的知识表示基础，知识图谱可以看作本体知识表示的一个大规模应用。本体匹配旨在发现源本体和目标本体之间的映射单元的集合，具体来说，本体匹配的目标是发现一个三元组 $T(O,O',M)$，包含一个源本体 O，一个目标本体 O'，以及一个映射单元集合 M。其中 $m \in M$ 表示一个基本映射单元。根据使用技术的不同，本体匹配可以分为基于术语匹配的方法和基于结构匹配的方法，如图 6-4 所示。下面分别介绍一些典型的本体匹配方法。

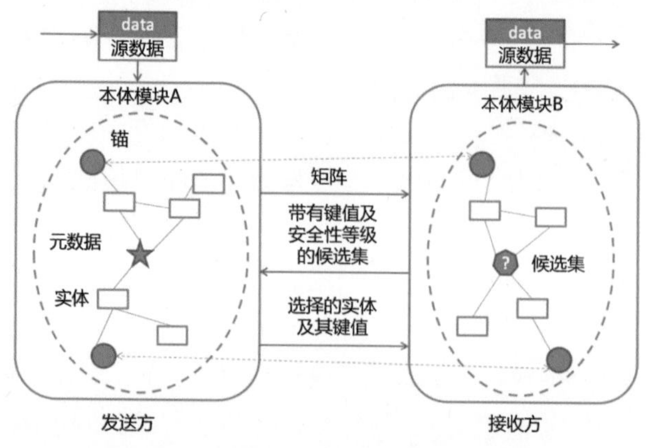

图 6-4 本体匹配：术语匹配+结构匹配

6.2.1　基于术语匹配的本体层融合

首先介绍基于术语匹配的方法。这类匹配方法的核心思想是通过比较本体的标签、名称等文本之间的相似性，实现本体的对齐。基于术语的木体匹配方法可以分为基于字符串的方法和基于语言的方法。

基于字符串的方法较为通用，它可以直接比较本体的字符串结构。首先，需要进行字符串的规范化，具体包括：空白规范化，也就是将所有的空白字符转换为单个空格；消除变音符，也就是把字符串中的变音符变成词表中的常见形式；大小写规范化，也就是把字符串的符号统一成大写或小写形式；消除标点，一般在不考虑句子的情况下会去除标点。

之后，通过度量规范化的字符串之间的距离进行对齐计算。常见的字符串距离计算方法有编辑距离、汉明距离和子串相似度等。字符串间的相似度距离为 0 到 1 之间的某个数值。下面逐一介绍各种计算方法。

1. 编辑距离

首先介绍编辑距离。一般可以采用 Levenshtein 距离，也就是最小编辑距离。其目的是用最少的编辑操作将一个字符串转换成另一个。例如，计算如图 6-5 所示的两个词间的编辑距离，因为总共操作 3 次，所以编辑距离就是 3。

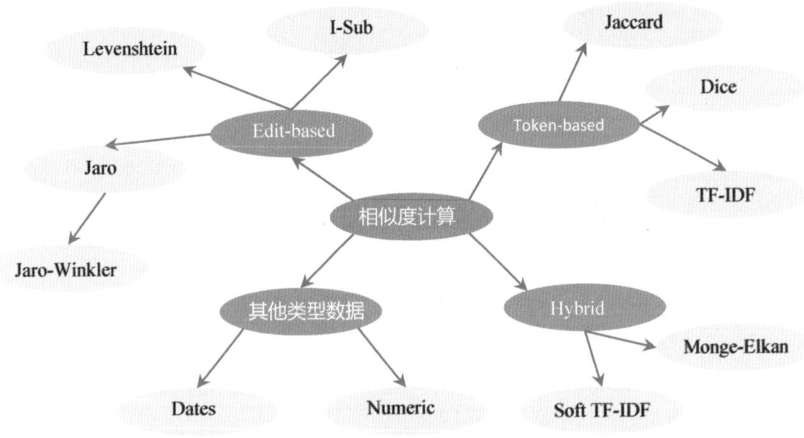

图 6-5　相似度计算方法

Lvensshtain → insert “e” → Levensshtain

Levenshtain → delete “s ” → Levenshtain

Levenshtain → sub “a” to “e ” → Levenshtein

最小编辑距离的计算是一个经典的动态规划问题，可通过动态规划算法计算，具体状态转移公式如下所示。

$$\begin{cases} D(0,0)=0 \\ D(i,0)=D(i-1,0)+1 & 1<i\leqslant N \\ D(0,j)=D(0,j-1)+1 & 1<j\leqslant M \end{cases}$$

$$D(i,j)=\min\begin{cases} D(i-1,j)+1 \\ D(i,j-1)+1 \\ D(i-1,j-1)+1 \end{cases}$$

2. 汉明距离

汉明距离是一种常用来比较两个字符串的方法，它计算两个字符中字符出现位置的不同。对于给定的任意两个字符串 s 和 t，它们的汉明距离相似度定义为：

$$\delta(s,t)=1-\frac{\left(\sum_{i=1}^{\min(|s|,|t|)} s[i]\neq t[i]\right)+||s|-|t||}{\max(|s|,|t|)}$$

3. 子串相似度

还可以进一步精确度量两个字符串包含共同部分的比例，即子串相似度。子串相似度度量任意两个字符串 s 和 t 间的相似度 δ，令 x 为 s 和 t 的最大共同子串，则可以根据公式计算子串相似度。

$$\delta(s,t)=\frac{2|x|}{|s|+|t|}$$

基于集合的相似度也是一种常见的距离度量。Dice 系数用于度量两个集合的相似性。因为可以把字符串理解为一种集合，因此 Dice 距离也会用于度量字符串的相似性，Dice 系数计算方式如下所示。

$$\text{sim}_{\text{Dice}}(s,t)=\frac{2|S\ \text{cap}T|}{|S|+|T|}$$

与 Dice 系数类似，Jaccard 系数也适合处理短文本的相似度。可以看出，Jaccard 系数与 Dice 系数的定义比较相似。两种方法将文本转换为集合，除了可以用符号分格单词，还可以考虑用 N-gram 分割单词，用 N-gram 分割句子等构建集合，计算相似度。

$$\text{sim}_{\text{Jaccard}}(s,t)=\frac{|S\cap T|}{|S\cap T|}$$

最后介绍基于 TF-IDF 的相似度度量。TF-IDF 主要用来评估某个字或者用某个词对一个文档的重要程度。

$$\mathrm{TF}_{i,j}=\frac{n_{i,j}}{\sum_k n_{k,j}}$$

$$\mathrm{IDF}_i=\log\frac{|D|}{1+|j:t_i\in d_j|}$$

例如，比如某个语料库中有 5 万篇文章，含有“健康”的有 2 万篇，现有一篇文章，共 1000 个词，“健康”出现 30 次，则 $\mathrm{sim}_{\mathrm{TF\text{-}IDF}}=30/1000\times\log(50000/(20000+1))=0.012$。除了基于字符串的方法，术语匹配还包含基于语言的方法。基于语言的方法的核心思想是利用自然语言处理技术建立概念之间的关联，一般可以分为内部的方法和外部的方法。内部的方法主要利用语言的内部属性诸如语法和形态，并通过术语间词的语法分析和形态特点实现术语的规范化。例如，同一个术语的不同形态 Apple 和 Apples 等。外部的方法主要基于外部词典，以匹配相关的术语。例如，WordNet 可以帮助判断两个术语是否具有上下关系或同义关系。

下面介绍一种基于术语匹配的本体匹配方法——虚拟文档模型。该方法可有效地利用本体中的语义信息、文本信息和结构信息进行本体匹配，从而得到了广泛的推广和应用。一个元素的虚拟文档包含三种：概念自身的文本描述、匿名节点的语言学描述和概念的邻居。构造虚拟文档后，便可通过计算语义描述文档相似度来寻找异构本体元素间的映射，如图 6-6 所示。如果两元素的语义描述文档相似度越高，则它们相匹配的可能性越大。

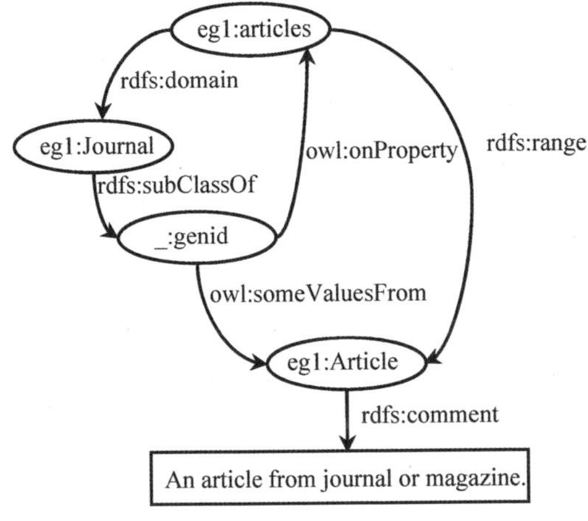

图 6-6　虚拟文档

6.2.2　基于结构特征的本体层融合

基于术语的方法只考虑了术语文本之间的差异，在建立异构知识关联的过程中，基于本体结构的匹配可以利用不同本体包含的结构信息补充术语匹配的不足，进而提升映射的效果。基于结构匹配方法的核心思想是基于本体结构图中包含的概念、属性等信息，补充文本信息不足的问题。

基于本体结构的匹配可以分为间接的结构匹配器和直接的结构匹配器。间接的结构匹配器在术语匹配器中考虑结构信息，如邻居、属性、上下文等；直接的结构匹配器则采用图匹配算法，但计算复杂度很高，无法直接使用，通常采用基于相似度传播方法的变体模型。

下面介绍一种经典的结构匹配算法——AnchorPROMPT。AnchorPROMPT方法主要在术语匹配的基础上进一步基于复杂的本体结构发现可能相似的本体成分。它的输入是一个相关术语对的集合，每一对术语分别来源于不同的本体。iPROMPT 工具提供了一个术语比较算法来自动生成术语对，用户也可以直接提供候选术语对。AnchorPROMPT 算法会对输入的术语对集合进行结构分析，并输出语义相关的术语对。

AnchorPROMPT 将每一个输入的本体 O 看作有向图 G，每一个概念都是图 G 中的节点。对于两个概念节点 A 和 B，如果存在一个路径连通节点 A 和节点 B，那么 AnchorPROMPT 算法就假设这个路径中的概念通常是相似的。基于以上假设，AnchorPROMPT 算法会根据给定的输入术语，输出本体间存在的大量相似语义术语对。

6.2.3 基于知识分块的大规模本体匹配

最后介绍一种大规模的本体匹配方法。传统的匹配方法往往仅适用于小规模的本体，且计算复杂度通常都是 $O(n^2)$。然而，在真实场景下，如生物本体，通常需要大规模的本体匹配技术。因此，学者们开发了可用于大规模本体匹配的方法。大型本体匹配通常包含三个阶段，首先划分本体，即将大型本体划分成若干小型本体，然后进行匹配分块，最后发现实体间映射，如图 6-7 所示。

为什么要进行分块呢？ 一般来说，对记录进行一一链接的时间复杂度是 $O(M \times N)$，其中 M 和 N 指的是两个知识图谱的实体个数，对于 10^6 个记录的链接需要 11.6 天。而经过分块，只需要分钟级就可以完成记录链接。由于真实应用中的知识图谱大多存在海量的节点，分块能够显著提升知识融合的效率。

分块的常见方法有基于散列函数的方法和基于邻近分块的方法。例如，对于基于散列函数的方法，给定记录 x，若有 hash（x）$=h_i$，则将 x 映射到与关键字 h_i 绑定的块 c_i 上。基于领近分块法又可以分为基于排序邻居的方法、基于红黑集覆盖方法等。

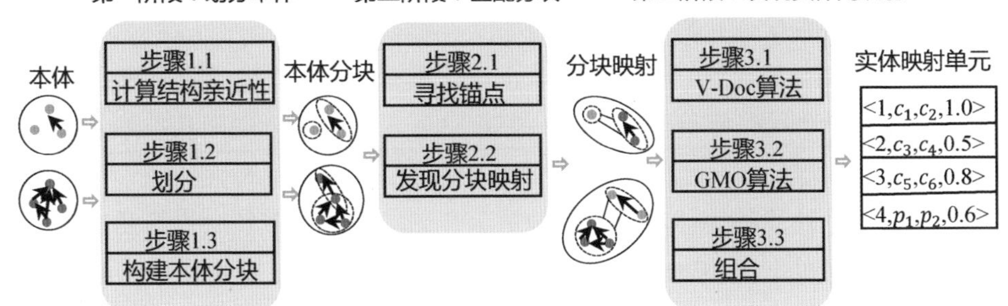

图 6-7　基于知识分块的大规模本体匹配流程

综上，本体匹配侧重发现等价或相似的类、属性及关系，目前已有基于术语匹配和结构匹配等方法。大规模本体匹配通常采用先分块后匹配的方式。

6.3 实例层的融合——实体对齐

6.3.1 实体对齐方法概述

本节将介绍实例层的融合——实体对齐。实体对齐的问题定义与本体匹配类似，但侧重于发现指代知识图谱中相同对象的不同实例。在实际应用中，知识图谱的实例规模通常远大于本体规模。因此，基于实例层（实体）的知识融合方法也受到了产业界和学术界的广泛关注，如图 6-8 所示。

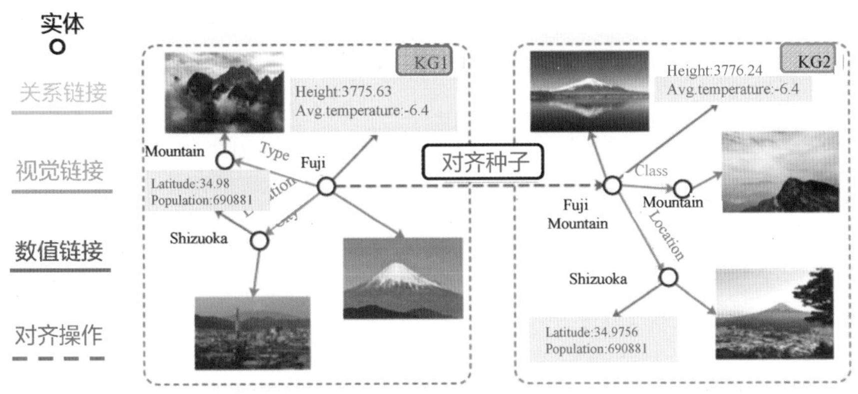

图 6-8　实体层的融合

常见的实体对齐可分为传统方法和基于表示学习的方法。传统的方法又可以分为基于等价关系推理和基于相似度的方法。

基于等价关系推理的方法是一种基于符号推理的方法。它主要基于关联数据中的 owl:sameAs 进行等价关系推理。等价映射声明了概念之间和关系之间的对应，异构本体的等价成分之间在互操作过程中可以直接相互替代。

基于相似度计算的实体对齐是一种更为普遍的方法，其核心思想是通过计算实体的特征计算实体之间的相似度。一方面，可以直接利用实体已有的标签信息，如知识图谱的实体名称、描述等构建特征。然而，这类特征由于知识图谱中的噪声如机器翻译得到的实体名称、歧义的实体描述等，在实际应用中通常效果并不理想。另一方面，可以基于人工特征工程，如两个知识图谱中实体类别是否一致，实体的邻居的类别是否一致等。这类方法由于需要大量人工特征，一般较难迁移到其他场景。当得到实体特征后，一般可采用集合相似度、编辑距离等距离相似度计算的方式实现实体对齐。

6.3.2 基于表示学习的实体对齐

近年来，随着表示学习及其在图像、视频、语音、自然语言处理等领域取得了飞速发展，不少学者也开始将表示学习应用于实体对齐。

基于表示学习的实体对齐的核心思想是将知识图谱中的实体和关系都映射成低维空间向量，并直接用数学表达式计算实体间相似度。比如，对于三元组(义勇军进行曲,作者,聂耳)和(中国国歌,作曲,聂耳)，可以发现中国国歌和义勇军进行曲在低维空间的距离很近。这类实体称为等价实体，通过等价实体的发现可以实现实体对齐。

基于表示学习的实体对齐一般有两种技术路线。一方面，可以基于一些预先匹配好的实体，直接合并两个不同的知识图谱，进而基于单一的知识图谱学习实体和关系的嵌入表示，优化的目标定义如下。

$$L=\sum_{(h,r,t)\in S}\sum_{(h',r,t')\in S'_{(h,r,t)}}\{[\gamma+d(h+r,t)-(h'+r,t')]_{+}+\lambda_1\sum_{y\in\{h,h',r,t,t'\}}|\|y\|_2-1|\}+\lambda_2\sum_{(e_i,e_i')\in A}\|M_d e_i-e_i'\|_2$$

如图 6-9 所示，该方法在表示学习模型 TransE 的基础上增加了一个实体对齐损失，即基于线性变换矩阵实现实体对齐。

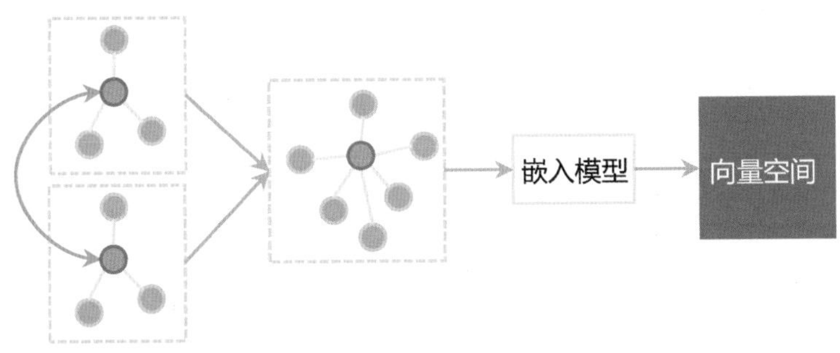

图 6-9　基于单一图嵌入的实体对齐

另一方面，可以先用单一知识图谱表示学习方法分别训练两个嵌入表示，然后基于预先匹配好的实体训练一个线性变换对齐两个向量空间，如图 6-10 所示。

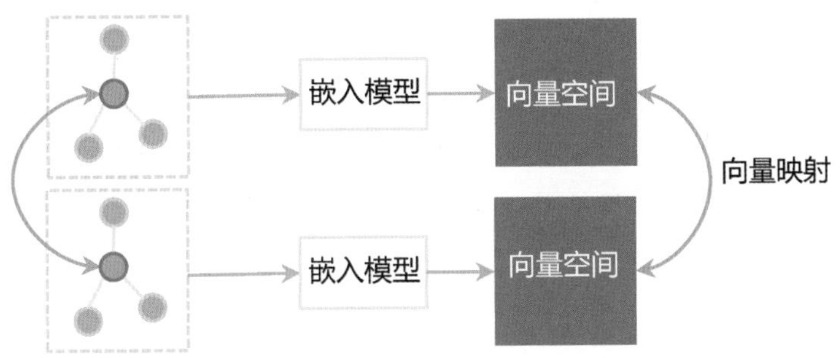

图 6-10　向量空间对齐的实体对齐

MTransE 是基于这一思路的一种经典方法。该模型采用 TransE 模型进行表示学习，并通过线性变换对齐网络表示。首先，基于距离的轴校准的思想，该模型假设每种语言中的相同实体在向量空间上非常接近。其次，该模型基于 TransE 知识表示学习模型优化向量平移目标。最后，该模型基于两个线性转换优化目标约束不同知识图谱的实体表示。在进行对齐任务时，针对需要对齐的实体，只进行跨语言转换并搜索向量空间中最近的向量，该向量对应的实体即认为是对齐实体。

除了直接对齐向量，也有学者提出了基于迭代训练的实体对齐方法 ITransE。在两个异构知识图谱之间，可以基于少量对齐实体种子，并采取不断迭代的方式，从而实现大量的实体对齐，如图 6-11 所示。该方法分别学习两个知识图谱的表示，然后建立两者的映射关系，并合并等价实体。

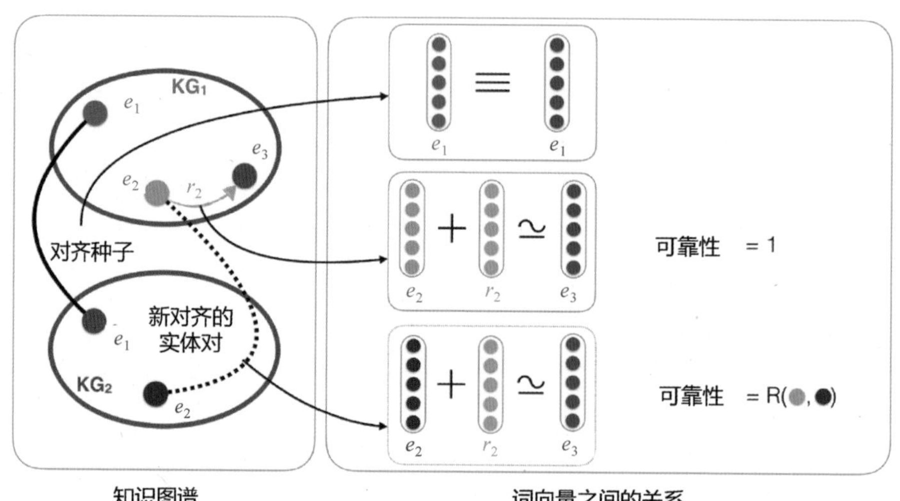

图 6-11 基于迭代训练的实体对齐

6.3.3 实体融合工具简介

最后，介绍一些知识融合的工具。首先介绍 Silk，它是一款基于 Python 开发的集成异构数据源的开源框架。Silk 的整体框架如图 6-12 所示。预处理模块会将索引的结果排名前 N 的记录作为候选对，并进行下一步的精准匹配。相似度计算模块包含了很多相似度计算的方法，过滤模块过滤掉相似度小于阈值的记录对。Silk 提供了专门的 Silk-lsl 语言进行具体处理，还提供一个图形化界面，用户可以方便地进行记录链接。

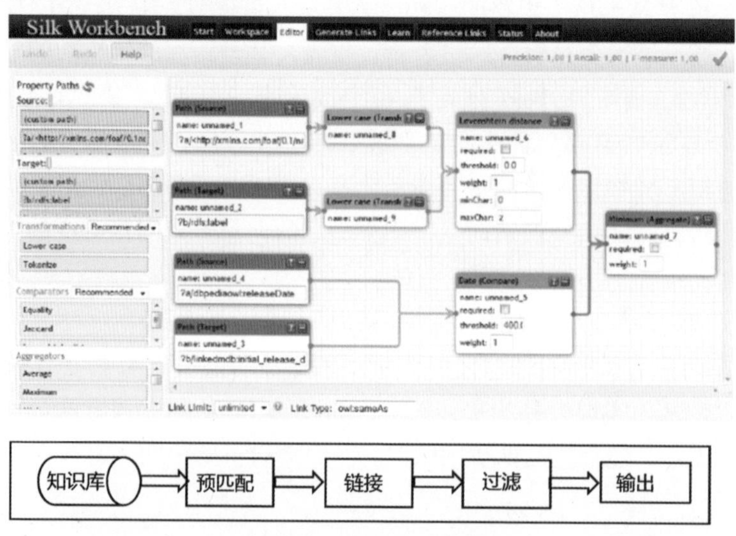

图 6-12 Silk 的整体框架

其他还有一些开源的实体对齐框架如 OpenEA 和 EAKit。OpenEA 是一个开源的基于 Tensorflow 的实体对齐框架，它包含了各种主流和前沿的算法。OpenEA 主要包含三个模块，Embedding 模块中实现了各种的特征嵌入方式，Interaction 模块中包含了各种特征变化和组合方法，Alignment 模块中封装了各种相似度计算方式。EAKit 是一个轻量级的基于 PyTorch 的实体对齐框架，用户可以方便地基于 EAKit 实现自定义的模块开发。

最后做一个小结。实体对齐历经了蓬勃发展，如何将表示学习技术运用于实体对齐过程成为新的热点。目前缺乏专门针对实体对齐的表示学习模型，导致现有基于表示学习的实体对齐方法精度不高。人机协作可以有效地提高实体对齐的效果，目前已经得到较多关注。

6.4 知识融合技术前沿

近年来，知识融合技术发展迅速，下面主要从无监督对齐、多视图对齐、嵌入表示增强、大规模实体对齐四个角度，分别介绍四种不同的模型。

首先介绍无监督对齐。实体对齐问题的设定需要一些预先匹配好的实体对，但是真实的应用有时无法满足这一要求，因此有不少研究者开始探索如何无监督地进行实体对齐，如图 6-13 所示。有学者提出了一种无监督实体对齐模型，通过结构和属性信息相互“监督”，从而实现不需要预先匹配实体的对齐方法。

该模型先利用谓词对齐模块找到部分相似的谓词（如 father, dad），并使用统一的命名方案对它们进行重命名（如 father）。然后通过嵌入学习模块学习结构嵌入和属性嵌入，进而联合学习两个知识图谱的实体嵌入。其中，结构嵌入通过关系三元组学习得到，属性嵌入通过属性三元组学习得到。在获得嵌入后，实体对齐模块通过对相似度进行计算，判定相似度超过阈值的为对齐实体。

其次介绍多视图对齐。知识图谱中的实体具有各种特性，但是当前基于嵌入的实体对齐方法只利用其中的一种或两种特性。在现实应用中，单一视图的嵌入方法由于无法同时考虑实体的不同特性，因此难以精准地对齐两个复杂的知识图谱。多视图对齐相比于单一视图的对齐算法，其核心思想是将知识图谱中的不同特性划分为不同的子集，也就是不同的视图，进而从特定视图中学习实体嵌入，并通过联合优化提高实体对齐性能。

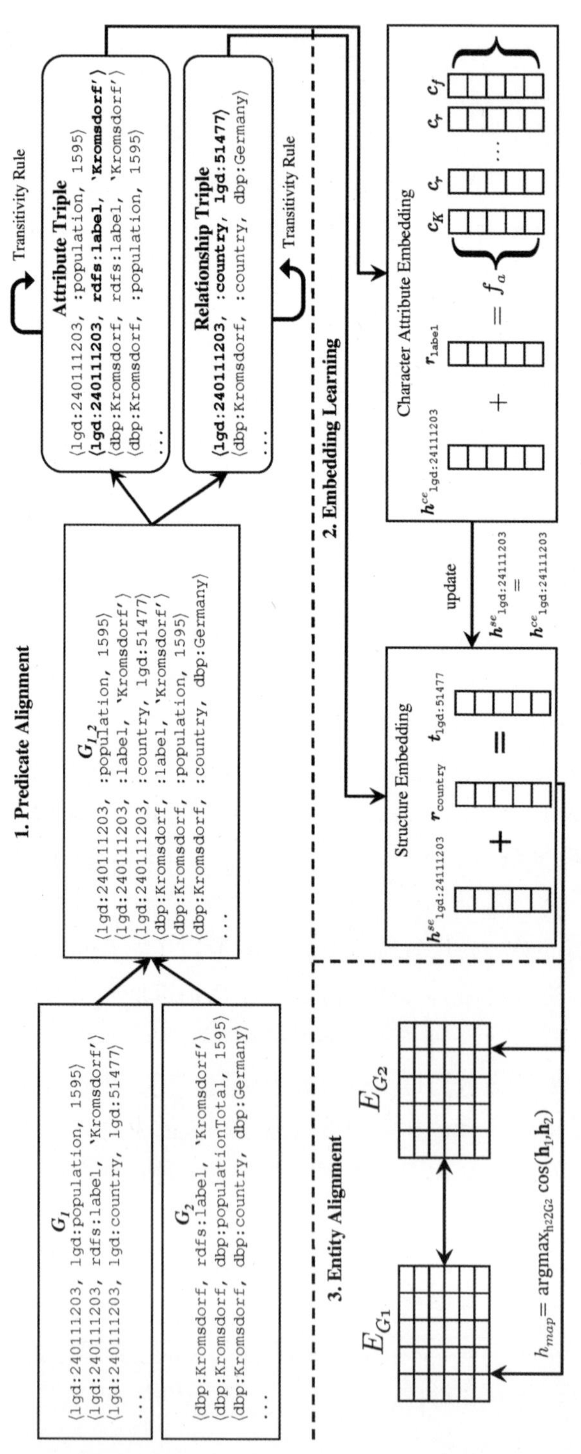

图 6-13 无监督的实体对齐方法

实体对齐可以分为 Literal Embedding 视图、名称视图、关系实图、属性视图等不同角度。为了实现多视图实体对齐，多视图对齐模型可以采用平均不同视图嵌入的方式，导出一个从每个视图嵌入空间到共享空间的正交映射矩阵，参与多视图嵌入的联合训练，从而使多视图彼此受益。多视图对齐本质上是一种重复利用数据的方式，表示学习的方法并没有发生本质改变。

嵌入表示增强的方式通过改进已有嵌入表示模型方法，使其更好地应用于实体对齐，它从表示学习底层改进了实体对齐方法。过去的实证分析曾发现传统的实体嵌入模型会让度（节点的邻居个数）相似的实体节点的嵌入表示更接近，但是这一点对于实体对齐任务来说并非有益。因此学者提出了基于对抗训练的方法解决这一问题。在对抗训练模型中，判别器的目标是预测节点的度，而生成器的目标是让判别器无法预测节点的度，这样最后的嵌入表示就会削弱度的影响。

最后，介绍大规模实体对齐。知识融合工作通常在小规模的知识图谱如几十万到几百万个节点规模的数据集上测试。真实的知识图谱如电商知识图谱、学术知识图谱，可能包含百亿个网络节点。不管是对齐效果还是对齐效率，都面临严峻挑战。图 6-14 展示了大规模实体对齐框架。

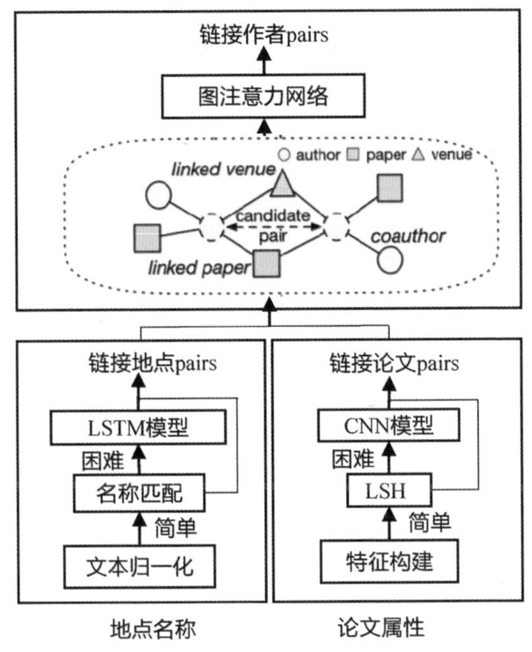

图 6-14　大规模实体对齐框架

- 实体异构。由于不同数据源中海量实体具有不同的表达形式，比如论文发表的地点有简写和全称，作者存在不同的姓名形式。
- 实体歧义。相同的指称可能会对应大量不同的实体，这对实体对齐造成了严峻挑战。比如，在知识图谱中，叫 Jing Zhang 的人物有超过 10000 个实例，这带来了严重的实体歧义问题。
- 大规模匹配。大规模学术知识图谱 Aminer 包含了超过 1.7 亿篇论文，如何高效地匹配异构知识面临严峻挑战。

学者们设计了统一的名为 LinKG 的框架。LinKG 包含三个模块以匹配不同类型的实体。对于不同类型的知识，该框架根据知识的难易程度设计了不同的匹配算法。首先，对于出版地点实体匹配，由于地名单词的顺序对地名的语义表征较为重要，且地名存在变长的特点，该框架采用基于循环神经网络的方式建模出版地点。

其次，对于论文实体匹配，由于其具有大量的输入，如题目、作者等，且实体规模庞大，因此框架首先采用局部敏感哈希进行快速匹配，然而对于哈希匹配不成功的实体，通过属性构造相似度矩阵并基于卷积神经网络进行精准匹配。

最后，对于作者实体匹配，由于其最具挑战性，该框架基于出版地点实体和论文实体匹配的结果来辅助作者实体匹配，并基于异构图注意力模型学习作者实体的表示，进而实现作者的匹配。

6.5 总结

多源数据融合对于迅速扩大知识图谱的规模具有重要的意义，涉及的技术面也较为广泛，本章仅概要性地进行了介绍。知识融合在过去几年里得到了广泛而深入的研究，并将沿着多个方向继续发展。首先是多模态知识融合，不同模态的数据如图片、视频也存在大量的结构化知识，多模态知识融合可以进一步赋能更多的应用。其次是基于表示学习的知识融合，表示学习是近年来的研究热点，未来仍会延续这一发展趋势。当前，针对语义集成的表示学习研究均是以 TransE 系列模型为基础构建的，这些模型大多以知识图谱补全为目标，目前缺少在模型层面针对语义集成问题设计的表示学习方法，导致现有基于表示学习的语义集成方法精度不高。最后是大规模知识融合，真实应用的知识图谱存在数百亿个乃至千亿个实体，亟需高效的大规模知识融合算法。

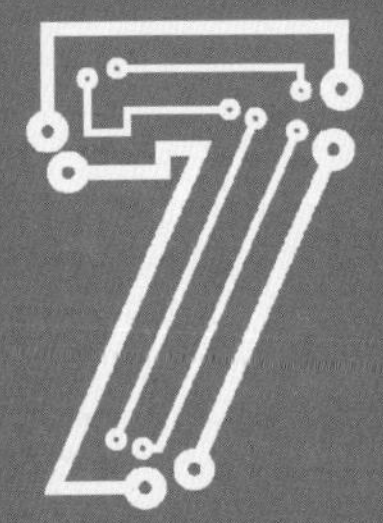

第 7 章 CHAPTER 7

知识图谱问答

本章介绍知识图谱在智能问答中的应用。知识图谱作为一种结构化的问答语料，由于能够提供相比于文本更为精准的答案被广泛地应用于各种智能问答系统中。大家熟知的很多智能音箱或智能客服类应用的后端，都极大地依赖于知识图谱技术的支持。本章将概要性地介绍基于知识图谱实现智能问答服务的不同技术手段。本章的内容也是知识图谱与信息获取领域相交叉所产生的技术领域。

7.1 智能问答概述

7.1.1 智能问答系统的发展历史

首先简要了解智能问答系统的基本概念和发展历史。介绍智能问答，可以从著名的图灵测试说起。1950 年，图灵在他发表在 *Mind* 期刊上的著名的探讨机器智能本质的文章 *Computing Machinery and Intelligence* 中提出了图灵测试。图灵测试要回答的问题是：怎样判断一台机器是否具有和人类相当的智能？为此，图灵设想了一个游戏。在这个游戏中，一个人从房间的外面同时与房间内的一个真人和一台机器对话。假如这台机器能够成功地欺骗房间外的这个人，让他无法区分到底是在和人对话还是在和机器对话，那么就可以近似地认为这台机器具有了和人相当的智能。

图灵测试看起来很简单，但要突破图灵测试却是相当困难的。机器首先要能理解人类的语言，并用人的自然语言与人自如地交互。同时它还必须具备足够多的知识，特别是常识类的知识才能让人感觉他不是在和一台机器对话。即使到了今天，机器智能能否真的突破图灵测试仍然是一个极具争议的问题。像天猫精灵、微软小冰这类人机对话系统在用户体验方面仍然有很大的提升空间。

但人们关于智能问答系统的努力一直都没有中断过。早期的问答系统都是针对特定领域定制设计的。最早的智能问答系统是 20 世纪 60 年代由 Green 等人研发的 BaseBall 系统和 Woods 提出的 LUNAR 系统，如图 7-1 所示。BaseBall 系统用于回答用户通过自然语言提出的关于美国棒球联赛的问题。LUNAR 系统则基于自然语言的交互方式，从 NASA 的数据库中获取关于月球岩石和土壤的信息，并提供给月球地质学家。这两个系统都需要依赖人工撰写的规则模板，完成从自然语言到结构化数据查询语句的转化工作。

到了 20 世纪 70 年代，人们开始探索机器自动理解文本的阅读理解工作。例如，Winograd 提出了著名的 SHRDLU 系统，支持用户使用自然语言控制模拟程序中的积木完成各种操作，这类系统的实现要求机器能够正确地理解人的语言。20 世纪 80 年代，专家系统开始兴起。例如 Shortlie 等提出的 MYCIN 系统通过一个由 600 条规则组成的知识库和一个推理引擎，为用户提供有关抗生素的查询问答服务。这类系统要求机器能像人一样拥有丰富的知识，并通过知识和推理来回答人的问题。

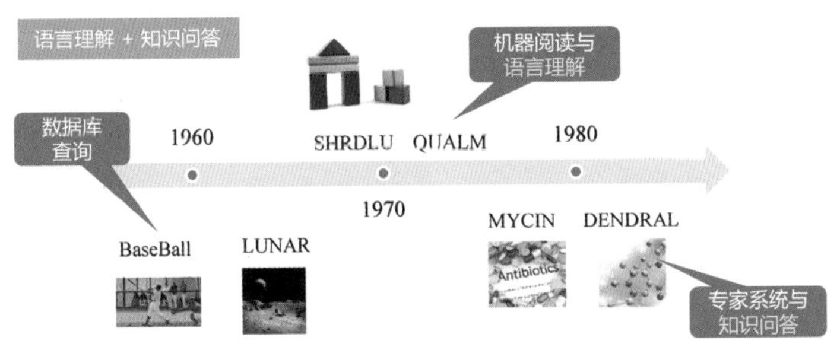

图 7-1　面向特定领域的智能问答系统

从这里已经可以看到，解决人机交互问答问题有两个重要的挑战，一个是自然语言理解，另外一个就是知识表示与推理。一个完善的智能问答系统既需要具备理解自然语言的能力，还需要一个足够强大的知识库。

从 20 世纪 90 年代开始，人们的注意力逐渐转移到开放领域的问答系统的实现。1993 年，MIT 开发了第一个基于开放互联网信息的智能问答系统 START。1999 年，文本获取领域的会议 TREC 举办了第一届开放领域智能问答评测任务 TREC-8，该任务要求机器能够自动从大规模文档集合中找出输入问题所对应的文档。TREC 问答评测也逐渐成为世界范围内最受关注和最具影响力的问答评测任务之一。受 TREC 影响，CLEF（Cross-Language Evaluation Forum）自 2000 年起也逐步提出系列跨语言的问答评测任务。

Evi 是 2007 年由英国剑桥的一家公司发布的问答系统。与前面以文本文档为主的问答系统不同，Evi 强调知识库也就是知识图谱在问答系统中的重要性。Evi 后来被 Amazon 收购，并成为 Amazon Alexa 智能音箱的组成部分。Wolfram Alpha 也是一个以知识库为核心的智能问答系统。它于 2009 年上线，其核心源于 Wolfram 早期的旗舰产品 Mathmatia，支持代数、符号、数值计算、结构化知识等问答功能。

2011 年，由 IBM 构建的智能问答系统 Watson 参加了美国电视问答比赛节目 Jeopardy!，并在比赛中击败了人类冠军选手。这场问答比赛涵盖了包括历史、语言、文学、艺术、科技等多方面问题。Waston 综合利用自然语言处理和结构化知识库问答，是现代智能问答系统在特定领域成功应用的典范。

2016 年，斯坦福发布了 SQuAD 问答数据集，进一步提高了智能问答任务的难度。SQuAD 要求问答系统从给定的自然语言文本中找到输入问题对应的精准答案，而非简单地返回包含答案的文档，并且不要求构建结构化的知识库。这当然是智能问答的终极实现形式，但真正实现这种纯文本型的精准问答是非常困难的。因此，在实际实现的问答系统中，例如 Apple Siri、Amazon Alexa、小米小爱、天猫精灵等都会将结构化的知识图谱与文本问答系统综合起来使用如图 7-2 所示。

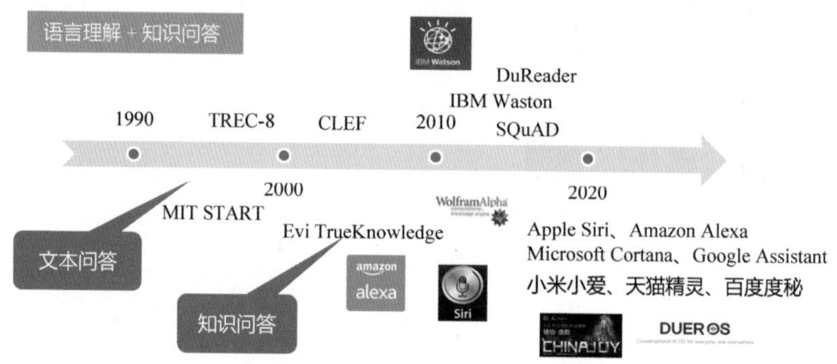

图 7-2 面向开放域的智能问答系统

7.1.2 智能问答系统的分类

问答系统按答案来源的形式可以分为知识图谱问答、表格问答、文本问答、社区问答和视觉问答等多个种类，如图 7-3 所示。知识图谱问答以结构化的知识库作为问答语料，表格问答主要针对表格和列表数据进行查询问答，文本问答要求机器能从一段文字中准确地识别问句要求的答案，社区问答是以问答对的形式组织答案，视觉问答则要求针对图片或视频中的内容进行问答。

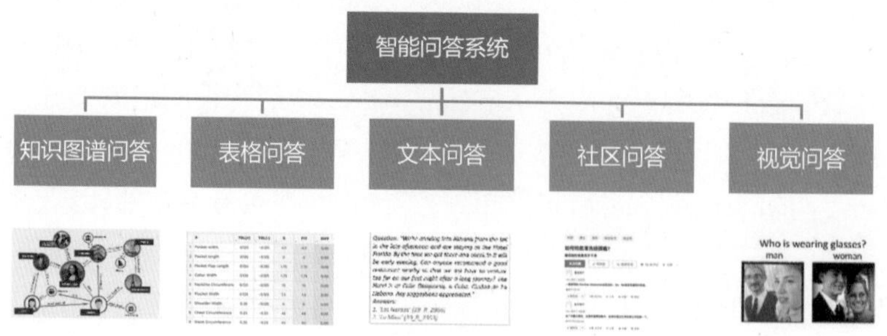

图 7-3 智能问答系统的不同类型

如图 7-4 所示，问答系统按问句类型可以分为事实型问题，比如问“华为的创始人是谁？”，这类问题需要用到知识图谱和文本型问答。是非类问题则主要依靠知识图谱来完成。描述类问题，例如问“什么是人工智能”要求给出一段文本描述作为答案，通常需要综合利用知识图谱、问答对和文本来完成回答。列表类问题可以通过知识图谱和表格等结构化数据来回答。比较类问题需要比较实体的属性，也需要采用知识图谱来完成问题回答。观点类和方法类问题都需要提高一段文本描述来作为答案，因而通常通过问答对和文本问答来实现。

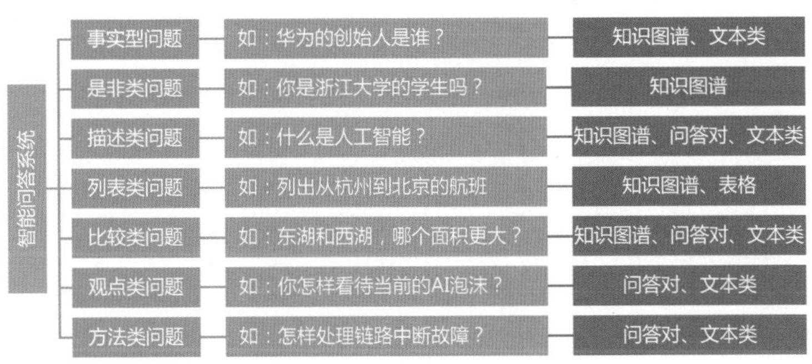

图 7-4　智能问答系统的问句类型

知识图谱问答是本书的主角。由于相比于文本，结构化的知识图谱能够提供更为精准的答案，并且能依赖知识图谱中的实体关联关系，非常方便地扩展相关答案，基于知识图谱的问答已经成为各种智能问答系统的标准组件配置。实现知识图谱问答的方法有很多，例如通过将一个自然语句解析成一个结构化查询语句，再对知识图谱进行查询匹配，如图 7-5 所示。或者直接依据问句的特征对知识图谱中的候选实体进行打分排序等。将在后面的小节中具体展开介绍。

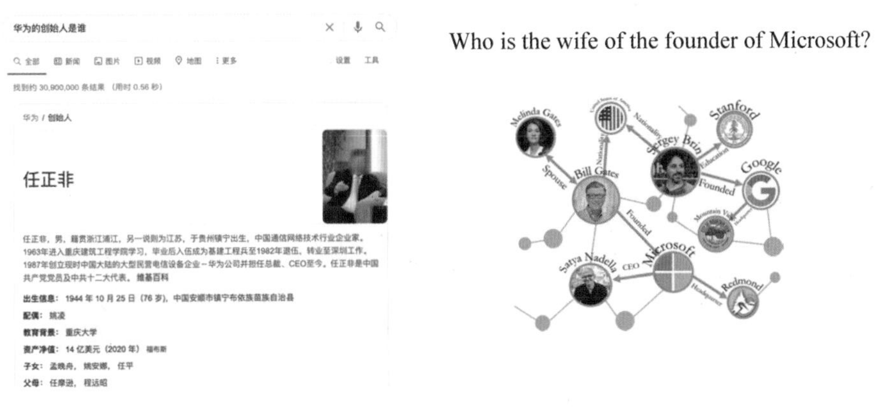

图 7-5　知识图谱问答

文本型问答要求给定一段自然语言文本，并从文本中准确地定位答案。例如斯坦福的 SQuaD 竞赛即要求从文本中萃取答案。显然，从纯文本中精确地定位答案显然比从结构化的知识图谱中定位答案要难许多。但文本型问答是智能问答实现的终极期望之一。事实上，当前有两个主要的技术流派：一派认为通过语言预训练模型可以学习出文本中的知识，并直接用于智能问答；另一派则坚持认为必须要构建结构化的知识图谱才能支持智能问答的实现。我们的观点是这两者并非替代关系，而是都需要用到的技术手段。当然，本书侧重于讲解知识图谱问答的实现手段，关于文本问答的技术不在本书的介绍范围之内。

表格也是一种常见的结构化数据形式。很多数据无须组织为图，表格的形式简洁明了。同时，表的结构处理比起图结构又要相对简单一些，处理效率也比图更高，因此在很多智能问答系统实现中，也会把表格问答作为系统的一个重要模块。该任务又细分为表格检索和答案生成两步，前者负责从表格集合中找到与输入问题最相关的表格，后者负责基于检索回来的相关表格生成问题对应的答案。

社区问答主要以问答对形式组织数据。通常这些问答对都是从问答社区，例如知乎、Quora 等网站上获取的问题和答案对的数据集合。由于问答对数据实际上是通过人工众包获取的专家经验性知识，这类知识通常比较难以直接从文本中自动抽取获得，因此对于构建智能问答系统有重要的价值和作用。基于问答对的社区问答实现形式也比较简单、直接，通过训练一个模型，计算问句和答案之间的语义相似性即可。当然，问答对的方式也可以和知识图谱问答模型、文本问答模型混合起来使用，以提升问答体验。

既然期望能够从自然语言文本中准确地定位答案，当然也希望能直接从图片或视频中定位问题的答案，这就是所谓的视觉问答——Visual QA。视觉问答也是一种终极的问答实现形式，它要求机器只有正确地理解图片的语义内容才能完成复杂的问句回答。如图 7-6 所示的第一张图片，要问：“What endangered animal is featured on the truck？”要回答这样的问题，首先要从图片中识别动物，同时还需要判断这种动物是否为危险动物。从这个例子可以看出，要较好地实现视觉问答，也需要外部的知识作为辅助。

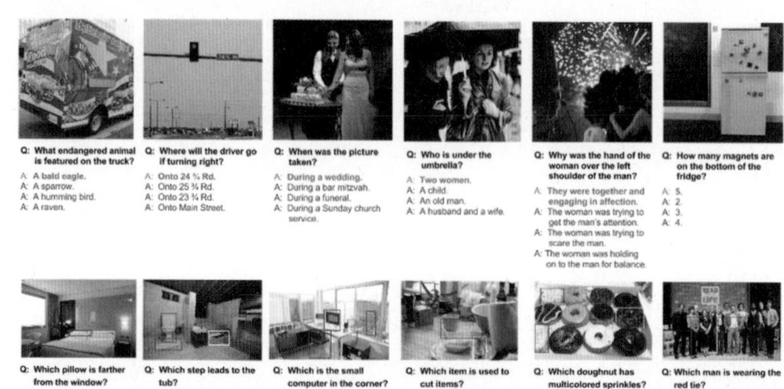

图 7-6　视觉问答

知识图谱也经常被作为辅助手段来提升文本问答、视觉问答等效果。例如，一些工作先将结构化的知识图谱和文本中的实体和关系描述对齐，然后将知识图谱和文本一起作为模型训练的输入。文本的好处是答案覆盖面广，语料容易获得，但精确定位答案比较困难；图谱的好处是能提供精准的答案，但通常对答案的覆盖面不够。通过将两者结合，可以同时提升问答的准确度和覆盖度。

同样的，也可以将知识图谱融入视觉问答模型中。如图 7-7 所示，可以先识别图片中的实体，然后链接外部的知识图谱，这样就可以利用外部的知识图谱中建立的实体关系，进一步提高视觉问答的效果。系统性地介绍所有问答系统的实现超出了本书的范畴，在后续的介绍中，将主要关注与知识图谱问答有关的技术。

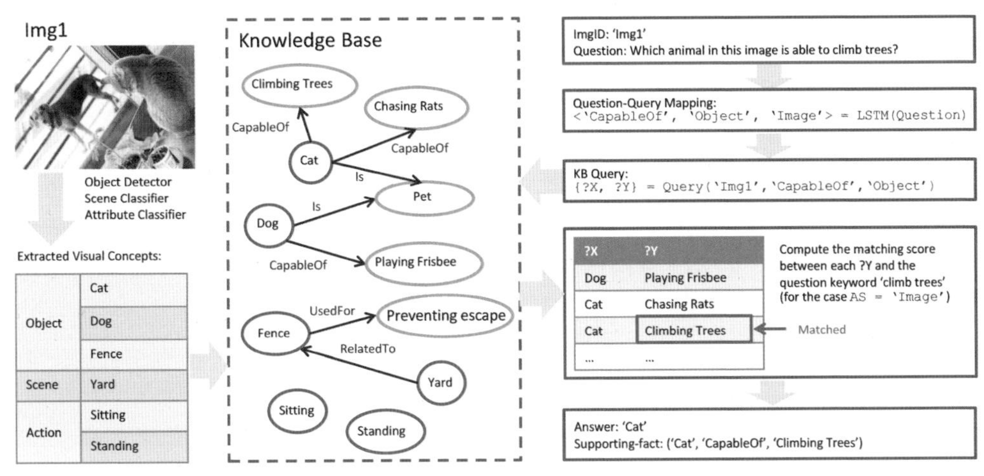

图 7-7　视觉问答 + 知识图谱问答

7.1.3　实现知识图谱问答的主要技术方法

首先来看实现知识图谱问答的主要技术方法。知识图谱问答的设定是给定自然语言问句，要求从知识图谱中寻找答案。如图 7-8 所示，一种思路是将输入的自然语言问句解析成结构化的逻辑查询语句，然后直接对知识图谱进行查询获取答案。这个解析过程可以通过两种方式来实现，一种是人工定义问句模板，也就是基于问句模板的方法；另一种是通过训练一个语义解析器来完成，也就是基于语义解析的方法。另外一种思路是采用类似于信息检索的方法，把查询问答问题转化为对知识图谱中的候选答案实体进行匹配和排序的问题，也就是基于检索排序的方法。随着深度学习的兴起，基于深度学习的方法也被广泛地被用来实现知识图谱的问答，后面会看到，神经网络方法既被用来改进语义解析技术，也被用来重构检索排序。将在后面的章节中分别对这几类方法展开介绍。

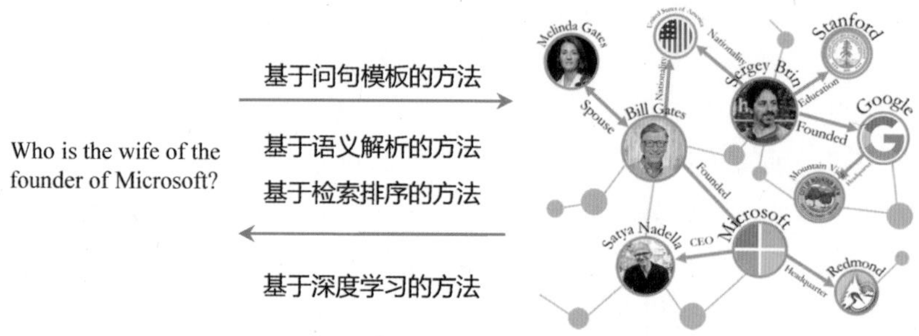

图 7-8 知识图谱问答的主要实现方法

先简要比较基于语义解析的方法和基于检索排序的方法的差异，如图 7-9 所示。基于语义解析的方法的核心是实现一个语义解析器（Semantic Parser），将自然语言表示通过映射机制，转化为一个可以在知识图谱上查询的结构化查询语句，从而获得最终答案。通常答案查询结果更加精确和准确，但实现一个通用的语义解析器并不容易，很多时候依赖人工模板实现解析，可复用性不好。基于检索排序的方法通常首先对问句进行实体和关系识别，然后锁定问题的主题实体（Topic Entity）。进而在知识图谱中以主题实体出发，寻找候选答案，最后通过排序机制对候选答案进行排序。这种方法虽然不依赖于人工模板、可复用性好，但由于对问题的语义理解不够深入，通常不容易获得精准的答案。

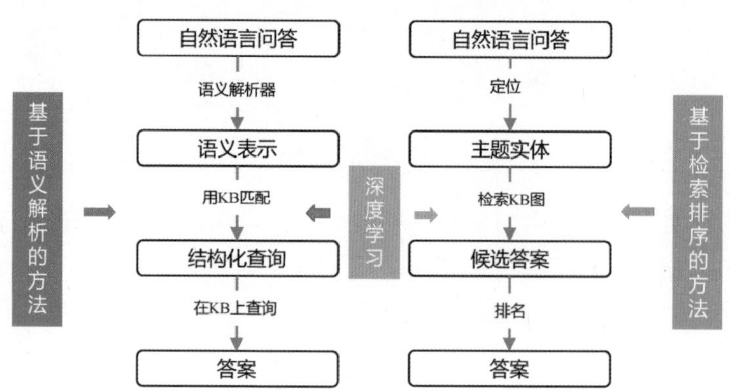

图 7-9 基于语义解析的方法和基于检索排序的方法

7.1.4 知识图谱问答的主要评测数据集

在介绍知识图谱问答方法的具体实现之前，先介绍典型的知识图谱问答评测数据集。QALD 是最早在 ESWC 上开展的知识图谱问答数据集，数据来源包括 DBpedia、YAGO 和 MusicBrainz。主要的评测任务有三类，包括多语种问答、基于链接数据的跨数据集问答和融合文本数据的混合问答。

WebQuestions 也是一个用于对知识图谱问答进行基准测试的常用数据集。该数据集包含 6642 个问答对，问题主要围绕单个命名实体，每个问题有唯一的 ID，并基于 Freebase 的答案进行问题标注。WebQuestions 面向的是通用领域的问答。

SimpleQuestions 是一个对简单知识图谱问答进行基准测试的常用数据集。数据集总共包含 108442 个自然问题，每个问题都与一个对应的事实配对，对应了知识图谱中的一个三元组，训练集、验证集、测试集的比例是 7∶1∶2。

MetaQA 是一个针对垂直电影领域的知识图谱问答进行基准测试的常用数据集。其知识图谱包含电影领域中的演员、导演、编剧、电影及其类型等内容，总计包含超过 40 万个问题，问题的形式包含文本形式和语音形式。典型特点是关注多跳问答，1 跳、2 跳、3 跳的样本大致是 1∶1 ∶1。

还有不少其他支持知识图谱问答的评测数据集，例如用于评估复杂问题的回答能力 ComplexQuestions，与电影主题有关的 WikiMovies 等，在这里就不一一展开介绍了，具体如表 7-1 所示。

表 7-1　常见知识图谱问答数据集

数 据 集	规　模	数 据 形 式
ATIS	5410	问答对
JOBS	640	问题+结构化查询
GeoQuery	880	问答对+逻辑表达式
QALD Series	150~300/年	问答对+结构化查询
Free917	917	问答对+逻辑表达式
WebQuestions	3782/2037	问答对
WebQuestionsSP	3098/1639	问答对+结构化查询
SimpleQuestions	108442	问答对
ComplexQuestions	2100	问答对
WikiMovies	100000	问答对
MSParse	100000	问题+逻辑表达式
GraphQuestions	5166	问题+结构化查询
LcQiAD	5000	问题+结构化查询
LcQuAD 2.0	30000	问题+结构化查询

7.2 基于问句模板的知识图谱问答

7.2.1 模板问答概述

本节首先介绍基于问句模板的知识图谱问答。模板的方法虽然比较笨拙，但由于模板方法能够提供更加精准的问句解析，在很多工业界的实际落地应用中仍然大量采用。

不论采用哪种方法解决，知识图谱问答都有两个核心的问题，如图 7-10 所示。一个是怎么表示问句并正确地理解问句，另一个是怎样将问句语义与知识库中的实体和关系匹配。要想准确地将问句解析为可以在知识图谱上直接查询的语句，需要完成自然语言词汇向知识图谱的映射。但这种映射通常很难做到非常精准，穷举所有映射也不现实。

图 7-10 知识图谱问答的两个核心问题

基于模板的方法依靠人工辅助的方法解决前面所述的一些问题。模板方法的一般流程如图 7-11 所示，一般需要经过模板生成定义模板，通过问句与知识库的映射完成模板实例化，再对实例化的所有可能查询进行排序，最后选择最好的查询，对知识图谱进行查询操作并获得最终结果。

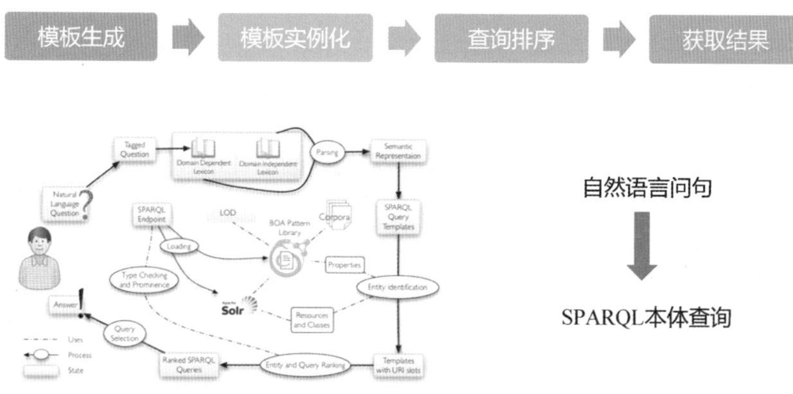

图 7-11　模板问答实现的一般流程

7.2.2　模板问答实现举例

下面以 TBSL 为例介绍模板方法的具体实现过程。TBSL 是采用模板的方法将自然语言问句转化为一个 SPARQL 查询，进而基于 SPARQL 查询从知识图谱中获取问句答案。TBSL 的基本实现思路包含两个方面。首先是词的理解，这通常是与知识图谱有关的，例如问句中的词语 die in 需要与知识图谱中的关系定义 deathPlace 相对应。其次是问句的语义结构，通常与知识图谱数据没有依赖关系。例如，问句中的 who、when、what 等都需要映射为对应的 SPARQL 查询结构，the most、more than 等词语需要映射为 SPARQL 中的排序、比较结构等逻辑表达式。

TBSL 的目标是将问句的语义结构分析和词语向知识图谱的映射两个过程有机地结合起来，通常是通过两步来完成的，如图 7-12 所示。首先是模板生成，主要是将问句生成 SPARQL 模板，用于映射问句的语义结构，包括各种 Filters 和 Aggregation 操作算子等。然后是模板实例化，主要通过实体识别和谓词检测，将自然语言问句中的词语与知识图谱的本体概念进行匹配，从而将 SPARQL 模板实例化（Instantiation）。

这里可以先看一个简单的例子，给定问句“Who produced the most films?”，首先将其解析成对应 SPARQL 查询模板，再进而通过本体概念映射实现实例化。接下来一步步介绍具体的实现过程。

第一步是模板生成，通常需要结合知识图谱的结构和问句的句式定义模板，没有统一的标准或格式。一般过程中，首先获取自然语言问题的 POS 信息；然后基于 POS 和语法规则表示问句；再利用 domain-dependent 词汇和 domainindependent 词汇辅助分析问题；最后将语义表示转化为一个 SPARQL 查询模板。

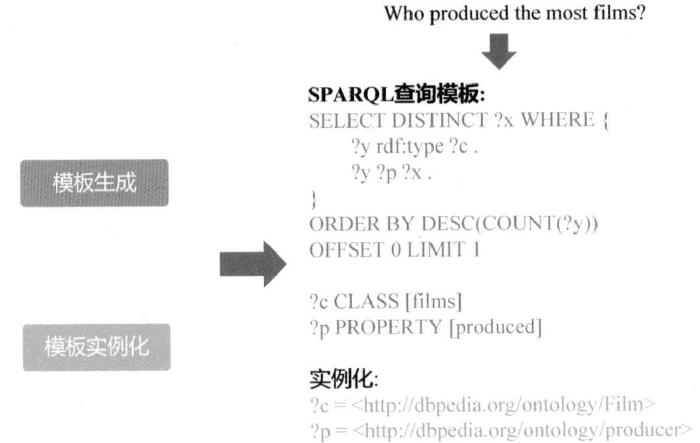

图 7-12　模板问答的两个核心步骤

如图 7-13 所示，通过分析问句中的词，如 who、the most、produce 等，可以将一个问句对应到一个 SPARQL 查询模板上。从这里可以看到，一个问句可能对应产生多个不同语义结构的模板。

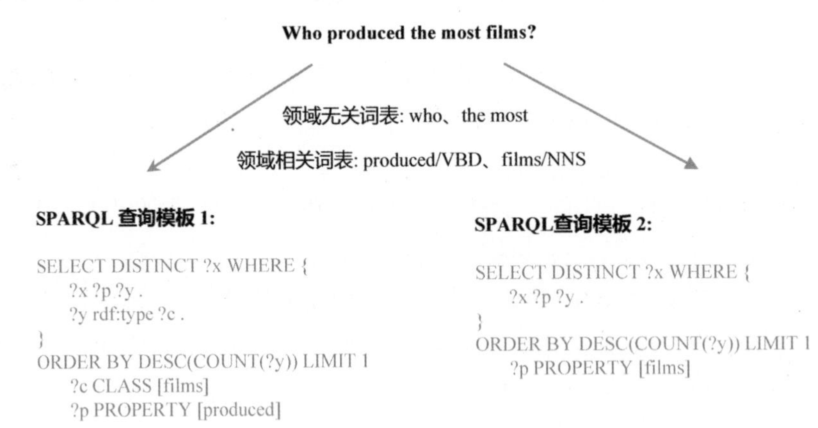

图 7-13　模板生成举例

有了 SPARQL 查询模板后，第二步就是对 SPARQL 查询模板进行实例化操作，即将自然语言问句与知识图谱中的本体概念相映射。对于资源（Resources）和类别（Classes），可用 WordNet 获取知识图谱中对应标签的同义词，然后计算字符串相似度获得映射关系，最高排位的概念将作为填充查询槽位的候选。对于属性（Property），还需要与模式库中的自然语言表示进行比较，有可能会需要将单个属性（Property）分解为多个谓词的组合描述。如图 7-14 所示，films 和 produced 都被映射到知识图谱中多个可能的类或关系上。从这里又可以看到，对于一个查询模板，可能会生成很多个模板实例。加上前面介绍过一个问句可以生成多个查询模板，因此最终产生的模板实例可能会很多。

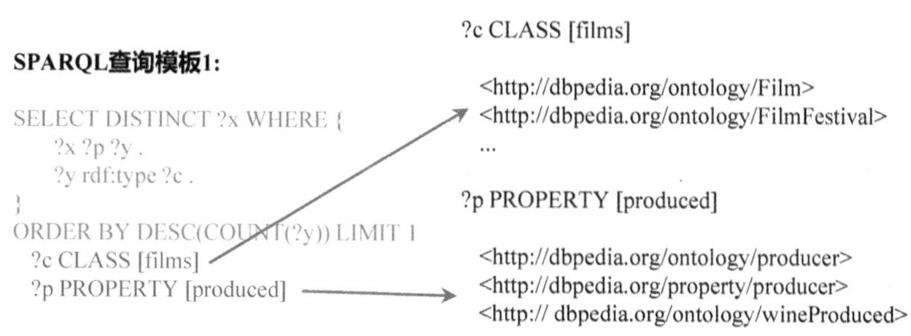

图 7-14　模板实例化举例

既然模板实例化会产生很多可以直接执行的查询语句，哪个查询获得的答案最好呢？因此还需要一些方法对查询语句进行排序以获取最优答案。一般的做法如下：每个匹配的资源（Class, Property, Entities）根据字符串相似性和重要性获得一个打分。一个查询模板实例的分值根据替换相应槽（Slots）的多个资源的平均打分。同时还要利用类型检查排除不正确的匹配，例如可以通过检查属性的 domain/range 是否与<class>一致，来排除错误的模板实例。对于全部的查询集合，仅返回打分最高的作为候选。

7.2.3　模板的自动化生成

模板的定义耗费人力，很多时候需要根据新的问句不断增加新的模板。那么模板是否可以通过更加自动化的方式生成呢？这里介绍一个自动生成模板的工作——QUINT。QUINT 能够根据问句-答案对，使用依存树自动学习模板。模板的学习使用远程监督的方法，支持自动识别问题答案的类型，同时使用整数线性规划（Integer Linear Programing，ILP）学习问句-答案之间的对齐。此外，QUINT 还利用自然语言的组成特点，实现从简单问题中学到的模板来解决复杂问题。即通过将问题分解为子句，并用模板回答每一个子句，再结合子句答案获取最终答案。

首先来看模板生成。第一步先对问句进行依存文法分析。如图 7-15 所示，训练阶段的输入是问题 utterance：u 和它对应的答案集合 Au。这里使用依存树的好处是依存树能够捕捉远距离依赖关系，适合解决复杂问题，并能够跳过无用的字词，且具有更好的容错性。

然后，为问句自动构建查询子图。具体做法如图 7-15 所示，根据问句和答案中的实体，使用实体链接工具与知识图谱中的实体进行链接（实体链接技术将在 7.4 节中介绍），并从知识图谱中得到相应的最小子图。图中黑色部分即是通过实体链接获得的查询子图，这个过程的质量是由实体链接的质量决定的。

最后，就可以利用构建的查询子图构建对应的查询模板了。如图 7-15 所示，黑点构成最小子图，进一步将 answer 和 cvt 替换为变量?x、?cvt，并添加 answer 上的 type 边，即问题的答案类型，形成带变量的子图。这个带变量的子图已经接近于要生成的查询语句模板了。

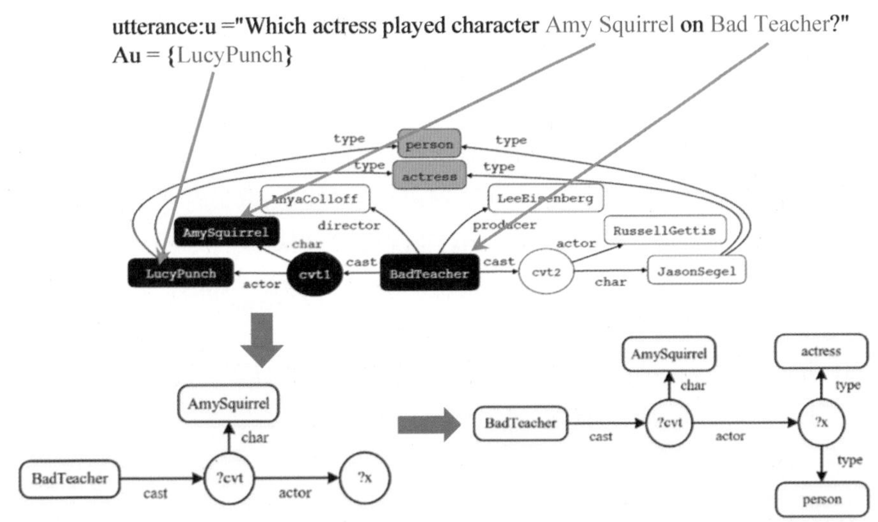

图 7-15　通过匹配子图寻找潜在的问句模板

这里还需要解决的一个问题是问句与查询的对应。这里需要实现三个方面的对齐，包括实体的对齐，如 AmySquirrel、BadTeacher 等的对齐；Type 类型的对齐，如 actress 等；谓词对齐，如 played on 和 cast.actor 对齐等。

要实现问句与查询的对齐并没有那么简单，通常需要构建足够丰富的词典库才能实现有效的对齐。通常，需要构建两类词典库，包括谓词词典库 Lp 和类型词典库 Lc。词典库的构建除了通过人工方法，也可以利用远程监督的方法。例如给定知识图谱中的 birthPlace 关系，可以通过把语料中的实体与知识图谱对齐，如果某对实体与很多语料能够对齐，就可以近似认为 was born in 和 birthPlace 存在映射关系。这里可以添加一个置信度作为映射关系成立的权重。类似于关系抽取中用到的远程监督方法的问题，这里同样也会带来很多噪声。

有了词典库的帮助还不够，更进一步地将问题分块，得到多个短语，然后将问题中短语与知识图谱对齐。如图 7-16 所示，上面部分是问句中的短语，来自问句的子串。下面部分是查询子图中的语义项，来自知识图谱中的实体、类、属性和关系定义。可以使用词典 L 对齐和添加边，当出现歧义（问题歧义，词典噪声）时，可通过整数线性规划等方法确定最优边。这里的规划约束条件是：每个语义项（Semantic items）都需要一条边，每个短语只能对应一个语义项，边只能选择一条。

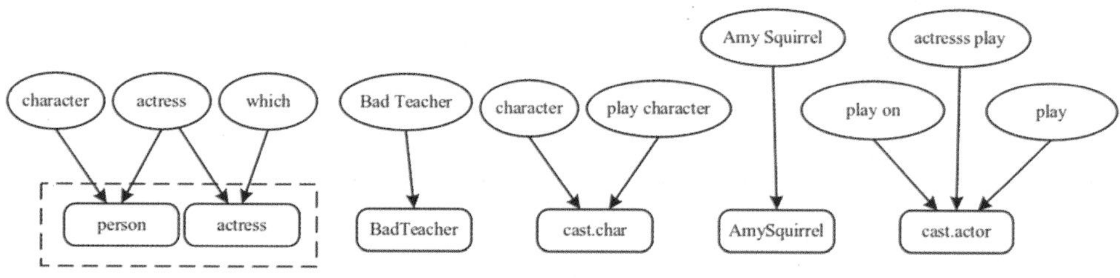

图 7-16　问句与查询的对齐

最后，依据问句与查询对齐的结果，生成可能的模板。如图 7-17 所示，将左边对齐后的子图中的节点进一步进行相关替换，就可以生成最终想要的查询模板，并存入查询模板库中。

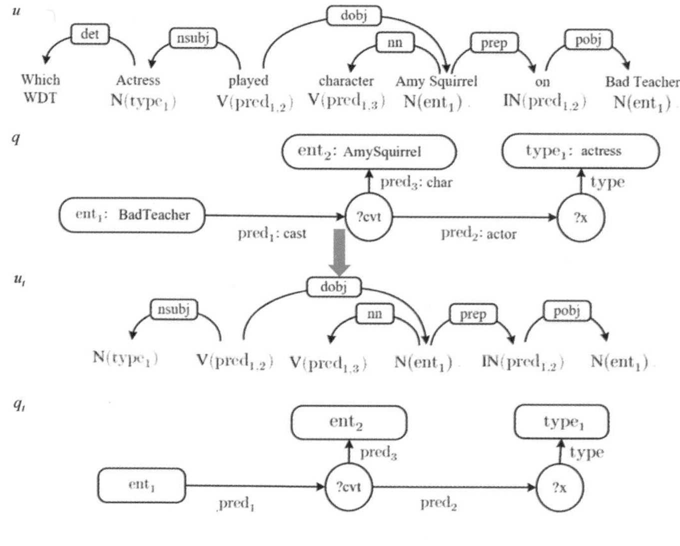

图 7-17　模板的生成

有了查询模板库，接下来介绍模板的实例化。同样的，对于新问题，也是首先进行依存分析，并使用实体链接工具与知识图谱建立链接。接下来可以使用子图同构方法在模板库中进行匹配，比如图中加粗的黑线为匹配部分。再使用词典 L 对模板中的项进行映射和完成实例化。

和前面介绍的一样，最后还需要对实例化的模板进行排序。产生多个候选查询实例的原因很多，比如模板可能匹配多个实例。此外，实体链接也可能匹配图谱中的多个实体而导致产生多个候选查询。

模板方法的优点是查询响应速度快，准确率较高，可以回答相对复杂的复合问题。模板方法的缺点是人工定义的模板结构经常无法与真实的用户问题匹配。如果为了尽可能匹配上一个问题的多种不同表述，需要建立庞大的模板库，耗时、耗力且查询的效率较低。

7.3 基于语义解析的知识图谱问答

7.3.1 语义解析问答概述

本节介绍基于语义解析的知识图谱问答。与问句模板的方法相似，语义解析的目标也是生成一个结构化的逻辑查询，然后直接在知识图谱上查询并获得结果。但与模板的方法不同，语义解析方法的目标都是希望直接把问句解析成对应的逻辑表达式，而不是用问句匹配模板库。通常都包含逻辑表达式、语义解析算法和语义解析模型训练三个方面，如图 7-18 所示。

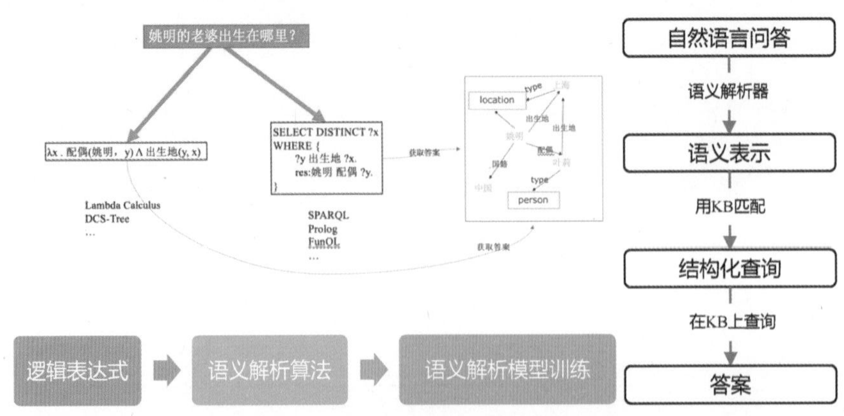

图 7-18 基于语义解析的知识图谱问答

一种实现方法是直接将给定自然语言问句解析成形式化的逻辑表达式。如图 7-19 所示，将输入问句解析成对应 Lamda 逻辑演算子。观察一下就会发现，这样的解析有两个困难：一个是问句中的实体或关系名称，如“sister”和知识库中的对应的关系描述如“sibling_of”不能直接匹配；另外，问句中只有一个关系“sister”，而问句中则需要两个谓词关系“sibling_of”和“gender”才能表示 sister 的语义。问句的形式是多样化和口语化的，既不能要求人们用标准的模板提问题，也不能要求知识库覆盖所有可能的问句描述形式。

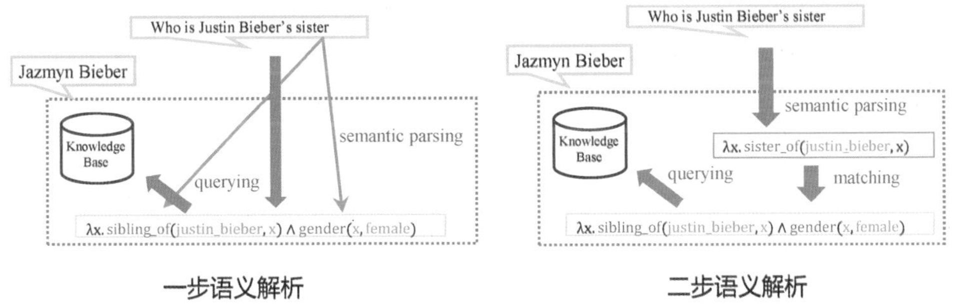

图 7-19 问句解析举例

因此更为合理的方式是分两步完成问句解析，即首先解析成和问句对应的中间表示，再进一步将中间表示翻译成与知识库对应的最终逻辑表示。这样的好处是问句的解析更加精细，知识库的对齐也更加容易。

7.3.2 逻辑表达语言

有很多种可用的逻辑表达语言，例如 Lamada 算子是经常被用来对问句语义进行形式化描述的语言。如下所示，对于问句“what states border texax”，λx 代表 x 是一个变量，接下来通过两个函数 state 和 border 代表类型及谓词语义。此外，可以添加存在量词、全称量词、最大、最小等修饰符，进一步刻画深层次的问句语义。

“What states border Texas?”

$$\lambda x.\text{state}(x) \wedge \text{borders}(x, \text{texas})$$

“What is the largest state?”

$$\text{argmax}(\lambda x.\text{state}(x), \lambda.\text{size}(x))$$

- variable: x

- function: state(),borders(),size()
- entity: texas
- quanitifier: argmax

基于依存的组合语义表示（Dependency-based Compositional Semantics，DCS）是由斯坦福大学提出的一种逻辑表达式语言。DCS 的定义更适合知识图谱的存储结构，其中包含一种特殊操作——桥接（Bridging）。桥接操作是把两个独立的语义表示片段连接起来，目的是尽可能地把句子中不同片段对应的语义表示连接起来，将离散的语义表示组成较为完整的语义表示片段，从而保证语义解析更有可能完成。如图 7-20 所示，显示了在面对一个问句时，基于 DCS 的文法是如何自底向上地组成一个复杂语义解析规则的。同时可以看到桥接操作的作用是连接两个并不直接相邻的语义，从而形成更复杂的语义解析规则。

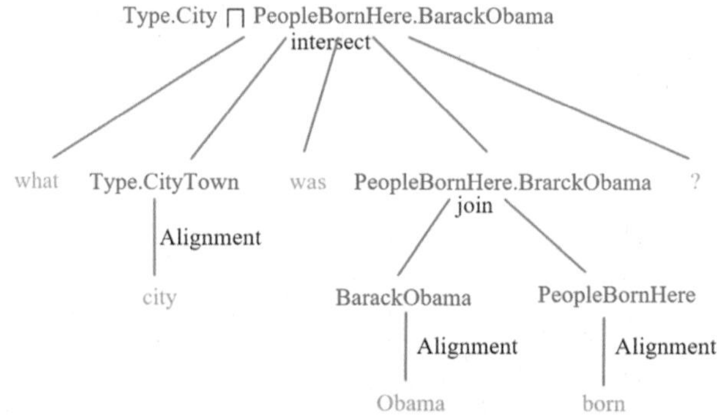

图 7-20 依存组合语义 DCS

组合范畴语法（Combinatory Categorial Grammar，CCG）是另一种常用的逻辑表达式语言。通常，基于 CCG 的语义解析方法分为三部分，CCG 语义解析规则、CCG 语义解析算法和 CCG 语义解析的模型训练。其中，语义解析规则包含词汇类型、句法类型和语义类型三部分。组合范畴语法支持应用、组合、类型转换和并列等四种操作。详细介绍这些逻辑表达语言不是本书的重点，有兴趣的读者可以进一步参阅相关资料。

不论采用哪一种逻辑表达语言，语义解析的基本步骤都需要经过短语检测、资源映射、语义组合和逻辑表达式生成四个步骤，如图 7-21 所示。其中，短语检测过程是与知识图谱无关的，主要目标是识别出问句中的实体、关系谓词等各种短语。资源映射的目标是要建立问句与知识图谱的映射，这包括实体链接、概念匹配和关系分类三个核心步骤。实体链接完成问句中实体与知识图谱中实体的关联，这是处理问答的基本条件。概念匹配将问句中的概念类短语与知识图谱中的类型定义关联。关系分类则对问句中的谓词短语进行处理，并映射到知识图谱中对应的关系上。完成资源映射还不够，还需要进一步对各种要素进行组合，这需要做句法分析、组合模型训练等工作。最终组合生成可以执行的逻辑表达式，获取最终答案。

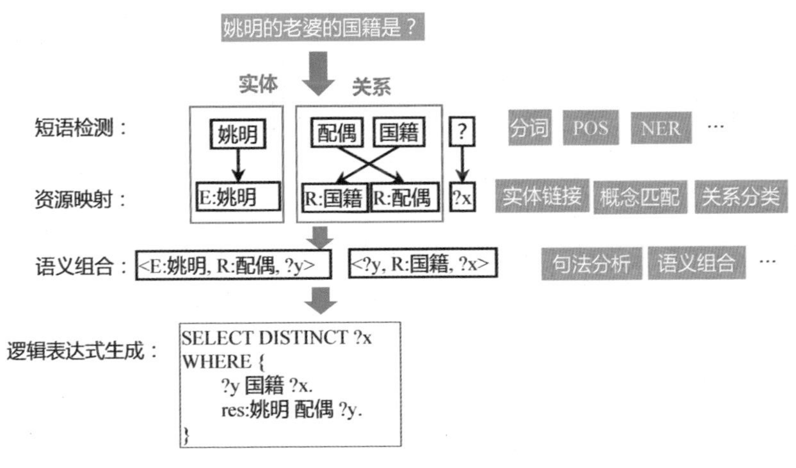

图 7-21　语义解析的基本步骤

7.3.3　语义解析举例

下面通过一个例子具体介绍实现过程。如图 7-22 所示，总体可以分为两大步骤。第一步获得与知识图谱无关的问句解析，主要识别哪些短语代表实体，哪些短语代表概念，哪些短语代表关系谓词。第二步需要与知识图谱建立各种关联，核心是三项技术：实体链接、概念匹配、关系抽取与分类。实体链接技术将在 7.4 节中具体介绍，概念匹配可以采用与实体链接类似的技术实现，关系分类可以采用本书第 4 章中介绍过的关系抽取方法实现，这里不再重复。

具体来看，给定问句“What else movies did the director of the movie Interstellar direct ?”首先执行短语检测操作，主要识别问句中的变量（Variable）V，类别（Category）C，实体（Entity）E 和关系谓词（Relation）R。这个过程可以采用一个预先训练的序列标注模型完成。完成短语检测后，希望进一步获得短语之间的依赖关系，比如实体 interstellar 与类别 the movies 之间的依赖关系，director 关系和 the director of 之间的依赖关系等。这些依赖关系一方面有助于后续 Grounding 的实现，也能进一步组合这些短语要素的重要输入。

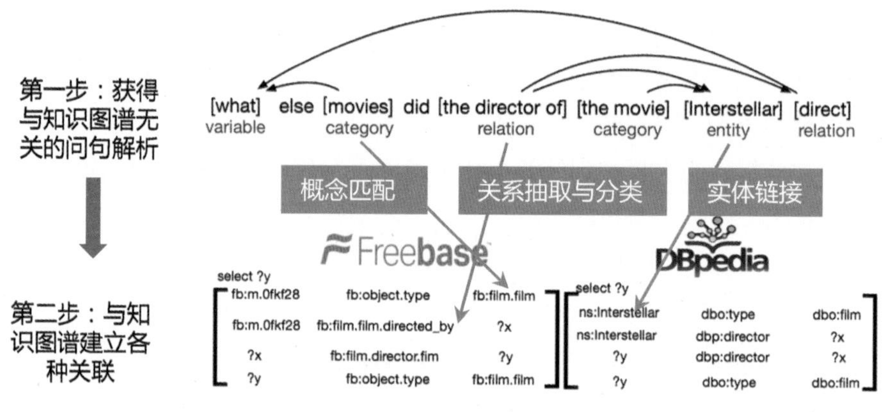

图 7-22 语义解析举例

接下来需要完成短语向知识图谱的映射，即所谓的 Grounding 的操作。如图 7-23 所示，左边的矩阵代表将问句的原始短语组织成逻辑结构的形式，然后需要分别将其中的自然语言描述映射到知识图谱中的对应要素中。这个过程当然可以采用实体链接、关系分类的技术，但很多时候也需要依赖词典库辅助建立链接。

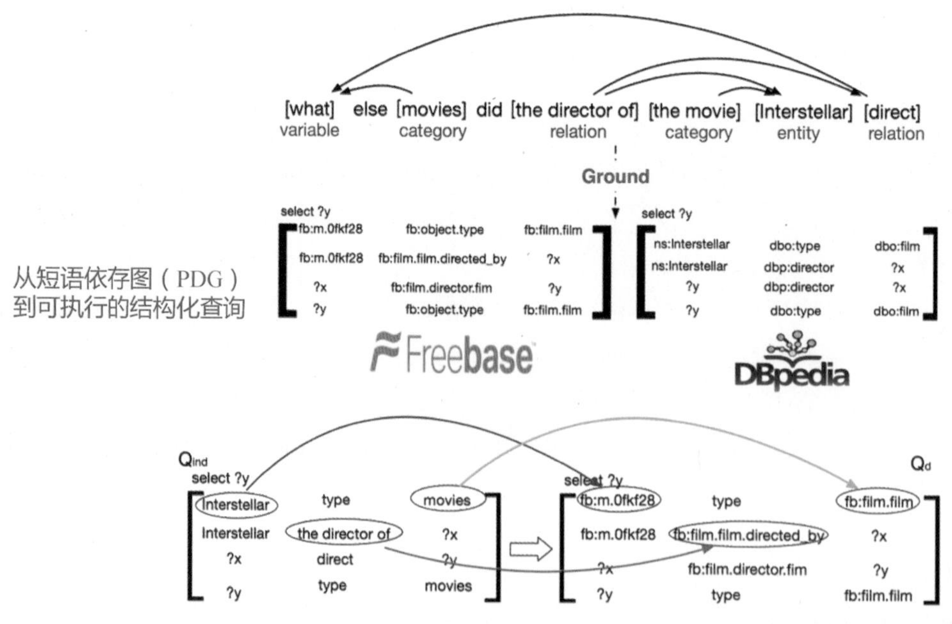

图 7-23 知识库的 Grounding

既然在语义组合阶段，最终问句对应的可能组合方式有很多种，自然会想到是否可以通过机器学习训练一个模型，识别最有效的逻辑表达式。如图 7-24 所示，这里的模型训练输入是一组问答对作为监督信号。在定义分布 p 为给定问句 x 和参数 θ 条件下候选逻辑表达式成立的概率。接下来是定义一组特征函数，比如词法、语法、对齐、桥接、实体链接和关系识别等。有了这些，就可以套用常规的机器学习模型训练解析器了。

目标：通过大规模知识库中的问题或答案对集合训练解析器

输入：	
Knowledge-base K	
问答对训练集合$\{(x_i, y_i)\}_1^n$	
问答对示例：	
What's California's capital?	Sacramento
How long is the Mississippi river?	3,734km
输出：	
通过语义分析，构建逻辑形式，将问题 x 与答案 y 相映射。	
What's California's capital? ⇒	Capital.California
⇒	Sacramento

Candidate derivations: $\mathcal{D}(x)$

Model: distribution over derivations d given utterance x

$$p(d \mid x,\theta) = \frac{\exp(\phi(x,d)\cdot\theta)}{\sum_{d'\in\mathcal{D}(x)}\exp(\phi(x,d')\cdot\theta)}$$

Features:

- Alignment and bridging
- lexicalized
- syntactic
- denotation

Training (estimating θ):

- Stochastic gradient descent (AdaGrad)

图 7-24　语义解析器的训练

7.3.4　桥接与短语重写

接下来介绍两个与语义解析相关的问题。通常由于谓词不是明确表示的，导致问句中的谓词无法与知识图谱中的关系直接映射。如图 7-25 所示，问句“Which college did Obama go to？”根本没有谓词，但问句又确实描述了某种关系语义，对应到知识图谱中，需要拆解为 Obama 的“Education.Institution”的类型是 University。在这种无法直接映射谓词的情况下，通常需要把实体周边的谓词进行一些桥接操作，才能和问句中真正的谓词语义对应。这个过程被称为桥接（Bridging）操作。比较简单的实现方法可以是定义桥接模板，也可以定义一些特征和训练相关的机器学习模型。

由于人的自然语言问句形式是非常多样的，知识图谱的构建不可能覆盖所有的自然语言描述。在通常情况下，知识图谱是高度不完备的。例如，Reverb 语料库中仅有 2%的关系可与 Freebase 对齐。这就需要构建非常庞大的词典来辅助实现高质量的短语映射。短语重写（Paraphrasing）是缓解这类问题一种方法。

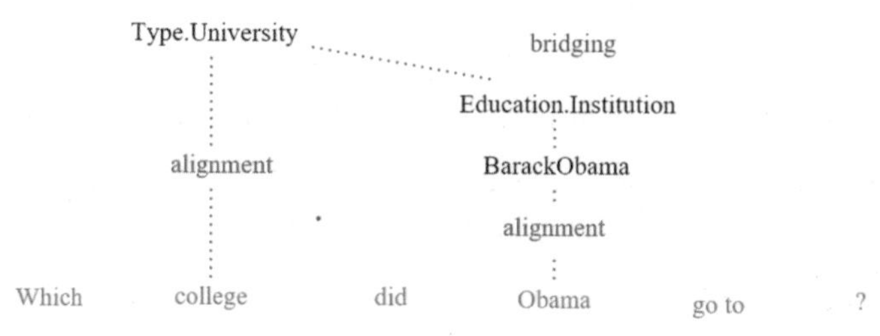

图 7-25 桥接举例

短语重写的思想很简单，对于给定的问句，可以把它重写为各种形式不同但语义一样的问句形式，如图 7-26 所示。一方面，可以利用重写获得语句来扩展答案，因为有可能某种形式的问句无法有效地与知识图谱匹配，但另一种形式的问句则可以与知识图谱非常精准地匹配。另一方面，可以训练这种模型，给定普通的问句，输出用语规范逻辑完整的问句，这种用语规范并且逻辑完整的问句将更容易地被处理和建立到知识图谱的映射关系。这里的关键是需要搜集足够多的、高质量的相似问句语料训练模型。可以利用比如知乎中列出的相同问句等形式的语料训练模型。当然，也可以利用很多深度学习模型获得高质量的重写模型。

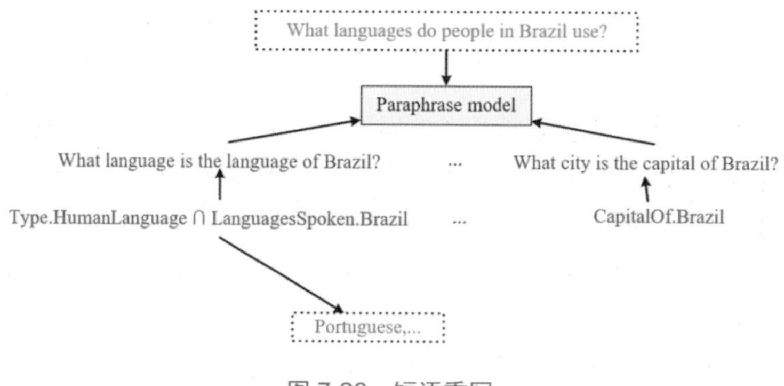

图 7-26 短语重写

7.3.5 语义解析总结

与模板方法类似，语义解析最终也希望得到一个可以直接在知识图谱上查询的逻辑表达式。但不同的是，语义解析方法期望直接从问句解析获得对应的逻辑形式。不论采用哪种逻辑表达式，语义解析都需要经过短语检测、资源映射、语义组合和逻辑表达式生成四个步骤。不论是模板还是语义解析的方法，关注的重点还是问句本身，最大的缺点是对知识图谱中资源的利用程度不够。事实上，知识图谱中的海量知识是可以极大地增强问句的理解过程的，更好的方法应该充分深挖问句和知识图谱两方面资源所蕴含的信息。这也是接下来介绍的基于检索排序类型的问答实现方法的主要优势。

7.4 基于检索排序的知识图谱问答

7.4.1 检索排序知识图谱问答概述

本节介绍基于检索排序的知识图谱问答方法，这也是知识图谱问答中应用较广、较为成熟的技术方案。如前所述，知识图谱问答的两个核心问题包括：问句的表示与理解、知识库的映射与匹配。问句的语义理解不是一件简单的事情，而问句与知识图谱的映射匹配又极大地依赖映射词典库的建设。

与问句解析类方法不同，基于检索排序的知识图谱问答方法换了一种思路，不再以问句为中心解决问题，而是以知识库为中心，把查询匹配问题转化一个检索排序问题。如图 7-27 所示，这种方法的基本流程是，给定一个自然语言问题，首先通过实体链接技术，定位问题的主题实体，再从知识图谱中获取与中心主题实体有关的实体作为候选答案，最后对候选答案进行排序，选出得分最高的实体作为答案。其中，从知识图谱中获取候选答案实体的过程，可以依赖关系识别辅助解决。关系识别就是从问句中提取出涉及的关系，并将关系组成一条知识图谱上的路径。这样的路径连接了主题实体和候选实体，使得能够通过主题实体检索到相关的候选实体作为候选答案。关系识别可以使用第 4 章介绍的关系抽取技术解决。

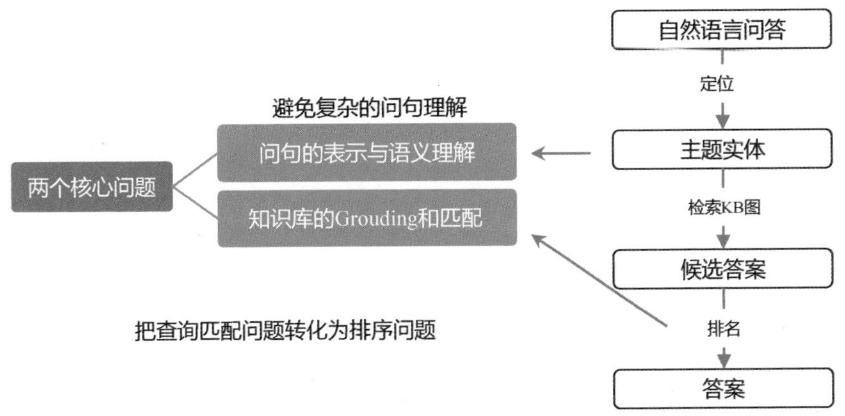

图 7-27　基于检索排序的知识图谱问答基本流程

例如，如果给定问句“Who is the brother of Justin Bieber?”首先通过实体链接技术，定位主题实体是问句中的 Justin Bieber，通过消歧找到知识图谱中的 Justin Bieber 实体。再通过周围的关系能够找到许多候选实体，最终通过对候选答案进行排序，得到对应的答案，如图 7-28 所示。

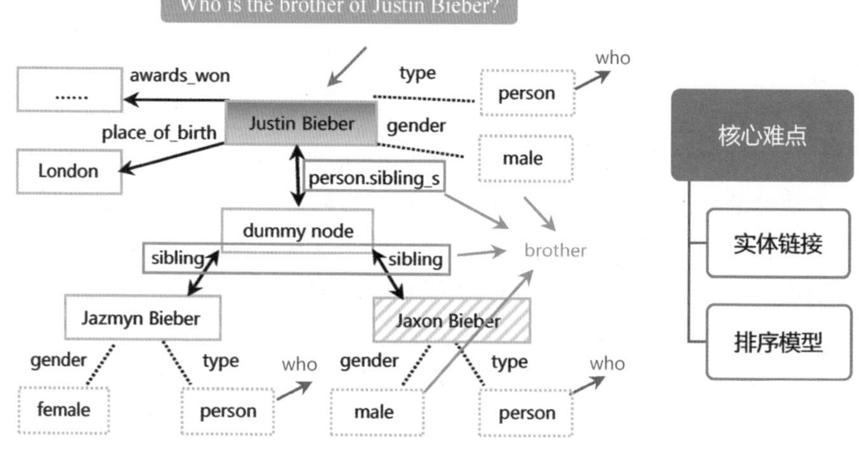

图 7-28 检索排序问答举例

试问，这里的核心难点在哪？首先，是主题实体的定位，因为这个主题实体是寻找候选答案的起点，如果实体定位错了，就会“差之毫厘，谬以千里。”所以，这种方法首先依赖于实体链接效果的好坏。其次，排序模型的选择决定了排序的效果。当然，这个排序模型可以采用深度学习方法，为每一个候选实体学习一个向量表示，然后计算这些候选实体的向量表示与问句的向量表示之间的距离。

最后，从这里可以看到，基于检索排序方法的最大优势是避免了问句的语义理解过程，但最大的缺点是无法保证答案的准确性。

7.4.2 实体链接技术

实体链接是一项对知识图谱中的命名实体进行识别和消歧的任务。通俗地说，给定一个问题，首要的目标是识别这个问题的主题实体是什么？也就是确定这个问题是关于哪个话题或者事物的问题。

实体链接通常可以分为两步。第一步是实体识别，也就是命名实体识别，第二步是链接消歧，即对所识别的命名实体进行消歧，并对应到知识图谱中的相应实体。例如，对于句子“小米营养丰富，是传统健康食品，可熬粥。小米粥口味清淡，健胃消食。”首先进行命名实体识别，可以得到“小米”和“小米粥”。命名实体识别的难点是：识别“小米粥”时，算法不能误认为“小米”这两个字就对应了一个实体，应当也把“粥”考虑进去。在消歧方面，小米是一个多义词，在不同的场景下有不同的含义。小米可以是一个食物，也可以是一个手机品牌或公司名。

有很多种实现实体链接的模型，这里简单列举一个例子。如图 7-29 所示，把实体链接问题的两部分——识别和消歧——作为一个联合任务，并使用端到端的神经网络进行优化。模型以整个句子为输入，以获得整句的上下文特征。可以看到，一个句子识别出主题实体后，将它编码为绿色的向量，再与预先初始化的红色实体向量计算相似度，并融合其他特征进行打分。最后，分数较高的将被认为是链接消歧后的结果。在深度学习发展初期，命名实体识别和命名实体链接消歧通常是两个独立的任务。但实际上，实体识别和链接消歧是可以互相提升效果的，在链接消歧的过程中，考虑识别的所有候选实体能提高模型的整体语义理解能力。

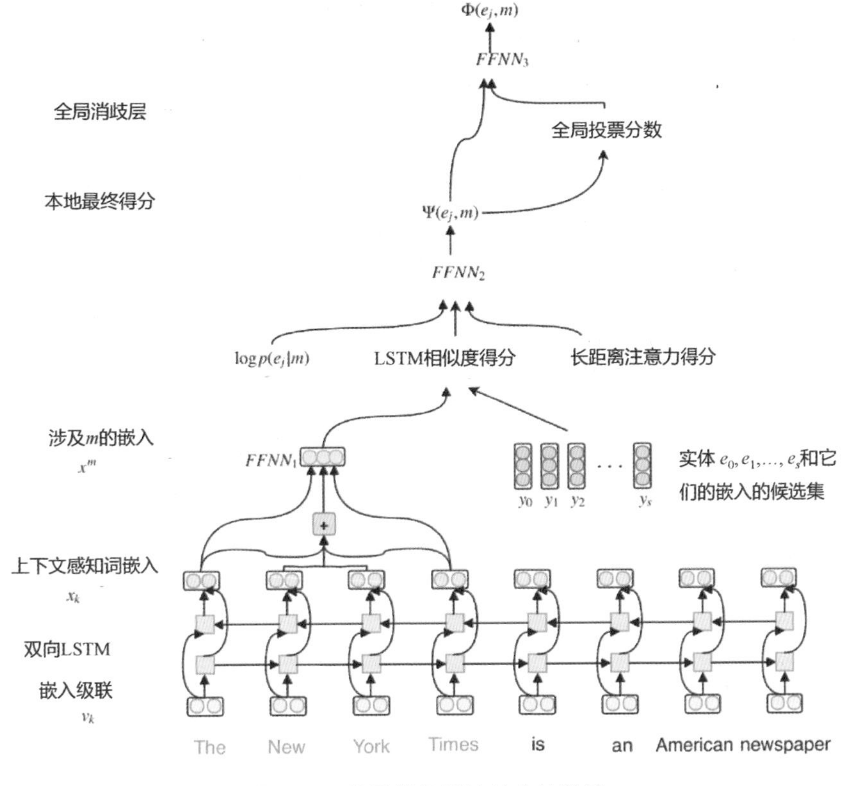

图 7-29　基于神经网络的实体链接

7.4.3 检索排序模型

实现候选答案排序的方法有很多种，最传统的方法是基于特征的检索排序。传统的基于特征工程的方法需要针对每个答案构建 N 维特征表示。这些特征反映了问题和检索所得的候选答案在某个维度上的匹配程度。常用的问题特征主要包括：疑问词特征、问题实体特征、问题类型特征、问题动词特征和问题上下文特征等。常用的答案特征包括谓词特征、类型特征和上下文特征。完成了特征工程，就可以通过训练一个排序模型构建排序系统。

基于子图匹配的检索排序知识图谱问答方法为每个候选答案从知识图谱中抽取一个子图，通过计算输入问题和每个候选答案对应子图之间的相似度，对候选答案集合进行打分排序。通常的做法是从输入问题中定位问题实体，随后按照特定规则抽取子图，最后检索排序模块计算输入问题和每个答案子图之间的相似度，用来对检索所得的候选实体打分，从而排序得到最终答案。

基于向量表示的检索排序知识图谱问答方法为输入问题和候选答案分别学习两个稠密的向量表示，然后在向量空间中计算问题向量和答案向量之间的相似度，并通过对检索所得的候选答案进行打分，排序子图之间的相似度。具体为输入问题 Q 和候选答案 A 分别学习两个稠密的向量表示 $\boldsymbol{f}(Q)$和 $\boldsymbol{g}(A)$，并在向量空间中计算问题向量和答案向量之间的相似度，用于对不同的候选答案打分。

基于记忆网络的检索排序知识图谱问答方法除问答模块外，引入记忆网络模块。记忆网络模块负责将有限的记忆单元表示为向量，问答模块从记忆网络模块中寻找与问题有关的答案。例如 Miller 等人提出基于 Key-value Memory Network 的问答模型，将外部数据输入表示为记忆单元，通过问句与记忆单元之间的计算寻找答案。

基于检索排序方法的知识图谱问答的优势是框架灵活、实用，易于融合多种线索和特征，容易与其他方法、框架结合，适用多种类型资源。劣势是不擅长处理语义组合，难以处理复杂的或带推理的问句。

7.5 基于深度学习的知识图谱问答

7.5.1 深度学习在知识图谱问答中的两种用法

随着深度学习的兴起，深度学习方法被广泛应用到知识图谱问答系统的实现中，本节重点介绍基于深度学习的知识图谱问答实现方法。总体来说，深度学习在问答系统中的应用有两种形式。一种是利用深度学习对某个模块进行改进，多用于改进问句解析模型。例如，可以用来改进实体识别、关系分类和实体消歧等模块，以提升整体的问答效果，也被用来改进逻辑表达式的生成过程。另外一种是基于深度学习的端到端模型，多用于改进端到端的排序检索模型，例如完全可以训练一个深度学习模型对候选答案进行排序，如图 7-30 所示。

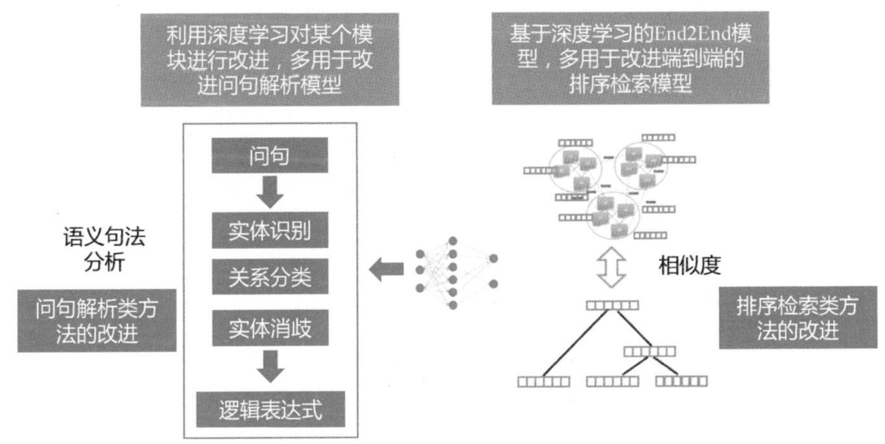

图 7-30　深度学习改进知识图谱问答的两种用法

7.5.2　利用深度学习增强语义解析

首先来看一个利用深度学习模型增强语义解析框架的方法——STAGG。前面已经介绍过，语义解析方法主要将问题映射为一种逻辑表达形式，然后翻译为知识库查询语句。然而，大多数传统的语义分析框架没有充分地利用知识图谱中的信息，因此在拓展性和实用性方面面临着一些挑战。例如，当逻辑形式使用与知识图谱中定义的谓词不同时，就需要额外的方法实现概念映射与匹配。STAGG 与传统方法完全依赖问句的语义理解不同，它充分利用知识图谱中的实体关系减小问句解析的搜索空间，通过匹配和搜索知识图谱，逐步构建查询图，从而简化语义匹配问题，如图 7-31 所示。实际上，这种方法是把语义解析和检索排序两种方法做了融合。

具体来说，该框架首先定义了一个可以直接转化为λ演算的查询图，然后将语义解析的过程演变为查询图生成过程，最后对生成的查询图排序，选出最佳答案。如图 7-32 所示，知识图谱实体用圆角矩形表示，中间变量用白底圆圈表示，聚合函数用菱形表示。λ变量（答案）在图中用灰底圆圈表示。

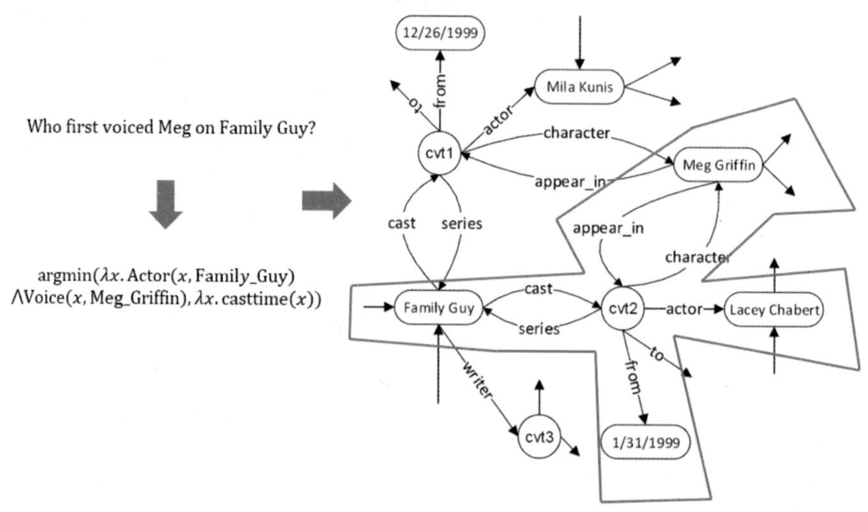

图 7-31 利用知识图谱中的实体关系来辅助完成问句解析

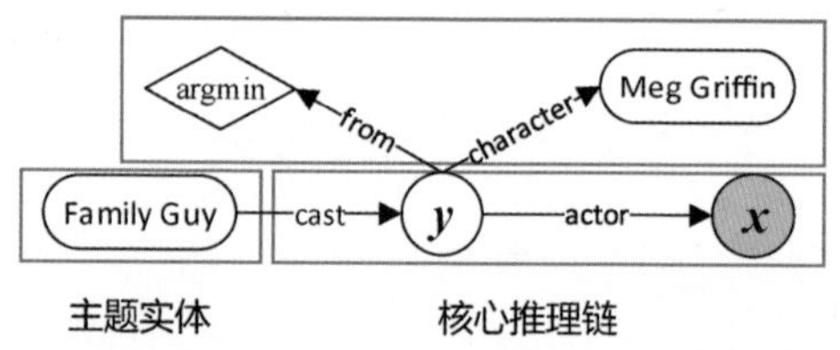

图 7-32 构建问句解析的核心推导链

查询图生成过程一共有三个主要步骤：实体链接、属性识别和约束挂载。如图 7-33 所示，针对查询“Who first voiced Meg on Family Guy?”首先识别出问句中的候选实体，如“Family Guy”。在属性识别阶段，从候选实体出发，将其在知识图谱中周围的节点提取出来作为候选路径。例如，将周围长度为 1 的路径提取出来形成路径(s_5)，将周围长度为 2 且包含 CVT 节点提取出来形成路径(s_3,s_4)，如 cast-actor 等。这里的目的是确定核心推理链，其实就是将问题映射为正确的谓词序列。这里的核心想法是假如能够利用知识图谱中已经存在的路径获得相应的推理链，则只要找出最好的那条推理链，就可以获得最终答案了。

在获得初始的推理链之后，模型进一步加入约束条件。例如，从 s_3 出发，加入限制节点“Meg Griffin”获得 s_6。再进一步，加入 armin 约束获得 s_7。约束挂载阶段会根据预定义的一些规则和匹配尝试进行最值、实体约束挂载等操作，以获得更完整的推理链。此方法有效地利用了图谱信息对语义解析空间进行了裁剪，简化了语义匹配的难度，同时结合了一些人工定义的处理最高级和聚合类问题的模板，因而具备较强的处理复杂问句的能力。

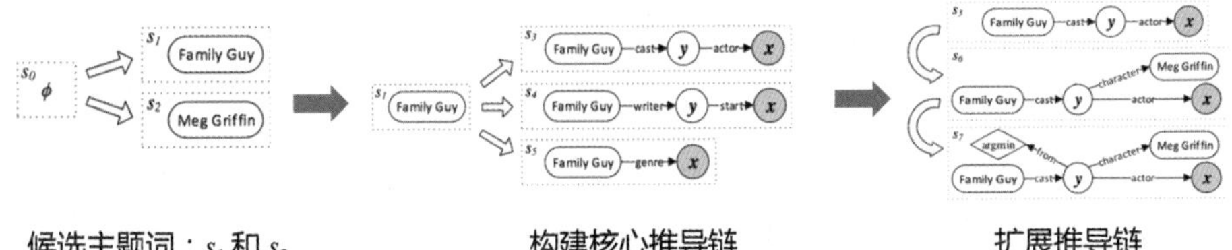

图 7-33　查询图的生成过程

由于前述的步骤会产生很多个候选路径，STAGG 通过一个卷积神经网络对候选路径打分。该 CNN 以自然语言问句和候选路径作为输入，对二者分别经过两个不同的（CNN）输出得到一个 300 维的分布式表示。然后利用向量间的相似度（如 cosine 距离）计算自然语言和谓语序列的相似度得分。得分最高的路径即可用来对知识图谱进行查询，获取最终答案，如图 7-34 所示。这里可以看到，这是传统的语义解析方法。深度学习主要被用来优化候选路径的排序计算。

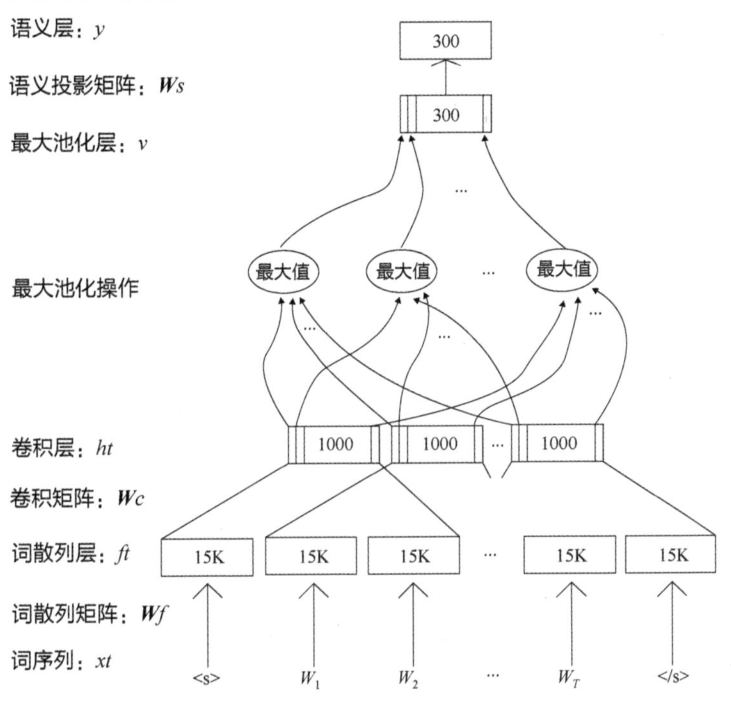

图 7-34　采用 CNN 对候选路径打分

7.5.3 基于端到端神经网络模型的知识图谱问答

接下来介绍一些端到端的神经网络模型。前面提到过，这类模型主要被用来改进基于检索排序的知识图谱问答方法。如图 7-35 所示，该模型的目的是将问句中出现的单词、知识图谱中的候选实体和关系类型等都映射到低维的向量空间，使得问题和相应的答案在向量空间中彼此接近。其中，候选答案实体利用三种向量进行表示：答案实体本身，答案实体与主实体关系路径，与答案实体相关子图。然后，通过这些表示计算问题和候选答案的相关度，以选出正确答案。在不使用词表、规则、句法和依存树解析等条件下，作为端到端模型，超越了当时最好的结果。

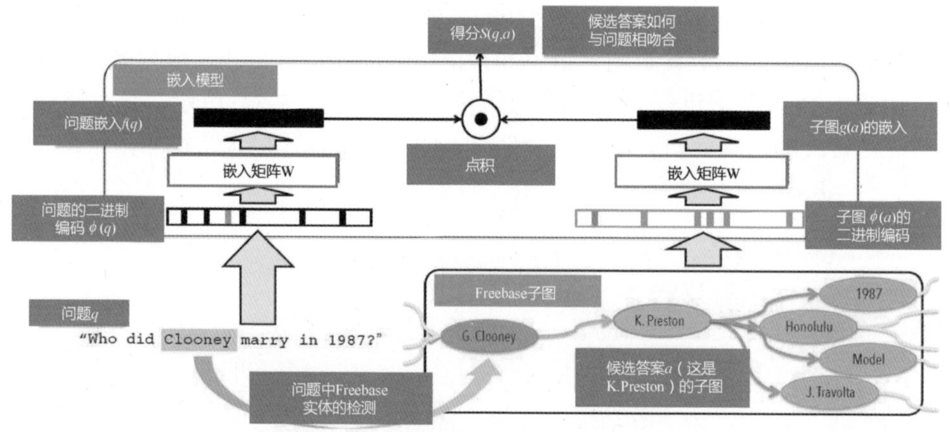

图 7-35 基于端到端模型的知识图谱问答

前述模型针对问句编码采用词袋模型，没有考虑词序对句子的影响，以及不同类型属性的不同特性。如图 7-36 所示，Multi-Column Convolutional Neural Networks，利用 CNN 分别对问句和答案类型（Answer Type）、答案路径（Answer Path）和答案上下文（Answer Context）进行编码，以获取不同的语义表示。问句采用一个基于 Multi-column 的卷积神经网络获得多个向量表示，再分别与答案路径、答案上下文和答案类型三方面的答案信息进行相似度计算，三者通过加权计算获得最后结果。该方法验证了考虑词序信息、问句与答案的关系对知识图谱问答效果的提升是有效的。

记忆网络（Memory Network）也较多地用于实现知识图谱的问答。例如，在基于键值对（KV）的记忆网络中，求每个问题时会进行一个键值散列（Key

Hash）的预处理，从知识源里选择与之相关的记忆（事实），然后再进行模型的训练。知识源可以是知识图谱、维基百科或者通过搜索引擎得到的结果。基于键值对的记忆网络的好处在于可以很方便地对先验知识进行编码，这样就可以让每个领域的人都方便地将本领域内的一些背景知识编码进记忆中，从而训练自己的问答系统。

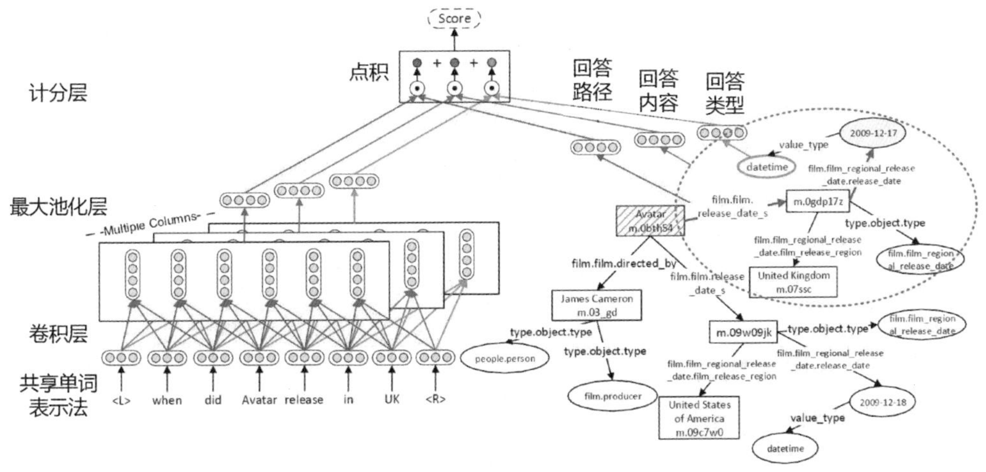

图 7-36　基于 CNN+注意力机制的知识图谱问答模型

相比于端到端模型将相同的输入经过不同的矩阵分别编码到输入和输出模块中，键值对模型则选择对输入首先进行一个(Key,Value)形式的表示，然后再分别编码进入 Key 和 Value 两个记忆模块，于是就有了更多的变化和灵活性。可以按照自己的理解对数据进行 Key 索引和 Value 记忆，而不需要完全依赖于模型的嵌入矩阵，这样也可以使模型更方便找到相关记忆，并产生与答案最相近的输出，如图 7-37 所示。同时，此结构相比扁平的记忆网络结构，可以很好地存储具有复杂结构的知识图谱数据，并通过在多个记忆槽内的预测进行浅层的多跳推理任务，最终生成相关子图路径。

问答系统中关键的部分是语义解析，即把自然语言表达映射成可执行的逻辑形式或程序。深度学习已经在监督学习的分类和结构预测问题如机器翻译中取得了突出的表现，然而，通过弱监督学习训练神经网络对于语义解析和程序归纳仍然是有挑战的。这是因为模型必须通过不可微分的操作与符号执行器交互来查找一个大的程序空间。如图 7-38 所示，神经符号机（Neural Symbolic Machine，NSM）包含三部分，管理器（Manager）进行远程监督，利用执行结果对过程进行指导，提供输入问题和执行的奖赏。

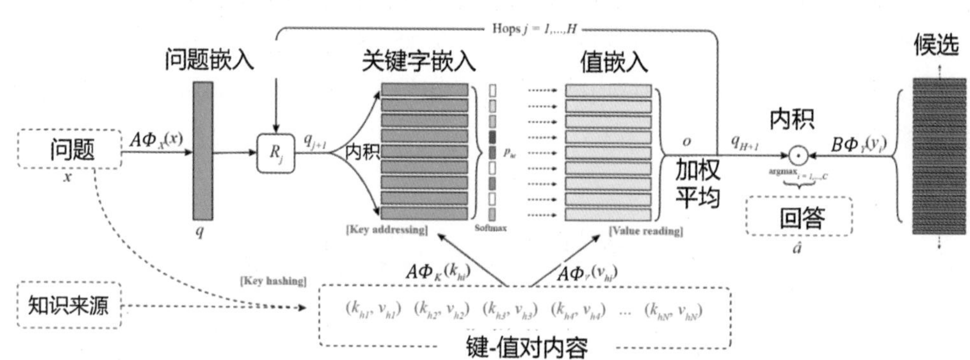

图 7-37　基于记忆力网络的知识图谱问答模型

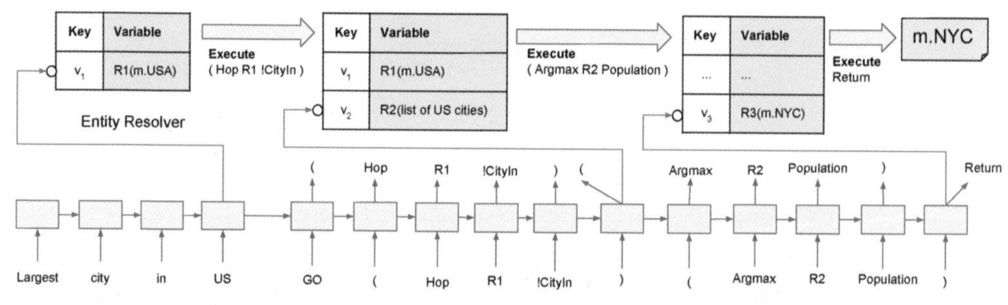

图 7-38　基于神经符号机的知识库问答

程序编码器（Neural Programmer）使用 Key-Variable Memory 增强的 Seq2Seq 模型将问句变成程序，符号计算机（Symbolic Computer，如 Lisp Interpreter）利用内置的函数和 Code-Assist（用于将在句法和语法上无效的候选删除）生成一个领域相关的语言，然后执行该语言获得最终的结果。神经符号计算初步探索了利用神经网络模拟符号推理的过程，使得实现大规模可解释的知识推理与问答成为可能。

该工作使用一个 Seq2Seq 模型，把语言表达映射成程序并且使用 Key-Variable 记忆模块解决语义合成性，应用 REINFORCE 直接优化任务奖励，用弱监督学习训练并且提高 REINFORCE 的稳定性。整个系统由三部分组成：computer（计算器）、programmer（程序编码器）和 manager（管理器）。computer 是可以执行程序的部分，manager 是提供弱监督学习的部分。主要的解析部分为 programmer，其基于带注意力的 Seq2Seq 模型，为了使得程序能够解析出符号和变量，又引入了 Key-Variable 记忆模块。在这之中，Key v 是连续向量，Variable R 代表了计算器中的某个值。在编码过程中，对每一个链接到的实体，在记忆模块中加入相应的 v-R 对，其中 v 是实体的 GRU 隐藏状态的均值，R 是相应的名称。在解码过程中，每当生成一个完整的表达式（即生成了有括号')'），该表达式被执行，得到的值作为 Variable 存在记忆模块中，对应的 Key 是该时刻 GRU 的隐藏状态。每当记忆模块中增加了 v-R 对，解码器中就增加相应的一个词汇。最后执行的结果作为答案。

还有很多利用深度学习方法实现知识图谱问答的工作，无法一一展开介绍。总的来说，深度学习模型能够深入地表征问句，并深挖知识图谱内部的实体和关系表示，因而在问句的理解、候选答案的排序计算方面都能取得更好的效果。深度学习模型对于相对简单的问题效果比较好，由于深度模型通常依赖大量的训练语料，对于逻辑更加复杂的问句，由于训练语料未必充分，可能不如传统的方法好。很多知识图谱问答涉及比较、排序、逻辑推断等任务，深度学习模型在解决这类涉及推理类的问句方面仍然做得不够好。此外，深度学习模型相比传统问答模型的可解释性不够好。

7.6 总结

语言理解和知识表示是解决智能问答系统最核心的两个要素。由于问句理解通常也离不开知识的辅助，知识图谱在问答系统中实际居于非常核心的位置。常用的知识图谱问答技术包括：基于查询模板的方法、基于语义解析的方法、基于检索排序的方法和基于深度学习的方法。基于模板的方法需要人工维护大量模板，虽然实现较为笨拙，但通常能够保证问答的响应速度和准确性，因而在很多真实的工业场景中仍然被广泛使用。基于语义解析的方法侧重于从问句出发，通过将问句解析为逻辑表达式来获取最终答案。基于检索排序的方法则侧重于从知识图谱出发，将查询问题转化为候选答案的排序问题，从而避免了复杂的问句语义理解难题。深度学习方法既被用来改进语义解析模型，也被用来改进检索排序模型，是知识图谱技术发展的主要趋势。但在复杂问句处理、推理支持和可解释性方面还需进一步提升。

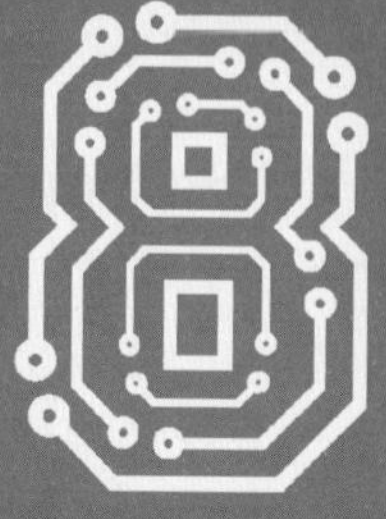

第 8 章
CHAPTER 8

图算法与图数据分析

本章重点介绍知识图谱中偏“图”方面的内容。关于图的研究由来已久，而图计算和图算法也是具有长久研究历史的独立领域。前面多次提到，知识图谱是利用图的结构表示知识的一种方法，而 Web 本身就是一张大图。图的表示更加接近于人脑的认知和记忆模型，因此与图有关的技术和模型也在知识图谱领域有众多应用。本章将从图论和图算法的一些基本知识出发，逐步扩展到介绍图表示学习算法和图神经网络模型。图表示学习和知识图谱表示学习是两个有所不同但密切相关的领域。在本章的最后，重点介绍利用图表示学习和图神经网络等方法处理知识图谱数据的一些模型，并介绍将知识图谱与图神经网络结合起来解决计算机视觉、自然语言处理和推荐计算等领域问题的一些方法。本章的内容也是知识图谱与数据挖掘、图计算等方向的交叉领域。

8.1 图的基本知识

8.1.1 图与网络科学

有一个比较传统的研究领域称为网络科学（Network Science）。这个领域最主要的研究对象是怎样利用图的一些基本理论和特性对客观世界存在的很多复杂网络关系进行建模和分析，并在社会学、生物学、统计物理、经济学、交通优化、流行病学和电气工程等很多领域具有广泛应用，如图 8-1 所示。

社会学	生物学
统计物理	经济学
交通优化	计算机
流行病学	电气工程

图 8-1　Network Science

可以举很多这样的例子。例如在生物学领域，从宏观的生态学研究生物物种之间的依赖关系，到微观层面的蛋白质交互网络、神经元交互网络、分子代谢网络和疾病关系网络等，都可以用网络的方式建模它们之间的复杂关联关系。

不论是化合物分子还是生物大分子，它们的内部结构也可以用图的方式建模。有一个研究领域叫分子图表示学习，所研究的就是将一个化合物分子转化为图的结构描述，然后再叠加图表示学习和图神经网络，对分子图进行编码学习，如图 8-2 所示。这些学习到的表示可以进一步用来做分子特性的预测与分析，如药物的毒性、稳定性等。这在药物合成、材料合成和生物合成等很多领域有很好的应用前景。

道路建设、人的出行和飞行目的地等都天然地形成复杂的交互网络。图的很多理论，如最小路径优化问题、旅行商问题都来源于对于交通网络的研究。当然，还有社交网络。随着社交媒体的普及，互联网积累起庞大的社交网络大数据。很多关于图数据分析的研究最早都来源于社交网络大数据的分析应用领域。

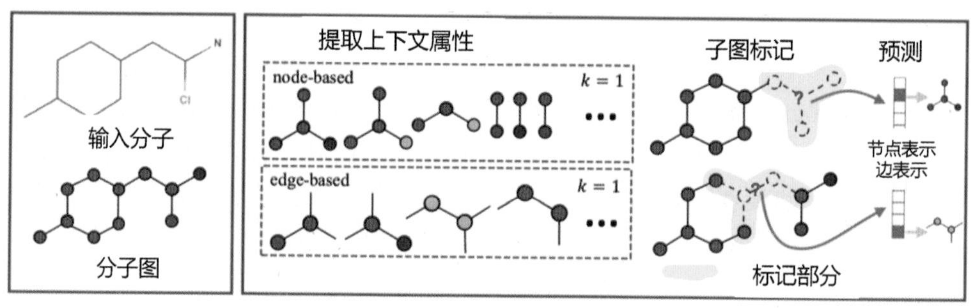

图 8-2 利用图来建模化合物分子

World Wide Web 当然也是一张图。无数的网页之间通过超链接互联，并在快速地发生变化。据统计，截至目前，整个 Web 已经拥有 56.3 亿个 Web 网页。这么多 Web 页面之间的超链接是一个天文数字。

图的确具有很强的数据建模能力。在图的基础之上，又可以进一步叠加图表示学习和图神经网络等算法，增强图分析的能力。此外，知识图谱作为一种类型的图数据，本身也为人工智能的实现提供丰富的语义知识。因此，有一个概念叫图人工智能（Graph AI），强调综合运用图的数据表示方法和图神经网络等算法，进一步增强大数据分析的广度和深度。

8.1.2 图的基本概念

首先复习几个关于图的基本概念。第一个是节点的度（degree），指的是一个节点所拥有的边的个数。如图 8-3 所示，对于一个无向图中的 B 节点，它的度是 4；而对于一个有向图，还会区分入度（in-degree）和出度（out-degree），例如，C 节点的入度是 2，出度是 1。对于度，经常关注的指标是图中所有节点的度的分布，即 $P(k)$，指的是随机选择的一个节点拥有 k 条边的概率。后面会看到，不同的网络模型有非常不同的度分布特性。

邻接矩阵是图计算常用的工具。对于无向图，邻接矩阵中的每一项 A_{ij} 的值在 i、j 两个节点存在边时为 1，不存在边时为 0，如图 8-4 所示。注意，如果是有向图，这个矩阵是不对称的。

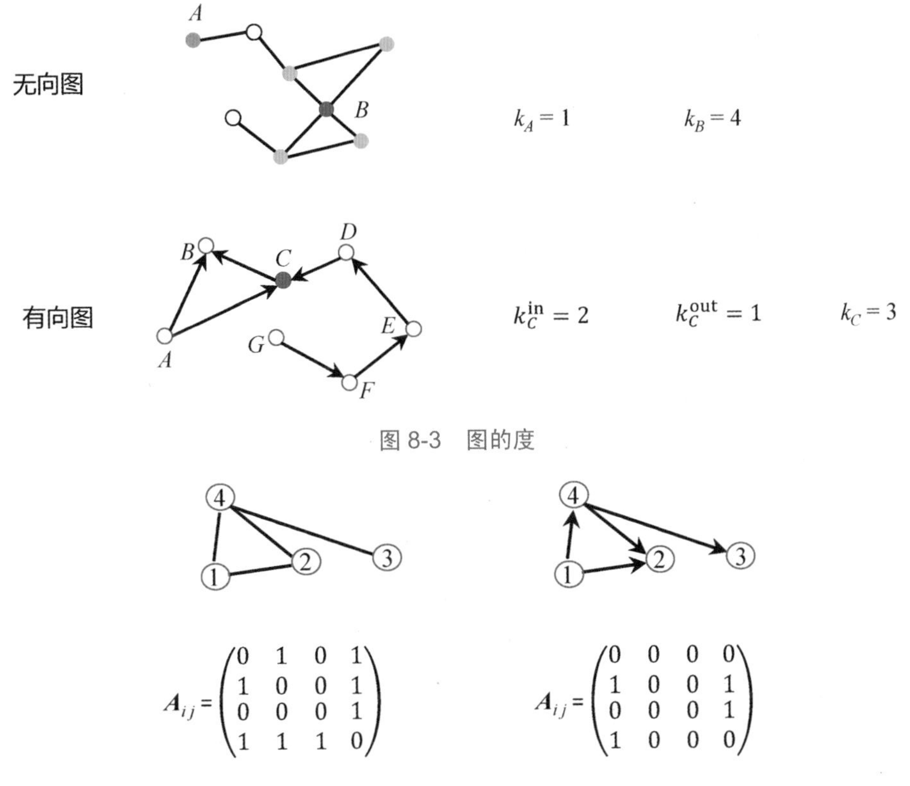

图 8-3　图的度

图 8-4　邻接矩阵

二部图（Bipartite Graph）是非常有用的图模型。在二部图中，所有的节点被分为两个集合，边只存在于不同集合的两个节点之间。常见的二部图如合作网络、推荐网络等。

最短路径的概念比较好理解，指的是图中任意两个节点之间存在的最短路径。一个图的直径则指的是所有的节点对的最短路径中最长的路径的长度，这个概念定义了一个图的宽度。而平均路径长度指的是所有节点对的最短路径长度的平均值。

环（Cycle）指的是起点和终点一样的路径，如图 8-5（a）所示的 2、3、4、5 节点组成的路径。自回避行走路径（Self-avoiding Path）指的是不会自我相交的路径，如图 8-5（b）所示的 1、2、5、4、3 节点形成的一条路径。

欧拉路径指经过图的每一条边且仅经过一次的路径，如图 8-6（a）中的 1、2、5、4、3、2 节点形成的路径，经过且只经过一次图中的每一条边。如果路径的起点和终点相同，则称“欧拉回路”，具有欧拉回路的图称“欧拉图”。汉密尔顿路径由天文学家哈密顿提出，由指定的起点前往指定的终点，途中经过所有其他节点且只经过一次的路径，如图 8-6（b）所示的 1、2、5、4、3 节点形成的路径经过且只经过一次图中的每一个节点。

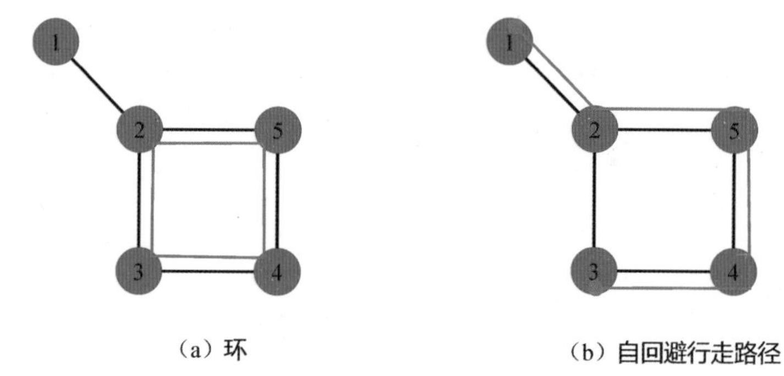

（a）环　　（b）自回避行走路径

图 8-5　环和自回避行走路径

（a）欧拉路径　　（b）汉密尔顿路径

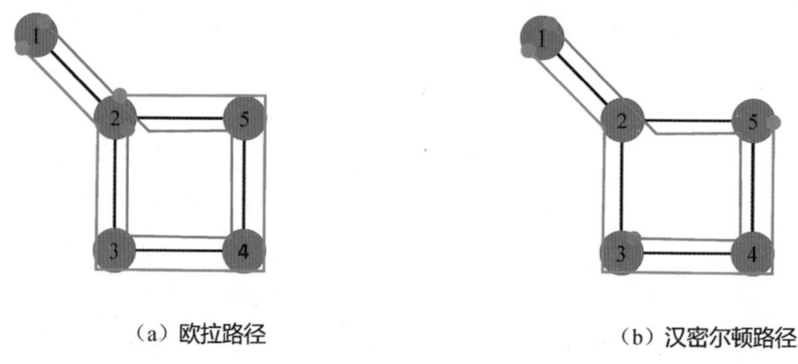

图 8-6　欧拉图和汉密尔顿路径

聚集系数（Clustering coefficient）衡量的是一个点的邻接点之间相互连接的程度。例如在生活社交网络中，它可以用来衡量你的朋友之间相互认识的程度。如图 8-7 所示的公式，节点 i 的局部群集系数 C_i 为与其相邻的 k_i 个节点之间实际存在的边数 e_i 与总的可能边数的比值。

$$C_i = \frac{2e_i}{k_i(k_i-1)}$$

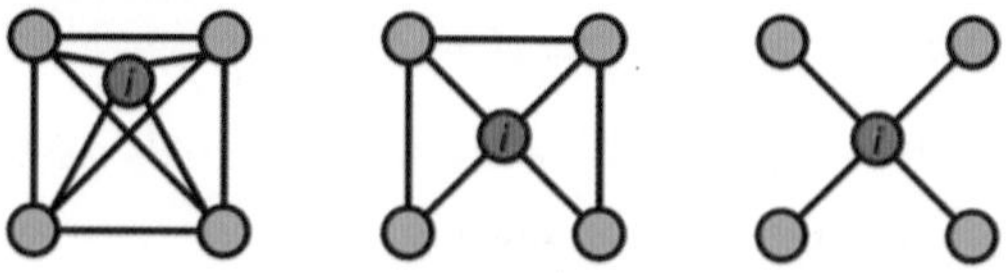

C_i=1　　C_i=1/2　　C_i=0

图 8-7　聚集系数

8.1.3 图的基本模型

1. 六度理论

在进一步介绍图的相关分析算法之前，先简单复习图论相关的一些概念。有一个广为人知的关于网络理论的概念叫“六度理论”，指的是在社交网络中，任意给定两个人，最多通过六跳就可以建立两者的关联关系。在互联网高度发达的今天，可能根本不需要六跳，两三跳就能找到想找的人了。

2. Weak Tie

第二个有关图的假设叫弱联系假设（Weak Tie）。弱联系指的是假如 A 同时通过强关系链接到 B 和 C，则 B 可能和 C 存在弱关系链接。有一个现象是，信息的传播通常都是通过众多的弱关系传播的，而不是强关系。这好比在日常生活中，常常会发现对我们帮助最大的反而是那些关系一般的朋友，而非和自己有强关系的亲人和同学等。

3. 无尺度理论

无尺度理论也是一个重要的复杂系统假设。很多复杂系统拥有共同的重要特性：大部分节点只有少数几个连接，而某些节点却拥有与其他节点的大量连接。这些具有大量连接的节点称为“集散节点”，所拥有的连接可能高达数百、数千甚至数百万个。由此看来，这一特性似乎能说明很多网络是无尺度的。有很多无尺度网络的例子，比如 Web 就是典型的无尺度网络，大量的 Web 页面只有少量的超链接指向它们，而少量的页面则有大量的超链接。科学合作关系也是无尺度的——人们都倾向于找最优秀的人合作。好莱坞的演员关系也是无尺度的——最有名气的演员有最多的共同出演关系。

可以通过 Barabasi-Albert 模型构建一个无尺度网络。如图 8-8 所示，无尺度网络的构建主要基于一个优先连接（Preferential Attachment）原则。优先连接原则指的是：如果一个节点有选择的权力，它会优先选择那些度数比较大的节点。无尺度特性的产生主要来自网络生成过程中的选择依附，新的节点会优先找已经有很多连接的节点进行连接，类似光环效应。

无尺度网络节点度的分布符合幂律分布，如图 8-9 所示。幂律分布是指大部分节点的连接度数都很小，而少量的节点拥有非常高的连接度数，整体分布符合幂律法则（Power Law）。

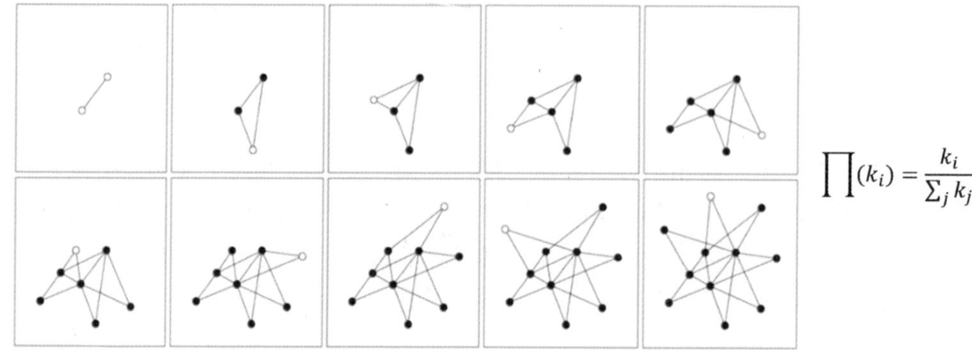

图 8-8　通过 Barabasi-Albert 模型构建一个无尺度网络

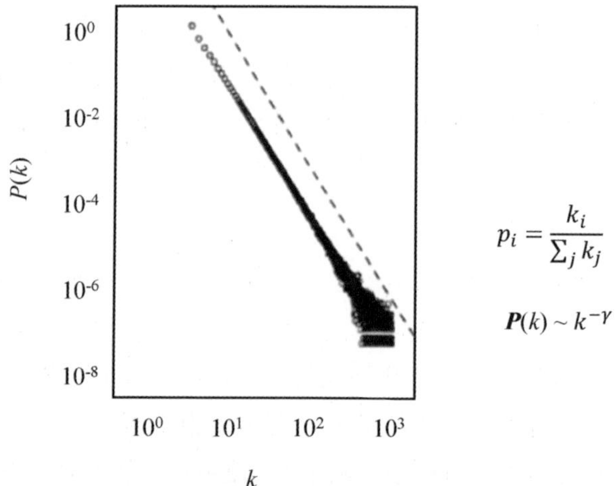

图 8-9　无尺度网络节点度的分布符合幂律分布

4．随机网络模型

另外一个复杂网络模型称为随机网络模型。举一个鸡尾酒酒会的例子，假如你组织了一个数百人的酒会，你会发现很快大家三三两两地结对开始聊天。你告诉你的一个好朋友，酒桌上有一瓶贴有绿色标签的红酒非常的高档，而其他贴有白色标签的红酒都很普通。你预计你的好朋友最多只能告诉和他聊天的几个朋友这个小秘密，所以在酒会结束后应该还会剩下一些好酒，你可以带回去自己享受。但事实并非如此，因为从随机网络模型可知，第一轮结对就可以在所有参会人群中形成一个消息传递网络。你的小秘密会通过这个随机网络快速地传播，很快，所有的人都会知道你有一瓶好酒，如图 8-10 所示。

图 8-10　随机网络模型举例

可以基于 Erdos-Renyi 模型构建随机网络图。例如，要构建一个包含 n 个节点、概率为 p 的随机图，可以首先选择一对节点，然后随机产生一个 0~1 之间的数，如果这个数大于概率 p，则新建一条边，否则不建边。如此重复这个步骤，就可以构建一个满足要求的随机图网络。如图 8-11 所示，上面一排的几个随机图虽然边不一样，但边的分布是接近的。

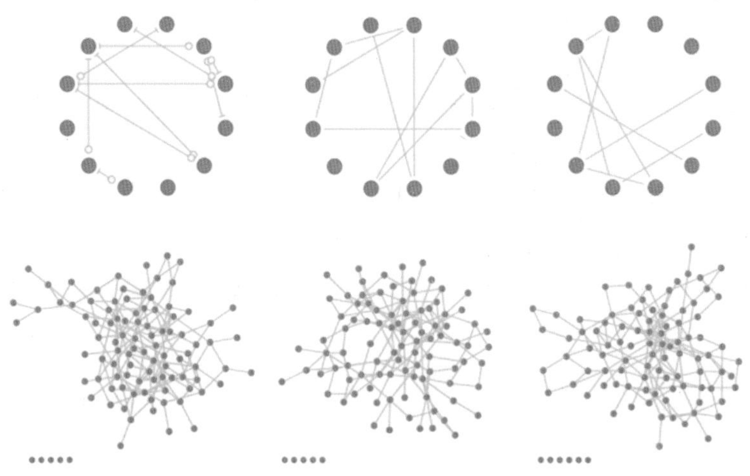

图 8-11　基于 Erdos-Renyi 模型构建随机网络图

再来看一下随机网络的度分布。在一个随机网络中，一个节点 i 拥有 k 个连接的概率由三部分决定：给定概率参数 p 代表一条边出现的概率，第一个因素是这 k 个连接出现的概率，即 p^k；第二个因素是剩下的$(N\text{-}1\text{-}k)$条边缺失的概率，即

$(1-p)^{N-1-k}$；第三个因素是从 N-1 条可选的边中选择 k 条边的概率，记为 N-1 中选 k。如图 8-12 所示，这三项相乘就是随机网络的度分布，可以看到这是一个二项式分布。但更加真实的随机网络是泊松分布。可以看到二项式分布和泊松分布都有两个共同的特征：一是一个位于 k 附近的峰值，p 越大，网络越稠密；二是分布的宽度都是由 p 和 k 决定的，网络越稠密，度分布越宽。在实际应用中，通常采用柏松分布来近似二项分布。

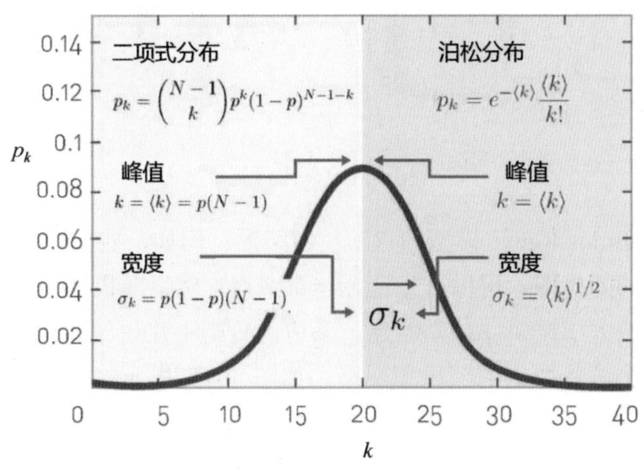

图 8-12　随机网络模型的度分布

图能够建模很多客观世界的复杂问题，比如研究疾病交互网络、交通网络和社交网络等。常见的图和网络模型有无尺度网络和随机网络，它们分别被用来建模不同类型的问题。知识图谱可以看作图的一种应用，但与普通的图还是有非常大的区别。但图的一些理论和算法多可以用来处理和分析知识图谱数据。详细地介绍图的理论和方法超出了本书的范畴，感兴趣的读者可以参阅相关的教程。

8.2 基础图算法

8.2.1 图算法概述

了解图的基本知识后，再来介绍比较传统的图算法。下一节将介绍当下比较主流的图表示学习和图神经网络的一些算法。

传统的图算法可以大致分为三类：路径与图搜索、中心度分析和社区发现等，如图 8-13 所示。路径搜索的典型应用比如寻找两地之间的最短路径、网络路由的优化等。中心度分析的典型应用比如寻找社交网络中的最有影响力人物，确定通信网络或电力网络中易于受攻击的点等。社区发现的典型应用如对商品网络进行聚类分析、从罪犯关系网络中锁定犯罪团伙等。

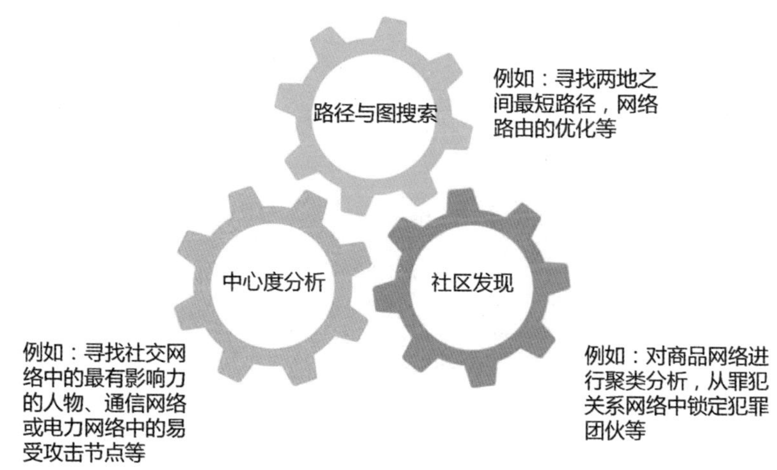

图 8-13　传统的图算法

8.2.2　路径与图搜索算法

路径与图搜索算法通常从一个节点开始，扩展关系直至到达目的地。寻路算法尝试根据跳数或权重找到最便宜的路径，而搜索算法找到的可能不是最短的路径。几种典型的路径与图搜索算法包括：

- 最短路径算法计算一对节点之间的最短加权路径。
- 单一来源最短路径算法计算一个节点与所有其他节点之间的路径中的最短路径。
- 所有节点对最短路径算法计算包含图中所有节点之间的最短路径中的最短路径。
- 最小权重生成树算法沿着相连的树结构计算一条特殊的路径，该路径具有与访问树中的所有节点关联的最小值。

下面举几个算法例子，比如用于最短路径搜索的典型算法有迪杰斯特拉（Dijkstra）算法等，如图 8-14 所示。迪杰斯特拉算法用于求图指定一点到其他所有点之间的最短路径，实质上是一种贪心算法。迪杰斯特拉算法的大致思想也比较简单：根据初始点，逐一把离初始点最近的点逐一找到并加入集合，集合中所有点的 $d[i]$都是该点到初始点最短路径长度，由于后加入的点是根据集合 S 中的点为基础拓展的，所以能找到最短路径。

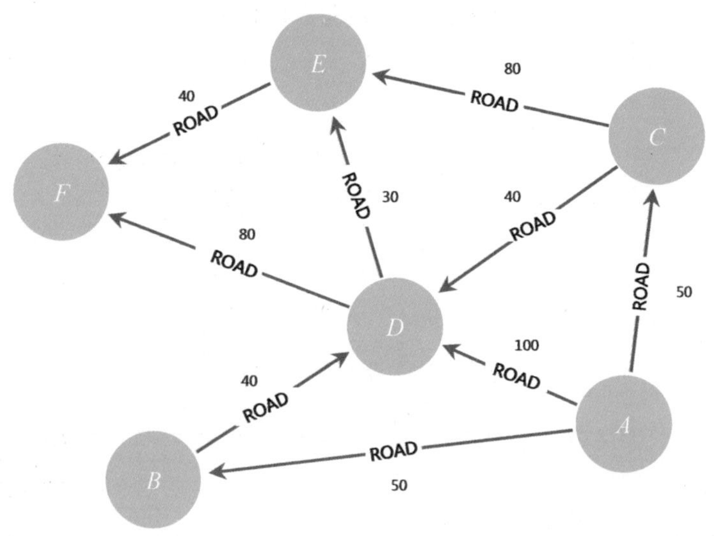

图 8-14 搜索最短路径

再来看另外一个称为最小生成树的问题。先来看几个概念，在无向图中，若任意两个顶点 v_i 与 v_j 都有路径相通，则称该无向图为连通图。在有向图中，若任意两个顶点 v_i 与 v_j 都有路径相通，则称该有向图为强连通图。一个连通图的生成树是指一个连通子图含有图中全部 n 个顶点，但只有足以构成一棵树的 n-1 条边。一棵有 n 个顶点的生成树有且仅有 n-1 条边，如果生成树中再添加一条边，则必定成环。在连通图的所有生成树中，所有边的代价和最小的生成树称为最小生成树。最小生成树有很多应用，例如矿井通风管道设计问题、城市之间怎么修路可以使整体上路最短、城市之间怎样构建通信网络可以使整体的话费最少等。

下面以 Kruskal 算法为例介绍最小生成树的产生过程。如图 8-15 所示，首先选择代价最小的边(A,C),并保证 A、C 不在同一棵树上，如图 8-15（b）所示。继续选择代价最小的边（D,F），并保证 D、F 不在同一棵树上，如图 8-15（c）所示。继续选择边（B,E），并保证 B、E 不在同一棵树上，如图 8-15（d）所示。接下来选择代价最小的边(C,F)，然后合并 C，所在的子树为一棵子树，如图 8-15（e）所示。最后，选择代价最小的边(A,D)，但发现 A、D 已经在同一棵树上了，所以丢弃这条边，如图 8-15（f）所示。同样发现(C,D)边也需要丢弃，直到发现(B,C)边满足要求，最后形成最小生成树。

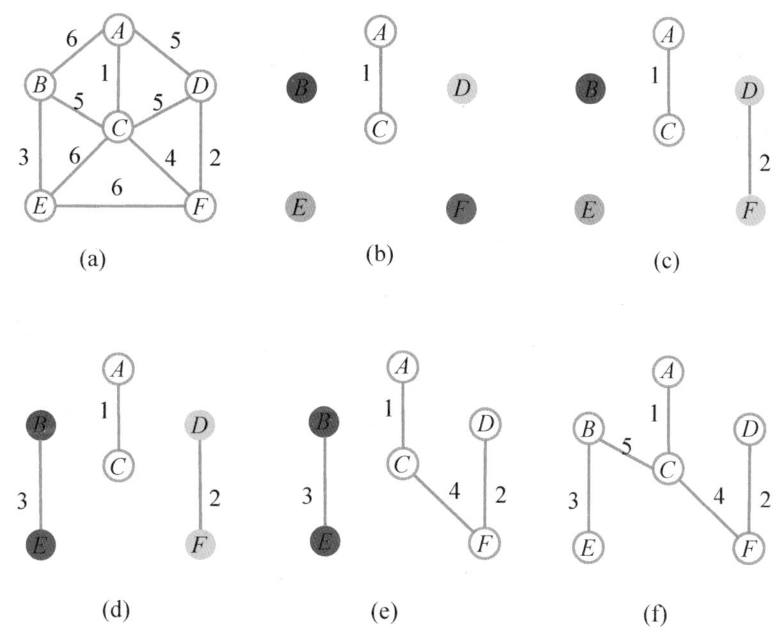

图 8-15　最小生成树算法

8.2.3　中心度算法

中心度算法用于查找图中最具影响力的节点，其中许多算法是在社交网络分析领域发明的。下面介绍几种常见的中心度算法。

1）网页排名算法 Pagerank，从其链接的邻居估计当前节点的重要性。

2）度中心度算法测量节点具有的关系数。中心度可用于评估某人感染病毒的近期风险或某人听到给定信息的可能性。

3）中介中心度算法测量通过节点的最短路径的数量。最常位于最短路径上的节点具有较高的中介中心度评分，并且是不同群集之间的桥梁。中介中心度适用于网络科学中的许多问题，可以指出通信和运输网络中的瓶颈或漏洞。

4）聚集中心度算法测量节点在其群集内的中心位置。中心位置是指到所有其他节点的路径最短的节点位置，这类节点能够最快地到达整个图中的全部节点。这类算法可以用于确定新公共服务的最佳位置，以实现最大的可访问性。在社交分析中，它有助于找到具有理想社交网络位置的人员，以便更快地传播信息。

首先来看一下著名的 PageRank 算法。PageRank 计算给定页面的链接数量，并以此来评估页面的质量，从而确定对该页面的重要性的估计。PageRank 算法的基本假设是，重要页面更有可能收到来自其他有影响力页面的大量链接。例如，相比拥有许多低影响力的朋友，拥有几个高影响力的朋友可以增加自己的 PageRank。

这里简要介绍 PageRank 的执行过程。如图 8-16 所示，在 Pass0 中：第一步，计算节点初始值=1/n（n 为总的节点数）；第二步，计算链接值=节点值/该节点链出（Out-Link）的数量，例如 0.17 的边是因为最上面的节点有两个 Out-Link。在 Pass1 中：第一步，继续计算节点值=链入（In-Link）的链接值之和；第二步，再继续计算链接值=节点值/该节点链出（Out-Link）的数量。重复上述步骤，迭代将继续进行，直到达到收敛、设置的解决方案范围或设置的迭代次数为止。

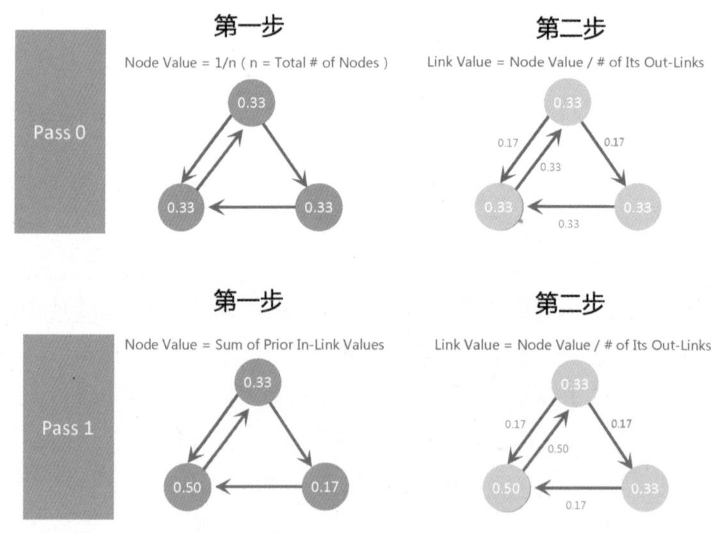

图 8-16 PageRank 算法基本思想

中介中心度是一种检测节点对图中信息流的影响程度的方法。它通常用于查找充当从图的一部分到另一部分的桥梁的节点。首先，找到所有最短路径。然后，对于每个节点，将通过该节点的最短路径数除以图中的最短路径总数。得分越高，说明具有越高的中间度，如图 8-17 所示的红色节点的中介中心度最高，然后是黄色节点。

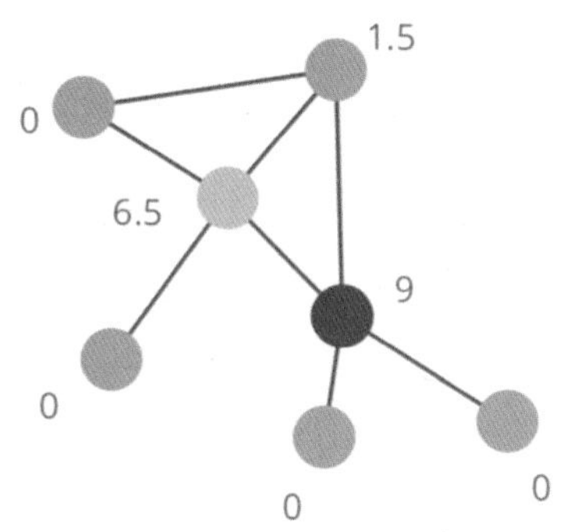

图 8-17　中介中心度举例

8.2.4　社区发现算法

复杂图的一个相当普遍的特征是，它们由节点集组成，这些节点集相互之间的相互作用比与该组外部节点之间的相互作用更多。例如，社交网络可能由紧密联系的朋友社区组成，而不同社区之间的友谊关系却很少。下面介绍几种常见的社区发现问题。

1）强连通社区发现（Strongly Connected Components）：主要针对有向图查找到节点组，其中每个节点可从同一组中的每个其他节点到达。通常是从深度优先搜索中应用。例如在零售推荐中，它有助于识别具有强亲和力的群体，然后将其用于向给定群体中尚未购买其中一项的人建议通常偏爱的项目。

2）弱连通社区发现（Weakly Connected Components）（Union Find）：主要针对无向图查找节点组，其中每个节点都可以从同一组中的其他任何节点到达，而不论关系的方向如何。

3）标签传播（Label Propagation）：根据邻居节点扩散和传播标签。标签传播的应用范围很广，从了解社会共同体的共识形成，到识别参与生化网络过程（功能模块）的蛋白质组等。

4）Louvain 模块度（Louvain Modularity）：通过将社区的关系密度与适当定义的随机网络进行比较，衡量社区分组的质量。Louvain 被用于评估 Twitter、LinkedIn 和 YouTube 中的社会结构。

5）三角计数和平均聚类系数（Triangle Count and Average Clustering Coefficient）：主要计算图中有多少个节点具有三角形以及节点趋于聚集在一起的程度。流行病学家使用平均聚类系数帮助预测不同社区的感染率。

举两个简单例子，例如强连通图发现指的是：在有向图 G 中，如果两个顶

点 v_i、v_j 间（$v_i > v_j$）有一条从 v_i 到 v_j 的有向路径，同时还有一条从 v_j 到 v_i 的有向路径，则称两个顶点强连通（strongly connected）。如果有向图 G 的每两个顶点都强连通，则称图 G 是一个强连通图。有向图的极大强连通子图称为强连通分量（strongly connected components）。处理强连通图发现的算法有 Korasaju 算法和 Tarjan 算法。

标签传播算法（LPA）是一种用于在图形中查找社区的快速算法，该算法的直觉是单个标签可以在密集连接的节点组中迅速占主导地位，但在穿越稀疏连接区域时会遇到麻烦，如图 8-18 所示。标签将被困在一个密集连接的节点组中，并且在算法完成时，以相同标签结尾的节点将被视为同一社区的一部分。

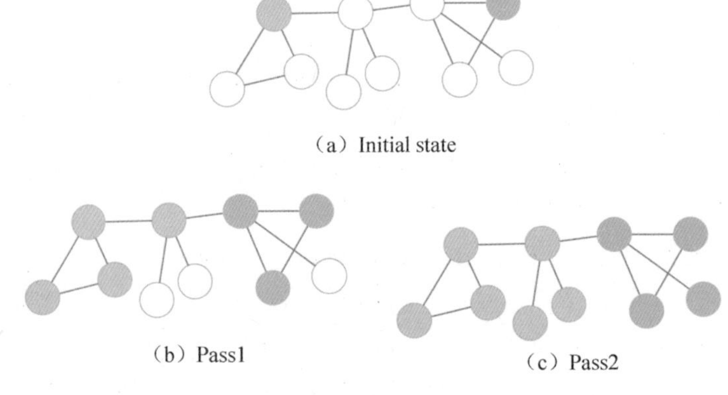

图 8-18 标签传播算法

Modularity 函数最初被用于衡量社区发现算法结果的质量，它能够刻画发现的社区的紧密程度。既然能刻画社区的紧密程度，也就能够被用来当作一个优化函数，即如果能够提升当前社区结构的 Modularity，则将节点加入它的某个邻居所在的社区中。如下所示，在模块度函数中，其中 m 为图中边的总数量，k_i 表示所有指向节点 i 的连边权重之和，k_j 同理。$A_{i,j}$ 表示节点 i、j 之间的连边权重。可以通过公式计算图的模块度。

$$Q = \frac{1}{2m} * \sum_{ij} \left[A_{i,j} - \frac{k_i * k_j}{2m} \right] * \delta(C_i, C_j)$$

Louvain 算法是一个基于模块度来实现社区发现的算法，其核心算法分两步：

1）步骤 1：算法扫描数据中的所有节点，针对每个节点遍历该节点的所有邻居节点，衡量把该节点加入其邻居节点所在的社区带来的模块度的收益。并选择对应最大收益的邻居节点，加入其所在的社区。这一过程重复进行,直到每一个节点的社区归属都不再发生变化。

2）步骤 2：对前一步骤中形成的社区进行折叠，把每个社区折叠成一个单点，分别计算这些新生成的“社区点”之间的连边权重，以及社区内的所有点之间的连边权重之和。用于下一轮的步骤 1，直到找出满足要求的社区。

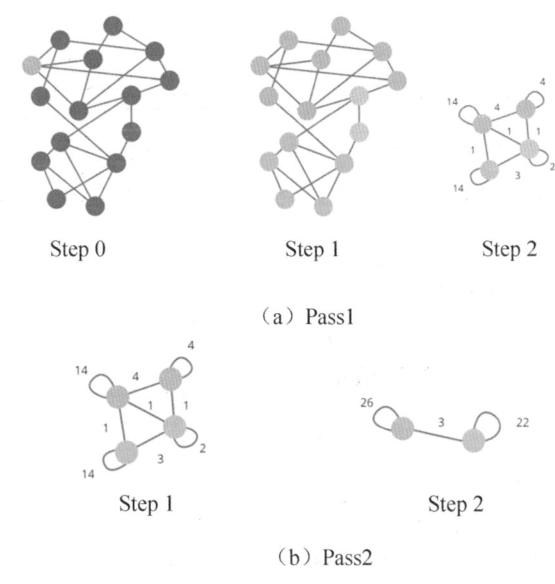

（a）Pass1

（b）Pass2

图 8-19　社区发现算法

图的基本算法包括路径发现与图搜索、图的中心度等特性分析、社区发现与分析等。这些传统的图算法对于图中个体和宏观两个视角的挖掘与分析都比较重要。这些算法仍然以符号匹配为主，随着深度学习的兴起，基于表示学习的图挖掘与分析逐步兴起。

8.3 图表示学习与图神经网络

8.3.1 图表示学习概述

本节介绍最近几年发展比较迅速的基于表示学习的图算法和图神经网络模型。首先回顾图的形式化定义。图通常由节点集合 V、边集合 E 组成，图中可能存在 R 种类型的边，每条边可以描述为一个由节点和边类型组成的三元组。不同的图按照图结构和类型有不同的分类。按图结构可分为有向图或无向图，有环图或无环图，带权重图或不带权重图，以及稀疏图或稠密图。按类型可分为同构图，即图中只有一种类型的节点、一种类型的边，以及异构图，即图中存在多种类型的节点或多种类型的边。

那么什么是图表示学习呢？图表示学习是要利用表示学习技术，将图中的每个节点映射到低维向量空间，得到一个向量表示，这个向量表示能够反映原先图谱的一些结构特性或语义特性。如图 8-20 所示，右下角图节点分类的场景，同一类型的节点用相同的颜色表示，经图表示学习算法映射后，相同类型的节点在低维向量空间中呈现聚类的特点。有很多图表示学习的模型，这是近 20 年来图表示学习发展的一个脉络，本节将对其中的一些经典算法进行介绍。

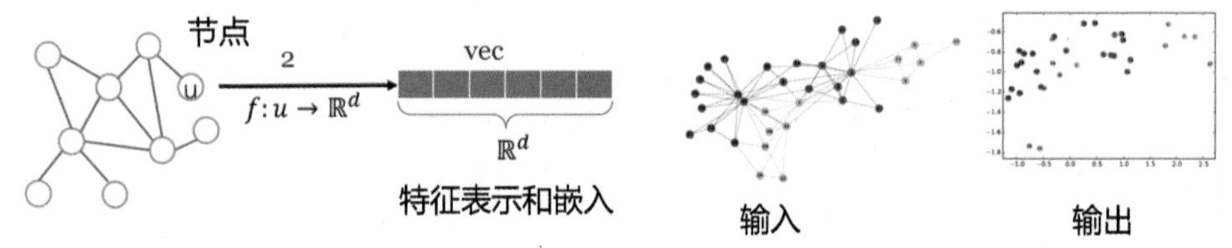

图 8-20 图表示学习的基本思想

总的来说，图表示学习算法都是利用节点在图上的邻居节点信息和图的结构信息学习节点的表示。根据邻居节点定义的不同，图表示学习算法可分为：基于随机游走的邻居序列模型，这一类算法通过随机游走得到的序列，定义节点的邻居信息，如图 8-21（a）所示经蓝色箭头游走得到的序列；另一类是图神经网络模型，这类算法主要通过聚合节点周围的局部子图定义节点的邻居信息，如图 8-21（b）所示，节点 A 的一跳邻居节点包括节点 B、C、D 等邻居节点。

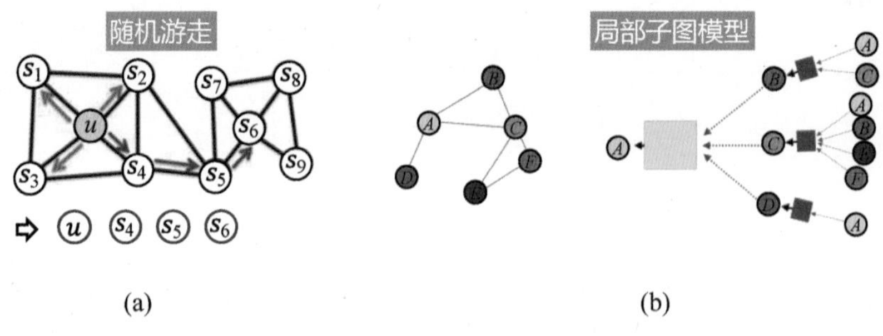

图 8-21 随机游走序列模型与图神经网络模型

8.3.2　随机游走序列模型

1. DeepWalk

首先介绍基于随机游走的经典算法 DeepWalk。DeepWalk 算法借鉴了自然语言处理中词向量（Word Embedding）的算法思想。词向量算法的基本假设是：处在相似上下文中的词具有相似的语义。算法的基本处理单元是词，上下文是指一个句子序列，词向量算法对一个句子中的词序列进行分析。例如，传统的 word2vector 算法用一个词预测前后相邻的词，或者用前后相邻的词预测中间词获得每个词的向量表示。

对应到图表示算法上，基本处理单元是图中的节点，节点的序列可通过在图上进行随机游走得到。随机游走的路径定义了节点的结构上下文信息，使得处在相似结构上下文中的节点也表达相似的信息。对于随机游走得到的节点序列，可使用一些典型的如 Skip-gram 词向量算法，进行图嵌入表示或节点嵌入表示。具体地，如图 8-22 所示，给定当前节点 v_i，算法预测其窗口序列中邻居节点如 v_{i+1} 和 v_{i-1} 出现的概率，并最大化随机序列中节点共现的概率。这里的算法以无监督的方式训练模型。

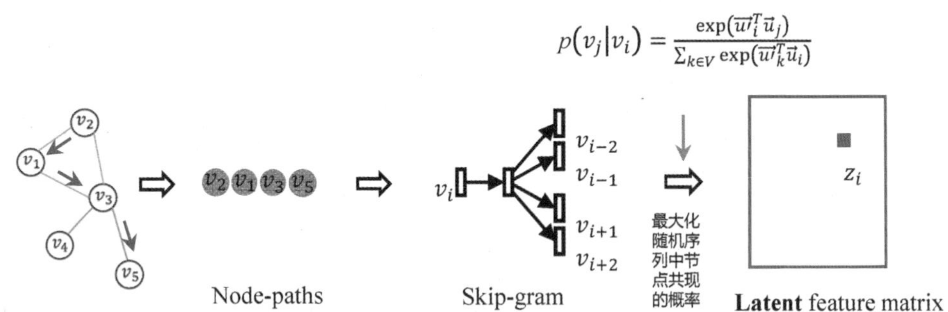

图 8-22　DeepWalk 模型：最大化随机序列中节点共现概率

2. Node2Vec

DeepWalk 提供的随机游走策略使得图上相邻的节点间学得的表示是相近的，这种相似性可看作内容上的相似性。而有一些离的比较远的节点可能也是相似的，因为它们可能具有相似的子图结构，如图 8-21 所示的 u 和 s_6 节点，虽然它们离得比较远，但因为周围的图结构比较相似，因而应该具有相似的表示。但这种结构上的相似性因为距离较远可能不会被随机游走序列捕捉到。因此，

Node2Vec 算法提出了一种基于深度优先搜索（DFS）和广度优先搜索（BFS）的随机游走策略，如图 8-23 所示。其中，广度优先搜索可以捕捉到内容上相似的邻居（红色箭头）；而深度优先搜索可以捕捉到结构上相似的邻居（蓝色箭头）。

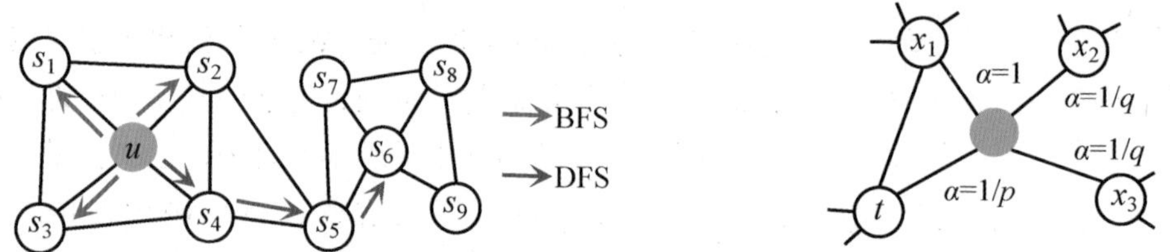

图 8-23　Node2Vec：深度优先搜索与广度优先搜索相结合

具体地，在随机游走的过程中，算法设计每一步的转移概率以实现深度优先搜索和广度优先搜索。转移概率中包含两个参数 p 和 q。当节点 t 游走到节点 v，并决定下一步游走到哪个 x 时，转移概率考虑节点 t 和 x 之间的最短路径：当最短路径为 0 时，转移概率为 p 的倒数，即回到 t 的概率为 $1/p$；当最短路径为 2 时，转移概率为 $1/q$。

$$\alpha_{pq}(t,x)=\begin{cases}\dfrac{1}{p}, & d_{tx}=0,\\ 1, & d_{tx}=1,\\ \dfrac{1}{q}, & d_{tx}=2.\end{cases}$$

因此，可以发现 p 是一个返回参数，控制随机游走时再次游走到该节点的可能性，p 若偏小，将持续局部游走，p 若偏大，不太可能对已经游走过的节点再次采样。而 q 则是一个 in-out 参数，当 $q>1$ 时，随机游走偏向于采样节点 t 周围的节点（in, BFS-like）；当 $q<1$ 时，偏向于访问远离节点 t 的节点（out, DFS-like）。最终，模型通过半监督的训练方式优化参数 p 和 q，以达到最优解。

3. LINE

而 LINE 算法进一步考虑节点间的一阶近似和二阶近似，弥补一阶近似的稀疏问题，并且更好地保留网络的全局结构。一阶近似是指两个节点之间相连的边权重越大，两节点越相似，如图 8-24 所示的节点 6 和节点 7，因为它们由权重较大的边相连。二阶近似是指两个节点共享的邻居节点越多，两节点越相似，如图 8-24 所示的节点 5 和节点 6，它们的相似是因为共享了很多共同的邻居。另外，区别于 DeepWalk、Node2Vec 算法只适用于同构图，LINE 算法能够在各种类型的图上进行应用，包括有向图、无向图、有权重图和无权重图等。

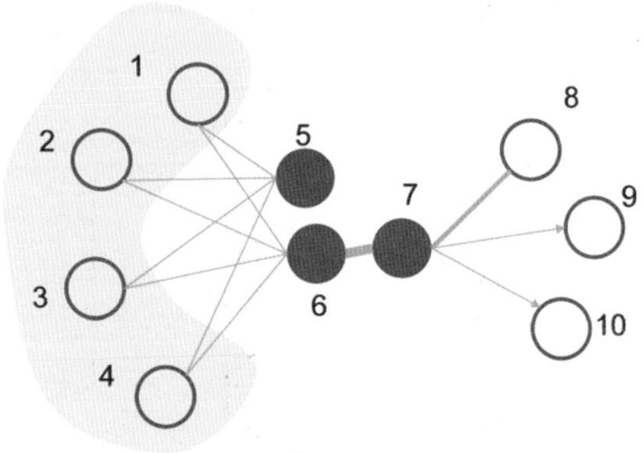

图 8-24　LINE：一阶近似与二阶近似

4．NetMF

前述的一些算法提出了各式各样的图表示学习方法，但很少有工作能对其中的理论进行深入分析。NetMF 提出了将 DeepWalk、LINE 和 Node2Vec 等算法通过矩阵分解框架统一表示。NetMF 首先证明了 DeepWalk、LINE 和 Node2Vec 等算法，本质上都是对 Skip-gram 算法中 Word-Context 矩阵的隐式分解。其中，DeepWalk 是对图的归一化拉普拉斯矩阵进行低秩变换，而 LINE 则是 DeepWalk 算法滑动窗口为 1 的特殊情况。在此基础上，NetMF 进一步证明了 DeepWalk 隐矩阵和图拉普拉斯算子之间的理论联系，提出了一种新的求解 DeepWalk 隐式矩阵闭合形式的算法 NetMF，通过对这个矩阵的显式分解，达到了比 DeepWalk、LINE 等算法更优的结果。

5．Metapath2Vec

上述算法大多都是处理同构图。而对于异构图，如图 8-25（b）所示，图中存在不同类型的节点或者不同类型的边（上），不同节点或边的组合表达了不同的语义，如 Movie-Actor-Movie 表达了演员参演的不同电影这一语义信息（下）。

对于这种类型的图，如果不考虑节点类型，直接使用随机游走定义节点序列，会导致模型偏向于那些高频率类型的节点。因此，Metapath2Vec 算法提出了一种基于元路径的随机游走方法，在异构图中进行随机游走的同时，保留图中的结构信息和语义信息。具体地，使用元路径事先定义好节点类型的变化规律，如图 8-25（a）所示，定义好从 Author 类型的节点出发，经过 Paper 类型节点再到达 Author 类型的节点，形成“APA”这样一条元路径（表达论文的共同作者这一语义信息），随机游走时，按照元路径中的变化规律进行游走。

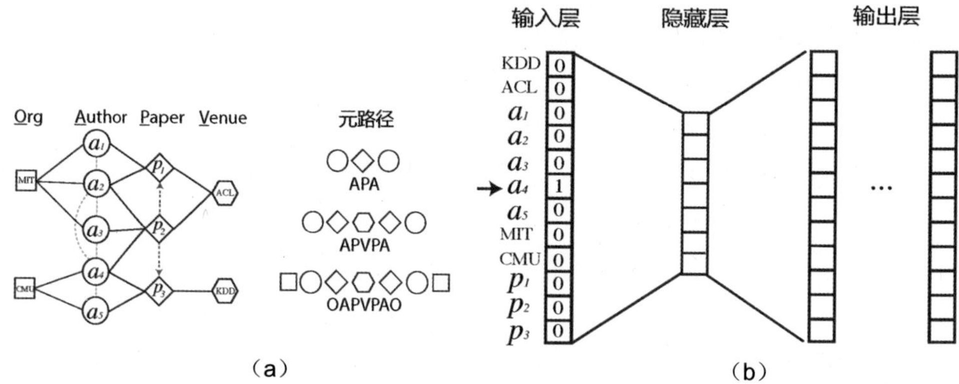

图 8-25 Metapath2Vec 处理异构图上的随机游走

具体地，随机游走的转移概率定义为：对于类型为 t 的节点 v_t^i，只有下一步的节点类型是 t+1 时，才会发生转移，转移的概率是该类型节点个数的倒数，（即 $N_{t+1}(v_t^i)$ 表示节点 v_t^i 的 t+1 类型的邻居节点数目）；也就是说在游走时，只有在下一步是元路径位置上指定的节点类型时才会发生转移。算法基于这种策略保证游走时语义变化的正确性。

$$p(v^{i+1}|v_t^i,\varphi)=\begin{cases}\dfrac{1}{\left|N_{t+1}(v_t^i)\right|} & (v^{i+1},v_t^i)\in E,\varphi(v^{i+1})=t+1,\\ 0 & (v^{i+1},v_t^i)\in E,\varphi(v^{i+1})\neq t+1,\\ 0 & (v^{i+1},v_t^i)\notin E.\end{cases}$$

确定游走路径后，同样使用 Skip-gram 算法得到节点的向量表示

$$\arg\max_{\theta}\sum_{v\in V}\sum_{t\in T_V}\sum_{c_t\in N_t(v)}\log p(c_t|v;\theta).$$

8.3.3 图神经网络模型

1. 图神经网络模型概述

上一小节主要介绍了基于随机游走策略学习节点表示的算法，接下来介绍图

神经网络的系列算法。图神经网络算法主要通过聚合节点的周围邻居节点信息，更新当前节点的表示，在节点间进行信息传播。简单地说，就是一个节点的表示是由该节点的周围邻居节点共同决定的，节点的信息聚合通常用神经网络模块实现，聚合之后的节点表示根据具体的任务定义目标函数，如图 8-26 所示。模型通常以半监督的模式进行训练。

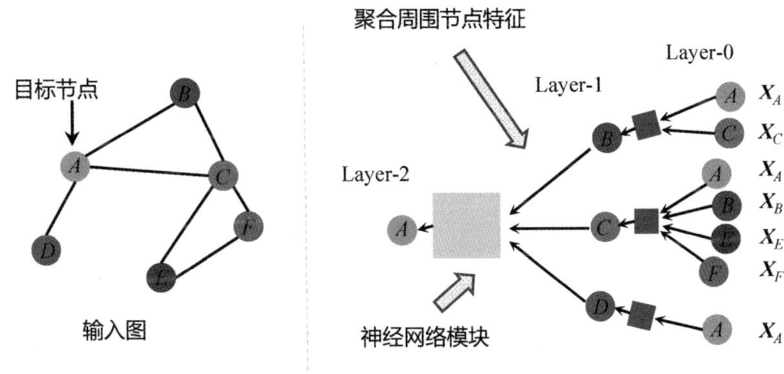

图 8-26　图神经网络聚合邻居节点特征

图神经网络按泛化能力可分为两类，一类是基于直推学习（Transductive Learning）设定的模型，代表模型有图卷积神经网络、图变分自编码器等；另外一类是泛化能力更强的基于归纳学习（Inductive Learning）设定的模型，例如叠加注意力机制的图注意力神经网络（GAT）、基于采样（SAmple）和聚集（AggreGatE）操作的 GraphSAGE 以及叠加 Transformer 设计的图变换网络（Graph Transformer Network，GTN）等。

直推学习和归纳学习的主要区别在于预测的样本是否在训练时已经见（用）过。如果图中的部分未标注数据同时也是测试数据，则是直推学习设定；而如果是在新的、训练时未见过的节点或子图等上测试，则是归纳学习设定。此时，需要将这些新的节点或子图与训练时见过的子图进行关联，使模型可泛化。总的来说，归纳学习的设定模型泛化能力更好，而直推学习设定因为能在训练阶段看到部分测试数据，所以实验效果更好。

2. 图卷积神经网络模型

首先是图卷积神经网络（GCN）。前面提到，对于每个节点，算法会聚合其周围节点的特征。一般地，如图 8-27 所示，对于节点 v 在第 k 层的表示（即公式中的绿色符号），首先求取其邻居节点第（k-1）层特征的均值（即图中红色部分的公式），随后通过一个全连接层融合邻居节点的特征与节点 v 自身的特征值（即图中的橙色部分公式），并通过非线性的激活函数得到节点 v 在第 k 层的表示。经过多层的邻居特征融合后，每个节点将得到最终的输出向量。其中，节点在第 0 层的表示通常为节点的初始特征表示。而 GCN 是上述基础邻居特征融合操作的一个变种。GCN 为邻居节点及节点自身使用相同的参数矩阵（$\boldsymbol{W}_k$），并且在聚合时，不同于基础操作中直接求取均值，而是对每个邻居的表示进行正则化。这样的操作使得模型实现了更多的参数共享（More Parameter Sharing）。

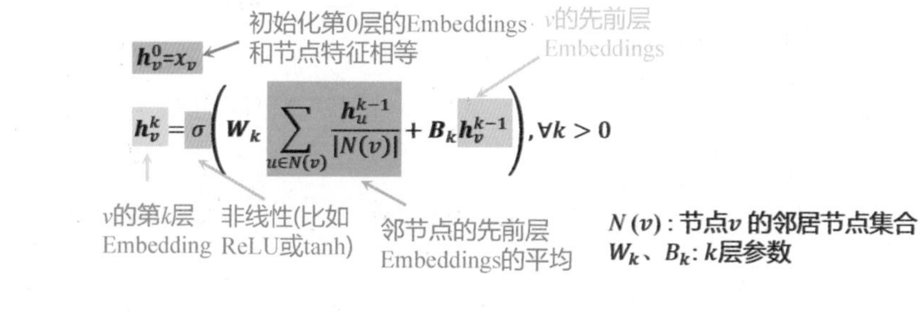

图 8-27 利用卷积神经网络聚合节点特征信息

3. 图变分自编码模型

图变分自编码模型（VGAE）也是一种无监督学习图节点表示的方法。如图 8-28 所示，VGAE 采用与变分自编码器类似的编码器-解码器（Encoder-Decoder）结构。最大的区别是数据输入是表征图的两个必要元素：节点特征矩阵 $\boldsymbol{X}$ 和图结构的邻接矩阵 $\boldsymbol{A}$。随后经过一个编码器学习到潜在分布的 $q(\boldsymbol{Z}|\boldsymbol{X},\boldsymbol{A})$ 的均值和标准差。编码器可以选用图卷积神经网络或其他类型的图神经网络。再从潜在分布中使用解码器解码，通过预测图结构，即邻接矩阵中的 0 和 1，来构造一个无监督的重建任务。待训练收敛后，可将编码器视为无监督提取图节点表示的工具使用。

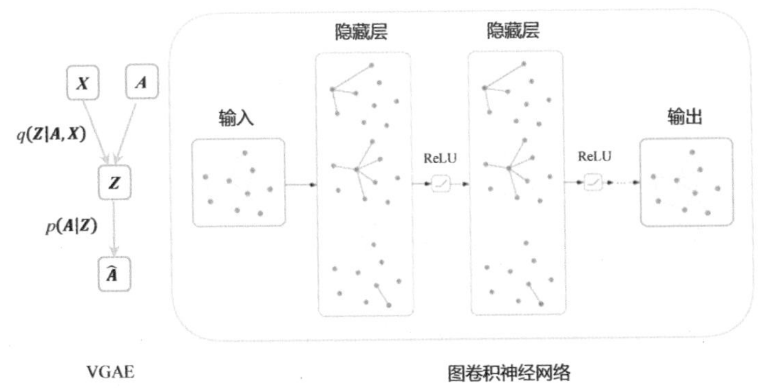

图 8-28　利用变分自编码器学习图的节点表示

4. 图注意力网络

而图注意力网络（GAT）则在图卷积神经网络聚合周围邻居特征的基础上，考虑了不同邻居节点对当前节点特征学习的不同重要性。显然这是合理的，比如要学习一个人的表示，它周围的节点显然对他的影响是不同的。因此，图注意力网络在节点特征融合时，引入了注意力机制，求取加权均值。其中，权重的计算如图 8-29 中的公式所示。每个“节点-邻居节点对”之间是并行计算的，因此操作十分高效。此外，注意力机制以共享方式应用于图的所有边，因此它不必事先知道全局图结构或其所有节点的特征，也就是说模型可以泛化到全新的图谱上，在归纳学习的设定下执行节点分类等任务。

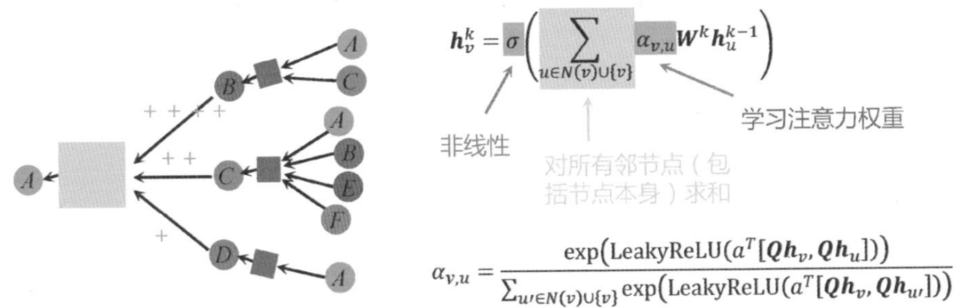

图 8-29　图注意力网络：区分每个邻居节点的贡献度

5. GraphSAGE

不同于 GCN 等算法中应用图谱的邻接矩阵时需要固定每个节点的周围邻居节点，GraphSAGE 算法考虑对节点的周围邻居节点进行随机采样，随机采样使得图网络模型可以应用到大规模图谱上。如图 8-30 所示，对红色节点采样到其周围的蓝色节点，并进行特征聚合。在聚合时，不同于前面的算法中求取均值，GraphSAGE 算法考虑更通用的聚合函数 AGG，任意的可将一组向量聚合成一个向量的可微分方程都可以应用。在论文中，作者使用了三种类型的聚合函数，即：求均值（Mean）、池化操作以及使用 LSTM 网络。此外，GraphSAGE 算法在聚合邻居节点的特征后，与当前节点的特征进行了拼接计算。

具体而言，对节点的周围邻居节点进行随机采样。除便于计算，可扩展到大规模图谱之外，模型还可以适应于归纳学习的设定，即可以泛化到一些新的、未出现在训练集中的节点。如图中部分灰色的节点，即使未在训练集中见过，但仍然可以通过聚合其周围的见过的节点得到其特征表示。

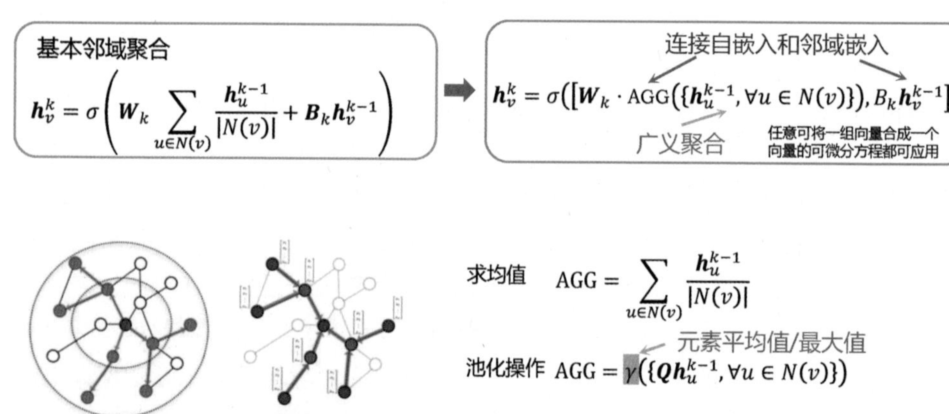

图 8-30　GraphSAGE：对邻居节点随机采样

6．处理多粒度图表示学习

有一些图级别的挖掘任务需要对图的不同粒度层次的信息进行建模，例如可能需要对整个图进行分类。在这种场景下，通常需要将细粒度的节点聚合成粗粒度的超节点，例如多个个体组成一个小组节点等。因此，有研究者提出层次化的图神经网络模型。对于层次化图神经网络模型，最关键的是图的粗化过程，即不断地将相似节点聚类在一起，形成一个新的超节点。超节点的表示由聚类一起的相似节点共同作用得到，超节点之间的连接边由聚类分配矩阵和原邻接矩阵共同作用得到，如图 8-31 所示。典型的模型如 Diffpool 等。

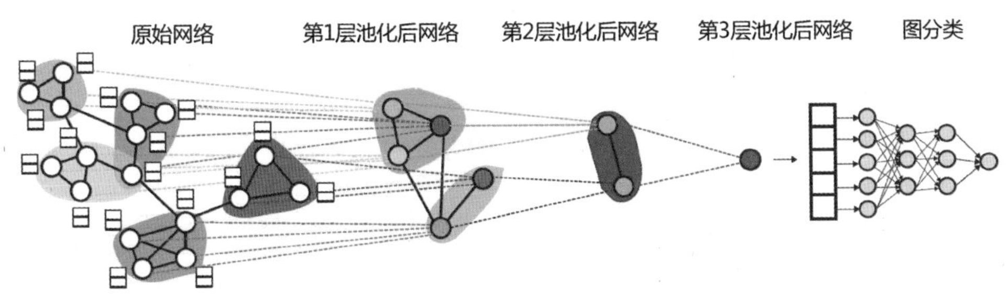

图 8-31　处理多粒度的图表示学习

7. 图神经网络预训练模型

前面的方法在训练时大多需要监督数据进行监督训练或半监督训练，然而大规模的标签数据，尤其是基于图结构的标签数据往往很难获取，而且不同数据的标注需要对应的专业领域知识。因此，借鉴计算机视觉和自然语言处理等领域设计自监督学习任务，从无标签的数据中通过预训练得到相应的机器学习模型，很多工作也在无标注的图结构数据上进行自监督学习来预训练整个图神经网络。目前，主流的自监督学习方法主要分为两大类。一类基于生成模型，通过让模型对输入数据进行生成重建来学习数据的潜在特征。受 BERT 启发，一些工作提出了生成式的图网络预训练框架，如 GPT-GNN。另外一类是基于对比学习（Contrastive Learning），主要是从输入数据中构造出正负样本，让模型在向量空间对正负样本进行判别，典型的方法如 DIM、CPC、DGI 和 InfoGraph 等。

首先介绍生成式的图神经网络预训练模型 GPT-GNN。受 BERT 启发，其预训练的主要思路是将输入图数据的生成概率最大化，由此产生模型训练的自监督信息。鉴于输入图数据一般包括图结构 A 和节点属性信息 X，因此，GPT-GNN 将预训练任务对应分为结构生成和属性生成两个子任务。具体地，GPT-GNN 采用自回归的方式对图的生成概率进行建模，即：

（1）对于一个带节点属性的输入图，GPT-GNN 首先对输入图中的所有节点进行随机排序，如图 8-32（a）所示；

（2）然后，对排序后的图谱，随机遮盖其中的节点连边和属性，作为生成模型的目标，如图 8-32（b）所示灰色的节点和边；

（3）对于每个被遮盖的节点，比如节点 3，模型首先根据前序节点 1 和节点 2 以及观测到的节点 3 的部分连边生成节点 3 的属性节点，预测到的节点 3 的属性节点则进一步用来生成节点 3 的其他连边结构，即其连边节点（与节点 1 相连的），生成过程如图 8-32（c）所示。

（4）～（5）随后，模型根据节点的标记顺序，继续对剩余节点 4 和节点 5 分别进行属性生成和结构生成，如图 8-32（d）、图 8-32（e）所示。由此，GPT-GNN 完成了对输入的图数据在当前节点排序下的一次生成过程，在随后的训练过程中，继续采用不同的节点顺序进行自回归式的生成建模。

节点属性预测和连边预测为图神经网络的预训练过程定义了明确的预训练任务。通过生成式的自监督学习方法，模型在亿级规模的网络上进行预训练得到基础的图神经网络预训练模型。随后，在同一数据的不同下游任务，如节点分类、图链接预测等，对预训练的模型分别进行微调，也就是模型的预训练和下游任务使用相同分布的图数据。实验证明，经过预训练后的模型在仅使用 10%~20%标记数据的情况下，比相同架构且使用全部（100%）标签数据的未预训练模型取得了更好的结果。这说明 GPT-GNN 的预训练任务对解决大规模图表示学习中标签数据稀疏的挑战提供了可行性思路。

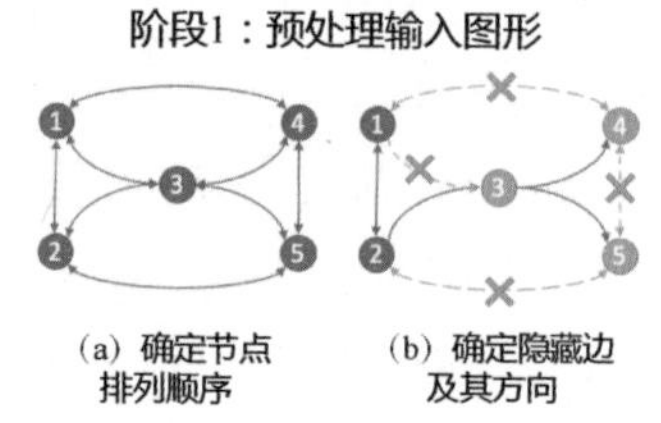

阶段2：通过最大化属性和隐藏边的可能性进行预训练

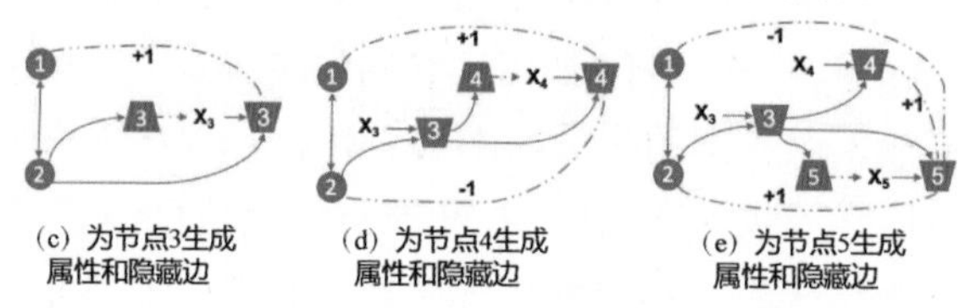

带属性的节点　隐藏边　属性生成节点　边生成节点　最大可能性

图 8-32　图神经网络的预训练

8．基于对比学习的图表示学习

而基于对比学习（Contrastive Learning）的图神经网络预训练模型，主要是从输入数据中构造不同样本对，引导预训练模型捕获数据特征。对比学习的基本思想是通过构造合理的样本对，让正样本对中的样本表示更接近（比如一幅图的不同风格的表示可以看作是正样本对），而负样本对中的样本表示更加远离（比如两幅主题完全不同的图可以看作是负样本对）。

对比学习是一种自监督的学习方法，在计算机视觉领域有很多应用。那么如何在图数据中构造正样本对和负样本呢？如图 8-33 所示，图对比学习 GCC 模型首先以任意节点为起点进行随机游走，生成以该节点为中心的邻居子图。GCC 假设从同一中心节点出发生成的两个子图应该具有相似的结构属性，因此可作为正样本对；对于从不同节点（包括相同网络或不同网络中的节点）出发生成的多个子图，则与当前中心节点彼此间不具有结构相似性，因此构成负样本。对于上述过程构造的各子图，通过图神经网络编码得到各子图的整体向量表示，随后在向量空间中，为当前查询子图（query）q 找到与之相似的键子图（key），即采用对比学习常用的 InfoNCE 损失函数。由此，GCC 通过子图判别任务为图神经网络预训练提供了有效的自监督信号。

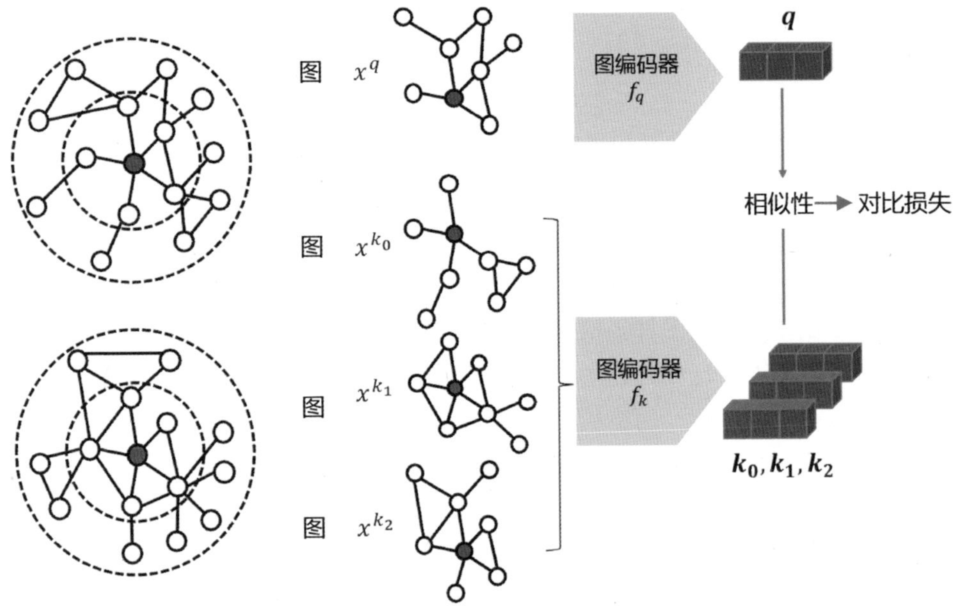

图 8-33 基于对比学习的图神经网络模型

除上述算法，还有一些比较典型的图神经网络算法，如图 8-34 所示，这里不再一一介绍。此外，图神经网络算法在各个领域中都有广泛的应用，如计算机视觉领域、自然语言处理以及知识图谱的相关应用。下一节将重点围绕图神经网络与知识图谱的相关工作，继续对图神经网络进行深入的介绍。

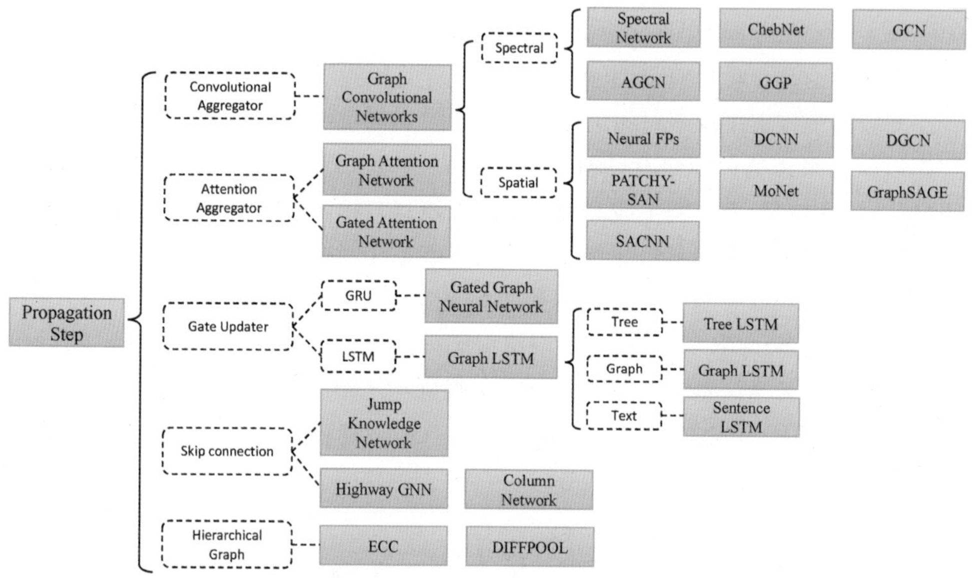

图 8-34　图神经网络模型一览

8.4 知识图谱与图神经网络

本节介绍知识图谱与图神经网络相结合的工作。一方面，知识图谱也是一种图结构的数据，而包括图神经网络在内的图表示学习的相关技术则可以应用到知识图谱的方方面面，比如知识图谱的表示学习与推理、知识图谱构建等。另外一方面，知识图谱与图神经网络相结合可以解决很多领域的问题，这里分别从计算机视觉、自然语言处理和推荐系统三个方面介绍相关应用。

8.4.1 在知识图谱表示学习与推理中的应用

1. 知识图谱表示学习与图表示学习的差异

首先介绍图神经网络在知识图谱表示学习与推理中的应用。在第 5 章中，介绍过很多知识图谱嵌入的模型，例如 TransE 和 DistMult 等。知识图谱表示学习算法的主要目的是为知识图谱中的实体和关系学习低维向量表示，同时保留知识图谱中的语义信息。学习到的实体和向量表示可执行链接预测等任务对知识图谱进行补全，此外，还可以应用于知识问答、推荐系统等任务中。

知识图谱表示学习算法主要基于不同的假设设计损失函数，并学习实体及关系的向量表示。典型模型如 TransE，将关系视为头实体到尾实体的转移操作，即头实体经关系转化后的向量表示与尾实体的表示在向量空间接近。对比 8.3 节介绍的图的表示学习模型，如 DeepWalk、GCN 等，图表示学习主要对图的结构进行学习，即使是 Metapath2vector 等异构图表示学习模型，都更多地考虑图结构特征对节点表示的影响。而知识图谱表示学习不仅要考虑图的结构特征，还需要考虑节点和边的语义类型信息。此外，图表示学习侧重做节点分类、链接预测等任务，而知识图谱表示学习的最终目标是要支持更为复杂的逻辑推理，因而对模型要求更高。同时反过来，TransE 和 Distmult 等知识图谱模型在一定程度上也能捕获图的结构信息，但图神经网络对图结构特征信号考虑更为充分，因此可以利用图神经网络算法帮助知识图谱表示学习算法更好地捕捉图谱中的结构信息。典型的如 RGCN 算法，通过实体周围的邻居实体信息丰富实体的结构表示，以更好地帮助补全知识图谱中的缺失信息。

2. RGCN 关系型图卷积神经网络

不同于之前的图神经网络算法处理的图都是单关系的同构图，在知识图谱中，聚合邻居节点的信息时，需要考虑不同类型的关系连接的邻居节点。因此，RGCN 算法设计了关系特定的聚合函数，通过对不同类型的关系连接的邻居节点应用不同的参数矩阵，对由 N 种不同的关系连接的邻居节点进行特征聚合后再进行融合，其中也包括节点自身的自连接关系，如图 8-35 所示。此外，考虑到知识图谱中的关系类型较多，模型在计算时，采取了一些参数优化策略，如设计基础矩阵并进行线性转化，以及将参数矩阵分解为分块对角矩阵，缓解模型参数计算的压力。这里要说明的是，由于知识图谱中通常有大量的不同关系，现有的异构图表示学习模型并不能用于处理常见的知识图谱数据。

上述操作对图谱实体的结构特征进行了编码（RGCN-based Encoder），基于得到的实体表示，算法设计了一些损失函数执行下游任务。如实体分类任务，可以直接对得到的实体表示叠加一个分类层计算分类损失：

$$\mathcal{L} = -\sum_{i \in \mathrm{Y}} \sum_{k=1}^{K} t_{ik} \ln h_{ik}^{(L)}.$$

也可以用于实现链接预测任务，其损失定义如下：

$$\mathcal{L} = -\frac{1}{(1+\omega)\left|\hat{\varepsilon}\right|} \sum_{(s,r,o,y) \in \mathcal{T}} \mathcal{Y} \log l(f(s,r,o)) + (1-\mathcal{Y}) \log(1 - l(f(s,r,o)))$$

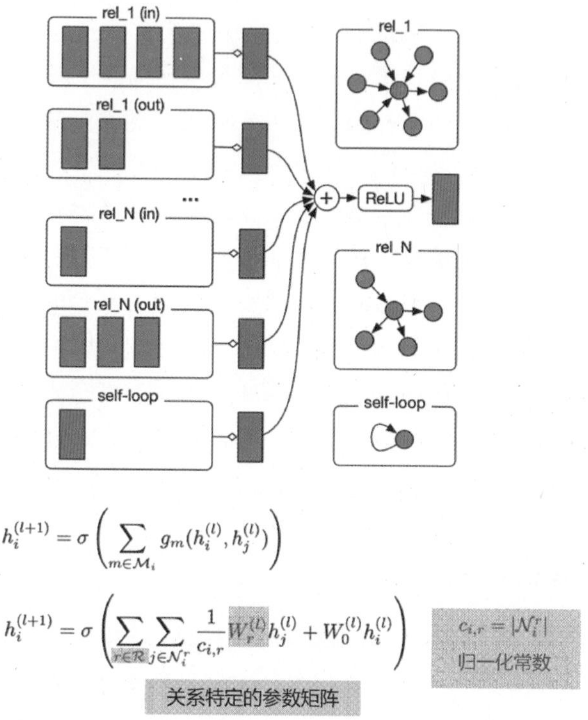

图 8-35　RGCN 按每种关系聚合邻居节点

如图 8-36 所示，首先利用 RGCN 作为编码器（Encoder）学得节点的表示，然后再以一个知识图谱嵌入模型如 TransE 或 Distmult 作为解码器（Decoder）叠加一个三元组的损失函数，这样就可以将 RGCN 用于知识图谱的三元组关系预测了。所以，从这里可以看到，图神经网络模型经常会需要与知识图谱表示学习模型叠加起来一起使用。

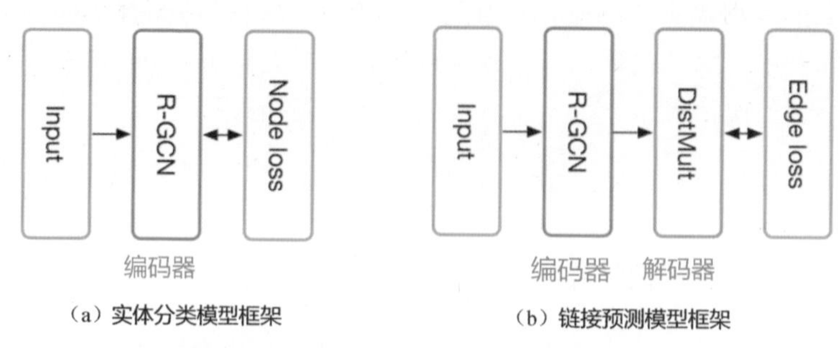

（a）实体分类模型框架　　（b）链接预测模型框架

图 8-36　RGCN 的实体分类与链接预测

3. COMPGCN

而 COMPGCN 算法从另一个角度考虑融合实体的周围邻居信息。首先，对于实体的一个邻居实体，COMPGCN 考虑将实体和连接该实体的关系进行拼接组合，统一为一个节点表示。在此基础上，设计了三种不同类型的边类型，如入度边、出度边以及自连接边。

在保留图谱原始结构信息的同时，简化了图中的边类型，以便更好地应用图神经网络算法。具体地，模型设计不同的组合函数 ϕ 对实体和关系的表示进行组合，随后通过不同的边类型矩阵（$\boldsymbol{W}_{\mathrm{dir}}$）融合实体的邻居信息，如图 8-37 所示。

经 COMPGCN 融合后，可得到图谱中实体和关系的表示，随后通过外接 TransE 等损失函数进行模型的训练，如图 8-38 所示；不同于 RGCN 等算法经图神经网络融合后只能得到实体的关系，COMPGCN 可以同时得到实体和关系的表示。

4. ExpressGNN

图神经网络同样也可以用于知识图谱的推理计算任务中。比如 ExpressGNN 利用图神经网络实现基于概率图模型（如马尔可夫逻辑网络，MLN）的知识推理任务。由于知识图谱中的实体数量较多，马尔可夫逻辑网络的推理计算效率往往比较低。该模型通过在变分 EM 框架中引入图神经网络，来加快推理的速度。具体细节这里就不展开介绍了。

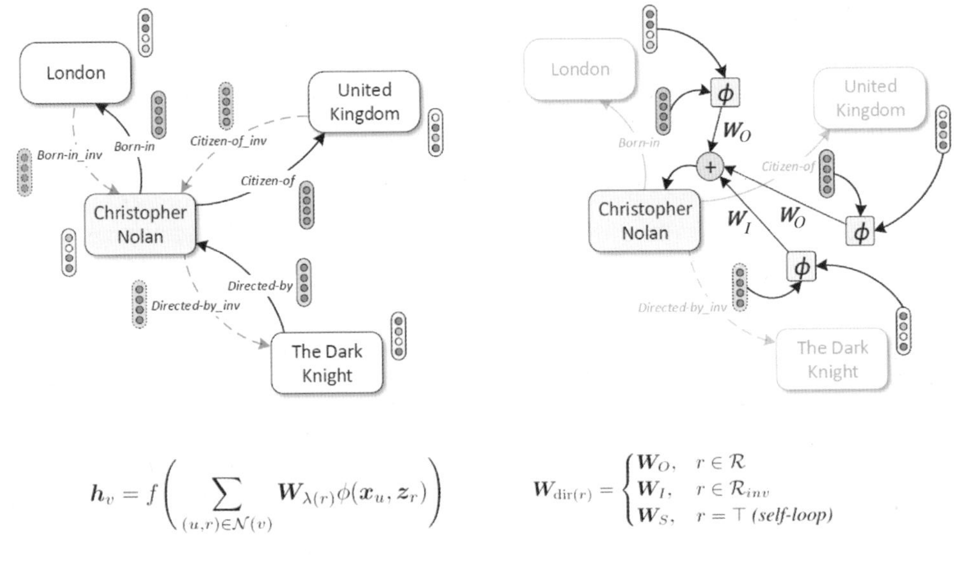

图 8-37　COMPGCN

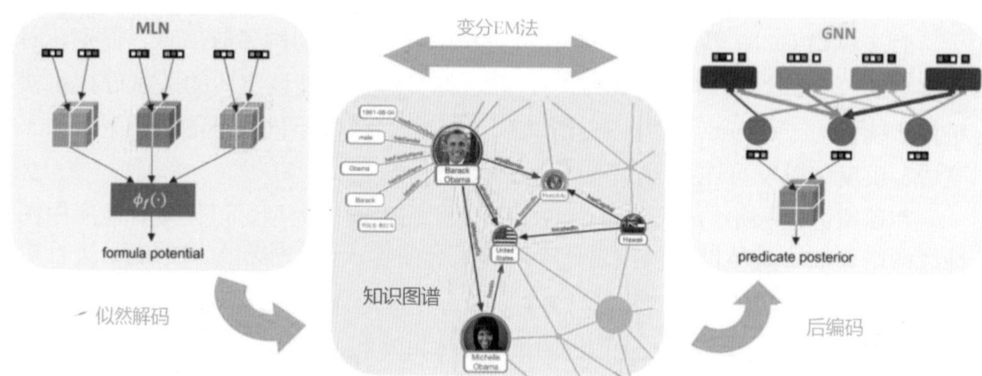

图 8-38　ExpressGNN：利用图神经网络实现基于概率图模型的知识图谱推理任务

8.4.2　在知识图谱构建中的应用

除了用在知识图谱表示学习算法中，图神经网络也广泛应用于知识图谱的各种构建任务，比如实体识别、关系抽取、属性补齐和实体对齐等任务。下面选择两个例子进行介绍。

1. 利用图神经网络实现长尾关系抽取举例

前面介绍过，关系抽取的任务是指给定文本句子，预测其中实体间存在的关系，从而抽取三元组用于构建知识图谱。绝大部分关系抽取数据集中都存在长尾分布的问题，即在尾部的关系类别训练数据量较少，分类的效果较差。一些工作考虑借助关系之间的“关系”进行特征迁移，比如可以将样本较多的头部关系/people/deceased_person/place_of_death 学习到的特征迁移到样本较少的尾部关系 deceased_person/place_of_burial 中，从而帮助尾部关系进行预测。这类关系之间的“关系”通常可以通过关系间的图结构来定义。

如图 8-39 所示，模型就借助了关系和关系之间层次结构关系。其中头部（head）关系和尾部（tail）关系都定义在关系树中。基于这样一个层次结构图，同样可以使用图神经网络的相关算法如 GCN 等对该结构图进行编码，从而帮助关系特征的迁移。在样本量较少的关系上，借助层次结构图和 GCN 进行迁移得到的结果，可看到效果有明显的提升。

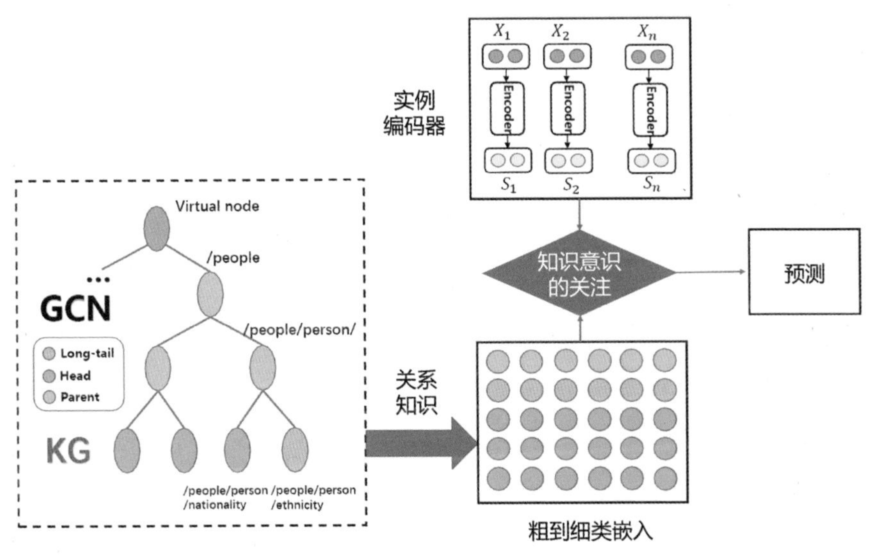

图 8-39　利用图神经网络实现长尾关系抽取

2．基于图神经网络的实体对齐应用举例

图神经网络同样也可以用于知识图谱对齐的相关任务。知识图谱对齐是指同样的目标实体或概念在不同的图谱中的表达可能会不同，如果将这些描述了同一目标的实体或概念进行对齐、合并，则可以将多个知识图谱进行融合，形成一个更完整的知识图谱。由于图神经网络有识别同构子图的能力，而可对齐的实体对周围通常有相似的邻居，即具有一定的同构特征，因此有不少工作将图神经网络用于知识图谱的实体对齐任务。

如上述 RDGCN 算法。考虑到图神经网络算法擅长捕捉节点（实体）的特征表示，RDGCN 在给定知识图谱作为主图（G^e）的基础上定义了一个以知识图谱中关系作为节点的对偶图（G^r），同时利用图注意力机制在图谱信息传播的过程中对两个图谱中的信息进行交互、融合，最后将主图中已融合了对偶图特征的节点输入 GCN 模块中，对邻居节点信息进行再次聚合。最终得到的实体向量表示用于计算两个知识图谱中的实体是否是对齐的，如图 8-40 所示。

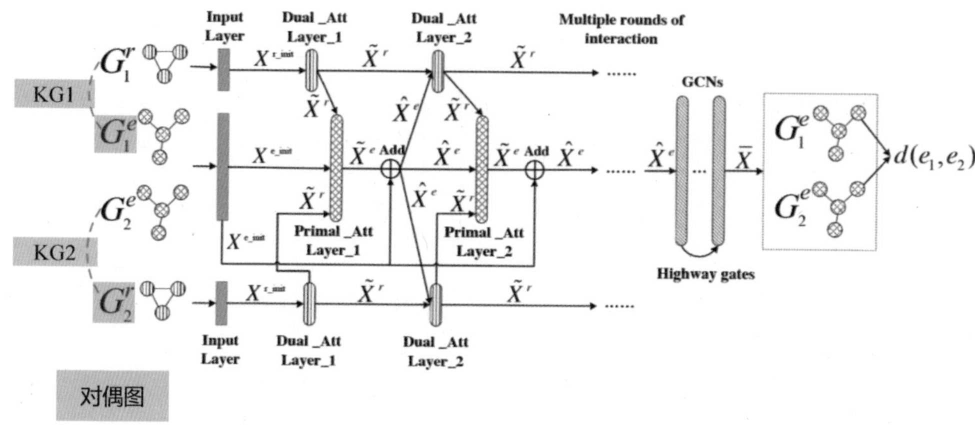

图 8-40 利用图神经网络实现实体对齐

8.4.3 知识图谱+图神经网络

在很多实际应用场景中，经常会把知识图谱与图神经网络叠加起来，再去解决计算机视觉或自然语言处理等其他领域的问题。下面分别介绍零样本图像分类、对话生成和推荐计算等三个例子。

1. 基于知识图谱与图神经网络的零样本图像识别

在零样本的图像分类任务中，可以利用知识图谱建模类别与类别之间的关系，从而将特征从有样本的已见类别（Seen Class）迁移到无样本的未见新类别（Unseen Class），以分类新类别的测试样本。在特征迁移的过程中，可利用图神经网络对包含了类别间关系的知识图谱进行编码，并在图谱中进行特征信息的传播。如图 8-41 所示，未见新类别的样本特征可通过聚合其周围已见类别的样本特征学习得到，最终为每个未见新类别学习到一组特征向量，用于图片分类。

2. 基于知识图谱与图神经网络的对话生成

在对话生成的相关任务中，知识图谱的引入可以帮助生成内容更丰富，表达更专业的对话内容，尤其是在一些专业领域的对话场景中，知识图谱非常有用。这里的模型在日常对话中引入了常识知识图谱，同时利用图注意力网络在对话序列生成过程中生成更丰富、全面的对话。如图 8-42 所示，在对话生成模型中，通过加入一个知识感知的生成器，在对话生成过程中不断地从知识图谱中引入实体相关的背景知识，从而丰富对话生成的内容。在这里，图神经网络用来对知识图谱中的知识进行编码，并与生成模型集成和融合。

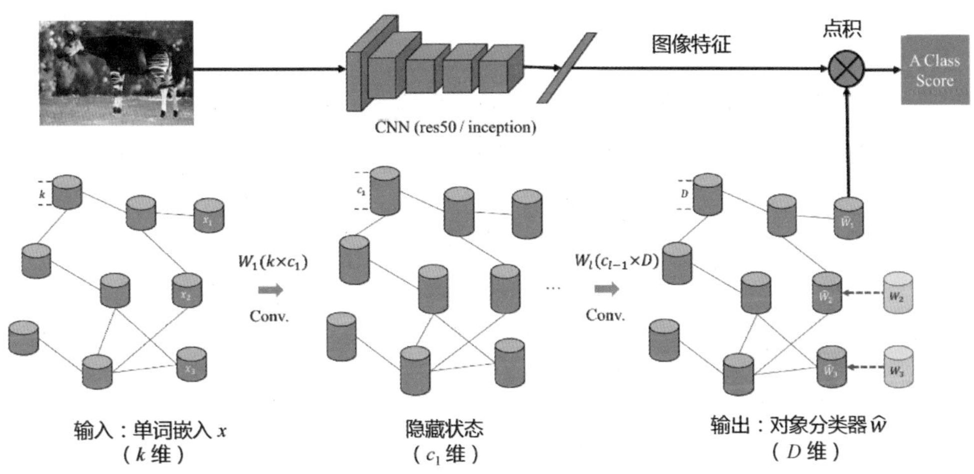

图 8-41　知识图谱与图神经网络实现零样本图像分类

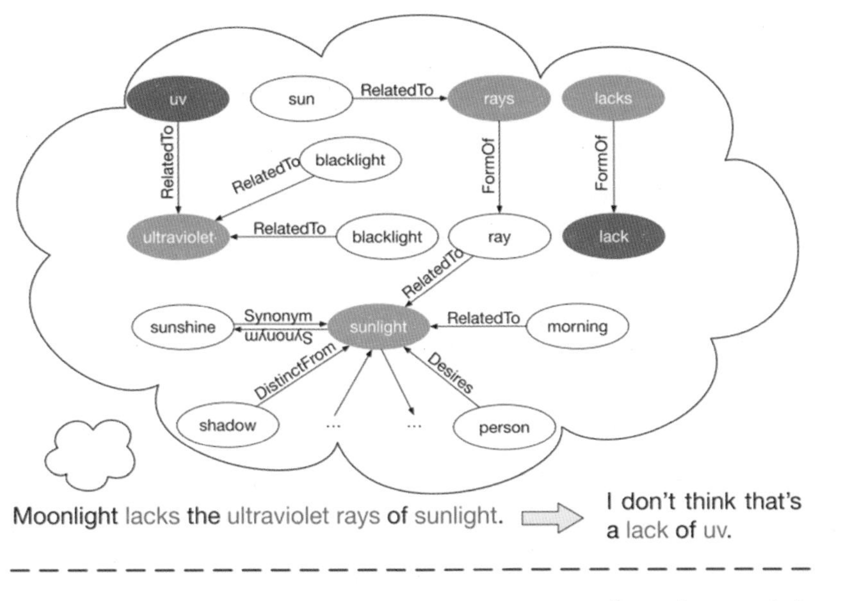

图 8-42　基于知识图谱与图神经网络的对话生成

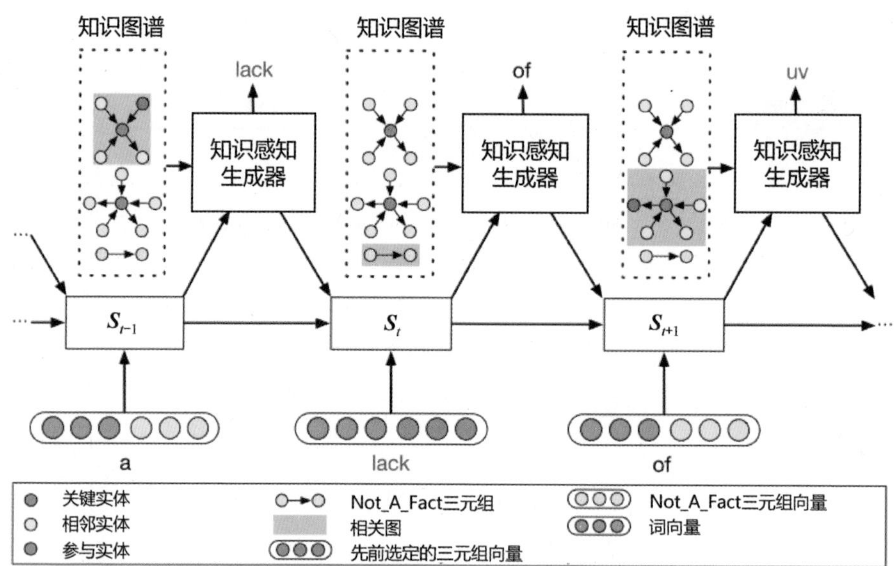

图 8-42 基于知识图谱与图神经网络的对话生成（续）

3. 基于知识图谱与图神经网络的推荐系统

在推荐系统的相关应用中，一些模型如 GC-MC 将用户和商品交互的二分图建模为一种评分，作为关系的知识图谱，将商品到用户的推荐看作一种在图谱上进行链接预测的问题。基于这种图谱，GC-MC 模型使用图自编码器对图谱进行建模，最终通过双线性解码器，推荐评分预测，如图 8-43 所示。其中，考虑到图谱中多种类型的边，模型使用 RGCN 在图谱中进行信息的聚合和传递。

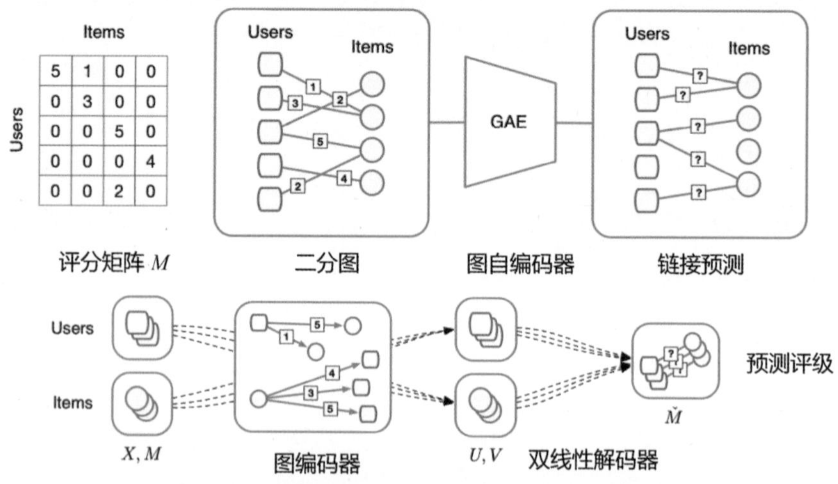

图 8-43 基于知识图谱与图神经网络的推荐系统

“知识图谱+图神经网络”的组合还有很多应用，这里仅简要列举了众多应用中的少数几个例子。通常，知识图谱起到一个数据建模的作用，这个建模过程实际上通常会有人工先验知识的输入。例如定义知识图谱 Schema 的过程本身就可以看作一种人工先验知识。而图神经网络再叠加知识图谱嵌入模型通常作为算法维度的输入。但这里要特别强调的是，“知识图谱+图神经网络”的组合，通常有一个前提是所构造的图数据的图结构比较丰富。并非所有的知识图谱数据结构都有丰富的图结构特征，因此也就不适合采用图神经网络的方法解决。

8.5 总结

最后对本章做一个总结。图结构是一种强有力的数据建模方法，知识图谱是利用图结构建模知识的方法。基于图论的系列图算法可以有效地用来对知识图谱进行挖掘、分析和可视化。图嵌入和图神经网络都是重要的对图的结构特征进行处理的表示学习的方法，与知识图谱嵌入和规则学习等方法不同，图表示学习方法侧重于图结构的处理。知识图谱嵌入模型和规则学习等方法更加侧重于语义和逻辑结构特征的学习，而非图结构的学习。更好的知识图谱表示学习方法需要综合利用好语义、逻辑结构的特征学习和图结构的特征学习等多种方法。此外，随着知识图谱规模的不断扩大，大图数据的处理，也就是基于大数据计算引擎的图计算也是需要深入研究和考虑的技术问题。

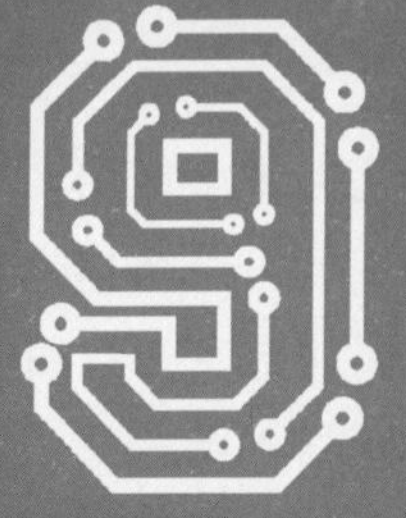

第 9 章
CHAPTER 9

知识图谱技术发展

前面的八章分别从知识图谱的总览、表示、存储、抽取、推理、融合、问答和分析等八个方面介绍了知识图谱的基本概念和关键技术要素。知识图谱是迅速发展的交叉技术领域，在不断地与其他领域进一步融合。例如，知识图谱中的数据逐步从单一的符号化数据向包含文本、图片、视频、流数据等多种模态的数据发展。随着语言预训练的兴起，人们又在探索怎样利用知识图谱拓展预训练模型处理复杂问题的能力。由于事件之间的逻辑关系对于很多真实业务场景具有很强的建模能力，很多研究者提出和探索事理知识图谱。此外，知识与推理技术对于很多低资源、小样本问题也具有独特的作用和价值。最后，本章还对结构化知识的预训练、知识图谱与区块链的新话题展开了探讨。

9.1 多模态知识图谱

9.1.1 多模态简介

1. 知识图谱的多模态数据来源

本节探讨多模态知识图谱的问题。前面曾多次提到，知识图谱的数据来源不仅仅是文本和结构化数据，也可以是图片、视频和音频等视觉或听觉形式的数据。多模态就是指视觉、听觉和语言等不同模态通道的融合。能够充分融合和利用语言、视觉和听觉等多种模态来源数据的知识图谱叫作多模态知识图谱。

一方面，凡是蕴含知识的原始数据都可以作为知识图谱构建的数据来源，例如对于图片，也需要完成类似于文本中的实体识别和关系抽取任务。另一方面，多种模态的数据也可以被用来增强知识图谱上实现实体对齐、链接预测和关系推理的效果，这就好比人类在完成推理任务时，也会充分利用视觉、听觉信号加强认知层的推理能力。

此外，如果将图片、视频中的实体采用类似于实体链接等技术与知识图谱中的实体进行链接，就可以充分利用知识图谱增强对多模态数据的分类、检索和识别等能力，后面会看到知识图谱被用来帮助解决图片的零样本分类问题。这些都是研究多模态知识图谱的意义所在。

2. System 1 和 System 2

先来看一些观点。正如深度学习专家 Yoshua Bengio 在 NeuralPS 2019 的大会报告中所介绍的，在认知理论中，大家有这样的一个共识，即人的认知系统包含两个子系统，如图 9-1 所示。直觉系统 System1，主要负责快速、无意识、非语言的认知，即所谓感知层面的系统，这是目前深度学习主要做的事情。逻辑分析系统 System2，是有意识的、带逻辑、负责规划和推理以及可以用语言表达的系统，这方面深度学习能力还很有限，而知识图谱关注的正好是这部分的系统。这里有一个值得深思的问题，就是这两个系统是分离的两个系统，还是一个系统的两个部分？至少到目前为止，以语言和知识为代表的符号空间和以神经网络为代表的向量空间还是被割裂的两个不同的空间。我们有可能把这两个系统融为一体吗？

System1

- 快速、无意识、非语言的认知，感知层面的系统
- 目前的深度学习

Manipulates high-level / semantic concepts, which can be recombined combinatorially

System2

- 有意识的、带逻辑、规划、推理以及可以用语言表达的系统
- 未来的深度学习

图 9-1 System1 和 System2 的融合

3. 知识图谱：衔接感知与认知

认知科学家道格拉斯·霍夫施塔特有一个观点认为“记忆是高度重建的。在记忆中进行搜取，需要从数目庞大的事件中挑选出什么是重要的，什么是不重要的，强调重要的东西，忽略不重要的东西。**这种选择过程实际上就是感知。**”DeepMind联合创始人德米什·哈萨比斯也曾提到：“我们能否从自己的感知构建，利用深度学习系统，并从基本原则中学习？**我们能否一直构建，直到高级思维和符号思维？**”所以，认知的核心过程与感知的关系非常密切，并可能就是一个过程。

知识图谱的向量表示使得我们可以利用表示学习获得概念、类层次、实体和关系的嵌入，并进而获得图结构、路径、子图的嵌入。同时，有关本体嵌入、规则学习（Rule Learning）的工作又使得逐步能够在向量空间实现一些简单的逻辑推理。各种嵌入的技术使得可以将来源于文本中的词、短语、句子，来源于图片或视频中的对象、语义关系，来源于知识图谱中的实体、概念和关系都投影到统一的表示空间，如图 9-2 所示。这是否为感知和认知的无缝融合提供了一种实现的可能呢？

4. 知识图谱的多模态本质

再来看多模态的概念。模态可以理解为某种类型的信息和（或）存储信息的表示形式，每一种信息的来源或者形式都可以称为一种模态。例如，人有触觉、听觉、视觉、味觉和嗅觉。再比如多种多样的传感器如雷达、红外等。同时，模态也可以有非常广泛的定义，比如可以把两种不同的语言当作两种模态，甚至在两种不同情况下采集到的数据集，也可认为是两种模态。目前，多模态在机器学习中比较热门的研究方向是图像、视频、音频、语义文本之间的多模态学习，而

在这四者中讨论得最多的则是图像与文本的多模态。

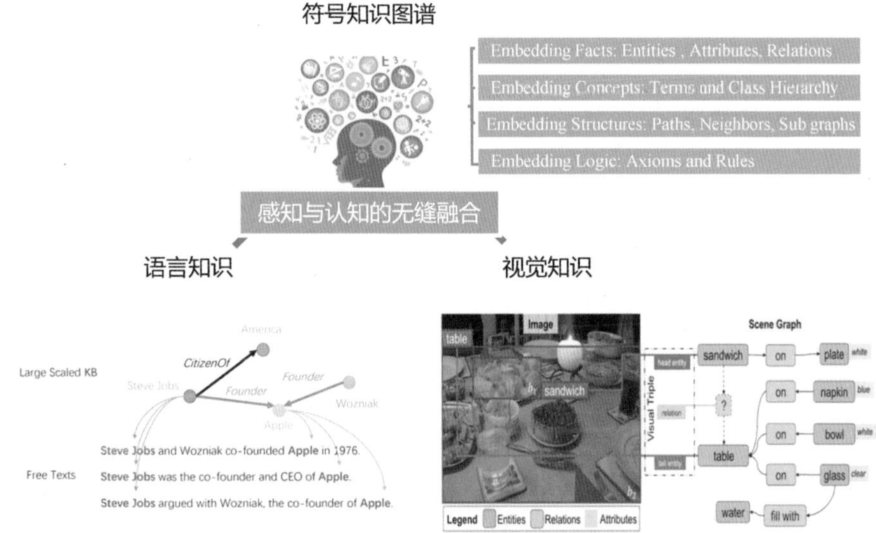

图 9-2　知识图谱衔接感知与认知

事实上，知识图谱本来就应该是多模态的。如图 9-3 所示，在很多搜索引擎提供的知识图谱搜索结果中，都已经包含多模态的数据。知识图谱是链接数据的概念。有关一个实体的数据可能是结构化的属性描述数据，也可能是文本描述型数据，也可能存在于一张图片或一段视频中。如果能够将有关这个实体的各种模态数据都关联起来，将有力地提升信息搜索的用户体验。当然，后面将会看到，构建多模态的知识图谱的价值不止在于提升搜索体验。

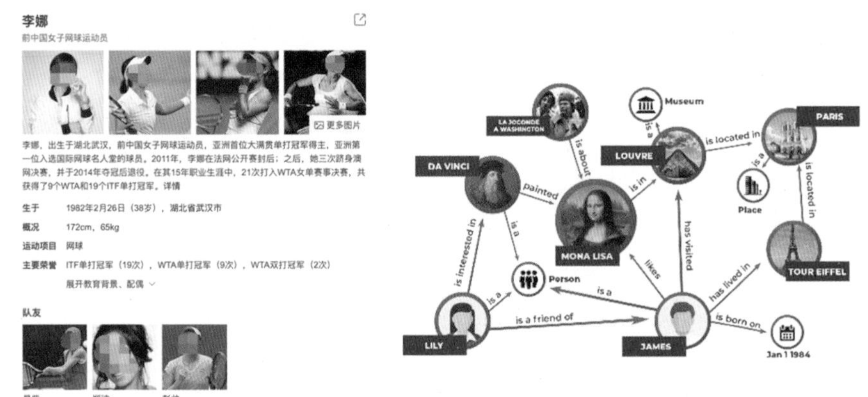

图 9-3　知识图谱的多模态本质

9.1.2 多模态的价值与作用

1. 模态知识互补

多模态有什么作用呢？首先，不同模态通常包含同一对象不同方面的知识。例如在电商场景中，一部分商品可能有丰富的图片信息，但缺乏结构化的属性描述，而另一类商品则可能拥有丰富的结构化图谱数据，但缺乏对应的文本描述信息。通常，这些模态之间的知识是互补的。如果能充分挖掘和关联不同模态中的知识，将使得不同模态之间相互增强。

2. 基于多模态知识的实体消歧

多模态的数据也可以用来帮助提升实体消歧的效果。例如，要将文本“有人看到李娜在北京的一家超市购物”中的实体“李娜”链接到知识图谱中。但图谱中可能包含两个不同的李娜。一个是网球选手，另外一个是歌手。假如仅仅依靠文本信息，则无法消除这个歧义。但如果这段新闻还配有对应的图片，同时知识图谱中李娜实体也关联对应的照片，则能通过图片对齐来提升实体消歧的效果，如图 9-4 所示。

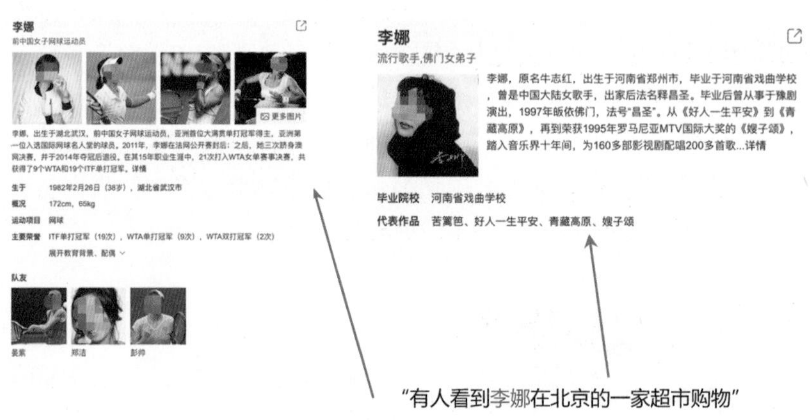

图 9-4 多模态知识的实体消歧

3. 跨模态的语义搜索

进一步，假如能够将多种模态数据与知识图谱中对应的实体实现正确的实体链接，就可以实现跨多种模态的语义搜索。例如，将新闻文本、视频和图片中有关李娜的实体提及、实体图片和实体视频都与知识图谱中的对应的李娜进行实体关联，就可以实现更加精准的语义关联检索，如图 9-5 所示。目前的搜索引擎一部分实现了图片的实体关联，但在文本和视频方面的实体关联还有很大提升空间。

图 9-5　跨模态的语义搜索

4．利用多模态数据补全知识图谱

既然可以通过知识抽取技术从文本中抽取有价值的信息补全知识图谱，当然也可以从图片、视频和时序数据中抽取有价值的信息用来补全知识图谱。事实上，视觉领域也有相应的关系抽取任务。此外，图片和文本描述数据还被用来增强知识图谱中已有实体的特征表示，以提升链接预测的效果。

5．利用知识图谱增强多模态数据处理能力

反过来，知识图谱的融入也可以大大增强多模态数据处理的能力。例如，知识图谱被用来提升视觉等场景下的零样本学习等低资源学习的预测效果。融入知识图谱的模型也能够大大提升视觉语义理解的能力，提高视觉场景图谱的构建效果，提高视觉问答的用户体验，并增强视觉等多模态学习模型的可解释性，如图 9-6 所示。

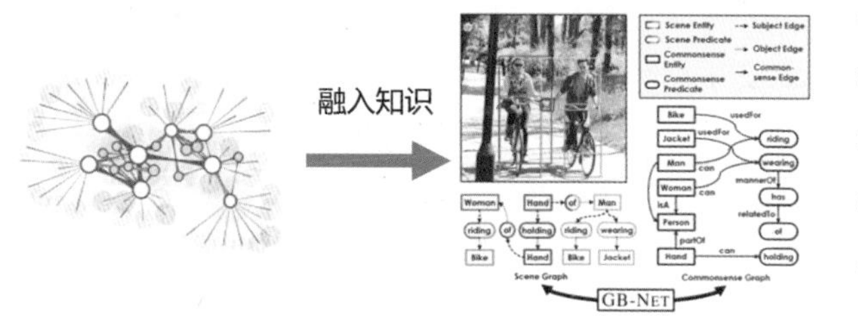

图 9-6　利用知识图谱增强多模态任务

9.1.3 多模态知识图谱举例

有关多模态知识图谱的研究由来已久。在语义网的早期有一个称为 Linked Media 的领域，其主要目的是把 Linked Data 的思想扩展到多媒体数据领域，通过建立文本、图片和视频中所包含实体对象之间的语义链接来增强跨不同模态数据之间的信息检索能力。接下来介绍几个多模态知识图谱的示例。

1. IMGpedia

作为模态知识图谱的先例，IMGpedia 将语义知识图谱与多模态数据相结合。IMGpedia 是一个大型的链接数据集，它从维基百科发布的图片中提取相关的视觉信息，同时为每张图像构建一个视觉实体（Visual Entity），并生成总计数量约 1500 万个相应的图像描述符。同时，将视觉实体与维基百科中对应的文章相关联，与 DBpedia 中的对应实体建立关联。

此外，IMGpedia 还通过计算图片之间的相似度，建立了图片之间的相似性链接，其中的图像之间有 4.5 亿个视觉相似关系。IMGpedia 的本体设计如图 9-7 所示。

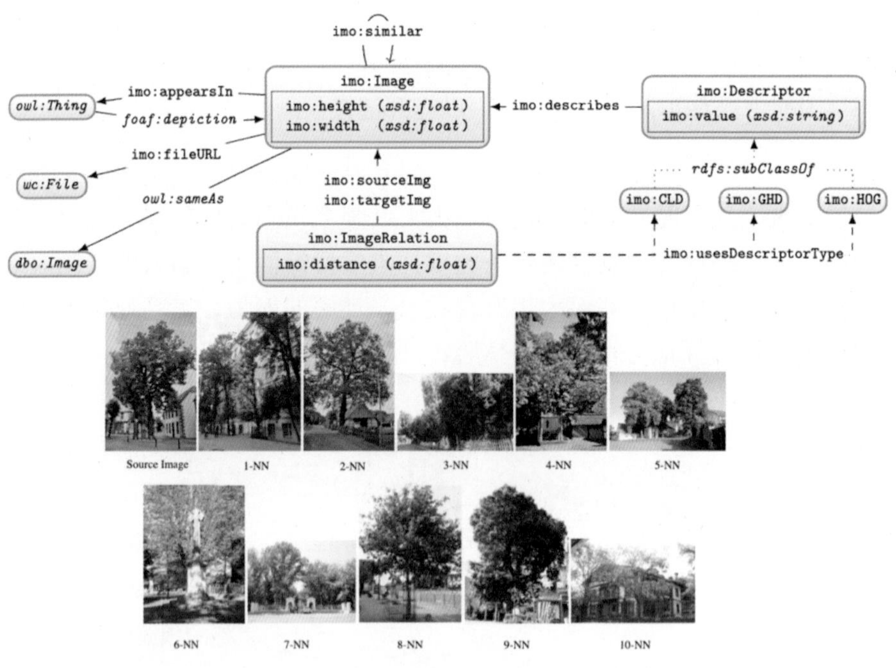

图 9-7 IMGpedia 的本体设计

2．MMKG

MMKG 是一个融合有实体的结构化属性、数值特征（如实体坐标位置）和对应图像三种要素的多模态知识图谱。MMKG 从三个典型的知识图谱出发构建，它选择在知识图谱补全文献中广泛使用的数据集 FREEBASE-15K（FB15K）作为创建多模态知识图谱的起点，同时创建了基于 DBpedia 和 YAGO 的版本，称为 DBpedia-15K（DB15K）和 YAGO15K，并且将 FB15K 中的实体通过 sameAs 关系与其他知识图谱中的实体对齐。

在构建图像关系的过程中，MMKG 从搜索引擎中获取了知识图谱中实体的相关图像，以生成对应的实体-图像关系。MMKG 主要利用这种多模态的信息实现 sameAs 的链接预测任务，并取得了不错的效果，证明了多关系链接预测与实体匹配可以从多模态信号中受益，同时知识图谱补全也可以很好地利用多模态信息。

3．ImageGraph

与前面介绍的两个多模态知识图谱不同，ImageGraph 中的每个实体都是图片，它旨在通过将大量图片组织成图片图谱，并建立图片实体之间的关联，解决视觉图像概念的关系推理问题，希望以此促进超出基本图像检索的复杂视觉检索应用的发展。其构造过程基于 FreeBase 的子集 FB15K 并沿用了其中的语义关系。与前文所提的数据集类似，通过爬取各大搜索引擎并基于 Wikipedia URIs 的视觉图像检索以及数据清洗，获得对应的图片。ImageGraph 总计包含 14870 个实体、564010 个三元组和 1330 个不同的关系类型。

ImageGraph 提出了四个任务，以证明该图谱的存在意义。如图 9-8 所示，首先将知识图谱划分为 seen 类与 unseen 类的部分，然后给定一对 unseen 的图像，要求预测其中的关系；或者给定 unseen 类图像与一个关系，预测出尾实体的 seen 类图像，或者给定一个不属于知识图谱的全新 unseen 图像以及一个划分在 unseen 类的图像，对关系进行预测；给定一个不属于知识图谱的全新 unseen 图像以及一个划分在 seen 类的图像，对关系进行预测。最后的实验结果表明，这种图片实体构成的图谱有利于促进图片的相关性检索和搜索。

4．Richpedia

Richpedia 的目标是构建一个大规模、全面的多模态知识图谱。Richpedia 定义了一个更全面的视觉关系本体，其中包含了图谱实体、文本实体、图像实体及其之间的关系。如图 9-9 所示，首先构建了图像模态伦敦眼图像与文本模态知识图谱实体（DBpedia 实体：London eye）之间的多模态语义关系（rpo:imageof），由于两个实体出现在同一张图上，所以之后还构建了图像模态实体伦敦眼与图像模态实体大本钟之间的多模态语义关系（rpo:nextTo）。

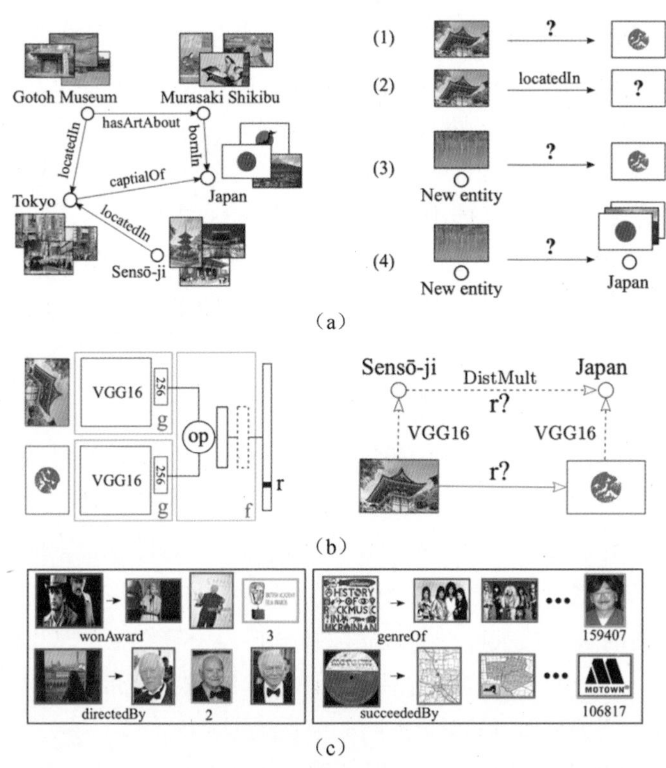

图 9-8 ImageGraph

作者在构造图谱的过程发现了两个普遍问题：其一，实际多模态图谱中的图像资源有很大一部分是长尾分布，即平均每一个文本知识图谱实体在 Wikipedia 中只有很少的视觉信息；其二，由于视角或其他原因，一些图片丢失了原本包含在内的实体位置关系

针对第一个问题，Richpedia 借助外部的其他数据来源（如维基百科、谷歌、必应和雅虎四大图像搜索引擎）来获得相应图像实体填充 Richpedia，并且在这过程中对图像实体进行预处理和筛选，例如除去相似性高的图片，除去不相关的图片和多样性检测。针对第二个问题，作者利用基于规则的关系抽取模板，借助 Wikipedia 图像描述中的超链接信息，生成图像实体间的多模态语义关系。

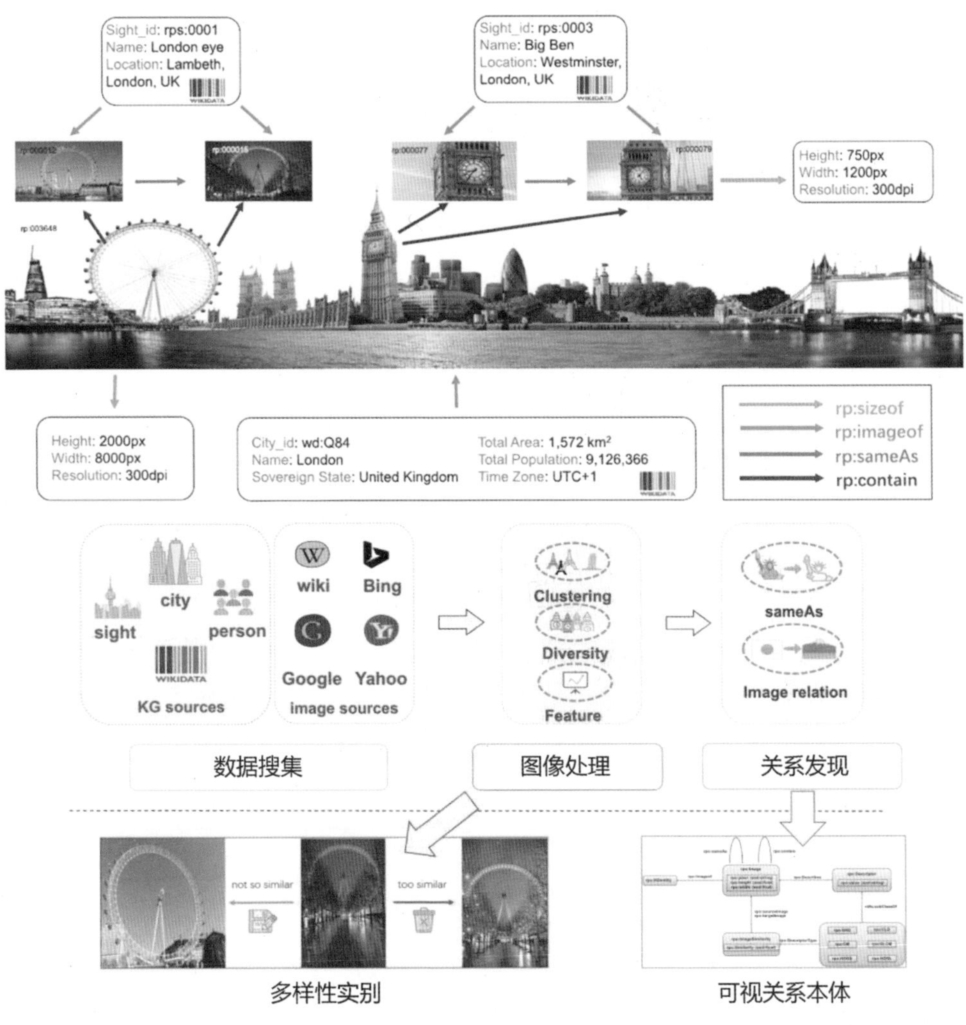

图 9-9 Richpedia

9.1.4 多模态知识图谱研究

1. 多模态关系预测与推理

构建多模态知识图谱的一个重要作用是可以充分利用不同模态的数据实现关系预测与推理。通常的做法是，分别考虑知识图谱的结构信息（例如可以使用 TransE 或图神经网络）以及视觉和语言等多模态信息。通过将各个模态信息映射到同一个公共向量空间，实现不同模态间的信息交互。如图 9-10 所示，该工作使用了不同神经编码器学习实体和多模态数据的嵌入表示，同时在这个基础之上，将生成的向量表示作为属性生成任务的输入，以生成缺失的多模态属性，例如文本和图像等属性信息等。

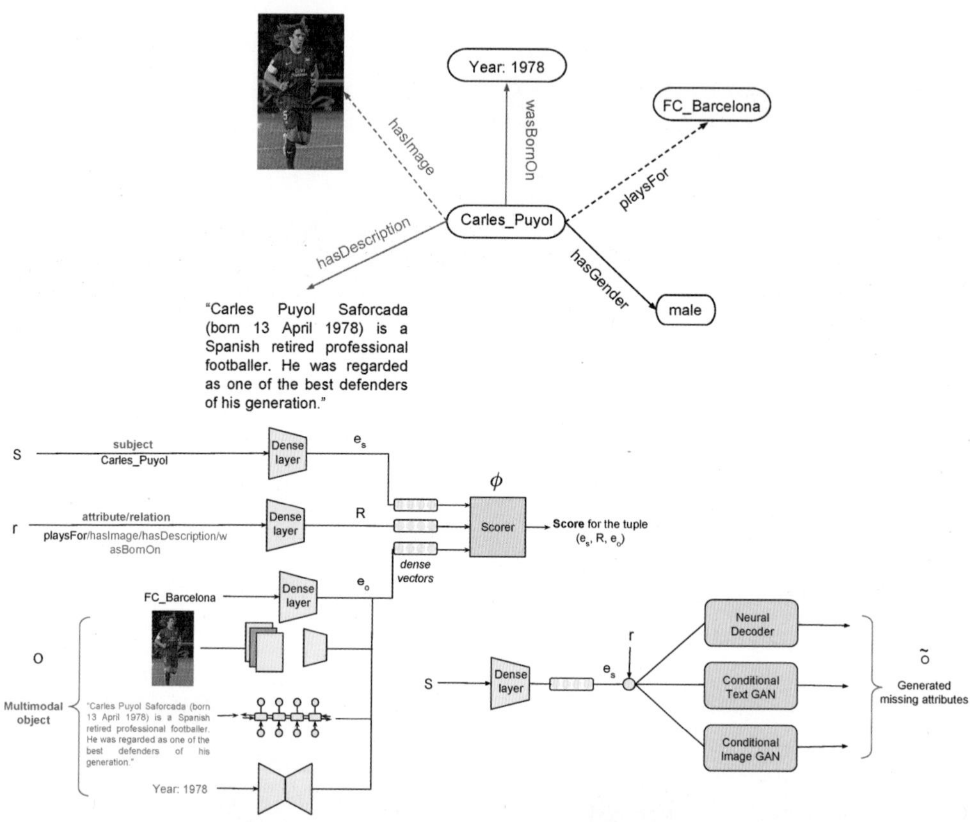

图 9-10 多模态关系预测与推理

多模态数据的另一个作用是用来提升知识图谱补全的效果。例如，可以为每个实体设置两种知识表示：基于结构的表示和基于图像的表示，并联合训练图像模型和结构知识模型。最后利用这些包含了多种模态信息的实体向量表示提升知识图谱补全和三元组分类的效果。

2. 多模态知识问答

前面介绍过知识图谱问答可以和视觉问答任务相互补充。利用外部知识库增强视觉问答的效果也是近年来比较受关注的研究领域。例如，Out of the Box 模型在视觉问答方面把视觉图像、问题文本语义、文本内的知识等多模态信息融合后，根据图片问题信息，从知识库中抽取一个相应的子图，通过融合外部知识库中获取的事实（Facts）来解决视觉问答中所面临的深度语义理解问题，如图 9-11 所示。

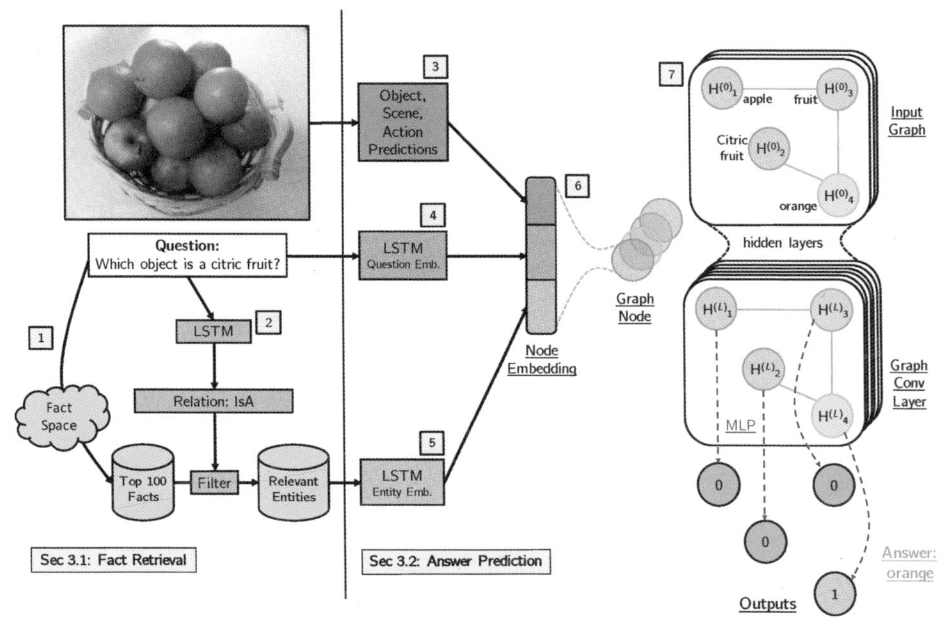

图 9-11　多模态知识问答

在需要外部知识的视觉问答任务上，前文虽然很好地融合了多模态信息与知识图谱，但最后的判别子图中每个节点都是固定形式的视觉-问题-实体的嵌入表示，这使得模型无法灵活地从不同模态中捕获线索。如图 9-12 所示，Mucko 模型将图像表示成一个多模态的异构图，其中包含来自不同模态三个层次的信息，分别是从图片构建的视觉图、从问句构建的语义图和从知识图谱构建的事实图，以期望三者互相补充和增强 VQA 任务的信息。具体来说，视觉图包含了图像中的物体及其位置关系的表示，语义图包含了用于衔接视觉和知识的高层语义信息，事实图则包含图像对应的外部知识。然后对于该三个模态的图，首先进行每个模态内的知识选择，即节点和边的注意力权重，然后通过基于注意力机制的异构图卷积网络方法关联不同模态的信息，从不同图中自适应地收集互补线索并进行汇聚，进行最后的答案预测。

3．场景图与知识图谱的融合

在视觉任务中，场景图通过将图像编码为抽象的语义元素（即对象及其相互作用），有助于视觉理解和可解释的推理。常识知识图谱则可以用来编码关于世界的事实性知识和抽象概念。场景图与知识图谱怎样融合也是一个比较受关注的研究领域。例如，GB-Net 探讨了这两种图结构的统一表示，其中场景图被视为常识知识图谱的图像条件化实例，如图 9-13 所示。其中场景图中的每个实体或谓词实例都必须链接到其在常识中的对应实体或谓词类。同时，论文提出了一种异构图推理框架，该框架允许同时利用场景和知识图谱中的丰富结构和常识知识。

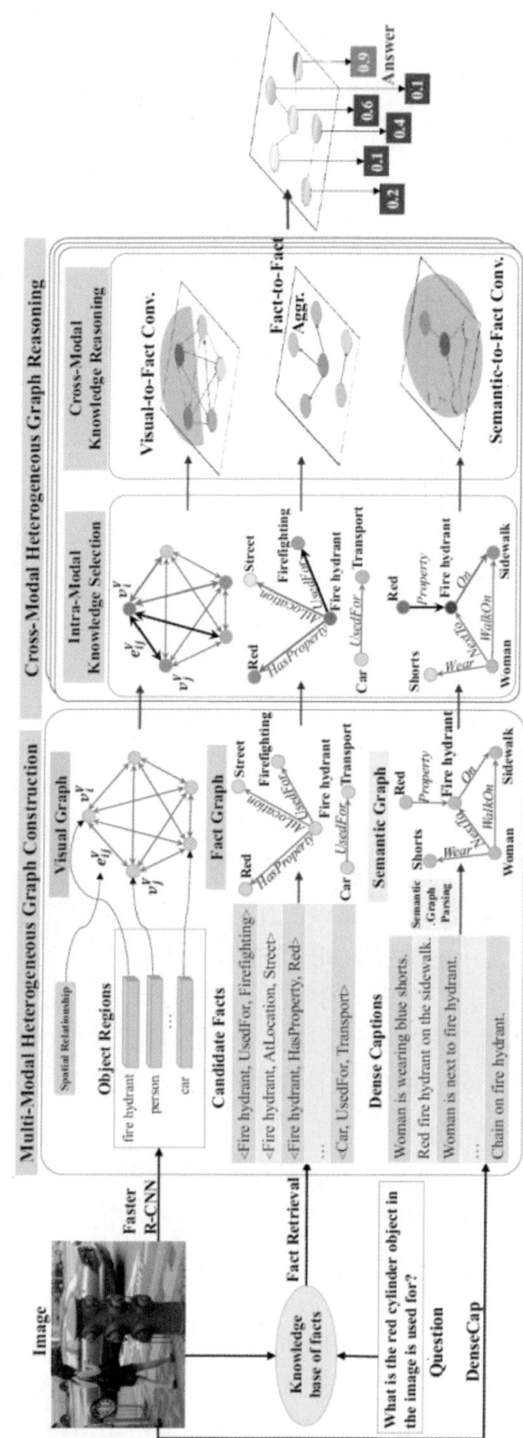

图 9-12 Mucko：基于事实的视觉问答

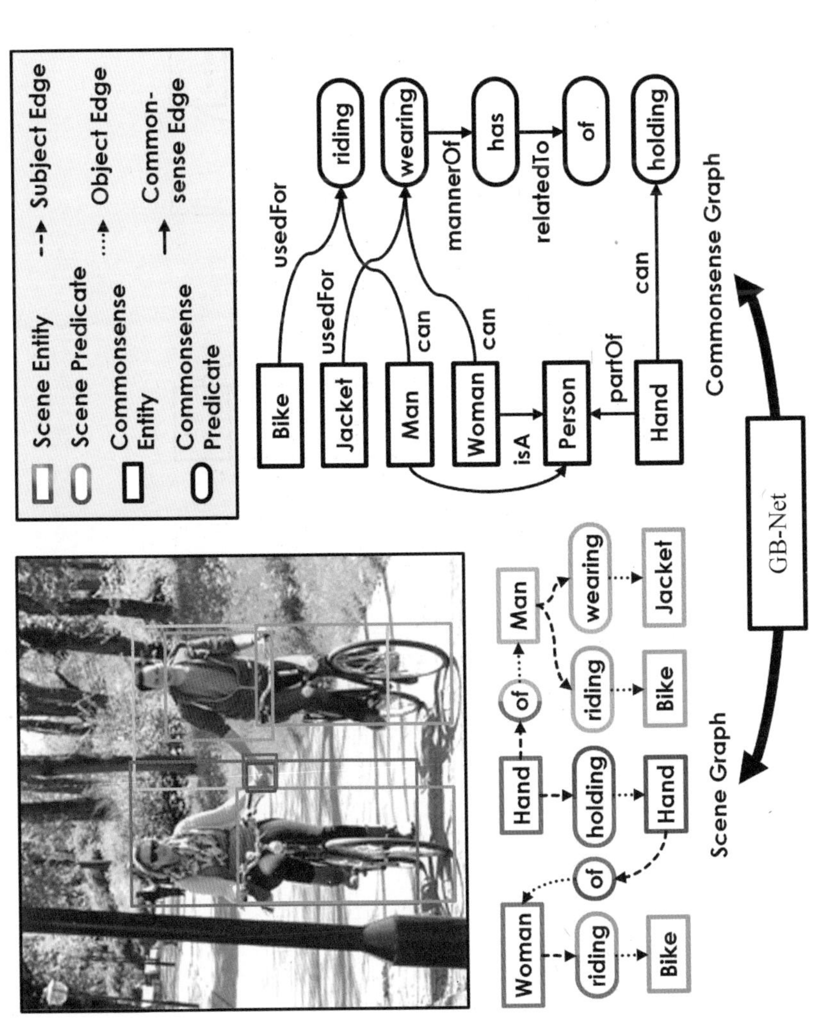

图 9-13　将场景图和知识图谱融合解决视觉识别问题

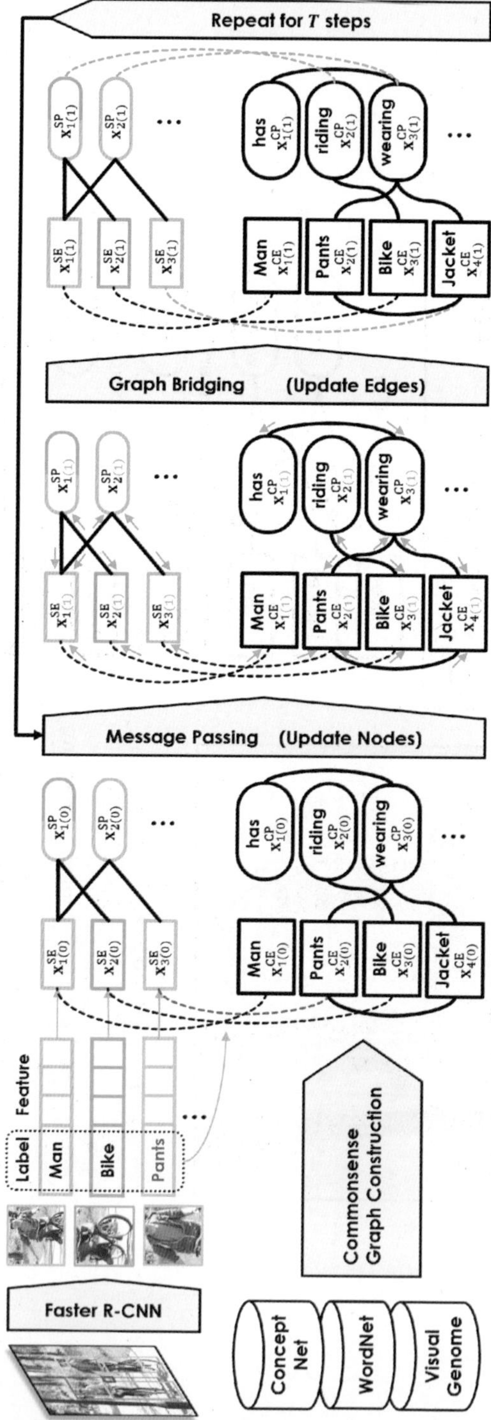

图 9-13 将场景图和知识图谱融合解决视觉识别问题（续）

4. 多模态知识图谱推荐

多模态信息当然也可以用来提升推荐系统的效果。对于基于知识图谱的传统推荐算法，虽然利用有价值的外部知识作为辅助信息，但大多忽略了多模态知识图谱中数据类型的多样性。MKGAT 多模态知识图谱注意力网络将多模态知识图谱引入推荐系统中，在 MMKG 上进行信息传播，然后使用所得到的聚合嵌入表示进行推荐，证明了可以成功应用多模态知识图谱提高推荐系统的质量，如图 9-14 所示。

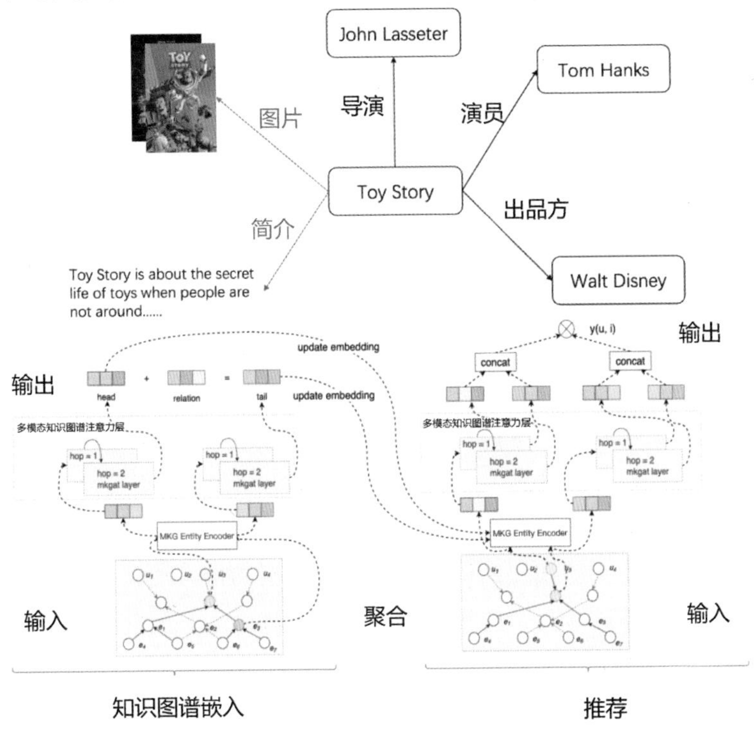

图 9-14　基于多模态知识图谱的推荐

9.1.5　多模态知识图谱总结

知识图谱是链接数据（Linked Data）的概念，本来就是多模态的，现有很多商用知识图谱都已经通过知识图谱将各种模态的数据进行关联，并提供了多模态语义搜索能力。多模态知识图谱可以发挥不同模态数据中所包含知识的互补性，相互增强、相互补充。一方面，可以利用多模态数据进一步补全知识图谱；另一方面，知识图谱也可以提升多模态任务的效率。多模态知识图谱有很多值得深入研究的方向，例如：多模态关系预测与推理、多模态知识问答、多模态实体对齐与实体链接、多模态推荐计算等。目前，有关多模态知识图谱的研究，不管是技术方法还是图谱数据的构建，都还有很大的发展和创新空间。

9.2 知识图谱与语言预训练

本节介绍知识图谱与语言预训练的关系，将从语言预训练模型开始，介绍知识对语言预训练模型的价值，并介绍几个前沿的知识图谱增强语言预训练模型。

9.2.1 知识图谱与语言预训练

前述章节曾提及，关于“知识”的话题有两条不同的技术思路。一条思路认为需要构建知识图谱，利用符号化的表示手段描述知识，才能完成复杂的语言理解和推理问题。另外一条思路认为可以利用语言预训练模型，从大量文本语料中训练得到一个由大量参数组成的模型，这个模型中包含有参数化表示的知识，可以直接利用这个模型完成智能问答、语言理解、推理等各类任务。事实上，这两者并非替代关系，而是互补关系。

后面会看到，文本的预训练模型主要捕获的还是词之间的共现关系，虽然在一定程度上能够捕获一些浅层的语义，但是知识层的推理逻辑是复杂的，仅仅依靠词的共现规律捕获这些复杂的推理逻辑是十分困难的。因此，有越来越多的研究工作关注怎样把知识图谱和语言预训练模型结合起来，将知识图谱注入语言预训练模型中，以提升预训练模型处理复杂问题的能力。

9.2.2 语言预训练简介

首先简要介绍语言预训练模型。在 2013 年，学者们就提出了词嵌入模型 Word2Vec 和 Glove。这些模型都是利用词的上下文获得每个单词的词嵌入向量。一个单词表达成词向量后，很容易找出语义相近的其他词汇。然而，Word2Vec 这类模型无法解决一词多义问题。比如多义词 Bank，有两个常用含义，但是 Word2Vec 无法区分这两个含义。这是因为它们尽管上下文环境不同，但是在用语言模型训练的时候，不论什么上下文的句子，经过 Word2Vec，都是预测相同的单词 Bank，而同一个单词占的是同一行的参数空间，这导致两种不同的上下文信息都会编码到相同的嵌入空间。

ELMo 提供了一种更为简洁优雅的解决方案。ELMo 的本质思想是：事先用语言模型学好一个单词的向量，此时多义词无法区分，不过这没关系。在实际使用词向量时，单词已经具备了特定的上下文了，这时可以根据上下文单词的语义调整单词的向量表示，这样经过调整后的向量表示更能表达在上下文中的具体含义，自然也就解决了多义词的问题了。所以，ELMo 本身是一个根据当前上下文对词向量动态调整（Finetune）的思路。

当然，语言预训练的里程碑工作当属谷歌提出的 BERT。同 ELMo 相比，它采用更为强大的 Transformer 作为文本编码器，并基于掩码语言模型（Masked Language Model）进行预训练。如图 9-15 所示，BERT 随机遮蔽掉训练语料中比如 15%的词，要求模型能预测这些缺失的词，以此为主要监督信号来获得词的向量表示。BERT 模型在多数常见的 NLP 任务中效果都非常显著。

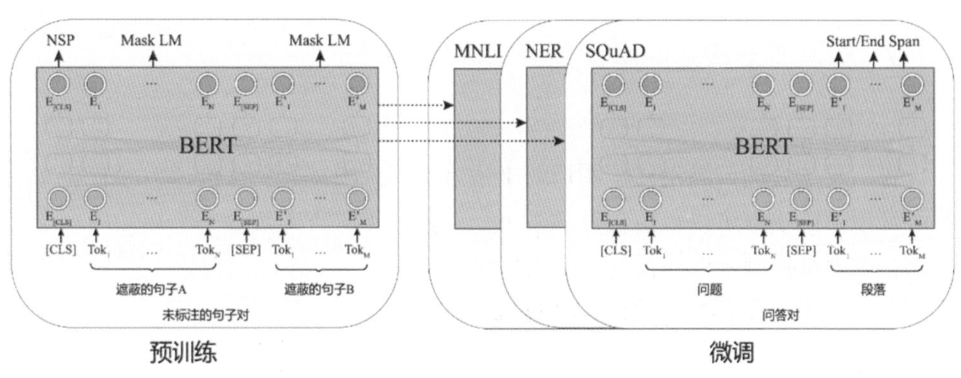

图 9-15　BERT 语言预训练模型

在 BERT 模型之后，学者们沿着不同的方向，又陆续提出了若干改进的语言预训练模型。如图 9-16 所示为语言预训练模型的发展示意图，展示了近年来语言预训练模型的传承和发展。完整地介绍这些语言预训练模型超出了本书的范畴，感兴趣的读者可以参考自然语言处理领域的相关材料。

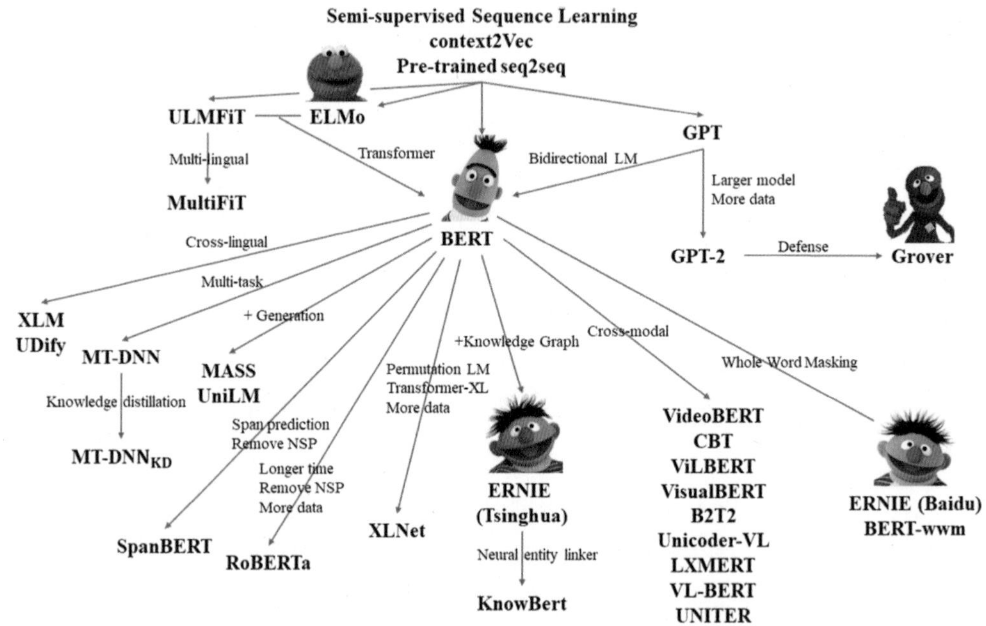

图 9-16 各种语言预训练模型的发展示意图

9.2.3 知识图谱增强的语言预训练模型举例

1. 为什么需要知识图谱

我们更关心的问题是知识图谱对于语言预训练模型有什么价值？尽管纯文本的语言预训练模型可以取得较好的效果，然而由于语言天然存在长尾效应，现有的语言预训练模型难以捕捉低频的实体信息。

而知识图谱含有丰富的结构化知识，其中包含大量的实体知识，可以极大地促进现有的语言预训练模型的学习效果。可以通过实体链接得到文本包含的实体的三元组信息，进而更好地学习文本中实体的表示。

此外，知识图谱中丰富的结构化知识还有助于支持一些知识驱动的下游任务，如关系抽取、实体分类等。这些任务对实体表达能力依赖较强，因而长尾低频实体能够很好地通过外部知识图谱学习较好的表示，进而促进下游任务的效果。

越来越多的学者注意到了知识对于预训练语言模型的重要性，因而提出了很多知识（图谱）驱动的语言预训练模型，比如 ERNIE 模型、KnowBERT 模型、WKLM 模型、KEPLER 模型和 K-Adapter 模型等。接下来选择几个典型的模型展开介绍。

2. 直接用实体向量注入增强语言模型

利用知识图谱增强语言预训练模型的一个最简单的思路是把知识图谱中的实体向量表示直接注入语言模型中。比较典型的模型如 ERNIE 和 KnowBERT。

ERNIE 是一个利用大规模语料和知识图谱实现的语言预训练模型。ERNIE 以 Wikipedia 等作为文本语料输入，WikiData 作为知识图谱输入。在这个模型中，知识图谱作为一个重要的外部知识来源，为语言模型提供丰富的外部知识信息，从而促进语言预训练的效果。知识驱动的语言预训练存在两个主要挑战。第一个是外部知识怎样融入语言模型中，第二个是怎样避免引入知识带来的噪声问题。

ERNIE 模型通过一种层次的 Transformer 进行外部知识的融合。对于抽取并编码的知识信息，ERNIE 首先识别文本中的命名实体，然后将这些实体与知识图谱中的实体进行匹配。ERNIE 并不直接使用知识图谱中基于图的事实，而是通过知识图谱嵌入算法（例如 TransE）编码知识图谱的图结构，并将多信息实体嵌入作为 ERNIE 的输入。

与 BERT 类似，ERNIE 采用了带掩蔽（Mask）的语言模型，以及预测下一句文本作为预训练目标。除此之外，为了更好地融合文本和知识特征，ERNIE 采用了一种新型预训练目标，即随机掩蔽掉一些对齐了输入文本的命名实体，并要求模型从知识图谱中选择合适的实体以完成对齐。现存的预训练语言表征模型只利用局部上下文预测缺失词，但 ERNIE 的新目标要求模型同时聚合上下文和知识实体的信息，并同时预测缺失词和实体，从而构建一种知识化的语言表征模型。

如图 9-17 所示，ERNIE 的整个模型架构由两个堆叠的模块构成：（1）底层的文本编码器（T-Encoder），负责获取输入词语的词法和句法信息；（2）上层的知识型编码器（K-Encoder），负责将额外的面向词语的知识信息整合自底层的文本信息，这样就可以在一个统一的特征空间中表征词语和实体的异构信息。

在 ERNIE 之后，KnowBERT 也采用了类似的实体特征融合技术。KnowBERT 通过端到端的方式，将 BERT 的语言预训练模型和一个实体链接模型同时进行训练，从而在语言模型中引入实体表示信息。这些工作都是通过实体的嵌入向量表示间接地引入知识图谱信息的。

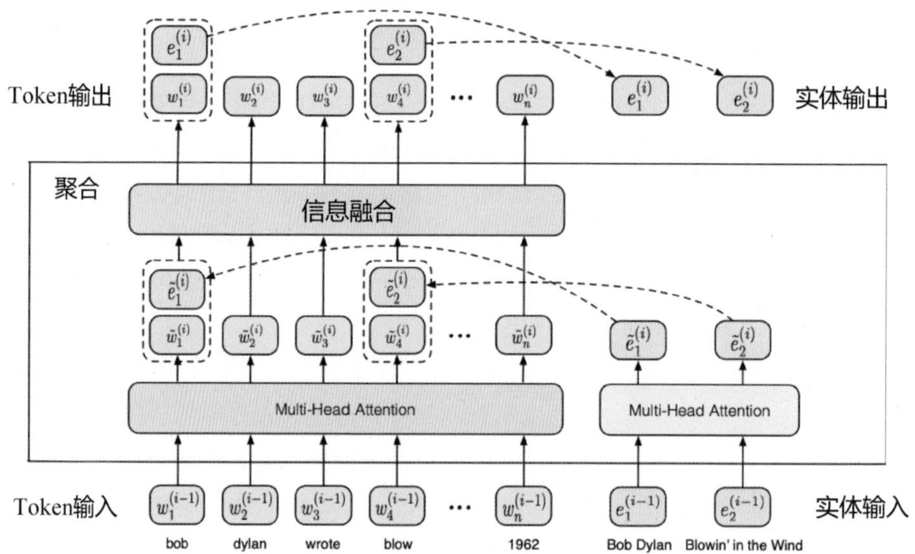

图 9-17 ERNIE 的模型结构

3. 利用多任务学习融合知识

前面提到的一些预训练模型虽然取得了较好的效果，但是使用训练好的图谱表示作为输入存在一些问题。但都面临一个核心的困难是：图谱表示空间难以和语言表示空间融合。另外一个思路是以外部知识为监督信号，通过多任务学习的方式增强语言预训练模型。

不同于前面介绍的知识驱动语言预训练模型，WKLM 设计了一种弱监督训练目标，给定输入文本，首先将原始文本链接到维基百科的实体。然后将部分实体随机替换为同类型的其他实体。训练时，模型对文本中实体是否被替换进行预测。这种对链接实体随机替换的方式比较容易扩展，同时以一种非常巧妙的方式将实体所包含的外部知识信息转化为弱监督信号，通过额外的多任务学习对语言模型进行训练，如图 9-18 所示。该模型训练数据仍为所有的英文的维基百科文本，文本中的实体由维基百科中的实体链接标注好。除了对实体进行替换，训练目标还保留了 BERT 中基于掩蔽的训练目标，即对字符进行随机替换，但是替换的比例由 15%降低为 5%。

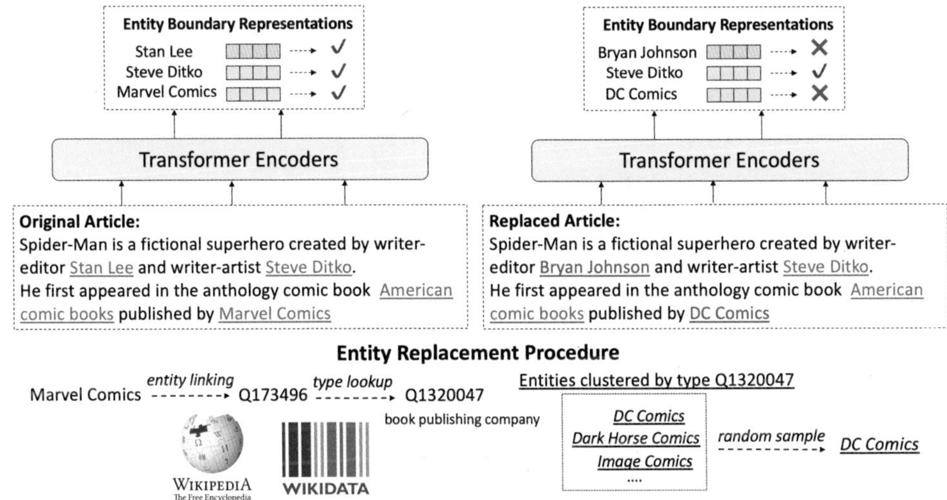

图 9-18　以外部知识作为语言预训练的外部监督信号

另外一个模型 KEPLER 模型主要通过添加类似于 TransE 的预训练机制增强对应文本的表示，进而增强预训练模型在一些知识图谱有关任务中的效果。首先，KEPLER 基于 Wikipedia 和 Wikidata 数据集，将每个实体与对应的维基百科描述相链接，并为每个实体获得其对应的文本描述信息。之后，对于每一个三元组——<头实体,关系,尾实体>，KEPLER 首先采用基于 BERT 的方法对实体的文本描述学习一个编码器，对每个实体进行编码。如图 9-19 所示，在通过编码器得到头实体和尾实体对应的表示之后，KEPLER 采用类似于 TransE 的训练方法，即基于头实体和关系预测尾实体。也就是对应图中 KE Loss。与此同时，KEPLER 还采用 BERT 经典的基于掩蔽语言模型的损失函数，并使用 RoBERTa 的原始参数进行初始化。最终 KEPLER 提出的方法在知识图谱补全和若干 NLP 任务上均带来了增益，如图 9-19 所示。

4. 通过额外模块融入知识

先前的工作主要集中在通过设计注入知识的训练目标，来增强语言模型的训练目标，并通过多任务学习的方式更新模型的全部参数。这样的方式存在两点限制：1）无法进行终身学习，模型的参数在引入新知识时需要重新训练，对于已经学到的知识，会造成灾难性遗忘；2）模型产生的是耦合的表示，为进一步探究引入不同知识的作用带来困难。

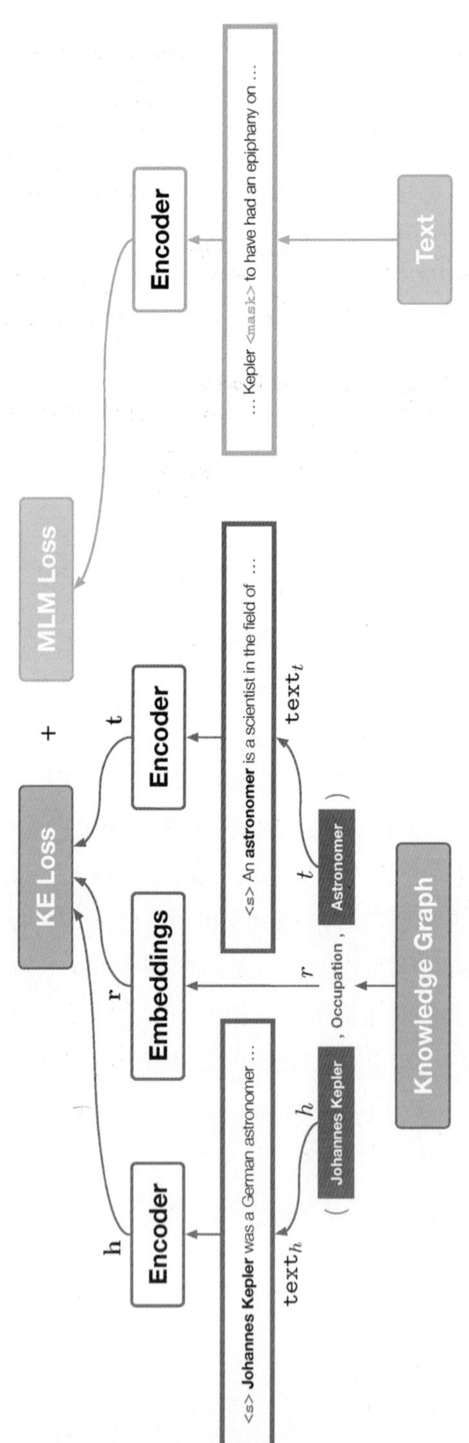

图 9-19 KEPLER 模型

K-Adapter 是一种灵活、简便的、向语言模型注入知识的方法，可以进行持续知识融合以及产生解耦的表示，保留了语言模型产生的原始表示，并引入多种知识，如图 9-20 所示。Adapter 可以看作一个知识注入的插件，加在语言模型外部，输入包含语言模型中间层输出的隐状态，一种知识类型对应一个 Adapter，一个语言模型可以连接多个 Adapter，以注入不同类型的知识。在注入知识的预训练过程中，预训练模型参数是固定的，模型只更新 Adapter 参数，这样就有利于避免“知识遗忘”问题。

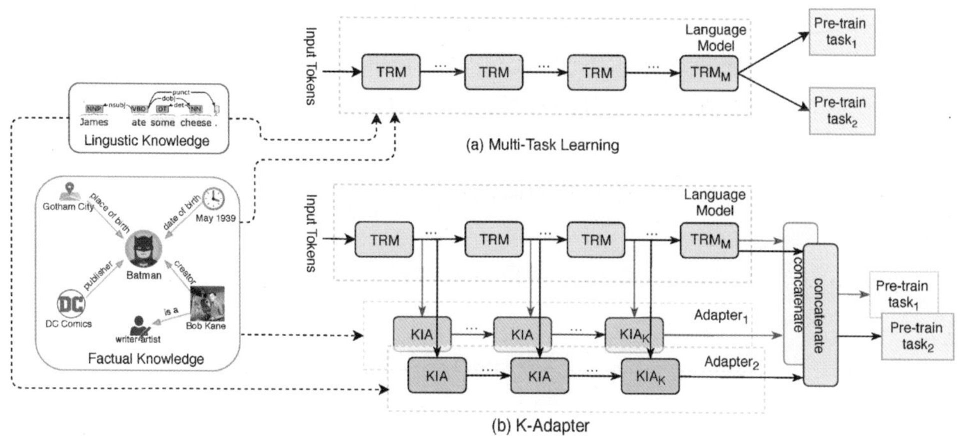

图 9-20　K-Adapter 模型

9.2.4　知识驱动的语言预训练总结

知识对于语言的理解至关重要，在语言预训练模型大行其道的当下，将知识融入语言预训练模型中是重要的技术发展方向。将知识图谱融入语言预训练模型中大致有三种方法，包括直接把图谱表示向量作为特征输入的 ERNIE 和 KnowBERT 等模型；通过设计新的预训练任务实现知识注入的 KEPLER 和 WKLM 等模型；通过增加额外的模块的 K-ADAPTER 等模型。知识的注入未必总是有效的，实验表明，知识注入对于低资源任务和低频的实体是有价值的，但因为外部知识的引入也可能带来噪声，因此也可能反而对语言模型带来模型损失。

9.3　事理知识图谱

本节介绍一类特殊的知识图谱——事理知识图谱（Event Logic Graph）。由于事理知识图谱能够有力地建模各类事件之间的演化关联关系，并为事理逻辑推理提供了更好的数据基础，因而在很多领域得到了较多的重视。

9.3.1 事理知识图谱的定义[①]

首先看事理知识图谱的定义。人类社会的活动往往是由事件驱动的。事件之间在时间维度上相继发生的演化规律和模式是一种十分有价值的知识，挖掘这种事理逻辑知识对认识人类行为和社会发展变化规律非常有意义。比如“结婚”事件伴随着后续一系列消费事件，例如“买房子”、“买汽车”和“去旅行”。

如果机器可以捕获这样的事理知识，就可以在观察到“结婚”事件的时候，准确地推理出用户潜在的隐式消费意图，进而向目标用户做出精准的产品推荐。然而，传统的知识图谱聚焦于实体和实体之间的关系，缺乏对事件和事理逻辑知识的挖掘，无法充分记录事件及其在时间、空间上相继发生的演化规律和模式等动态知识。

事理知识图谱可以将文本中对事件以及事件之间的关系抽取并抽象出来，构建成一个有向图形式的事理知识库。在结构上，事理知识图谱是一个有向有环图，其节点表示事件，有向边表示事件之间的演化关系，比如顺承、因果、条件和上下位等逻辑关系，如图 9-21 所示。它能够揭示事件的发展逻辑，刻画和记录人类行为活动。所以，总体来说，事理知识图谱是一个描述事件之间演化规律和模式的事理逻辑知识库（Event Logic Graph）。

那么，事理知识图谱中的事件究竟是什么样的？总的来说，事理知识图谱中的事件用抽象、泛化、语义完备的谓词短语来表示，其中含有事件触发词，以及其他必需的成分保持该事件的语义完备性。抽象和泛化指不关注事件的具体发生时间、地点和具体实施者，语义完备指人类能够理解该短语传达出的意义，不至于过度抽象而让人产生困惑。

一般情况下，事件的抽象或泛化程度与该事件发生的场景紧密关联，脱离了具体的场景，一个单独的事件可能变得过度抽象而难以理解。例如，在具体的场景下，“吃火锅”、“看电影”、“去机场”、“地震”等是合理的事件表达，而“做事情”、“吃”等事件由于过度抽象，属于不完整的事件表达。理论上，事理知识图谱中的事件是具有一定抽象程度的泛化事件，具体可以表示为抽象、语义完备的谓词短语或句子，或可变长度的、结构化的（主体,事件词,客体）多元组，元

① DING X , LI Z , LIU T , et al. ELG: An Event Logic Graph[J]. 2019.

组中必须至少包含一个事件词标志事件的发生，例如“跑步”；而事件的主体和客体都可以在不同的应用场景下被省略，例如“(元首,出访)”可以省略事件的客体，“(购买,机票)”可以省略事件的主体。

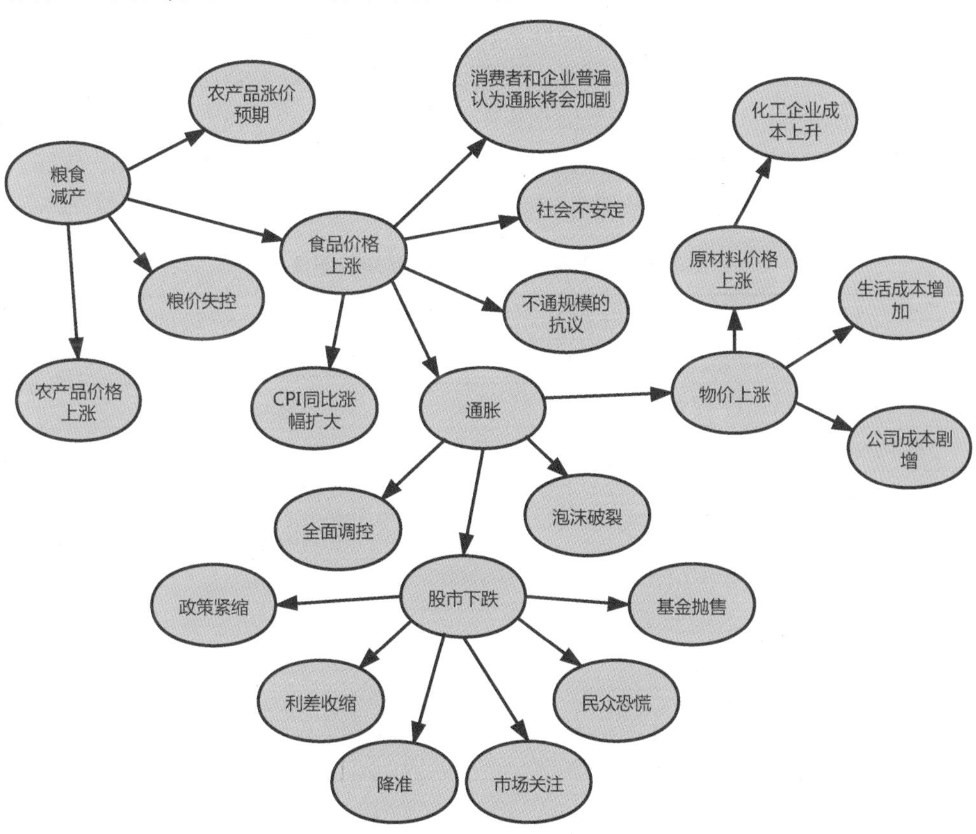

图 9-21　事理知识图谱建模事件之间的逻辑关系

9.3.2　事理知识图谱与传统知识图谱

事理知识图谱与传统知识图谱存在着诸多异同之处。一般来说，“知识图谱”术语可以有两层含义。如果认为“知识图谱”表示广义上的知识库，用以存储知识逻辑关系，那么“事理知识图谱”则是一种存储事件逻辑关系的“知识图谱”。如果认为“知识图谱”特指狭义上以实体为中心、用于提升用户搜索体验的知识库，那么“事理知识图谱”便是与“知识图谱”相并列的一种新型常识类知识库。

如表 9-1 所示，事理知识图谱与传统知识图谱的区别与联系可以从描述知识、研究对象、构建目标、回答问题、组织形式、主要知识形式和知识的确定性等多个方面进行研究。事理知识图谱和传统知识图谱都是以有向图有环图的形式组织的。不同的是，知识图谱描述的是万物本体，所研究的对象是名词性实体及其属性、关系，实体属性以及实体间关系种类往往成千上万。事理知识图谱以谓词性事件及其关系为核心研究对象，有向边表示事理逻辑关系，即顺承、因果、条件和上下位等；边上标注概率信息说明事理知识图谱是一种事件间相继发生可能性的刻画，不是确定性关系。在应用上，传统知识图谱可以完成 When、Who、What、Where 等常识问题。事理知识图谱可以回答 Why、How 等动态问题。

表 9-1　事理知识图谱与传统知识图谱

	事理知识图谱	传统知识图谱
描述知识	逻辑社会	万物本体
研究对象	谓词性事件及其关系	实体及其关系
构建目标	全逻辑库、逻辑演化模型	万物互联
回答问题	Why、How	When、Who、What、Where
组织形式	有向图有环图	有向图有环图
主要知识形式	事理逻辑关系，以及概率转移信息	实体属性和关系
知识的确定性	事件间的演化关系多数是不确定的	多数实体关系是确定性的
知识状态	动态的	相对静态，变化缓慢
知识敏感	可一定容错，参考逻辑	精确度要求极高，实时性要求极高
构建难点	事件的表示、事件的抽取；事件与知识的融合	知识本体的搭建、知识抽取与融合

与传统知识图谱中概念之间的分类关系即上下文关系不同，事理知识图谱中的事件与事件之间除了上下位等分类关系，还存在非分类关系，包括组成关系、因果关系、并发关系、条件关系和排斥关系等，这些关系一起对现实动态知识中的逻辑知识进行了描述。

9.3.3 事理逻辑关系

表 9-2 主要列举了事理逻辑关系的几种类型，主要包括因果事理、条件事理、反转事理、顺承事理、顺承事理、上下位事理、组成事理、并发事理等共七类事理。因果事理描述的是认知体系中的一种前因后果联系，前一事件会导致后一事件的发生；条件事理描述的是认知体系中的一种条件结果关系，是一种预设与结果逻辑；反转事理往往描述的是认知体系中的一种互斥逻辑，是一种真假值

逻辑；顺承事理描述的认知体系中的一种时间上的偏序关系，是一种先后动作逻辑；上下位事理描述的是事件在分类体系中一种逻辑；组成事理刻画的是事件之间整体与部分的逻辑；并发事理描述的是事件在时间上的一种共生关系，指一个事件发生下另一个事件一定发生。接下来逐一介绍其中比较典型的 4 种关系。

表 9-2　4 种典型的事理逻辑关系

事　件	含　义	形 式 化	举　例
因果事理	某一事件导致某一事件发生	A 导致 B	<地震.房屋倒塌>
条件事理	某事件条件下另一事件发生	如果 A 那么 B	<限制放宽，立即增产>
反转事理	某事件与另一事件形成对立	虽然 A 但是 B	<起步晚.发展快>
顺承事理	某事件紧接着另一事件发生	A 接着 B	<去旅游，买火车票>
上下位事理	某事件是另一事件的上位或下位事件	A 是 B 的一类	<地震，地质灾害>
组成事理	某事件是另一事件的组成部分	A 组成 B	<灭火，火灾救援>
并发事理	某事件与另一事件同时发生	A 同时 B	<睡觉，闭眼>

事理知识图谱中的顺承关系相对比较简单，是指两个事件在时间上相继发生的偏序关系，只需要保证前序事件 A 在后序事件 B 之前发生即可，不用考虑哪个事件先结束。两个前后顺承的事件之间存在一个介于 0 到 1 之间的转移概率，表示从一个事件按顺承关系演化到下一事件的置信度。比如吃饭、买单、离开餐馆就构成了顺承关系链。

因果关系是指两个事件之间，前一事件导致后一事件的发生，前一事件是原因，称为原因事件，后一事件是结果，称为结果事件，这一对因果事件满足原因事件在前，结果事件在后的时间上的偏序关系，因此在一定意义上，可以认为因果关系是顺承关系的子集。因果事件对之间存在一个介于 0 到 1 之间的因果强度值，表示该因果关系成立的置信度。比如核泄漏导致海洋污染。

条件关系是指前一个事件的发生是后一个事件发生的条件，属于思想中命题的某种逻辑关系。条件关系可以理解为“理由”，是前提与结论或论据与论点的内在联系，是关于逻辑的，而因果关系则可以理解为“原因”，是关于事实的，本质上讲“原因≠理由”。举例来说，“如果买票的人多，那么电影好看”这一条件是成立的，而“因为买票的人多，所以电影好看”这一因果是不成立的。

最后介绍事件之间的上下位关系，其包括两种，分别是名词性上下位关系和动词性上下位关系。例如，事件“食品价格上涨”与“蔬菜价格上涨”互为名词性上下位关系；事件“杀害”与“刺杀”互为动词性上下位关系。需要注意的是，上下位关系一般是确定性的知识，因此无须类比顺承或者因果关系，给上下位关系赋值一个 0 到 1 之间的常数来表示其置信度。

9.3.4 事理知识图谱的应用

事理知识图谱和传统知识图谱如何进行融合呢？如前面所介绍的事理知识图谱中是以事件为单位的一种逻辑链路，而实体是事件的一个重要组成部分，通过实体识别和实体链接技术，可以将事件中的实体链接到相应的实体知识库中。

事理知识图谱有多种不同的应用方式，例如可应用于事件预测、常识推理、消费意图挖掘、对话生成、问答系统、辅助决策等任务中。下面分别做简要介绍。

第一部分应用是基于事理知识图谱的知识问答。由于后台有以事件和静态知识为核心的事理逻辑，可以在完成 When、Who、What、Where 等常识问题的同时，进一步回答 How 以及 Why 的问题，这种问答的形式既可以是可视化搜索式，也可以是问答形式。通过回答，再配以可视化因果逻辑链的展示方式，可以进一步为这一回答提供佐证。

第二部分应用是基于事理知识图谱的消费意图识别。顺承事理知识图谱对具有时序特征的叙述性事件能够很好地刻画，它描绘了叙述性事件的整个阶段。这样正好可以利用这种阶段性的特征，完成消费推荐的任务。如图 9-22 所示，当用户发出“丽江是个好地方，我想去看看”的状态时，通过分析该用户的消费意图，将消费意图识别为一个出行事件。通过“丽江出行”这一个顺承图谱，可以推出多种消费行为。例如“出机场、看到接待点”这个子事件可以推出“机票预订推荐”与“接送机”服务；“预订#客栈”这一子事件可以引出“酒店预订”服务，“买卧铺票”这一子事件可引出“火车票预订”需求。从全局来看，整个出行图谱可以作为一个整体的出行指南提供给用户，充当用户规划的“探路者”与“规划师”。

第三部分应用是基于事理知识图谱的重要新闻判别与推荐。事理知识图谱的出现，提供了一种重要性判别方式和新闻推荐方式。“历史总是相似的，重要的事情总是周而复始的出现。”在这一假设下，通过对新闻文本进行事件提取，并结合背后的事理知识图谱，根据事件后续产生影响的重要性，可以为整个新闻进行重要性评分，并给出该新闻事件所蕴含的已有事件和未来事件信息。通过这种方式对新闻资讯进行建模和筛选，并结合用户兴趣模型，可以完成重要新闻的判别和推荐。

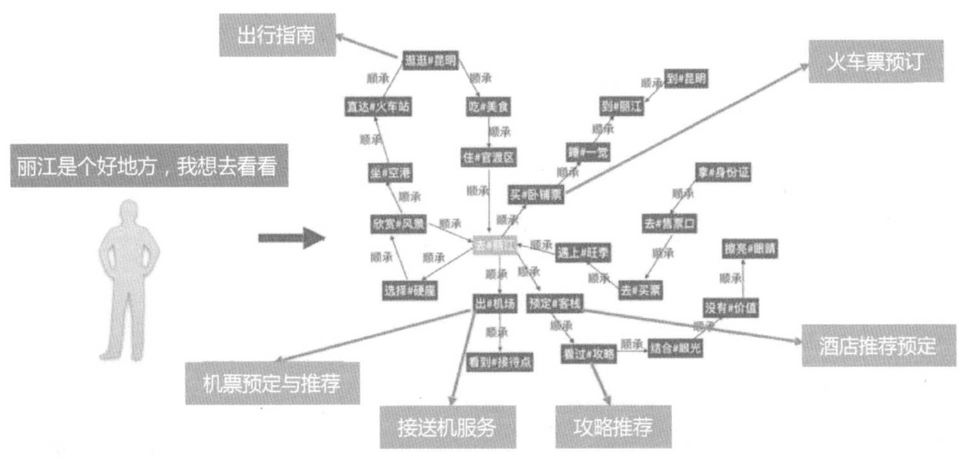

图 9-22　基于事理知识图谱的意图识别

9.3.5　事理知识图谱总结

事理知识图谱是一类以事理和事件为中心的知识图谱，侧重于刻画事件和事理之间的因果、顺承、条件、互反等逻辑关系。与传统以名词实体关系为主的知识图谱不同，事理知识图谱以动词或谓词之间的逻辑关系为主要研究对象，因而更加适合于刻画事物之间的变化关系和演化逻辑。事理知识图谱与实体图谱可以互相融合、互为补充，在很多真实的应用场景下，可以结合起来发挥更大的价值。

9.4　知识图谱与低资源学习

在很多人工智能应用场景中，训练数据的缺乏，即所谓低资源问题（Low-Resource），是很多深度学习模型获得实际应用的最主要困难之一。一方面，对于很多语料缺乏的问题，构建知识图谱是实现智能化的实际可行的路径，另外一方面，知识图谱作为一种先验知识的存在形式，有利于解决低资源小样本问题。本节对知识图谱与低资源学习的关系展开介绍。

9.4.1　知识图谱与低资源学习

1. 什么是低资源学习

首先介绍什么是低资源学习。传统的机器学习或深度学习技术依赖大量的训练样本训练模型。以图片分类为例，每个类别需要收集很多的样本，并且只能在训练过的类别上进行预测。但在现实世界中，数据通常是低资源的，有些呈长尾分布，处于尾部的类别相比处于头部的类别样本更少；而在开放域，随时会出现一些新的类别，为所有这些类别标注样本并不现实。因此，按照样本多少的不同，将低资源学习细分为少样本学习和零样本学习，如图 9-23 所示。少样本学习包括长尾分布的数据，以及数据均匀分布但都很少的数据；零样本学习指没有训练样本的情况。

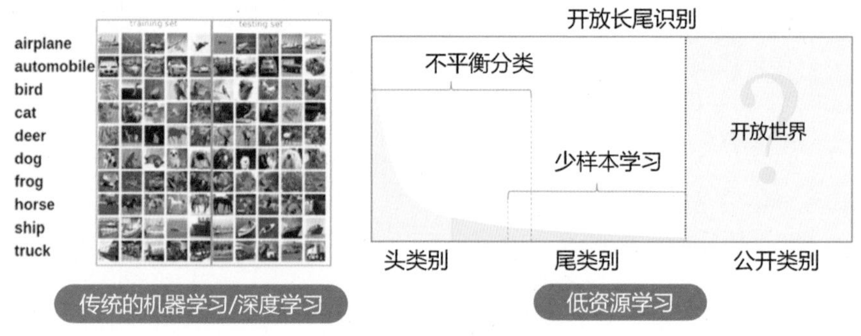

图 9-23 低资源学习问题

一般解决低资源问题有几种思路，分别在数据方面、特征方面及模型方面进行增强，如图 9-24 所示。数据的增强主要是借助外部资源获取样本或借助外部资源更便捷地标注样本；特征增强主要借助预训练的手段或是迁移学习，从样本较丰富的类别中迁移特征至样本少的类别；模型层面的增强，比如元学习，擅长在少量的数据上捕捉特征，进而泛化。

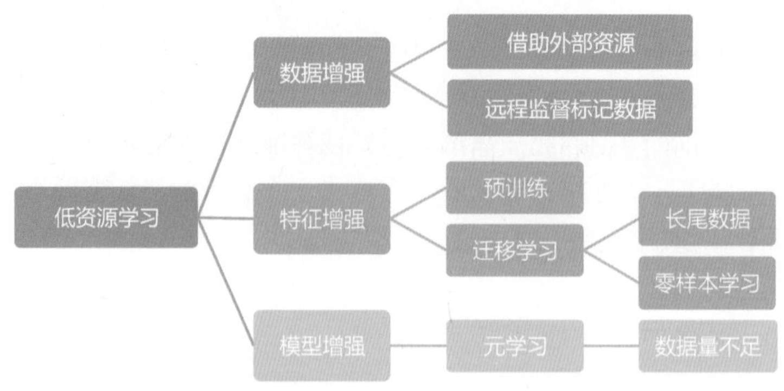

图 9-24 低资源学习技术

2. 知识图谱与低资源学习

知识图谱与低资源学习之间又有什么样的化学反应呢？事实上，知识图谱与低资源有天然的联系。首先，知识图谱构建面临的最大问题是低资源问题。很多知识抽取任务无法取得好的效果，都是因为训练语料不够充分。这也是为什么很多知识图谱构建最后都离不开人工的原因。事实上，人脑的知识是满足长尾分布规律的，常用的知识是少数，而绝大部分知识，特别是专业类知识大多位于长尾位置，因此也就很难获取能供机器学习使用的训练语料。

另一方面，如果站在更一般意义的角度，知识是对原始样本的高度抽象，并且人在获取不到足够多的学习资源时，就是依靠知识来完成推断的。事实上，后面将会看到，所谓的零样本问题的解决过程，类似于人利用知识做推理的过程。因此，下面将从两个角度讲解知识图谱与低资源的关系：一个是知识图谱本身在构建和推理等方面也存在的低资源问题；另一个是把知识图谱作为外部资源，帮助低资源学习在特征、数据等方面增强。

9.4.2 低资源条件下的知识图谱构建

1. 知识图谱的稀疏性问题

先来看低资源条件下的知识图谱构建问题。这个问题曾在知识抽取和推理章节中简单提到过，这里继续展开介绍。知识图谱实际上是高度稀疏的。越是常识性知识，越满足长尾分布规律。此外，在很多垂直领域，也会发现典型的长尾分布问题，例如在商品知识图谱中，商品的属性和关系也呈现长尾分布规律。

2. 基于元关系学习的少样本关系预测

接下来先介绍一些知识图谱低资源条件的构建和推理方面的研究工作。例如MetaR 是利用元学习的框架解决少样本的知识图谱补全推理问题，称为元关系学习（Meta Relational Learning）。简单来说，该任务需要完成的是：对于图谱的某个关系，仅观察到关于该关系的少量相关样本（例如 1 个、3 个、5 个），然后对该关系的相关三元组进行链接预测。如图 9-25（a）所示，给定 CEOof 关系的三个三元组，通过元学习学到该关系的“关系特定元信息”（Relation-Specific Meta Information），并将相关信息应用到测试阶段，进行链接预测。

在 MetaR 中，沿用元学习的训练方式。区别于一般的训练方式，在该模型中，一个训练数据是一个任务（Task）而非一个三元组。具体来说，一个任务包含本身的支持集（Support set）和查询集（Query set），少样本链接预测的目的是根据支持集中的三元组，对查询集中的三元组进行链接预测。如图 9-25（b）所示为模型训练和测试的数据样例，可以看出，训练和测试都是在任务层面进行的，而非单个的三元组。

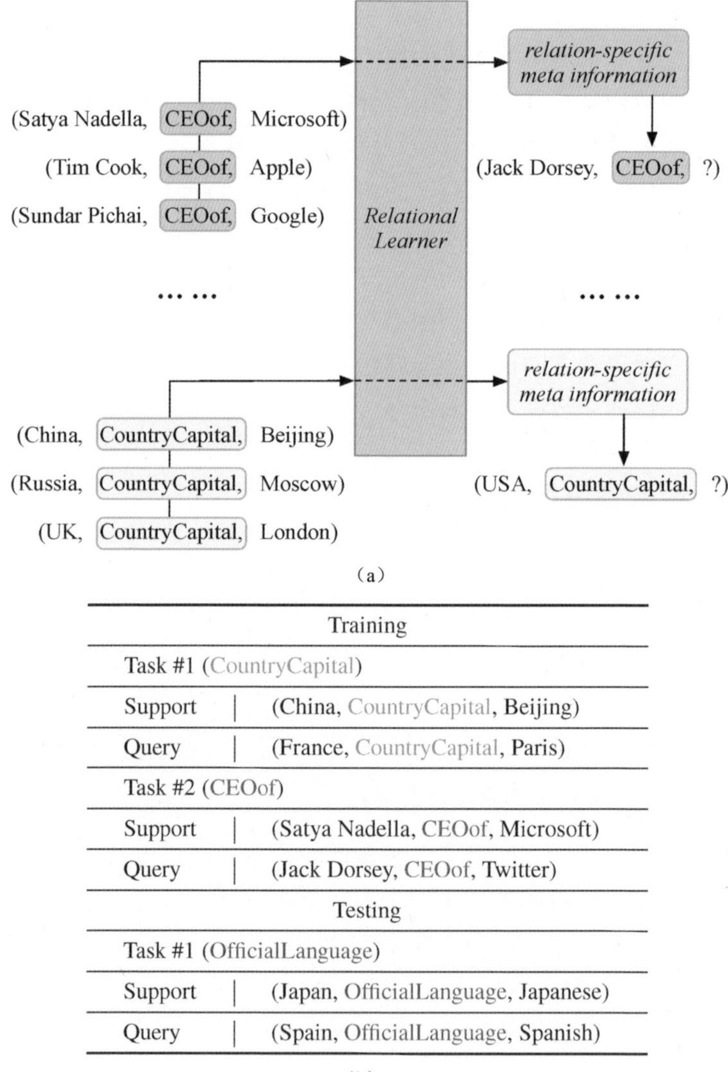

（a）

Training	
Task #1 (CountryCapital)	
Support	(China, CountryCapital, Beijing)
Query	(France, CountryCapital, Paris)
Task #2 (CEOof)	
Support	(Satya Nadella, CEOof, Microsoft)
Query	(Jack Dorsey, CEOof, Twitter)
Testing	
Task #1 (OfficialLanguage)	
Support	(Japan, OfficialLanguage, Japanese)
Query	(Spain, OfficialLanguage, Spanish)

（b）

图 9-25　少样本关系预测

这里的基本思想是在元学习阶段挖掘关系自身的 Meta Knowledge （关系元，rel-meta），在预测阶段利用 rel-meta 对关系预测模型进行微调，从而提升模型在少样本情况下的预测效果。在具体模型设计中，因为仅有少量三元组样本的关系并不能有一个很好的表示，所以这里并不直接学习关系的表示，而是通过头尾实体的表示计算得到关系的表示。

MetaR 模型的训练过程如图 9-26 所示，在 Support 阶段，Relation-Meta Learner 以头尾实体表示为输入，计算得到关系元（rel-meta），作为关系的表示。接着，利用关系元和支持集中头尾实体的表示，用 TransE 的假设，计算支持集中三元组的分数并计算损失。根据该损失，进行反向传播得到关系元的梯度，称为梯度元（grad-meta），利用梯度元对关系元进行一次更新。进而使用更新后的梯度元融合 rel-meta 获得新的 rel-meta'，用于在查询阶段进行链接预测。再根据查询集中的链接预测结果对整个模型（包括实体的嵌入表示和 Relation-Meta Learner 的参数）进行更新。

3. 基于对抗关系学习的低资源知识图谱补全

前面介绍的元学习场景一般针对的是每个关系都只有少量的样本，即少样本的场景。但在实际应用中，关系的分布是不平衡的，通常关系样本数呈长尾分布。这里介绍一个利用对抗学习处理长尾部分关系补全的模型 wRAN。wRAN 提出了一个基于加权关系对抗网络的框架，该框架利用对抗过程，从资源丰富的关系中学到的知识或特征，适应不同但相关的低资源关系。这在实际的应用场景中是合理的。

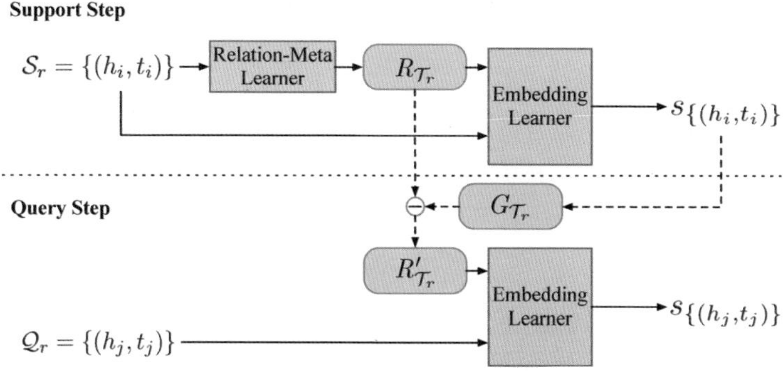

图 9-26 MetaR 模型的训练过程

知识图谱的构建涉及大量的关系或属性需要补全，但不可能为每一种关系和属性都标注足够的训练样本。一种思路是可以首先将关系聚类，然后对同一类中的少量关系进行训练语料的增强，然后再利用关系之间的相关性或相似性，将为高资源关系训练的模型迁移给低资源的关系。如图 9-27 所示，可以从三个源关系（place_of_death,place_of_birth,country）中学习通用的位置信息，然后将隐含的知识应用于目标关系（place_of_burial），以提高其预测性能。

但这里存在两个问题，一个是不同源关系对于目标关系的重要性程度是不一样的，例如 place_of_death 对于 place_of_burial 可能更加重要。另外一个问题是，某些关系可能还会带来噪声，即所谓的负迁移（Negative Transfer）的问题。

wRAN 框架综合考虑了这几个问题：首先，它通过对抗学习过程提取领域不变性特征，该过程能够减少源域和目标域之间的分布差异；其次，通过关系对抗网络（Relation Adversarial Network）学习通用的关系不变性特征，以此弄清不同关系背后的语言变化因素，并缩小相关关系之间的语言差异；最后区别于标准的域适应（Domain Adaption），源域和目标域之间的标签空间完全相同且共享，wRAN 考虑从多个源关系到一个或多个目标关系的适应，并且考虑了不同的关系可能对迁移产生不同的影响，离群的源关系在与目标关系做判别时可能导致负迁移。

具体地，wRAN 框架利用关系判别器区分来自不同关系的样本，并以此学习从源关系到目标关系易于迁移的关系不变性特征。关于这里核心的对抗理念，从左往右主要包含三个模块：第一个模块是实例编码器（Instance Encoder），用于学习可转移的关系特征，这些特征可以弄清关系之间的语言变化因素，它的目标是尽可能学习到源关系和目标关系之间的共有的特征，并努力让判别器无法做出区分。考虑到模型性能和时间效率，文章中使用 CNN 实现实例编码。其他神经网络架构，例如 RNN 和 BERT 也可以用作编码器。

第二个模块是对抗性关系适配器（Adversarial Relation Adaptation），类似于真假图片的判断，努力区分源关系和目标关系。我们期望当前述两者的对抗达到平衡时，编码器最终能学到最好的可迁移特征，这样就可以用来迁移到低资源关系来实现预测。

还有一个问题是怎样解决不同关系的重要性以及某些关系可能会导致负迁移的问题，因此，wRAN 又设计了一个加权关系适配器（Weighed Relation Adaptation）。它也是通过一个对抗学习过程识别无关的源关系，并自动降低其重要性，以解决负迁移问题并鼓励正迁移。具体而言，它通过两个角度评估每个源关系样本对目标关系的重要性：一个是关系本身相关性可以用来判断两者的关联度，另一个是这些关系所对应的句子实例也可用来辅助判断两者的关联度。整个过程都通过对抗学习来完成，如图 9-28 所示。

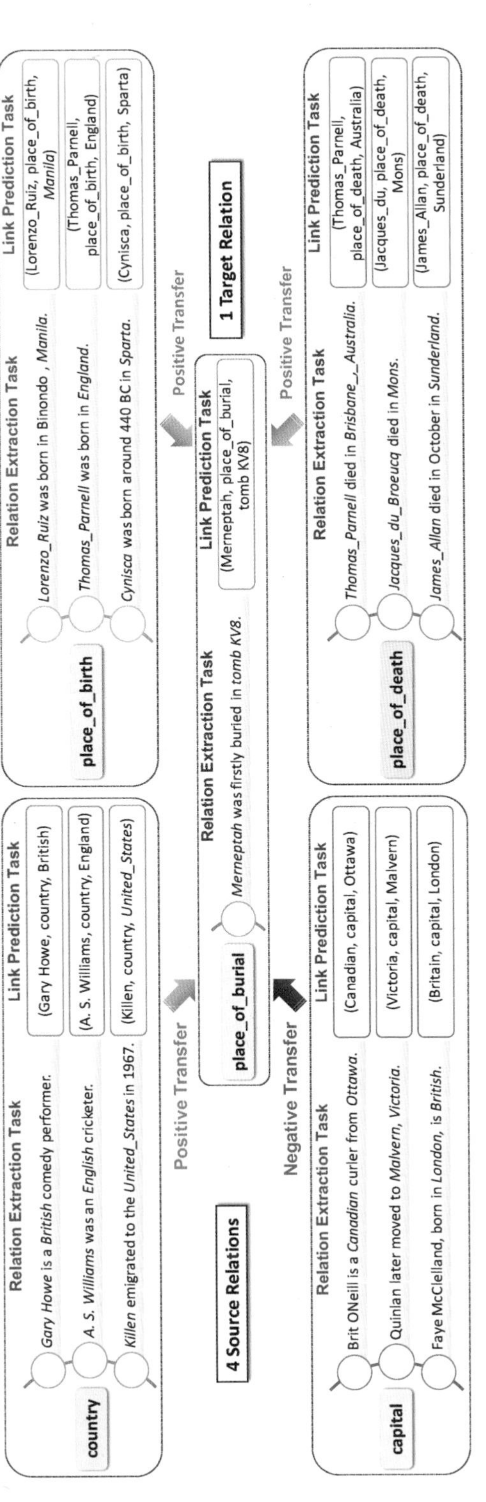

图 9-27　从高资源关系向低资源关系进行模型迁移

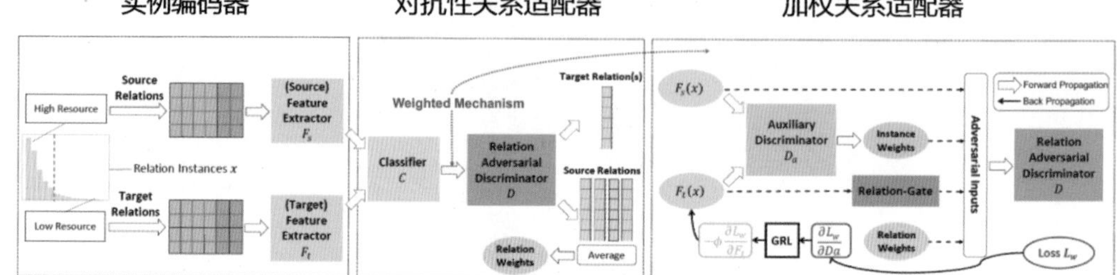

图 9-28　利用对抗关系学习实现关系特征的迁移学习

4. 逻辑规则引导的零样本关系抽取

除了少样本问题和长尾问题，还有一个低资源场景考虑极端情况，即零样本指的是知识图谱中的某些关系一个样本都没有。这种情况该怎么处理呢？解决思路还是充分挖掘关系之间的联系。

按照标准的零样本学习的设定，如图 9-29（a）所示，两个绿色的关系是 Seen relation，是指有足够多训练三元组的关系，橙色的关系称为 Unseen relation，也就是没有任何训练样本的新关系。零样本问题的解决思想是，对于一个没有见过的新类 Unseen class，从已有的 Seen class 中找一些相似的或相关的类，然后用这些已知的、相似的类的模型迁移过来完成新类的预测。比如，虽然没有猫的预测模型，但可以拿一个老虎的预测模型进行调整后用来识别猫，因为猫和老虎有相似之处。那怎样找到这些相似的类呢？一个最简单的做法是用关系和类的词向量计算它们的语义相似性。

但对于知识图谱中的关系，还可以有另外一种思路，就是利用逻辑规则建模关系之间的关系。如图 9-29（b）ZSRC 利用规则建模关系之间的关系，以建立关系抽取任务中 seen relation 和 unseen relation 之间的联系，这些建模关系依赖的规则也是基于知识图谱学习出来的。例如，可以学习出一条规则。定义了由 seen relations: located_in_country, next_to_body_of_water 推理出 unseen relations: basin_country 的逻辑。这条规则为关系建立了明确的语义联系，同时，关系在知识图谱中的语义连接为关系之间也提供了隐含的语义联系。基于上述两种语义联系，ZSRC 将其在语义空间进行表示，同时将样本表示映射到语义空间，与关系的语义表示计算相似度，相似度最高的对应的关系即为最终预测的关系标签。

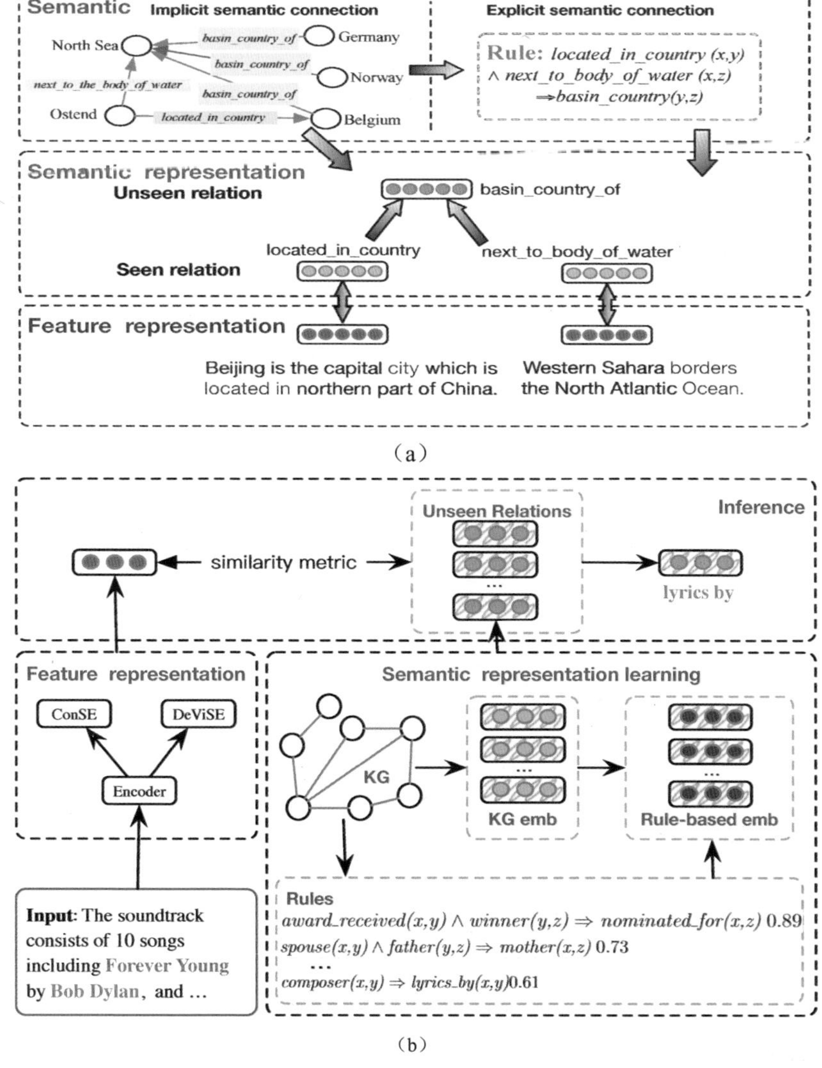

图 9-29 建模关系之间的关系实现零样本关系抽取

5. 基于文本生成的零样本关系抽取

也可以利用关系的文本描述信息建立关系之间的语义联系。例如，ZSGAN 首先基于 Seen relation 的描述文本，生成 Seen relation 的表示，通过与 Seen relation 的真实表示进行对抗，训练生成模型，如图 9-30（a）所示。训练好的生成模型，在给出 Unseen relation 的描述文本时，可以直接生成 Unseen relation 的表示，从而进行推理，如图 9-30（b）所示。在这个过程中，既不需要有 Unseen relation 的样本，也不需要对模型重新进行训练。

打开这个模型来看，要达到为 Unseen relation 生成表示的效果，要考虑这几个因素：首先是对关系文本描述的表示，ZSGAN 考虑使用预训练的词向量对文本中的词进行表示，同时考虑了文本中不同词的权重，引入了 TFIDF 特征，最终对词向量加权求和得到文本的表示；其次是如何获得关系的真实表示，ZSGAN 设计了特征编码器（Feature Encoder）抽取特征。特征编码器主要通过将数据装在一个包里，对关系的特征进行表示和训练。具体地，对于某关系 R，首先将关系 R 涉及的三元组的所有实体对装在一个包里，随后通过对实体对及实体周围一跳邻居的编码，得到关系 R 的表示，最后将包中的三元组随机划分为 2 组，一组用作训练正样本，一组用作参照数据，并生成一些负样本，通过计算参照数据分别与正样本和负样本的相似度，训练关系的表示。预训练后的特征编码器得到的关系表示，将监督生成模型的训练，如图 9-30 所示。

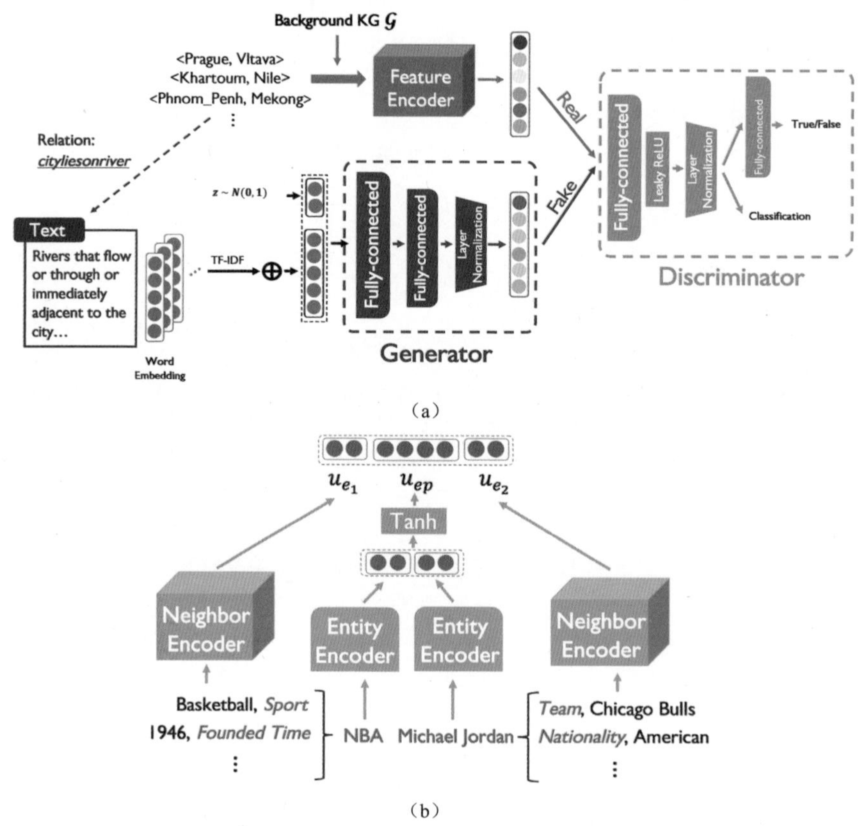

图 9-30 利用关系文本生成样本实现零样本关系抽取

9.4.3　基于知识图谱的低资源学习

1. 知识图谱对于低资源学习的价值

前面主要介绍了低资源学习模型对知识图谱构建的价值和作用。下面反过来介绍知识图谱对于低资源学习模型的价值和利用。很多现实的数据驱动的业务场景面临的共性问题是没有足够的可用于训练机器学习模型的数据。

知识图谱对于这类低资源问题有三个方面的价值：首先，知识图谱建立的语义空间可以作为实现知识迁移的中介和桥梁。例如，可以利用本体定义的类的层次结构建立的关联关系，实现从高资源类向低资源类的知识迁移。其次，可以利用知识图谱提供的推理能力，进一步增强低资源的处理能力。事实上，人类在事实性数据不充分时，就是借助推理能力来补足缺失的知识的。还是以零样本学习为例，如图 9-31 所示，假如带小孩去动物园，他先认识了猫（Cat）的样子，也认识了猎豹（Cheetah）的样子。现在告诉他有一种动物叫山猫，它有像猫一样的脸，猎豹一样的身体和长腿，让他去动物园把山猫找出来。这里关于山猫的描述就是关于山猫、猫和猎豹三者之间关系的知识。尽管他从来没有见过山猫，但可以利用知识推理的能力识别山猫的样子，这实际上就是一个利用知识进行推理的过程。最后，知识图谱对于低资源学习的第三个作用是提供可解释性，会在后面的举例中进一步说明。

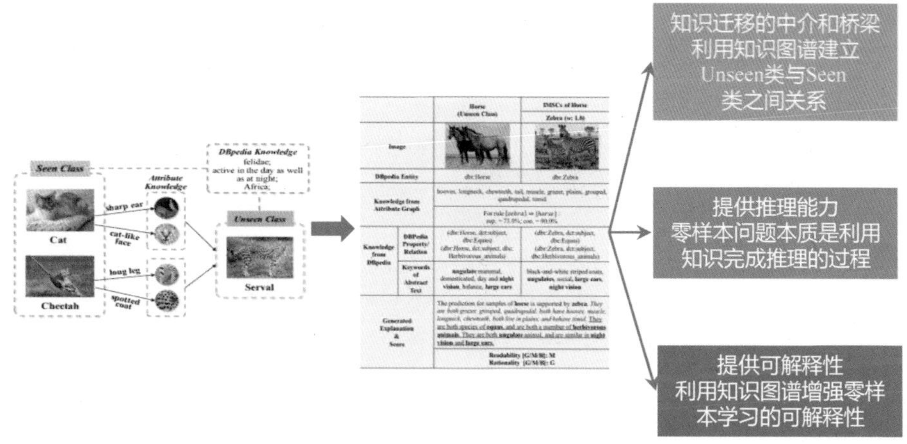

图 9-31　知识图谱对于低资源学习的价值

2. 利用知识图谱增强零样本学习模型

接下来主要介绍一些利用知识图谱解决不同场景下的低资源问题。典型的例子如利用知识图谱解决零样本图片分类的问题。在第 8 章中介绍图神经网络的相关工作时，提到过这篇论文，本章从知识图谱与零样本学习的角度进一步讲解。

前面提到的零样本是指经常会出现一些新的概念，且这些概念没有对应的训练样本。在图片分类问题中，具体是指经常会出现一些新的类别，而这些类别没有标记好的图片。常规的思路是建立已被训练的 Seen 类和新出现的 Unseen 类之间的语义联系，然后进行特征的迁移。知识图谱在其中起到的作用就是建模类别与类别之间的关系，该论文主要利用的就是 WordNet 中蕴含的类别之间的层次关系。

基于该层次关系，算法利用图神经网络对层次关系进行编码并进行特征迁移，预测 Unseen 类的特征分类器。如图 9-32 所示，Unseen 类的特征分类器可通过聚合其周围 Seen 类的特征分类器得到，学得的分类器最终用于分类 Unseen 类的图片。

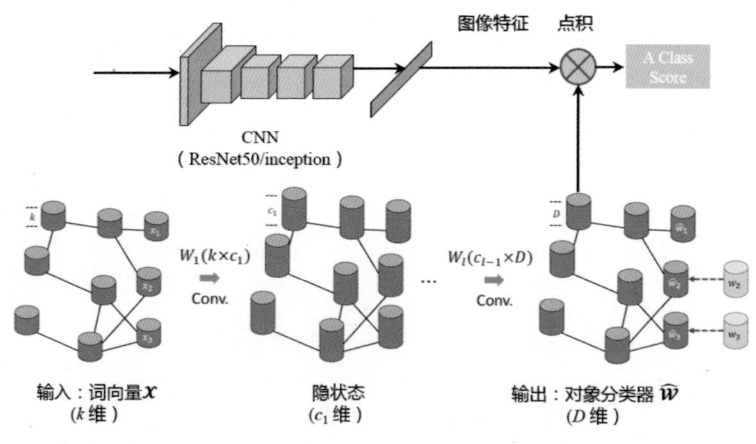

图 9-32　利用知识图谱实现类标签之间的知识迁移

3. 利用本体概念增强低资源学习

前面的文章只是利用相对比较简单的知识图谱语义关系，事实上可以通过构建更为复杂的本体刻画类别之间的语义逻辑关系，以实现更加精巧的零样本知识推理。如图 9-33 所示的模型，作者利用本体中内含的逻辑操作，通过语义组合的方式对类别的语义进行描述，如虎鲸类别，它可以看作是齿鲸的一个子类，以及用存在量词描述的“生活在海洋中的动物类别”的一个子类，和“有斑点的动物类别”的一个子类，通过这几种子类的组合，最终对虎鲸进行描述。通过逻辑组合的方式，很好地描述了类别的一些分类信息以及属性描述信息，可以更完整地对类别的语义进行描述。

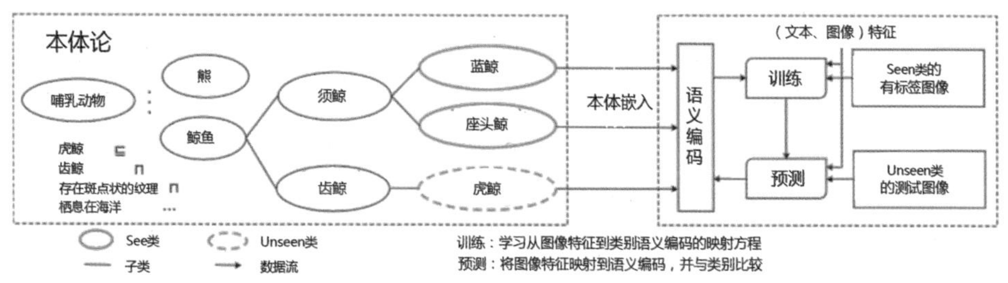

图 9-33　利用本体概念实现零样本知识推理

还有一些工作建立了更深层的语义知识，比如用图结构的方式融合类别的层次结构信息、属性描述信息，以及文本描述信息。基于这些更深层的语义信息，借助一些生成模型，为零样本类别生成更符合分布的样本，解决零样本场景中样本缺失的问题，如图 9-34（b）所示。此外，这种“语义+生成模型”的框架，还可以扩展不同领域的任务中的零样本图片分类的任务，以及知识图谱零样本补全的任务，除了零样本问题的设定，模型框架还可以融合少量的样本，解决少样本、样本长尾分布等问题。

4. 利用知识图谱增强少样本学习可解释性

在许多的深度学习场景中，模型的可解释性是一个引人关注的问题，在零样本学习的场景中，同样也备受关注，尤其是涉及一个不需要训练样本就可以完成分类等目标的任务。对于一个 Unseen 类，它的特征通常是由相关的 Seen 类的样本特征迁移而来的，那么哪些 Seen 类的样本特征对于当前的 Unseen 类是可迁移的，以及为什么是可迁移的？这里介绍的文章考虑了利用知识图谱中的一些知识，对零样本学习中特征的可迁移性进行解释。涉及的知识图谱既包括针对图片分类问题领域特定的实体属性图，也包括一些通用的知识图谱，如 DBpedia 等。

具体地，该方法设计了一个基于知识图谱的可解释性框架。在框架中，首先利用注意力等机制选择出对于 Unseen 类的学习和预测有帮助的 Seen 类，以确定这些 Seen 类的特征对当前的 Unseen 类是可迁移的；随后，模型通过将这些类别映射到知识图谱中，并借助一些知识抽取的算法，从知识图谱中抽取知识，进一步验证 Seen 类和 Unseen 类之间特征的可迁移性。

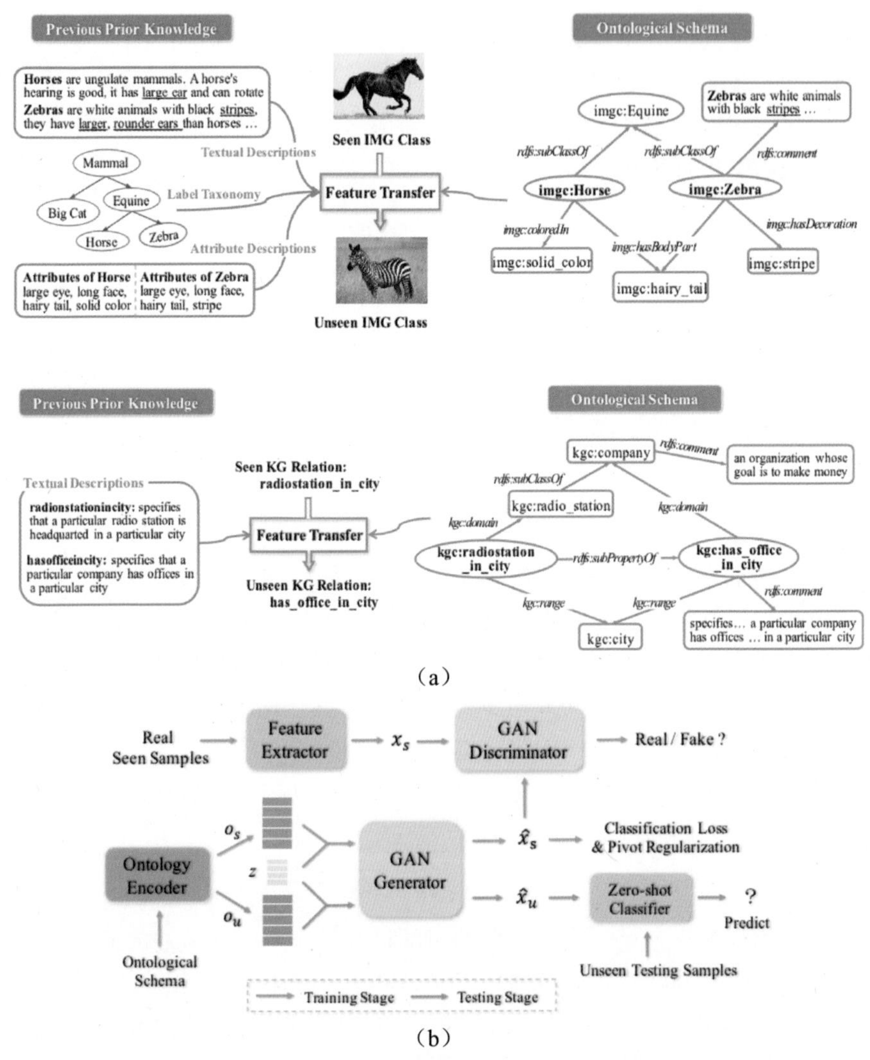

图 9-34 OntoZSL：利用本体概念+生成模型解决低资源学习问题

知识抽取的过程（图 9-35 右下侧）包括利用关联规则挖掘算法，从实体属性图中找出类别之间共有的属性；也包括设计三元组模式和关键词抽取算法，从知识图谱中抽取三元组和文本关键词，验证类别之间共有的知识。最后，模型设计了一些模板，将抽取到的知识按自然语言的方式组织，使得生成的解释更容易被人接受。

如图 9-36 所示为可解释零样本学习的例子，包括当前类别映射到知识图谱中对应的实体、从不同图谱中抽取出来的知识，以及最终生成的解释和人工评分。可以看到，生成的解释很好地说明了类别之间特征的可迁移性，以及生成的解释是合理且易理解的。

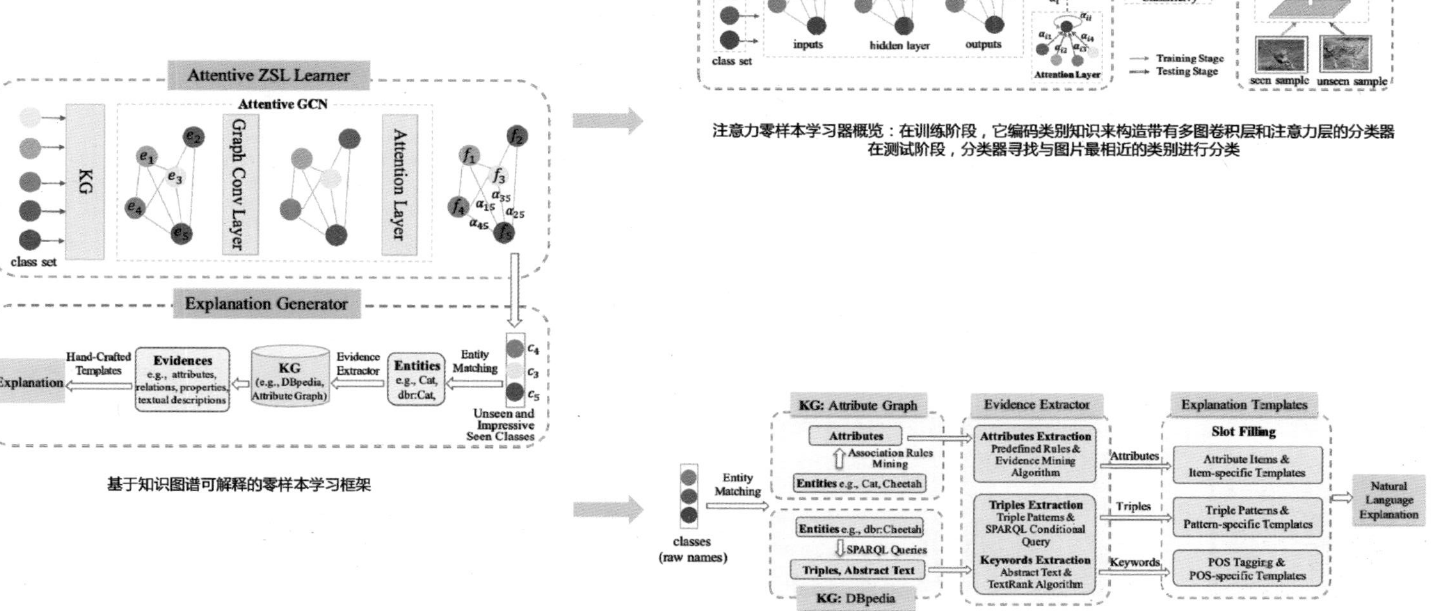

图 9-35 利用知识图谱提供零样本学习的可解释性

		Horse (Unseen Class)	IMSCs of Horse
			Zebra (*w*: 1.0)
Image			
DBpedia Entity		dbr:Horse	dbr:Zebra
Knowledge from Attribute Graph		hooves, longneck, chewteeth, tail, muscle, grazer, plains, grouped, quadrupedal, timid	
		For rule $\{zebra\} \Rightarrow \{horse\}$: sup. = 73.0%; con. = 90.0%	
Knowledge from DBpedia	DBPedia Property/ Relation	(dbr:Horse, dct:subject, dbc:Equus) (dbr:Horse, dct:subject, dbc: Herbivorous_animals)	(dbr:Zebra, dct:subject, dbc:Equus) (dbr:Zebra, dct:subject, dbc:Herbivorous_animals)
	Keywords of Abstract Text	**ungulate** mammal, domesticated, day and **night vision**, balance, **large ears**	black-and-white striped coats, **ungulates**, social, **large ears**, **night vision**
Generated Explanation & Score		The prediction for samples of **horse** is supported by **zebra**. *They are both grazer, grouped, quadrupedal, both have hooves, muscle, longneck, chewteeth, both live in plains, and behave timid.* They are both species of **equus**, and are both a member of **herbivorous animals**. They are both **ungulate** animal, and are similar in **night vision** and **large ears**.	
		Readability [G/M/B]: M **Rationality [G/M/B]: G**	

Stork (Unseen Class)	IMSCs of Stork	
	White stork (*w*: 0.51)	Black stork (*w*: 0.49)

dbr:Ciconiiformes	dbr:White_stork	dbr:Black_stork
white, black, water, wild, fish		
For rule $\{white\ stork, black\ stork\} \Rightarrow \{stork\}$: sup. = 83.3%; con. = 100.0%		
(dbr:White_stork, dbo:order, dbr:Ciconiiformes) (dbr:Black_stork, dbo:order, dbr:Ciconiiformes)		
large, long-legged, long-necked, **wading, birds**, soaring, long, stout bills, **migratory**	**large bird, long red legs, wading**, family, Ciconiidae, **migrant**, carnivore	**large bird, wading**, family, Ciconiidae, black plumage, **long** red **legs**, red beak
The prediction for samples of **stork** is supported by **white stork** and **black stork**. *They are both white, black, wild, both live in water and eat fish.* **White stork** and **black stork** both belong to **stork** biologically. They are both **large wadding birds**, and are similar in **long legs**.		
Readability [G/M/B]: G **Rationality [G/M/B]: G**		

图 9-36　可解释零样本学习的例子

9.4.4 知识图谱与低资源学习总结

知识（图谱）的获取和构建，特别是常识类的知识获取绝大部分是长尾问题，自动化知识获取的主要难点是在长尾知识。因此，低资源学习是知识图谱构建的不可或缺的技术手段。知识图谱可用来建模语义空间，从而建立类别之间的关联关系，从而更好地帮助解决零样本预测等低资源问题。知识可以看作是质量更好、表示更规范的数据，或者是融入更多人的先验的数据。解决低资源问题应该充分发挥知识的作用。

9.5 结构化知识预训练

9.5.1 结构化知识预训练概述

知识广泛存在于文本、结构化及多种模态的数据中。除了通过抽取技术将知识从原始数据中萃取出来，以支持搜索、问答、推理和分析等应用，还可以利用数据本身存在的基本信号，对隐藏的知识进行预训练。随着 GPT、BERT 和 XLNET 等预训练模型在多项自然语言处理领域任务上刷新了之前的最好效果，预训练受到了各界的广泛关注。预训练的核心思想是“预训练和微调”，例如文本预训练一般包含两个步骤：首先利用大量的自然语言数据训练一个语言模型，获取文本中包含的通用知识信息；然后在下游任务微调阶段，针对不同的下游任务，设计相应的目标函数，基于相对较少的监督数据进行微调，便可得到不错的效果。

受预训练语言模型的启发，将“预训练和微调”的思想应用到了大规模商品知识图谱的表示学习与业务应用中（详见《工业级知识图谱：方法与实践》，张伟、陈华钧、张亦弛 著，电子工业出版社，2021）。在阿里巴巴电商平台，包含千亿级三元组和 300 多万条规则的商品知识图谱被构建起来，并为语义搜索、智能问答和商品推荐等众多下游业务任务提供知识图谱服务。通常，知识图谱提供服务的方式是直接透出原始的三元组数据，这会导致以下问题：（1）针对不同任务反复地进行数据选择和查询，存在大量冗余重复性工作；（2）下游任务需要针对自己的任务重新设计知识图谱算法，从头训练模型，由于图谱规模庞大，业务应用迭代周期过长导致效率低下；（3）商品知识图谱本身的不完整性会导致误差传导；（4）直接透出原始三元组存在数据公平性和隐私风险。

为了避免此问题，使商品知识图谱更方便、更有效地为下游任务服务，提出了“预训练+知识向量服务”的模式，并设计了知识图谱预训练模型 PKGM（Pre-trained Knowledge Graph Model），在不直接访问商品知识图谱中三元组数据的情况下，以知识向量的方式为下游任务提供知识图谱服务。在商品分类、同款商品对齐以及推荐等多个下游任务上验证了 PKGM 的有效性，其中在推荐任务上平均达到了 6%的提升，在实践中还证明了在困难数据尤其是样本较少的数据上提升效果更明显。此外，在电商业务的真实实践中，还将知识图谱预训练应用到了商品图片分类、用户点击预测等任务中，任务效果均获得了提升。知识图谱预训练对于具有亿级别节点量级的阿里巴巴商品知识图谱显得极为重要，因为这能够避免对庞大的商品知识图谱重复训练，从而能够更高效、快速地为下游任务场景提供服务。

9.5.2 知识图谱结构化上下文

给定一个知识图谱 $\mathcal{G}=\{\mathcal{E},\mathcal{R},\mathcal{T}\}$，其中 $\mathcal{E}$ 是实体（Entity）的集合，$\mathcal{R}$ 是关系（Relation）的集合，$\mathcal{T}$ 是三元组（Triple）的集合。每个三元组 $(h,r,t)\in\mathcal{T}$ 由头实体（head）、关系（relation）和尾实体（tail）构成，于是这些三元组集合可以用符号表示为 $\mathcal{T}=\{(h,r,t)\,|\,h,t\in\mathcal{E},r\in\mathcal{R}\}$，其中，头实体 h 和尾实体 t 都属于集合 $\mathcal{E}$，关系 r 属于集合 $\mathcal{R}$。

对于某个实体而言，那些包含了该实体若干三元组的集合往往隐含这个实体丰富的结构和语义特征，例如（姚明,性别是,男性）、（姚明,职业,篮球运动员），（中国篮球协会,的主席,姚明）等三元组能很好地刻画 “姚明”这个实体。类似地，对于某个特定的关系，知识图谱中也拥有着丰富的包含了该关系的三元组集合。将其称为结构化上下文三元组（Structure Contextual Triples）集合，或者简称为上下文三元组，并用符号 $\mathcal{C}(x)$来表示，其中 x 表示某个实体或者某个关系。因此不难看出，在知识图谱中，有两种类型的上下文三元组：实体上下文三元组 $\mathcal{C}(e)$ 和关系上下文三元组 $\mathcal{C}(r)$。

实体上下文三元组 $\mathcal{C}(e)$ 定义为包含实体 e 的三元组集合，无论实体 e 是某个三元组中的头实体还是尾实体，只要包含了实体 e 的三元组，都可以归入这个集合。用符号语言表示为：

$$\mathcal{C}(e)=\{(e,r,t)\,|\,(e,r,t)\in\mathcal{T},e,t\in\mathcal{E},r\in\mathcal{R}\}\cup\{(h,r,e)|(h,r,e)\in\mathcal{T},e,h\in\mathcal{E},r\in\mathcal{R}\}.$$

类似地，关系上下文三元组 $\mathcal{C}(r)$ 定义为包含关系 r 的三元组集合，可以表示为：

$$\mathcal{C}(r)=\{(e_1,r,e_2)\mid(e_1,r,e_2)\in\mathcal{T},e_1,e_2\in\mathcal{E},r\in\mathcal{R}\}.$$

为了更直观地展示上下文三元组在知识图谱中的结构，可用一张简单的示意图来描述，如图 9-37 所示。图中的实心圆圈代表实体，与实体之间的短线代表关系。虚线框中的蓝色圆圈、橙色圆圈和粉色短线，构成了一个特定三元组，分别代表头实体、尾实体和关系。对于头实体 h（蓝色圆圈）来说，其上下文三元组 $\mathcal{C}(h)$ 就是与蓝色圆圈相连的三元组，即图中用蓝色短线连接起来的两两实体对组成的集合。同理，尾实体 t 的上下文三元组 $\mathcal{C}(t)$ 即图中用橙色短线连接起来的三元组集合。而对于关系 r 的上下文三元组 $\mathcal{C}(r)$，图中用平行的、粉色的短线来表示同一种关系 r，用这些粉色短线相连的三元组集合就是期望的关系上下文三元组 $\mathcal{C}(r)$。

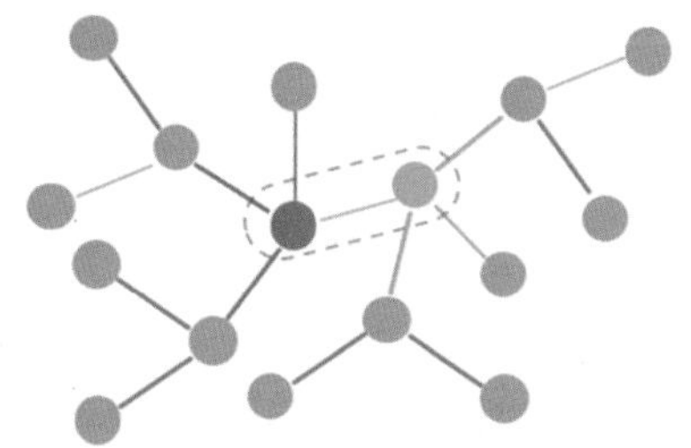

图 9-37　知识图谱中的上下文三元组

9.5.3　知识图谱静态预训练模型

利用知识图谱中的结构化上下文信息进行预训练，为下游任务提供知识信息，形成知识增强的任务，从而更好地提升其效果。具体来说，知识图谱静态预训练模型的静态体现在为下游任务提供预训练好的知识图谱嵌入向量表，通过实体或者关系的 ID 能够直接查询获取到其对应的嵌入向量，可以直接在下游任务中运用和参与计算，而无须将下游任务的数据输入模型中来获取对应的向量。

将预先训练好的商品知识图谱模型作为知识增强任务的知识提供者，既能避免烦琐的数据选择和模型设计，又能克服商品知识图谱的不完整性。类似于预训练语言模型在一个连续的向量空间中对每个词进行编码生成嵌入向量，能为多种不同下游任务提供帮助。

预训练知识图谱模型（Pre-traind Knowledge Graph Model，PKGM）的目的是在连续向量空间中提供服务，使下游任务通过嵌入计算得到必要的事实知识，而不需要访问知识图谱中的三元组。

1. 预训练知识图谱查询框架

预训练知识图谱模型有两种常见的查询（Query）方式：三元组查询和关系查询。

三元组查询（Triple Query）是指在给定头实体 h 、关系 r 条件下，查询预测缺失的尾实体，该查询任务可以简写为 $Q_{\text{triple}}(h,r)$ 。具体的，这个查询任务体用 SPARQL 可以表示为：

```
SELECT  ?x
WHERE {h r ?x}
```

关系查询（Relation Query）是指用于查询一个项目是否具有给定的关系或属性。关系查询任务是对于给定的某一实体，查询预测与该实体相连的关系。该查询任务体用 SPARQL 可以表示为：

```
SELECT  ?x
WHERE {h ?x ?y}
```

因此，考虑到商品知识图谱的不完整性问题，预训练知识图谱模型应该能够具有以下能力：

- 对于某一实体，显示该实体是否存在与之相连的某个指定关系；
- 对于某一头实体，显示该给定头实体的尾实体是什么；
- 为给定的头实体和关系（如果存在）预测缺失的尾实体。

经过预训练，三元组查询模块和关系查询模块可以为任意给定的目标实体提供知识服务向量。更具体地说，一方面，关系查询模块为目标实体提供包含不同关系存在信息的服务向量，如果目标实体具有或应该具有关系，则服务向量将趋于零向量；另一方面，三元组查询模块为目标实体提供包含不同关系的尾实体信息的服务向量，如图 9-38 所示。

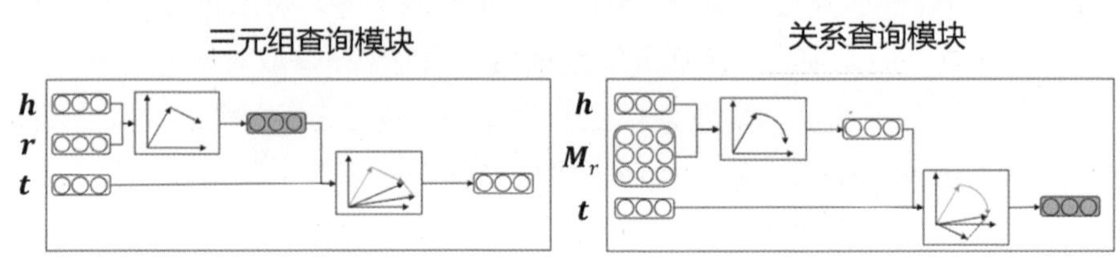

图 9-38　知识图谱静态预训练模型

对于预训练知识图谱模型 PKGM，在该模型预训练好的基础上，通过向量空间计算为其他任务提供项目知识服务。在预训练（Pre-training）阶段，首先会在十亿级规模的商品知识图谱上对模型进行预训练，使预训练模型具备为三元组查询和关系查询提供知识信息的能力。在服务（Servicing）阶段，对于需要三元组知识的任务，PKGM 提供包含三元组信息的嵌入向量，然后将其应用于基于嵌入的知识增强任务模型中。

2．预训练知识图谱查询模块

基于上述的关系查询和三元组查询方式，可以构建对应的模块和评分函数，用于模型预训练，模拟连续向量空间中的三元组访问，学习三元组中包含的各种特征信息，但是很难将它们直接应用在下游任务中。

（1）三元组查询模块 $\mathcal{M}_{\text{triple}}$

对于某个三元组查询 $Q_{\text{triple}}(h,r)$ 需求，三元组查询模块 $\mathcal{M}_{\text{triple}}$ 会生成一个服务向量，用于表示候选尾实体。在这里，对于某个正确的三元组 (h,r,t)，认为在向量空间中头实体 h 和关系 r 进行组合可以转化为尾实体 t，并用评分函数 $f_{\text{triple}}(h,r,t)$ 表示。

自从知识图谱表示学习方法被提出，将实体和关系映射到向量空间的方法被大量的实验证明是有效的，因此在三元组查询模块 $\mathcal{M}_{\text{triple}}$ 中，采用了表示学习中相对简单、有效的 TransE 模型。每个实体 $e\in\mathcal{E}$ 和每个关系 $r\in\mathcal{R}$ 被编码为嵌入向量，并用粗体字符表示，则头实体 h、关系 r 和尾实体 t 对应的嵌入向量可以表示为 $\boldsymbol{h}$、$\boldsymbol{r}$ 和 $\boldsymbol{t}$。根据转换模型的假设，对于每个正确的三元组 (h,r,t)，存在 $\boldsymbol{h}+\boldsymbol{r}\approx\boldsymbol{t}$ 的关系，这些嵌入向量都是 d 维的向量，表示为 $\boldsymbol{h}\in\mathbb{R}^d$，$\boldsymbol{r}\in\mathbb{R}^d$ 和 $\boldsymbol{t}\in\mathbb{R}^d$。于是它们的评分函数可以表示为

$$f_{\text{triple}}(h,r,t)=\|\boldsymbol{h}+\boldsymbol{r}-\boldsymbol{t}\|$$

式中，$\|x\|$ 表示向量 x 的 L1 范式。对于正确的三元组，要让 $\boldsymbol{h}+\boldsymbol{r}$ 的和向量越接近于 $\boldsymbol{t}$ 向量越好；相反，对于错误的三元组，$\boldsymbol{h}+\boldsymbol{r}$ 的和向量要尽可能远离 $\boldsymbol{t}$ 向量。

（2）关系查询模块 $\mathcal{M}_{\text{relation}}$

设置关系查询模块主要是为了编码某个实体 h 是否存在与之相连的某种关系 r，评分函数可以写为 $f_{\text{rel}}(h,r)$ 来表示。如果实体 h 与关系 r 相连，函数 $f_{\text{rel}}(h,r)$ 接近于零向量 $\boldsymbol{0}$，即 $f_{\text{rel}}(h,r)\approx 0$；如果该实体 h 与关系 r 不存在相连的情况，那么函数 $f_{\text{rel}}(h,r)$ 尽可能远离零向量 $\boldsymbol{0}$。在细节上，对于每一个关系 r，还定义了转化矩阵 $\boldsymbol{M}_r$，可以将向量 $\boldsymbol{h}$ 转化为向量 $\boldsymbol{r}$，通过这种方式可以使得正确的三元组中的 $\boldsymbol{M}_r\boldsymbol{h}$ 尽可能接近于 $\boldsymbol{r}$，即 $\boldsymbol{M}_r\boldsymbol{h}-\boldsymbol{r}\approx 0$。于是，评分函数可以表示为

$$f_{\text{rel}}(h,r) = \| \boldsymbol{M}_r \boldsymbol{h} - \boldsymbol{r} \|$$

3．预训练知识图谱查询服务

经过包含了上述两个查询模块的训练后，可以利用知识图谱预训练模型中的已经训练好的模型参数，包括头实体 h、关系 r 和尾实体 t 的嵌入向量、转化矩阵 $\boldsymbol{M}_r$ 等，为特定任务提供两类对应的知识服务。

（1）三元组查询服务 $\mathcal{S}_{\text{triple}}$

给定头实体 h 和关系 r，三元组查询服务 $\mathcal{S}_{\text{triple}}$ 可以给出预测的候选尾实体：

$$\mathcal{S}_{\text{triple}}(h,r) = \boldsymbol{h} + \boldsymbol{r}$$

如果在知识图谱数据集 $\mathcal{K}$ 中的确存在三元组，即 $(h,r,t) \in \mathcal{K}$，那么 $\mathcal{S}_{\text{triple}}(h,r)$ 会非常接近尾实体 t 的向量 $\boldsymbol{t}$；如果数据集中不存在包含 h 和 r 的三元组，那么 $\mathcal{S}_{\text{triple}}(h,r)$ 会给出一个实体向量表示最有可能的尾实体 t。这在本质上就是三元组补全，作为被广泛使用和验证的知识图谱补全任务的具体形式。

（2）关系查询服务 $\mathcal{S}_{\text{rel}}$

类似于上述的三元组查询服务，关系查询服务 $\mathcal{S}_{\text{rel}}$ 能够提供一个向量来表示实体 h 是否存在包含关系 r 的三元组：

$$\mathcal{S}_{\text{rel}}(h,r) = \boldsymbol{M}_r \boldsymbol{h} - \boldsymbol{r}$$

在这里会有以下三种情况：一是实体 h 显式地与关系 r 相连，即存在同时包含 h 和 r 的三元组，那么此时 $\mathcal{S}_{\text{rel}}$ 会接近于零向量 $\boldsymbol{0}$；二是实体 h 隐式地与关系 r 相连，即不存在直接包含 h 和 r 的三元组，但是在真实情况中，实体 h 能够与关系 r 相连，此时 $\mathcal{S}_{\text{rel}}$ 仍然接近于零向量 $\boldsymbol{0}$；三是实体 h 真的与关系 r 不相连，数据集中不包含这样的三元组，真实世界中也不存在，那么 $\mathcal{S}_{\text{rel}}$ 应该远离零向量 $\boldsymbol{0}$。

将上述的三元组查询模块和关系查询模块各自的两个阶段的函数，汇总并列在表 9-3 中，可以更清晰地看出两者的差别和联系。

表 9-3　知识图谱静态预训练模型的预训练阶段和服务阶段的函数

模　块	预训练阶段	服 务 阶 段
三元组查询模块	$f_{\text{triple}}(h,r,t) = \| \boldsymbol{h} + \boldsymbol{r} - \boldsymbol{t} \|$	$\mathcal{S}_{\text{triple}}(h,r) = \boldsymbol{h} + \boldsymbol{r}$
关系查询模块	$f_{\text{rel}}(h,r) = \| \boldsymbol{M}_r \boldsymbol{h} - \boldsymbol{r} \|$	$\mathcal{S}_{\text{rel}}(h,r) = \boldsymbol{M}_r \boldsymbol{h} - \boldsymbol{r}$

给定头实体 h 和关系 r，通过知识图谱静态预训练模型的查询服务得到的知识有非常显著的优势：一方面，可以通过向量空间的运算间接地得到对应的尾实体 t，这使得查询服务能够独立于数据本身，从而更好地保护数据，尤其是隐私数据；另

一方面，通过给定的头实体 h 和关系 r 输入对，经过两个查询服务能够分别得到两个向量，而不是未经处理的三元组数据本身，能够以更简单的方式应用在多种特定任务上。除此以外，这两个服务模块还能够通过推理计算得到知识图谱数据集暂未包含的、但真实情况中存在的三元组，能够极大地克服知识图谱不完整性的劣势。

4．在任务模块中使用查询服务

在知识图谱中，通过某个给定的实体的上下文信息（具体参见 7.1.2 节），可以生成来自三元组查询模块和关系查询模块的服务向量序列，分别表示为 $\boldsymbol{S}_{\text{triple}}^{e}=[\boldsymbol{S}_1^e,\boldsymbol{S}_2^e,\cdots,\boldsymbol{S}_k^e]$ 和 $\boldsymbol{S}_{\text{rel}}^{e}=[\boldsymbol{S}_{k+1}^e,\boldsymbol{S}_{k+2}^e,\cdots,\boldsymbol{S}_{2k}^e]$，类似于自然语言处理领域中描述文本或者特征标签的单词嵌入向量序列。其中，从某个实体 e 得到的上下文三元组 (h,r,t) 中抽取出所有的关系 r 组成核心关系集合 $\mathcal{R}_e$，而 k 表示核心关系集合 $\mathcal{R}_e$ 中的第 k 个关系。

基于目标实体生成包含知识图谱结构化信息的两种服务向量，位于同一个统一的、连续的向量空间中，便于后续多种知识增强任务的应用需求。根据目标实体输入模型的嵌入向量个数，可以将下游基于嵌入向量的模型分为两类，分别是输入多个嵌入向量序列的模型和输入单个嵌入向量的模型。

（1）嵌入向量序列模型

嵌入向量序列模型的输入是一整串多个向量，往往包含较多的信息，例如由某个实体的文本描述或者有标签特征生成的向量序列，可以表示为 $\boldsymbol{E}^e=[\boldsymbol{E}_1^e,\boldsymbol{E}_2^e,\cdots,\boldsymbol{E}_N^e]$。考虑到序列模块能够自动捕捉元素之间的交互信息，类似于 BERT 模型中使用的双向 Transformer 模块，所以可以将基于某个实体 e 得到的 $\boldsymbol{S}_{\text{triple}}^{e}$ 和 $\boldsymbol{S}_{\text{rel}}^{e}$ 两种服务向量序列，直接拼接到原本输入序列的尾部，能够让原先的文本单词信息与知识图谱信息自动融合，充分交互学习。此时，模型的输入就变为 $\widehat{\boldsymbol{E}^e}=[\boldsymbol{E}_1^e,\boldsymbol{E}_2^e,\cdots,\boldsymbol{E}_N^e,\boldsymbol{S}_1^e,\boldsymbol{S}_2^e,\cdots,\boldsymbol{S}_k^e,\boldsymbol{S}_{k+1}^e,\boldsymbol{S}_{k+2}^e,\cdots,\boldsymbol{S}_{2k}^e]$，即先加入三元组查询模块的服务向量 $\boldsymbol{S}_{\text{triple}}^{e}$，再加入关系查询模块的服务向量序列 $\boldsymbol{S}_{\text{rel}}^{e}$，如图 9-39 所示为将服务向量添加到嵌入向量序列模型尾部。

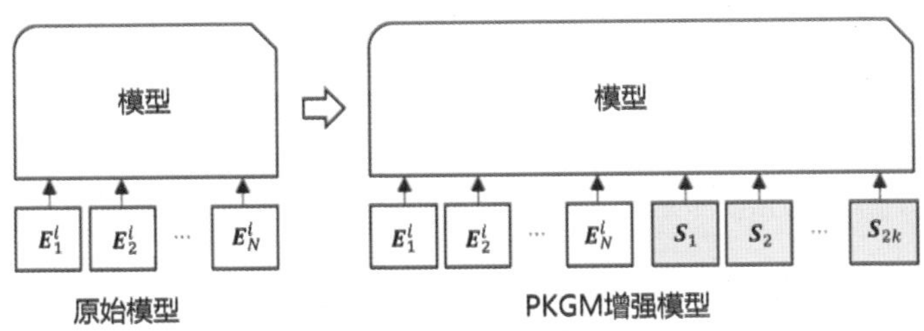

图 9-39　将服务向量添加到嵌入向量序列模型尾部

（2）单个嵌入向量模型

单个嵌入向量模型是指只输入一个有关目标实体 e 的嵌入向量的模型。这里的单个向量指的是实体 e 在潜在向量空间中对应的向量，并将其表示为 $\boldsymbol{E}^i$，如图 9-40 的左侧部分所示。

考虑整个原始模型的输入只有一个向量，需要在模型原始的输入向量和融合了知识的服务向量之间取一个平衡，因此在这里将 $\boldsymbol{S}_{\text{triple}}^e$ 和 $\boldsymbol{S}_{\text{rel}}^e$ 融合为一个向量。具体来说，需要将基于相同关系但来源于不同模块的两个向量 $\boldsymbol{S}_i^e$ 和 $\boldsymbol{S}_{i+k}^e$ 一起考虑，在这里就直接将它们拼接生成新的向量 $\widehat{\boldsymbol{S}_i^e}$：

$$\widehat{\boldsymbol{S}_i^e} = [\boldsymbol{S}_i^e ; \boldsymbol{S}_{i+k}^e].$$

式中，i 是 1~k 之间的一个整数，即 $i \in [1,k]$；$[\boldsymbol{x};\boldsymbol{y}]$ 表示向量 $\boldsymbol{x}$ 和向量 $\boldsymbol{y}$ 的拼接形成新的服务整合向量。

然后，将生成的向量序列进一步整合，平均池化为单个向量：

$$\boldsymbol{S}^e = \frac{1}{k} \sum_{i \in [1,k]} \widehat{\boldsymbol{S}_i^e}.$$

最后将充分融合了结构化知识信息的向量 $\boldsymbol{S}^e$ 和原始的嵌入向量 $\boldsymbol{E}^i$ 拼接为单个向量，如图 9-40 所示。

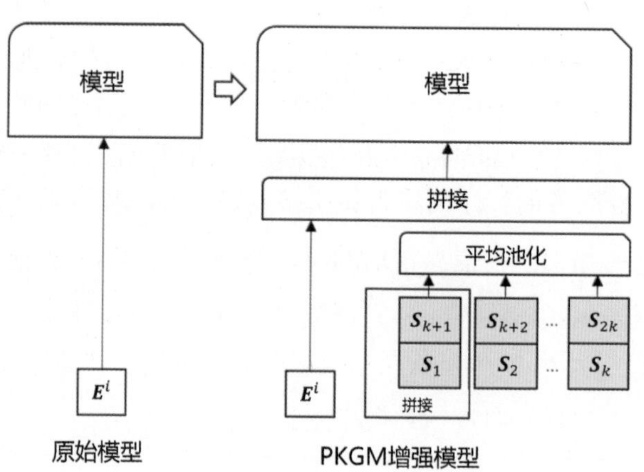

图 9-40　将服务向量添加到单个嵌入向量模型

9.5.4　知识图谱动态预训练模型

静态预训练模型仅能为下游任务提供已经包含了结构化信息的嵌入向量表（Embedding Table），而知识图谱动态预训练模型能够根据下游任务的特征动态调整模型结构和模型参数，根据下游任务对于知识图谱中某些特征的倾向性进行微调和适配，具有更好的兼容性和扩展性。

1. 上下文模块和整合模块

整个知识图谱动态预训练模型主要由上下文模块和整合模块两部分构成，前者获取目标三元组的上下文三元组序列，并将每个上下文三元组的三个嵌入向量融合为一个向量，后者主要整合、交互学习上下文三元组向量序列，挖掘潜在的结构性特征，利用得分函数计算三元组分类任务的效果并用于训练。

（1）上下文模块

在上下文模块（Contextual Module，C-Mod）中，给定一个目标三元组 $\tau=(h,r,t)$，可以通过 9.5.2 节对结构化上下文信息的定义，得到该三元组的上下文三元组集合：

$$\mathcal{C}(h,r,t)=\{\mathcal{C}(h)\cup\mathcal{C}(r)\cup\mathcal{C}(t)\}$$

即该目标三元组的头实体 h、关系 r 和尾实体 t 各自的上下文三元组的并集。

然后对于每一个上下文三元组 $\mathcal{C}$，例如目标三元组的第 x 个上下文三元组 $(h_x,r_x,t_x)\in\mathcal{C}(h,r,t)$，需要将原本对应的三个嵌入向量 $\boldsymbol{h}_x$、$\boldsymbol{r}_x$ 和 $\boldsymbol{t}_x$ 编码成一个向量 $\boldsymbol{c}_x$：

$$\boldsymbol{c}_x=\text{C-Mod}\left(<\boldsymbol{h}_x,\boldsymbol{r}_x,\boldsymbol{t}_x>\right).$$

式中，$<\boldsymbol{h}_x,\boldsymbol{r}_x,\boldsymbol{t}_x>$ 表示向量 $\boldsymbol{h}_x$、$\boldsymbol{r}_x$和$\boldsymbol{t}_x$ 组成的序列，并且向量满足 $\boldsymbol{h}_x\in\mathbb{R}^d$、$\boldsymbol{r}_x\in\mathbb{R}^d$ 和 $\boldsymbol{t}_x\in\mathbb{R}^d$。

对于 C-Mod 中具体编码方式，可以有多种选择，比如简单的单层前馈神经网络。在这里选择 Transformer 对向量序列进行学习和融合编码，而在将上下文三元组向量序列输入 Transformer 之前，需要在 $<h_x,r_x,t_x>$ 序列之前加入特殊的标记[TRI]，生成得到一个新的序列 $<[\text{TRI}],h_x,r_x,t_x>$，该序列对应的向量表示为 $<\boldsymbol{k}_{[\text{TRI}]},\boldsymbol{h}_x,\boldsymbol{r}_x,\boldsymbol{t}_x>$，其中 $\boldsymbol{k}_{[\text{TRI}]}\in\mathbb{R}^d$ 表示标记[TRI]对应的向量。在 Transformer 最后一层的该标记[TRI]对应位置上的向量为充分交互学习后，融合了该三元组所有特征的向量，即向量 $\boldsymbol{c}_x$。那么，头实体 h、关系 r 和尾实体 t 各自的上下文三元组特征向量序列 $\mathbf{seq}$ 可以表示为：

$$\mathbf{seq}_h=<\boldsymbol{c}_h^1,\boldsymbol{c}_h^2,\cdots,\boldsymbol{c}_h^n>,$$
$$\mathbf{seq}_r=<\boldsymbol{c}_r^1,\boldsymbol{c}_r^2,\cdots,\boldsymbol{c}_r^n>,$$
$$\mathbf{seq}_t=<\boldsymbol{c}_t^1,\boldsymbol{c}_t^2,\cdots,\boldsymbol{c}_t^n>.$$

式中，$\boldsymbol{c}_x^i$ 表示头实体 h 、关系 r 或尾实体 t 中的某个 $x \in \{h,r,t\}$ 的第 i 个上下文三元组特征向量；n 表示上下文三元组个数。

（2）整合模块

整合模块（Aggregation Module，A-Mod）将给定的一个目标三元组 (h,r,t) 的上下文三元组向量序列 **seq** 整合编码输出为对应的整合向量 $\boldsymbol{a}$ ，即：

$$\boldsymbol{a} = \text{A-Mod}(\mathbf{seq}_h, \mathbf{seq}_r, \mathbf{seq}_t)$$

为了增强目标三元组 (h,r,t) 中每个元素对应的上下文三元组在训练过程中的独立性，给每个三元组特征向量都加上一个段向量。具体地，总共有三种段向量：$\boldsymbol{s}_h$ 用于表示头实体 h 对应的上下文三元组的段向量，类似地，关系 r 和尾实体 r 对应的段向量分别为 $\boldsymbol{s}_r$ 和 $\boldsymbol{s}_t$ 。将上下文三元组特征向量加上段向量后生成新的特征向量：

$$\hat{\boldsymbol{c}}_x = \boldsymbol{c}_x + \boldsymbol{s}_x$$

式中，$x \in \{h,r,t\}$ 。三元组特征向量序列也更新为：

$$\widehat{\mathbf{seq}}_x = < \hat{\boldsymbol{c}}_x^1, \hat{\boldsymbol{c}}_x^2, \cdots, \hat{\boldsymbol{c}}_x^n > .$$

同时，在将 h、r和t 三者的上下文三元组更新后的特征向量序列拼接在一起输入整个模块之前，还需加入特定的标记来进一步区分三者。类似于上下文模块的[TRI]标签，在这里引入[HEA]、[REL]和[TAI]标签，而它们对应的向量表示为 $\boldsymbol{k}_{[\text{HEA}]}$、$\boldsymbol{k}_{[\text{REL}]}$ 和 $\boldsymbol{k}_{[\text{TAI}]}$ ，分别加入头实体 h 、关系 r 或尾实体 t 的更新后的上下文三元组特征向量序列之前，得到更新后的输入向量序列 $\boldsymbol{i}$ ：

$$\boldsymbol{i} = < \boldsymbol{k}_{[\text{HEA}]}, \widehat{\mathbf{seq}}_h, \boldsymbol{k}_{[\text{REL}]}, \widehat{\mathbf{seq}}_r, \boldsymbol{k}_{[\text{TAI}]}, \widehat{\mathbf{seq}}_t >$$

整合模块用另一个不同参数的多层双向 Transformer 编码学习输入的向量序列 $\boldsymbol{i}$ ，并在训练结束后，取出最后一层 Transformer 中[HEA]、[REL]和[TAI]标签对应的向量 $\boldsymbol{a}_h$ 、$\boldsymbol{a}_r$ 和 $\boldsymbol{a}_t$ ，表示经过充分整合交互学习后、包含了丰富的知识图谱结构化信息的特征向量。

最后，将得到的三个向量拼接并经过一个全连接层，融合为一个统一的整合向量：

$$\boldsymbol{a}_\tau = [\boldsymbol{a}_h; \boldsymbol{a}_r; \boldsymbol{a}_t]\boldsymbol{W}_{\text{agg}} + \boldsymbol{b}_{\text{agg}}$$

式中，$[\boldsymbol{a}_h; \boldsymbol{a}_r; \boldsymbol{a}_t]$ 表示将向量 $\boldsymbol{a}_h$ 、向量 $\boldsymbol{a}_r$ 和向量 $\boldsymbol{a}_t$ 拼接在一起；$\boldsymbol{W}_{\text{agg}} \in \mathbb{R}^{3d \times d}$ 是该整合模块的权重矩阵；$\boldsymbol{b}_{\text{agg}} \in \mathbb{R}^d$ 是该整合模块的偏置向量。

（3）评分函数和损失函数

根据上述的上下文模块和整合模块，对于目标三元组 $\tau = (h,r,t)$ ，可以将评分函数定义为：

$$s_\tau = f(h,r,t) = \mathrm{Softmax}(\boldsymbol{a}_\tau \boldsymbol{W}_{\mathrm{cls}})$$

式中，$\boldsymbol{W}_{\mathrm{cls}} \in \mathbb{R}^{d\times 2}$ 是分类权重矩阵，而经过 Softmax 操作之后得到的 $\boldsymbol{s}_\tau \in \mathbb{R}^2$ 是二维向量，并且满足预测为正确的得分 $s_{\tau 1}$ 和预测为错误的得分 $s_{\tau 0}$ 之和为 1，即：

$$s_{\tau 0} + s_{\tau 1} = 1$$

给定构造好的正样本三元组集合 $\mathbb{D}^+$ 和负样本三元组集合 $\mathbb{D}^-$，可以基于评分 s_τ 和标签 l_τ 进行交叉熵计算，得到损失函数 $\mathcal{L}$：

$$\mathcal{L} = \sum_{\tau \in \mathbb{D}^+ \cup \mathbb{D}^-} l_\tau \cdot \log(s_{\tau 0}) + (1 - l_\tau) \cdot \log(s_{\tau 1})$$

式中，$l_\tau \in \{0,1\}$ 是表示三元组 τ 是否正确的标签。当三元组 τ 是正确的，或者说 τ 是正样本三元组集合 $\mathbb{D}^+$ 的其中一个元素 $\tau \in \mathbb{D}^+$ 时，则标签 l_τ 为 1；否则如果 τ 是错误的，则标签 l_τ 为 0。

2. 预训练阶段和微调阶段

类似于自然语言处理中的预训练模型，知识图谱动态预训练模型也包括预训练和微调两个阶段。预训练阶段会对海量的数据进行无监督学习，而微调阶段则相对轻量。对特定任务和特定数据集，模型结构上会有所改变进行适配，并在预训练阶段模型参数的基础上再次训练和微调，使之在特定任务上能更快地获得更好的效果。

（1）预训练阶段

在预训练（Pre-training）阶段，动态预训练模型利用三元组分类任务进行训练。三元组分类任务是无监督任务，基于数据库中存在的三元组 (h,r,t) 并将其视为正样本，同时生成替换实体或者关系，生成原本数据集中不存在的三元组作为负样本，训练目标为二分类任务，即判断该三元组是否正确。对于每一个输入的三元组，预训练模型都获取其上下文三元组并进行采样、聚合，通过三元组分类任务训练学习得到其中的结构化信息。预训练阶段输入的是三元组 (h,r,t)，而用输出的嵌入向量来判断三元组是正确的（True，T）还是错误的（False，F），如图 9-41 所示。给定一个目标三元组(h, r, t)，找到它的上下文三元组，并通过上下文模块和整合模块（图中橙色和玫红色的两个模块）将它们输入知识图谱动态预训练模型中，最后得到了聚合输出表示向量。

预训练阶段需要用到尽可能大的、甚至全量的知识图谱数据集，这样才能更好地学习知识图谱中深层次、结构化的信息，才真正能够帮助下游任务。例如，BERT 模型使用了包含 8 亿个单词的 BooksCorpus 数据集和 25 亿个单词的

Wikipedia 数据集进行预训练。并且两个大小不同的模型，包括 1.1 亿个参数的 BERTBASE 模型和 3.4 亿个参数的 BERTLARGE 模型，分别在 16 个 TPU 上训练了四天。同样的，知识图谱的预训练也需要超大规模语料和大算力支撑。

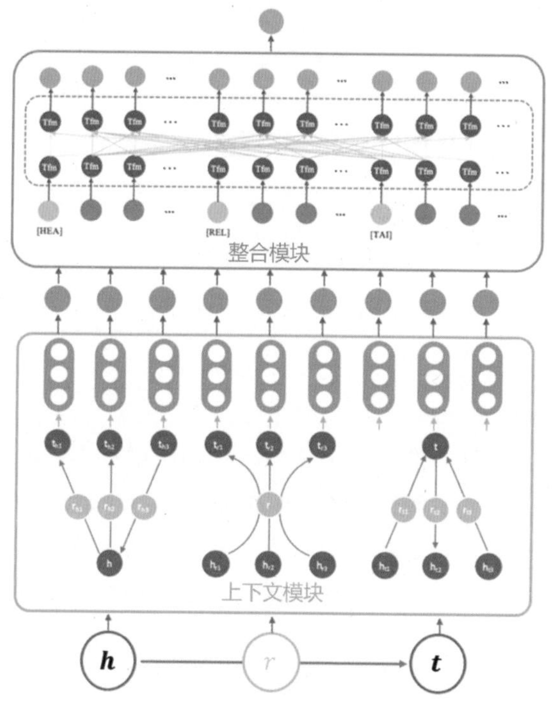

图 9-41 模型结构示意图

对于知识图谱的数据集而言，难以构造横跨多个不同知识图谱数据集的全量数据集，比如 FB15K、WN18、YAGO 等，甚至基于它们各自最原始的数据集 Freebase 和 WordNet 等都难以直接合并成一个数据集，因为每个数据集中的实体和关系都是以不同的文本和组织方式进行构建的，很难直接建立起不同数据集之间的联系。当然，我们还是找到了合适的方法间接构造起一个足够大而丰富的知识图谱预训练数据集：利用对真实世界描述的 WordNet 数据集，其中包含了名词、动词、形容词和副词等词性的单个词语，最大限度地反映真实场景和语言习惯，建立起不同知识图谱数据集关联的桥梁。而其他知识图谱数据集中的实体或者关系往往是由多个单词构成的，可以利用类似于短语包含某些单词的关系构建起实体与实体之前的联系，以及潜在类似的关系。而在阿里巴巴电商知识图谱上，可以直接利用海量商品的属性和属性值等三元组，用预训练模型学习商品知识图谱的结构化信息。商品知识图谱足够大，有着十亿个商品和百亿个节点的三元组，足够支撑起预训练的数据需求，并且能够在下游任务中很好地发挥出预训练模型的作用。

（2）微调阶段

在微调（Fine-tuning）阶段中，模型的输入输出结构会根据具体的任务和数据集特性进行调整，同时将调整后的模型在特定数据集上进行微调训练，最后得到符合该特定任务需求并有不错效果的模型。

例如，实体对齐任务的目标是在真实世界中找到本质上是同一个事物或者事件，而在输入的知识图谱数据集中有两种或者多种表示的实体，比如中文语义下的实体对（漂亮的，美丽的）、（睡觉，睡眠）和（狗，犬）等，表达的是相同含义却有不同的文字描述。在这个实体对齐任务上，模型的输入从原来的三元组（head，relation，tail）变为头尾实体对（head，tail），即去掉了关系 relation 项元素，剩下前后两个实体。而更进一步地讲，这两个实体就是判断是否具有相同含义的实体对（entity1，entity2）。相应地，模型的输出部分也需要替换为描述两个实体是否对齐的训练函数，如图 9-42（b）所示。

又如实体类型预测任务，需要找到某个实体所属的类别，而这个类别是存在于知识图谱中的另一个实体，即预测（实体，实体类型）中缺失的实体类型。比如（老虎，猫科动物）、（中文，语言）和（T 细胞，淋巴细胞）等实体类型对。类似于上述的实体对齐任务，实体类型预测任务中的模型输入也变为一个实体对，而输出部分是判断这个实体类型对是否正确的评分函数，如图 9-42 所示。

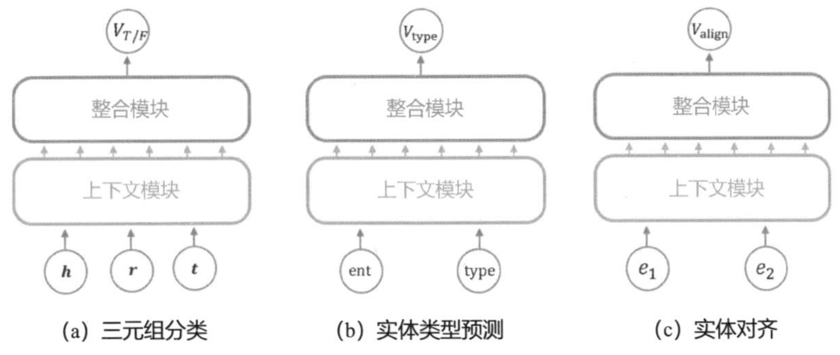

图 9-42　图中三个模型结构对应于三个不同的训练任务

9.5.5 应用实践及实验结果

在除去了出现次数较低的实体后的商品知识图谱上，对 PKGM 进行了预训练。预训练完成后，在多个对知识图谱有需求的下游任务进行效果验证，包括商品分类、同款商品对齐、商品推荐等以图谱数据服务为基础的任务，还包括可以利用知识图谱增强效果的一些 NLP 任务，例如商品实体识别、商品属性补齐和关系抽取、商品标题生成等。这里重点介绍商品实体分类、同款商品对齐、商品推荐三个任务。在实验中，将只提供三元组服务向量的标记为“PKGM-T”，只提供关系服务向量的标记为“PKGM-R”，两类服务向量都提供的标记为“PKGM-all”。

1．基于知识图谱预训练的商品分类

亿级的商品数据组织依赖于良好的类目体系，因此商品分类在阿里巴巴电商平台是一项常见且重要的任务，其目标是将给定的商品分类于类目中对应的类别。商品的标题往往包含了密集的商品信息，因此也常用来作为商品分类的原始信息，基于商品标题，商品分类任务可对应为文本多分类任务，鉴于目前语言预训练模型在文本分类任务上取得了很好的效果，将 BERT 作为基准模型。图 9-43（a）所示为基准模型 BERT 模型，如图 9-43（b）所示为 PKGM 增强的 BERT 模型，这里采用了为序列嵌入向量模型提供知识图谱服务的方式。

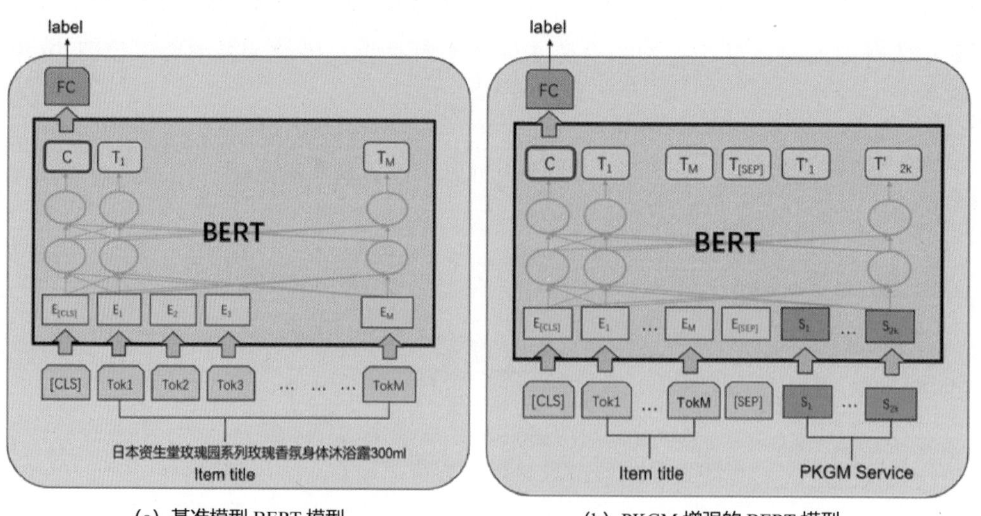

（a）基准模型 BERT 模型　　（b）PKGM 增强的 BERT 模型

图 9-43　商品分类任务模型

我们分别在三个数据集上进行了实验，每个数据集中每个类别具有的商品个数最多分别不超过 100、50 和 20，结果如表 9-4 所示。

表 9-4　商品分类任务的结果

Dataset	Method	Hit@1	Hit@3	Hit@10	AC
Dataset-100	BERT	71.03	84.91	92.47	71.52
	$BERT_{PKGM-T}$	71.26	85.76	93.07	72.14
	$BERT_{PKGM-R}$	71.55	85.43	92.86	**72.26**
	$BERT_{PKGM-all}$	**71.64**	**85.90**	**93.17**	72.19
Dataset-50	BERT	60.98	78.99	89.21	59.06
	$BERT_{PKGM-T}$	61.67	79.04	90.08	62.74
	$BERT_{PKGM-R}$	61.52	**80.09**	**90.39**	**62.98**
	$BERT_{PKGM-all}$	**61.54**	79.89	90.36	62.71
Dataset-20	BERT	30.26	46.97	68.12	28.90
	$BERT_{PKGM-T}$	30.65	47.80	67.40	29.62
	$BERT_{PKGM-R}$	31.47	**50.69**	69.07	30.63
	$BERT_{PKGM-all}$	**32.09**	50.19	**70.07**	**30.91**

从实验结果中可以看到，在预测准确率和 Hit@k 指标上，融入了知识图谱服务向量的模型在这三个数据集上都要优于基准模型 BERT。具体来说，一方面，同时融入了两种服务向量的 BERT 模型在 Hit@1 指标上都有最好的效果；而另一方面，在 Hit@3、Hit@10 和预测准确率（AC）三个指标上，$BERT_{PKGM-T}$ 和 $BERT_{PKGM-R}$ 这两个模型有较好的效果，而且它们中的其中一个能达到特定条件下的最好实验效果，这证明了 PKGM 所提供服务向量的有效性。

2. 基于知识图谱预训练的同款商品对齐

由于商品来源不同，对齐同款商品成了增加数据有效性的重要任务，其目标是判断给定的两个商品是否为同款商品。商品信息用标题表示，这个任务可对应于同义句识别。选取 BERT 作为基准模型，图 9-44（a）所示为基准 BERT 模型，图 9-44（b）所示为 PKGM 增强的 BERT 模型。

我们在女装衬衫（category-1）、头发饰品（category-2）和儿童袜类（category-3）上分别进行了实验，每个数据集中都有上千个同款商品对。同款商品判断准确率如表 9-5 所示。

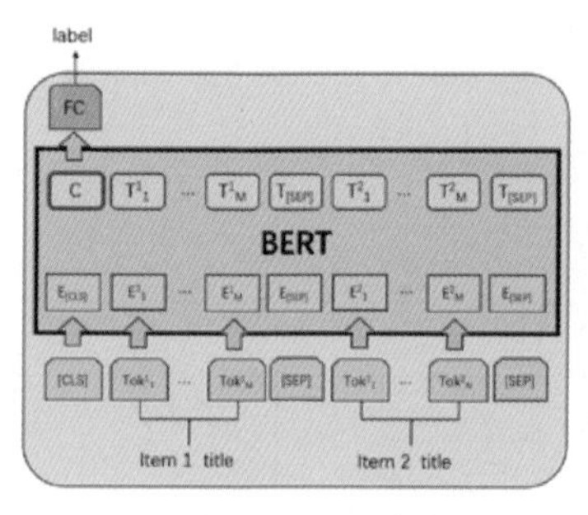

(a) 基准模型 BERT 模型

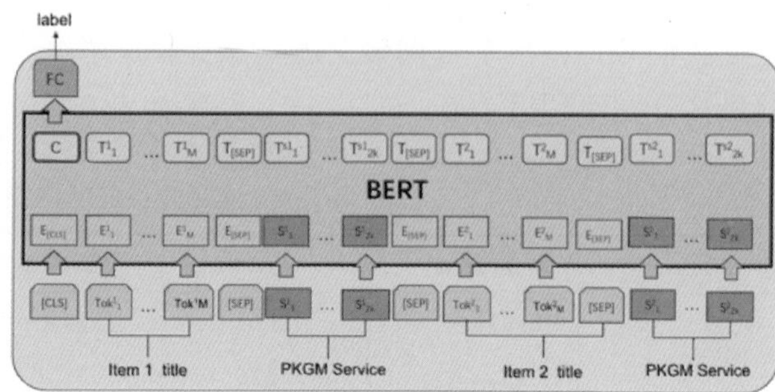

(b) PKGM 增强的 BERT 模型

图 9-44 商品对齐任务模型

表 9-5 商品对齐任务的准确率指标结果

模　　型	category-1	category-2	category-3
BERT	88.94	89.31	86.94
$\text{BERT}_{\text{PKGM-T}}$	88.65	89.89	87.88
$\text{BERT}_{\text{PKGM-R}}$	89.09	89.60	87.88
$\text{BERT}_{\text{PKGM-all}}$	**89.15**	**90.08**	**88.13**

可以很明显地看出来，$\text{BERT}_{\text{PKGM-all}}$ 模型在三个数据集都有最好的效果，有效提升了同款商品识别的效果。

3. 基于知识图谱预训练的商品推荐

推荐是除搜索外将适合的商品呈现在用户面前的重要方式，因此商品推荐也是一项重要的任务，我们针对预测商品和用户交互的下游任务进行了实验，实验中以用户和商品的交互记录图作为输入，并预测潜在的交互，是典型的链接预测任务。我们采用了神经协同过滤算法（Neural Collaborative Filtering，NCF）作为基准模型，图 9-45（a）所示为 NCF 基准模型，图 9-45（b）所示为 PKGM 增强的 NCF 模型，这里采用了为单个嵌入向量模型提供知识图谱服务的方式。

在来自淘宝的包含约 4 万个商品和 3 万位用户的 44 万个交互记录的数据集上进行了实验，并采用了“leave one out”的方法进行测试。实验结果如表 9-6 所示。

可以看出，所有的知识增强模型相对于基准模型在所有评价指标上效果均有提升，提升的结果证明了 PKGM 能够有效地提供仅从用户–商品交互不能分析出的额外信息。

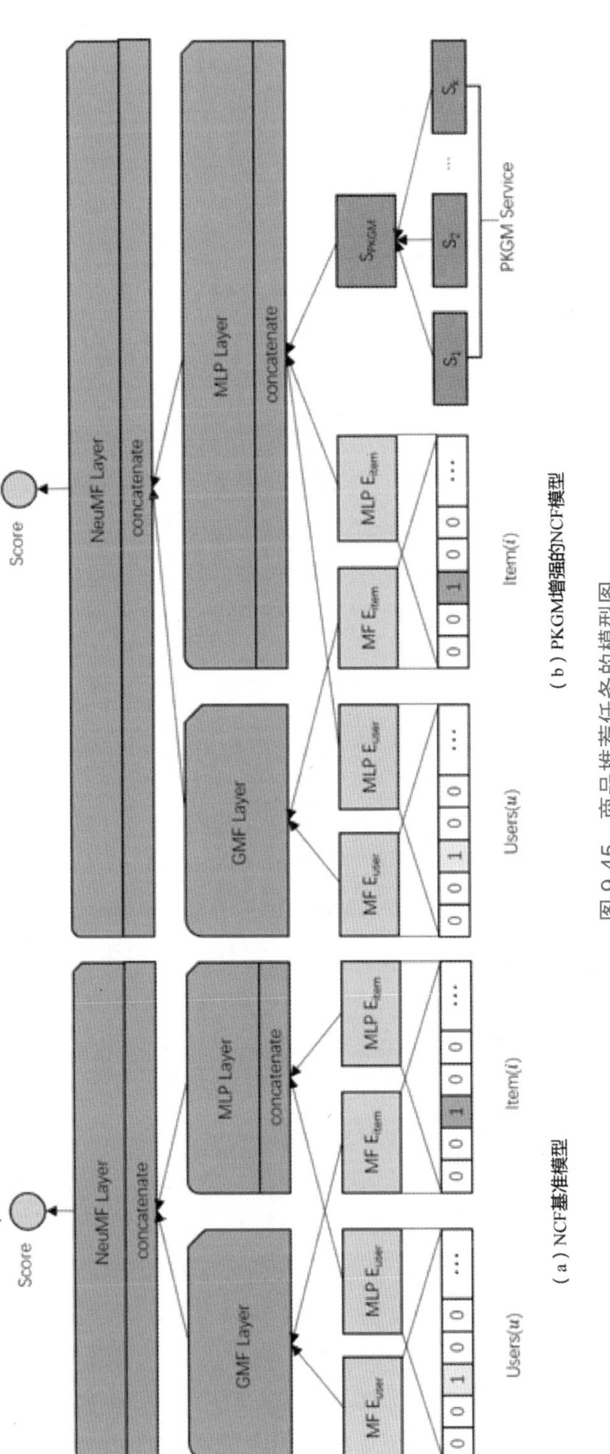

（a）NCF基准模型

（b）PKGM增强的NCF模型

图 9-45 商品推荐任务的模型图

表 9-6 商品推荐任务的实验结果

模 型	HR@1	HR@3	HR@5	HR@10	HR@30	NDCG@1	NDCG@3	NDCG@5	NDCG@10	NDCG@30
NCF	27.94	44.26	52.16	62.88	81.26	0.2794	0.3744	0.4069	0.4415	0.4853
NCF_{PKGM-T}	27.96	44.83	52.43	63.51	81.62	0.2796	0.3778	0.4091	0.4449	0.4880
NCF_{PKGM-R}	**31.01**	**47.99**	**56.10**	**66.98**	**84.73**	**0.3101**	**0.4091**	**0.4424**	**0.4777**	**0.5200**
$NCF_{PKGM-all}$	30.76	47.92	55.60	66.84	84.71	0.3076	0.4079	0.4395	0.4758	0.5185

9.5.6 结构化知识预训练总结

将知识预先训练好，然后融入各种深度模型或下游任务中，或许是未来知识图谱数据应用方式的一种新的发展趋势。本文介绍了一个在大规模知识图谱预训练及电商应用的初步实践，通过三元组和关系模块的设计，让 PKGM 模型具有在向量空间为下游任务提供知识图谱服务的能力，具有较好的知识图谱数据保护性以及对下游任务的兼容性，同时克服了知识图谱本身的不完整性。

9.6 知识图谱与区块链

9.6.1 知识图谱的价值联邦

1. 语义互联网的三个内涵

尽管知识图谱技术取得了飞速进步，但仍然仅实现了语义互联网的三分之一的愿景。根据 Tim Berners-Lee 的早期设想，语义互联网的目标是“Using the WWW infrastructure to create a global, decentralized, weblike mesh of machine-processable knowledge。”这有三方面的内涵：知识互联、去中心化和知识的可信。三个内涵分别对应互联网的三个核心问题。

- 知识互联即知识图谱，旨在设计一种统一的知识表示框架，将分散的数据相互关联起来，以便利用图的结构特点实现体验更好的搜索、问答和分析等能力。早期的 Linked Data 即是这一理念的体现。
- 去中心化是对 Web 架构的设想。尽管 Web 仍然没有实现去中心化设计，但互联网数据具有分散自治的特点，知识的生产者理应拥有知识的所有权和控制权。因此，去中心化构想反映的是对知识确权的要求。
- 知识的可信是指通过互联网发布的知识应该是可溯责的（Accountability）。

由于互联网的开放性和匿名性，知识可能真假难辨，且会随着时间的推移，真假会发生变化。因此，合理的知识发布机制还需要对知识进行可信度量和鉴别真假。

在三个内涵中，第一个内涵与知识的表示框架有关，第二个内涵与互联网的分布式架构有关，第三个内涵与互联网的社会属性有关。而当前的知识图谱管理架构仅考虑知识的互联，而忽视了知识的价值量化、分布式确权和可信度量等众多问题。

2. 知识的价值链

知识是有价值的。互联网中的知识之间存在相关性，这些知识相互链接，形成知识图谱。互联网作为知识保存的一个载体，同时支持知识使用的场景，也承载新知识的产生。更为具体地说，互联网知识有以下几个特性：

- 知识图谱包含知识节点和知识联系；
- 知识节点存在价值，知识的联系也有价值；
- 知识因为“被使用”而产生价值；
- 被“证伪”的知识也存在价值，甚至在某些场景中，“反知识”更加令人记忆深刻；
- 知识的价值可以随着知识的联系进行传递。

知识图谱是一种强调将分散的碎片化的数据相互关联和链接融合的技术。即使是在单一的企业或机构内部，知识图谱的数据也通常来源于不同的部门。知识图谱的构建通常都需要依靠多部门协作完成。因此，知识图谱的构建平台也需要有明晰的责、权、利方面的考虑，而非仅仅考虑数据清洗、算法抽取、协同编辑等功能。

如图 9-46 所示，从知识生产者的视角，首先要考虑知识的价值量化方法。简单的价值量化模型可以依据知识的使用频率，即知识被使用得越多，知识的价值越高。合理的价值量化是知识众包激励的基本前提。

其次，要考量知识的所有权和控制权保护——知识确权。即便在一个权限可集中控制的企业内部，由于知识图谱中的知识粒度很细，在三元组级别考虑知识的确权问题也带来极大的技术挑战。知识的合理确权也是知识众包激励的基本保障。

再次，知识产生的结果未必总是正面的，错误、虚假甚至恶意的知识会给下游的知识使用者带来不利后果，因此不仅要考虑知识获取的正面激励，还需要提供必要的机制追溯知识的来源，即知识溯责（Accountability）。有效的知识溯责有助于提升知识图谱的众包质量，对抗虚假和恶意的知识输入。

图 9-46　知识图谱的价值联邦

更进一步地，知识最终需要解决知识的可信问题——可信度量。知识图谱中的每条三元组代表对客观世界的一条事实描述。这些事实型知识不仅有真假维度的可信问题，也因为很多事实本身具有不确定和时效性，也带来不确定的可信度量问题。

3. 知识的价值点亮与传播

知识的消费是衡量知识价值最直接的方式。知识被用得越多，知识的价值越高。同时知识的消费触发知识的价值传播。我们将知识被消费的过程称为知识的价值点亮。知识图谱使用场景支持不同的知识使用者有限地“点亮”知识图谱中的节点，从而触发知识传播。

“搜索点亮”是指知识的使用者在搜索过程对知识进行消费，从而触发被搜索知识条目的价值点亮。知识图谱支持语义关联搜索，进一步地关联搜索将继续触发新的知识点亮。每一步点亮都对产生的价值进行记录和存证。同时由于知识来源于不同的生产者，价值也需要以合理的方式分配给价值传播链上对应的知识生产者。

“问答点亮”和“搜索点亮”比较类似，消费者和知识库进行问答交互的过程即是消费过程。被问答触及的知识条目是被问答点亮的知识，在问答检索过程中，从起始节点到达答案节点所遍历的中间节点也将被点亮和价值存证。

“推理点亮”是指推理过程触发的知识点亮。知识图谱中的知识通常是不完备的，对知识图谱的推理过程是基于知识图谱中的已有知识。同时，由于知识来源众多，推理点亮的过程可能也是以联邦的方式完成——联邦推理。

“分析点亮”是指将来源不同的知识进行综合分析，从而不断地触发知识图谱中相关知识的点亮过程。同样的，由于知识来源多样，分析的过程也可能是以联邦方式完成的，即联邦学习。

如图 9-47 所示为知识的价值曲线，其特点如表 9-7 所示。

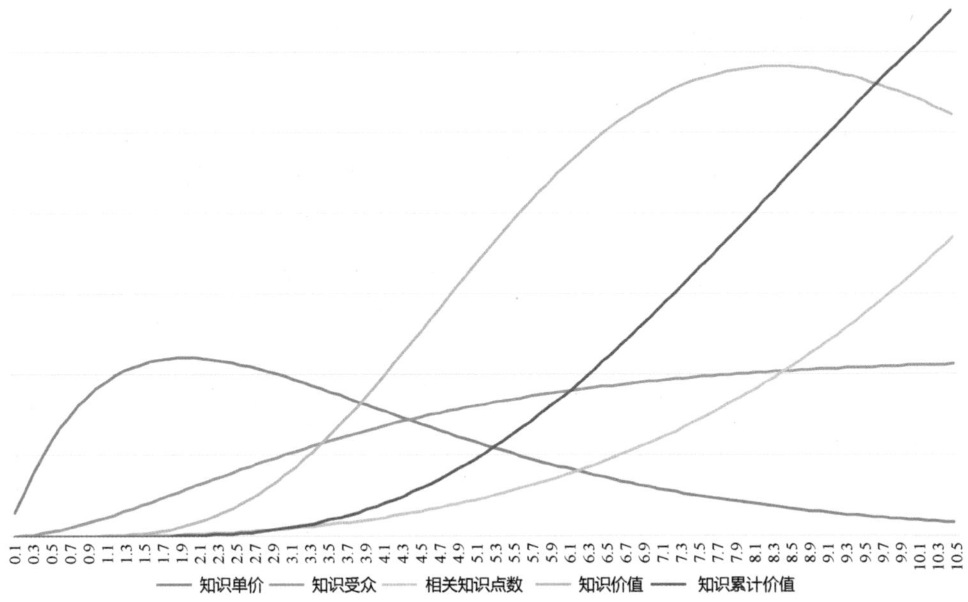

图 9-47　知识的价值曲线

表 9-7　知识的价值曲线特点

曲　　线	特　　点
知识单价	在知识单位价值发展的过程中，当只有少数人了解知识的时候，知识的单位价值较高，随着被越来越多的人接受和使用，逐渐降低
知识受众	知识受到领域限制，了解的人逐渐增多，本领域逐渐饱和。知识受众越多，知识使用越多
相关知识点	随着知识被接受，会推理或者发现与其他知识的关系，形成新的知识，相关知识点越多，知识使用越多
知识价值	知识使用次数和知识单价形成知识的价值
知识累积价值	由于知识的一惯性，知识具有累积价值

语义网的三个内涵和价值传播模型提出了三层次的“分布”需求：每个知识

点和知识联系由贡献者（可以是人工智能）提供，这些贡献者表现出“分布”的形态；由“知识点”和“知识互联”形成的“分布式知识互联网络”；对于知识的使用场景呈现“分布”的形态。

9.6.2 联邦知识图谱

综上所述，知识是有价值的，知识的生产、交换和消费必定形成社区和群体的交易和协作。我们把通过社区和群体的联邦式协作构建的知识图谱称为联邦知识图谱（Federated Knowledge Graph）。联邦知识图谱因为需要构架在一个分散并可能去中心化的分布式网络上，必定面临激励、确权、溯责、信任和隐私等诸多问题。而现有集中式的知识图谱构建平台不考虑不同单位和部门的权力、责任和利益，也就无法激励知识的共享互联，也无法保证知识的真实性和时效性。

如图 9-48 所示，完整的知识图谱构建和消费需要考虑知识生产、知识传播和知识消费三个层次。知识生产层对应传统的知识建模、自动化抽取、知识校验、归一融合和图谱补全等技术。知识的传播层则需要考虑知识的价值量化、知识确权、知识溯责、可信度量、知识众包的共享激励以及数据的隐私保护。知识消费层包含关联搜索、知识问答、推理分析、联邦知识学习，以及 RPA 应用等各种需要建立在分散式知识源的系列应用。

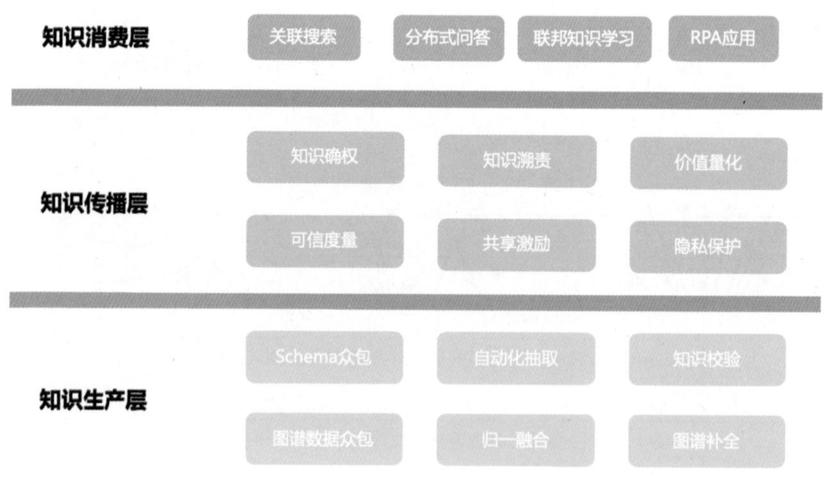

图 9-48 联邦知识图谱技术平台架构

9.6.3 知识图谱与区块链

分布式账本（Distributed Ledger Technology，DLT）是一个在多站点、多地

区或多家机构组成的网络上进行电子数据复制、共享及同步的共识，不存在中心管理员或集中的数据存储。交易记账由分布在不同地方的多个节点共同完成，而且每一个节点记录的是完整的账目，因此它们都可以参与监督交易的合法性，同时也可以共同为其作证。

区块链是分布式账本技术的一种。区块链的每个节点都按照块链式结构存储完整的数据，并且每个节点的权利和义务相同。区块链以 P2P 对等网络构成网络层基础架构，以分布式数据库作为物理载体，以分布式时间戳构成区块时序，以共识算法实现数据的一致存储，以密码学协议为链上数据的传输和访问提供安全性、完整性和无法抵赖性的技术支撑，以智能合约的技术为分布式应用，提供可扩展的合约编码和一致执行的能力。区块链是点对点通信、数字加密和多方协同共识算法等多个领域的融合技术，具有防篡改、链上数据可溯源（可确权）的特性。

区块链节点独立运营，仅对自己负责，以共识算法达成区块链节点之间的账本一致性。从技术运营角度来看，节点可以"作恶"，但是区块链节点的作恶行为可以在共识算法的容错范围之内被识别出来；从商业运营角度来看，节点以个体利益最大化为原则同其他节点进行协同工作，有意愿监督网络中其他节点的作恶行为，而作恶行为的代价高于破坏带来的可能收益，从而达成"防篡改"的效果。这是一个"竞争性协同"的技术环境。因此，在共识容错范围内，区块链技术提供无需信任担保的"信任"基础设施。简而言之，区块链提供事务和数据可信的确权和防篡改能力。基于区块链的系统结构可以表述为：以中心化技术提供高性能的业务实现，以多中心化区块链网络支持可信的基础设施，提供分布式的去中心化的实用场景，如图 9-49 所示。

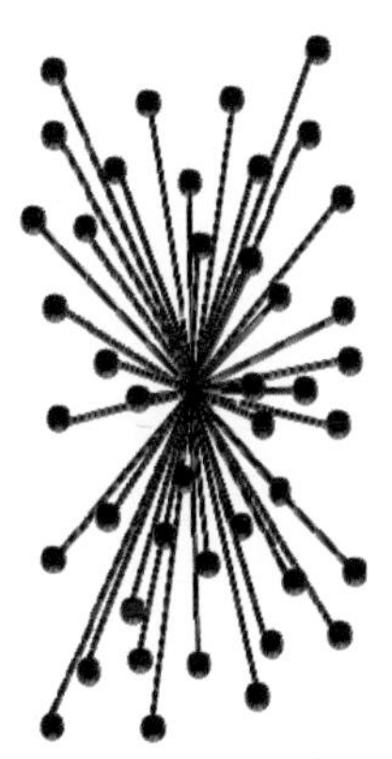

(a) 中心化的

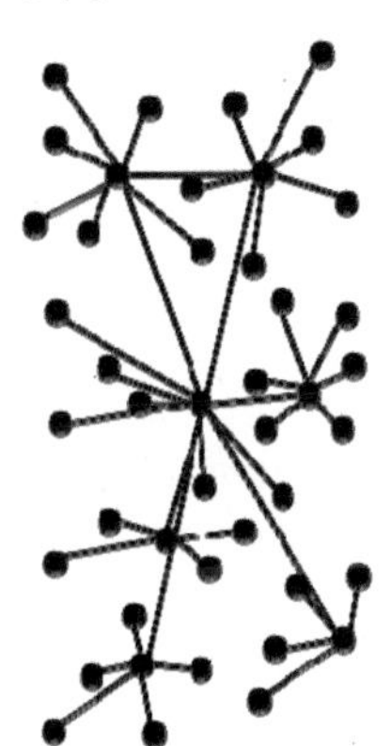

(b) 去中心化的（多中心结构）

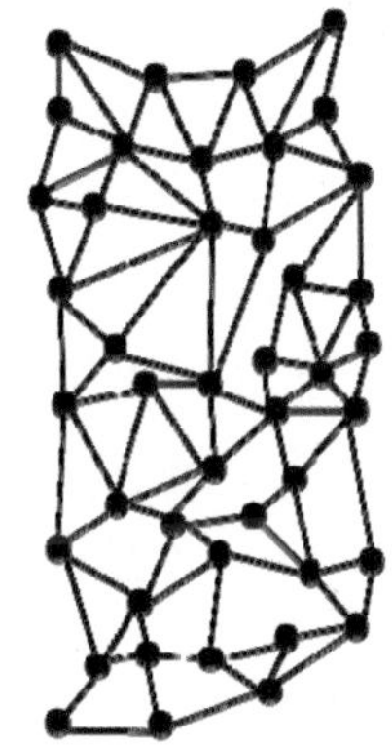

(c) 去中心化的（分布式的）

图 9-49　不同类型的分布式网络架构

因为知识是有价值的，所以要解决知识生产和消费闭环中的价值量化、确权、溯源及可信度量等问题，需要让知识上链，通过构建面向知识的区块链解决诸多问题。具体而言，区块链之于知识有如下几方面的价值：

- 利用区块链技术进行知识数据的保护，在知识构建和使用的过程中，采用了多种数据密码算法，保证了数据的隐私和安全；同时，基于分布式账本特点，在区块链网络中多个节点保留完整的知识数据和索引，避免了知识的丢失和破坏。
- 利用区块链技术进行信息公开，基于分布式账本实现联邦知识图谱各参与方的知识同步和一致性确权，且区块链具有防篡改、可追溯的特点，保证了公开数据的真实可信。
- 利用区块链技术防止知识和所有权造假，基于区块链防篡改的特性，避免未经共识的知识上链或任意一方对已上链的数据进行随意篡改，也对伪造所有权的行为提供完整的证据链。
- 利用区块链技术进行知识确权，可利用区块链上交易不可抵赖性的特点，对知识联邦业务中产生的交易或数据进行签名，从而保证了知识确权。
- 利用区块链技术解决过程追溯问题，可利用区块链上交易可追溯的特点，对知识联邦中知识的构建、发展和使用等场景进行全过程的追溯。
- 利用区块链技术进行身份认证，可以基于分布式身份的特性，对知识联邦中涉及的人、机构、设备等实体进行身份标识和身份验证，保证参与实体的身份真实可信。
- 利用区块链技术解决多方协同问题，在分布式账本保证知识数据实时同步的基础上，基于智能合约进行知识联邦中各参与方的流程响应、协同过程的记录和贡献的确权。

9.6.4 开放知识图谱与区块链

和企业内部的多部门协同知识图谱构建相比，开放领域知识的构建更加体现群体和社区等社会属性。同样的，开放知识图谱的构建过程也是一个由知识贡献、知识组织方式和知识使用组成的迭代过程。因此，构建开放的知识图谱也需要一个可信的协同框架，能够给出解决方案并支持持续的迭代和发展：开放的知识贡献方式、开放的分布式知识组织结构、开放的知识管理和使用模型。相较于单一企业内部知识图谱众包解决方案，开放的协同框架需要解决更多参与方的相关问题。

- 识别更多的个体角色、避免开放知识寡头化。识别相同实体以不同角色参与协同的工作，明确不同角色对开放知识网络的贡献；进一步地，开放知识贡献者数据自主管理，避免数据集中导致的未经授权的滥用。
- 支持更分散的信任源、更可控的资质反馈和校准。针对不同领域的领域专家的资质认定，细化粒度，以快速达成庞大开放知识网络中的局部一致性；进一步地，通过专家贡献的评审和反馈，调整资质认定的等级，反过来校准更多源、更细粒度的量化评估方案。
- 量化众多参与者的贡献、追踪开放知识的价值，并根据反馈调整知识价值模型的能力。开放的框架需要实际参与人的贡献，需要贡献的量化和评估工具，对于贡献的量化也体现出知识的价值；进一步地，根据开放知识在使用中的价值变化，也可以进一步修正量化模型。

区块链与分布式账本相关技术可以解决上述问题：多中心化区块链网络提供可信的基础设施，全程跟踪开放知识发展的过程并保证数据确权；去中介化身份体系支持多维信任源和分布式数据令牌的管理；区块链的分布式通证方案从技术上支持知识点的资产化，体现了开放知识的价值和开放知识的分布式组织形式。利用分布式账本技术，开放知识的产生、发展和推演都被记录下来，开放知识的价值和相关性都可以进行分析，而开放知识的确权也可以完整地记录下来，同时所有基于开放知识图谱构建的应用都基于引用。利用基于区块链技术构建开放知识图谱，解决了开放知识价值的认定、开放知识贡献的确权、开放知识传播和开放知识关系的分布式组织方式。

9.6.5　知识图谱与区块链总结

知识是有价值的，知识之间建立关联可以进一步增加知识的价值。知识图谱的价值联邦既包含知识的贡献者，也包含知识的使用者。知识贡献和知识使用的过程逐渐丰富知识网络，体现了知识图谱的价值传播模型。同时，在使用和传播知识的过程中，价值被不断点亮，知识的价值被动态地评估，知识的贡献者得到合理的价值计算。这一过程对知识的确权、溯源、防篡改、鉴别虚假知识和对知识进行可信度量等多个方面都提出了新的要求。区块链技术可以为保护知识的公平性、提升知识图谱的协同构建效率和质量提供一种新的技术实现路径。

9.7 总结

作为本章的总结，也作为全书的总结，并对知识图谱的未来发展趋势做一个展望。知识图谱早期源于人们期望通过互联网共建人类大知识库的宏伟愿景。因此，当下的知识图谱仅仅实现了这一宏伟愿景中的一小步。同时，这也决定了知识图谱不会是单一技术或工具，而是一种系统工程。本书介绍的各种技术也仅仅是实现这一愿景的众多技术手段中的一部分。未来还会有越来越多的技术手段被应用其中，因此，知识图谱技术领域尽管发展历史源远流长，但方兴未艾，仍然会不断融合更多的新技术，不断朝前发展。

例如，当前多个领域的知识图谱规模正在从千亿量级向万亿量级迈进，且知识图谱质量要求更高。传统的知识图谱构建方法多单一依赖人工和机器挖掘，在兼顾规模和质量方面，两者最终都会遭遇瓶颈。同时，怎样保障知识贡献者的公平性，怎样更细粒度地实现知识溯源，以保障知识质量和知识可信等也是亟待解决的难题。解决这些问题的一个思路是网络众包与机器智能相互结合，实现“人与人、人与机器、机器与机器”三位一体的协同协作。例如，在知识图谱中引入区块链技术和联邦学习思想，可以在保护知识公平性和数据私有性的基础之上实现更广泛群体的图谱融合与协作构建，从而大大提升知识图谱规模的扩展速度。

再例如，知识广泛存在于文本、结构化、视觉和时序等多种模态数据中，知识图谱的第二个发展趋势是构建多模态知识图谱，并实现符号形式的显知识与数据形式的隐知识的深度融合运用。典型的如利用模态知识互补增强表示学习的效果、利用模态数据补全知识图谱并增强推理能力、在模态数据中注入符号知识提升模态数据理解和可解释能力等。清华大学的张钹院士曾指出：“把数据驱动和知识驱动结合起来，达成可信安全的第三代人工智能。”DeepMind 联合创始人哈萨比斯也曾指出：“我们能否从自己的感知构建，利用深度学习系统一直构建，直到高级思维和符号思维。”因此，实现认知层的符号知识与感知层的模态数据高度融合是未来人工智能的重要发展趋势之一，而知识图谱的多模态化也将为模态数据驱动的感知智能与符号逻辑驱动的认知智能建立衔接桥梁。

最后，在知识图谱的应用方面，业务场景通常变化迅速。现有的知识图谱模型训练机制多基于知识不变性假设，且通常采用应用紧耦合的训练机制，对于变化常常需要重新训练模型，这与日益增长的知识图谱规模冲突相矛盾。预训练的核心思想是“预训练和微调”。例如文本预训练一般首先利用大量文本训练通用语言模型，然后针对不同的下游任务，利用少量任务特定数据微调。将知识预先训练好，然后通过“知识迁移”机制融入各种深度模型中是未来知识图谱数据应用方式的一种新的发展趋势。此外，研究表明，预训练机制有利于解决困难数据的处理问题。然而，知识预训练还缺乏深入的理论方法研究和基础算法模型，并且面临众多相比于文本预训练更加困难的问题。例如，常识知识通常高度稀疏，这与预训练的语料丰富假设相冲突；再例如，怎样在预训练模型中体现复杂知识逻辑也是当前传统文本预训练模型面临的核心挑战。

本书也将紧密跟踪相关技术发展，持续进行更新。